粒计算研究丛书

云模型与粒计算

王国胤　李德毅　姚一豫　梁吉业
苗夺谦　张燕平　张清华　等著

科 学 出 版 社
北 京

内 容 简 介

云模型是研究定性概念与定量数值之间相互转换的不确定性认知模型。粒计算是当前计算智能研究领域中模拟人类思维和解决复杂问题的新方法。它覆盖了所有有关粒度的理论、方法和技术，是研究复杂问题求解、海量数据挖掘和模糊信息处理等问题的有力工具。本书介绍云模型与粒计算交叉研究的最新进展，由国内外相关领域的华人学者撰文 14 章，内容涉及云模型、高斯云的数学性质、云模型与相近概念的关系、区间集、区间值信息系统的粒计算模型与方法、多粒度粗糙集、粒计算模型的特性分析与比较、云计算环境下层次粗糙集模型约简算法、基于粒计算的聚类分析、并行约简与 F-粗糙集、单调性分类学习、不确定性研究中若干问题的探讨、基于云模型的文本分类应用、数据挖掘算法的云实现。

本书可供计算机、自动化等相关专业的研究人员、教师、研究生、高年级本科生和工程技术人员参考。

图书在版编目(CIP)数据

云模型与粒计算/王国胤等著. —北京：科学出版社，2012
(粒计算研究丛书)
ISBN 978-7-03-035064-0

Ⅰ. ①云… Ⅱ. ①王… Ⅲ. ①人工智能-算法-研究 Ⅳ. ①TP18

中国版本图书馆 CIP 数据核字(2012)第 148151 号

责任编辑：任 静 / 责任校对：宋玲玲
责任印制：徐晓晨 / 封面设计：华路天然

科学出版社出版
北京东黄城根北街 16 号
邮政编码：100717
http://www.sciencep.com
北京教图印刷有限公司 印刷
科学出版社发行 各地新华书店经销
*
2012 年 7 月第 一 版 开本：B5(720×1000)
2018 年 5 月第三次印刷 印张：21
字数：406 000

定价：128.00 元

(如有印装质量问题，我社负责调换)

《粒计算研究丛书》编委会

丛 书 序

粒计算是一个新兴的、多学科交叉的研究领域。它既融入了经典的智慧，也包括了信息时代的创新。通过十多年的研究，粒计算逐渐形成了自己的哲学、理论、方法和工具，并产生了粒思维、粒逻辑、粒推理、粒分析、粒处理、粒问题求解等诸多研究课题。值得骄傲的是，中国科学工作者为粒计算研究发挥了奠基性的作用，并引导了粒计算研究的发展趋势。

在过去几年里，科学出版社出版了一系列具有广泛影响的粒计算著作，包括《粒计算：过去、现在与展望》、《商空间与粒计算——结构化问题求解理论与方法》、《不确定性与粒计算》等。为了更系统、全面地介绍粒计算的最新研究成果，推动粒计算研究的发展，科学出版社推出了《粒计算研究丛书》。本丛书的基本编辑方式为：以粒计算为中心，每年选择该领域的一个突出热点为主题，邀请国内外粒计算和该主题方面的知名专家、学者就此主题撰文，来介绍近期相关研究成果及对未来的展望。此外，其他相关研究者对该主题撰写的稿件，经丛书编委会评审通过后，也可以列入该系列丛书。本丛书与每年的粒计算研讨会建立长期合作关系，丛书的作者将捐献稿费购书，赠给研讨会的参会者。

中国有句老话，“星星之火，可以燎原”，还有句谚语，“众人拾柴火焰高”。《粒计算研究丛书》就是基于这样的理念和信念出版发行的。粒计算还处于婴儿时期，是星星之火，在我们每个人的爱心呵护下，一定能够燃烧成燎原大火。粒计算的成长，要靠大家不断地提供营养，靠大家的集体智慧，靠每一个人的独特贡献。这套丛书为大家提供了一个平台，让我们可以相互探讨和交流，共同创新和建树，推广粒计算的研究与发展。本丛书受益于粒计算研究每一位同仁的热心参与，也必将服务于从事粒计算研究的每一位科学工作者、老师和同学。

《粒计算研究丛书》的出版得到了众多学者的支持和鼓励，同时也得到了科学出版社的大力帮助。没有这些支持，也就没有本丛书。我们衷心地感谢所有给予我们支持和帮助的朋友们！

《粒计算研究丛书》编委会

2012 年 7 月

前　言

21 世纪互联网和云计算广泛应用，社会计算和智能计算快速发展，分享、交互和群体智能改变了人类的生活方式，人们迫切期望着智慧地球时代的来临，不确定性人工智能的新时代已经到来。认知的不确定性，必然导致不确定性人工智能的研究。研究不确定性知识的表示、处理和模拟，寻找并且形式化地表示不确定性知识中的规律性，让机器模拟人类认识客观世界和人类自身的认知过程，使机器具有不确定性智能，成为人工智能学家的一项重要任务。2011 年的图灵奖授给了对不确定性推理做出杰出贡献的朱地亚・佩尔(Judea Pearl)教授就是一个证明。用自然语言的方法把握量的不确定性，比数学表达更真实、更具有普适性。那么，如何表示用自然语言表述的定性知识呢？如何反映自然语言中的不确定性，尤其是模糊性和随机性呢？怎样实现定性和定量知识之间的相互转换？怎样体现语言思考中的软推理能力呢？云模型(cloud model)作为一种研究定性与定量相互转换的不确定性认知模型，可以实现定性概念与定量数值之间的双向转换，对于这些问题进行了有益的探索。

粒计算(granular computing)是当前计算智能研究领域中模拟人类思维和解决复杂问题的新方法。它覆盖了所有有关粒度的理论、方法和技术，是研究复杂问题求解、大数据挖掘和不确定性信息处理等问题的有力工具。粒计算方法的研究是近几年人工智能领域中崛起的一个新方向，它从实际出发，用尽力而为的满意解替代精确解，其主要思想是在不同的粒度层次上进行问题求解，在很大程度上体现了人类问题求解过程中的智能。粒计算从提出到现在已有 30 多年，近年来受到众多研究者的广泛关注，已经成为日益受到学术界重视的一个新研究领域。

随着粒计算研究工作的不断深入，人们从不同的角度研究得到不同的粒计算理论模型，主要有模糊集(词计算)理论模型、粗糙集理论模型、商空间理论模型和云模型等。我国学者开展了以国际、国内学术研讨会议和暑期研讨会等多种形式的粒计算学术交流与合作，相继出版了一系列著作，如 2007 年张钹、张铃的《问题求解理论及应用——商空间粒度计算理论及应用(第 2 版)》(清华大学出版社)，2008 年由 13 位海内外华人学者合著的《粒计算：过去、现在与展望》(科学出版社)。结合粒计算专题，国内举办了两次专题研讨会，即 2010 年 7 月在安徽大学举办了商空间与粒计算的主题研讨会，出版了《商空间与粒计算——结构化问题求解理论与方法》(科学出版社)，2011 年 8 月在同济大学举办了不确定性与粒计算的专题研讨会，出版了《不确定性与粒计算》(科学出版社)。另外，“中国粒计算学术研讨会”、“IEEE International Conference on Granular Computing"、"Advances in Granular Computing"等国内外有关学术活动的开展，也极大地促进了粒计算理论及其应用的发展。

今年，在中国人工智能学会粗糙集与软计算专业委员会和国际粒计算系列研讨班指导委员会的共同组织下，粒计算研究领域的学者又汇聚北京，共同发起并组织 2012 年"云模型与粒计算暑期学术研讨会"。本次会议旨在将云模型与粒计算的研究相结合，探讨云模型与粒计算的关系，探索基于云模型的粒思维、粒推理以及粒化等不确定性人工智能方法，以获取有效的不确定性问题求解的理论与方法。期望借此会议的举办及本书的出版，在粒计算领域开辟一个新的研究方向。

本书由国内外云模型和粒计算研究领域的 20 余位华人学者合作撰写。书中介绍了各位作者及其研究团队近年来在云模型和粒计算研究方面取得的最新研究成果，及时总结了相关研究进展。本书除作为 2012 年暑期研讨会的教材外，还可为人工智能领域的专家或研究人员从事相关研究提供参考。

全书组织结构如下：第 1 章双向认知计算模型——云模型，由王国胤、许昌林、张清华撰写；第 2 章高斯云的数学性质，由刘玉超、李德毅、刘禹撰写；第 3 章云模型与相近概念的关系，由胡宝清撰写；第 4 章区间集，由姚一豫撰写；第 5 章区间值信息系统的粒计算模型与方法，由代建华、王文涛撰写；第 6 章多粒度粗糙集，由钱宇华、梁吉业撰写；第 7 章粒计算模型的特性分析与比较，由张铃、张燕平撰写；第 8 章云计算环境下层次粗糙集模型约简算法，由苗夺谦、钱进撰写；第 9 章基于粒计算的聚类分析，由丁世飞等撰写；第 10 章并行约简与 F-粗糙集，由邓大勇、陈林撰写；第 11 章单调性分类学习，由胡清华、潘巍巍撰写；第 12 章不确定性研究中若干问题的探讨，由胡宝清撰写；第 13 章基于云模型的文本分类应用，由何中市、代劲撰写；第 14 章数据挖掘算法的云实现，由刘震、周涛撰写。

由于作者水平有限，加之时间仓促，书中不妥之处在所难免，恳请读者批评指正。

本书的出版得到了国家自然科学基金(No. 61073146)、重庆邮电大学出版基金等项目的资助，在此一并致谢。

目　　录

第1章　双向认知计算模型——云模型

王国胤[1,2,3]　许昌林[1,2]　张清华[1]

1.重庆邮电大学　计算智能重庆市重点实验室

2.西南交通大学　信息科学与技术学院

3.中国科学院重庆绿色智能技术研究院　电子信息技术研究所

人类的认知,实质上是客观世界的一种映像。客观世界的不确定性,决定了人类主观认知过程的不确定性。这种不确定性通过认知的最小(基本)单元—— 概念反映出来。因此,人类在认知过程中的概念形成和知识更新,不可避免地伴随着不确定性的产生。不确定性概念具有随机性、模糊性、不完备性和不稳定性等特征。在不确定性的研究中涌现出许多理论和方法,其中,研究随机性的概率论至今已有百余年的历史,并形成概率论、随机过程和数理统计 3 大分支。20 世纪中后期,以模糊集合为代表研究模糊性、不完备性等知识表示和推理的理论和方法陆续出现,推动了不确定性研究的发展。粒计算是研究和模拟人类从不同侧面、不同粒度对事物进行表示、分析和推理的方法。模糊集、粗糙集和商空间是目前粒计算的三大主要方法,并应用于机器学习、数据挖掘和智能控制等领域。当前,大多数数据挖掘和机器学习的理论和方法主要是研究从定量数据中提取定性概念,也就是在从概念外延(客观世界中的样本集合)抽取概念内涵(主观世界中的抽象概念)的研究。而要使机器具有或者能够模仿人的智能,人类和机器之间能够相互“理解”,相互“交流”,首先要使人类语言所描述的定性知识(概念)能被计算机所理解和处理,这不可避免地要建立从定性概念到定量数据的转换模型,实现定性概念与定量数据的相互转换,即概念内涵与外延的相互转换。云模型是一个在概率论和模糊数学理论两者结合的基础上研究定性概念与其定量表示的认知计算模型。云模型用期望、熵和超熵这三个数字特征来定量描述一个不确定性概念,通过正向云发生器和逆向云发生器实现定性概念与定量数据之间的双向认知变换,揭示客观对象具有的模糊性和随机性,刻画人类的双向认知计算过程。本章将把云模型作为一种实现概念内涵与外延双向转换这一认知计算的理论模型,讨论其一般递归定义形式,并对正向云发生器和逆向云发生器模拟实现的双向认知计算过程进行分析和讨论。

1.1 引　　言

认知是一个源自于心理学的概念,《辞海》将认知解释为人类认识客观事物、获得知识的活动,包括知觉、记忆、学习、语言、思维和问题解决等过程。人类对事物的认知,往往是从一个“不知”到“了解”,再到“理解”的过程。人脑接受外界输入的信息,经过头脑的加工处理,转换成内在的心理活动,再进而支配人的行为,这个过程就是信息加工的过程,也就是认知过程[1]。认知科学是研究人类感知和思维对信息处理过程的科学,包括从感觉的输入到复杂问题的求解,从人类个体到人类社会的智能活动,以及人类智能和机器智能的性质[2],它是现代心理学、信息科学、神经科学、数学、科学语言学、人类学乃至自然哲学等学科交叉发展的结果。认知科学是20世纪世界科学标志性的新兴研究门类,它作为探究人脑或心智工作机制的前沿性尖端学科,已经引起了全世界科学家们的广泛关注。认知科学的研究将使人类自我了解和自我控制,把人的知识和智能提高到前所未有的高度。生命现象错综复杂,许多问题还没有得到很好的说明,而能从中学习的内容也是大量的、多方面的。如何从中提炼出最重要的、关键性的问题和相应的技术,这是许多科学家长期以来追求的目标[3]。认知计算源自模拟人脑的计算机系统的人工智能,20世纪90年代后,研究人员开始用认知计算一词,用于教计算机像人脑一样思考,而不只是开发一种人工系统[4]。传统的计算技术是定量的,并着重于精度和序列等级,而认知计算则试图解决生物系统中不精确、不确定和部分真实的问题。认知计算是认知科学的子领域之一,也是认知科学的核心技术领域。认知计算对于未来信息技术、人工智能等领域均有着十分重要的影响。研究认知的机理,建立认知的模型,然后用计算机模拟人类认知的过程来处理实际问题是人工智能领域的重要课题,受到很多研究者的关注[4-5]。

哲学上说,运动是物质的根本属性,这些永恒运动着的物质所带来的不确定性存在于我们生活的各个角落。自从人类认识到世界的这一本质规律之后,便开始了漫长的探索,试图更加深入地了解客观存在的不确定性,以科学的语言去掌握其中的规律,从而达到认知世界的目的[6]。认知的不确定性,顾名思义反映的是人的主观意识在对客观世界的认识过程中所存在的不确定性,这种不确定性是由客观世界本身的不确定性同人类自身认知能力的不确定性共同决定的,是通过认知的最小(基本)单元——概念反映出来的。对同一个事件,由于不同人的认知能力差异,观察角度不同,会表现出对概念表达的差异。认知的不确定性,归根到底来源于客观世界的不确定性,客观世界的不确定性映射到人脑形成的概念(主观世界)也必然是不确定的[7-8]。因此,人类在认知过程中的概念形成和知识更新,不可避免地伴随着不确定性的产生[9]。而概念的不确定性必然导致计算和推理的不确定性[10]。研究不确定性概念的表示、处理和模拟，寻找不确定性概念的内涵特征和外延特征，并进行形式化表示，用机器模拟研究人类认知不确定性概念的认知过程，成为当前人工智能领域研究的重要任务[11-14]。

不确定性概念具有随机性、模糊性、不完备性和不稳定性等特征。其中，随机性和模糊性是最基本的特征。随机性是由于条件不能决定结果而表现出来的不确定性，它反映了因果律的缺失问题；模糊性是由于概念外延边界的不清晰而表现出来的不确定性，它反映了排中律的缺失问题，也就是由于概念外延的不分明性、事物对概念归属的亦此亦彼性等。Zadeh 教授于 1965 年创建的模糊集合论[15]、Pawlak 教授于 1982 年建立的粗糙集理论[16]、Atanassov 教授于 1986 年提出的直觉模糊集[17]以及近年来 Mendel 教授提出的二型模糊集[18]等都是处理模糊性问题的有力工具。模糊集理论通过隶属函数刻画不确定性概念的模糊性，粗糙集通过上、下近似集合来处理模糊性，直觉模糊集通过对模糊对象赋予真、假隶属函数来处理模糊性，二型模糊集研究隶属度本身的模糊性问题。然而，模糊集可以由不同阈值的截集来确定，模糊集的截集却是普通的康托集，是确定的集合。因此，模糊集与它的截集体现了模糊概念和清晰概念在不同粒度层次上相互转换的辩证关系。从粒计算的观点来看，概念具有的不确定性和确定性是概念外延在不同知识粒度层次上的不同表现形式，它们并非完全对立，在一定粒度层次上是可以相互转化的[19]。

概率论、模糊集理论、粗糙集理论从不同的角度研究了概念的不确定性问题。概率论重在研究概念外延的随机性特征；模糊集理论用隶属函数来刻画概念外延亦此亦彼的程度；粗糙集理论通过上、下近似集来描述不确定性概念外延的边界域，是一种用精确的方法解决不确定性概念外延边界线的方法。这些研究方法虽然有着明确的切入点和严谨的约束条件，但也存在着一定的局限性。比如，概率论的一个基本假设就是基本事件的概率之和严格等于 1，但对于自然语言中使用的概念而言，未必严格如此。另外，对于随机变量，它首先需要确定其分布类型和分布参数，这就需要大量的样本，目前一般都是事先假定其服从某种类型的分布，并估计分布参数，因此，应用随机变量来研究不确定性概念，有时会产生较大的误差。在模糊集理论中，对于模糊变量，关键在于确定其隶属函数，而隶属函数的确定往往带有主观性。在粗糙集理论中，对于粗糙变量，最大的优势是它的客观性，上近似集、下近似集、属性重要度、信息熵等都可以直接从数据中计算获得，不需要人为主观参与，但它处理的数据样本无法体现整体数据的分布，丢失了数据样本的随机特性，其泛化能力有待提高，而且粗糙集在知识约简过程中存在的过度学习问题也需要解决[20-21]。

当前，人们的研究重点集中在从概念外延（客观世界中的样本集合）到概念内涵（主观世界中的抽象概念）变换的研究，目前众多机器学习和数据挖掘研究者所开展的研究工作，已经取得很多研究成果，推动了人工智能的发展；但从概念内涵（抽象概念）到概念外延（样本集合）的研究非常困难，研究成果甚少，其关键原因在于由于认知个体的差异,特别是概念内涵本身的不确定性(主要是模糊性),导致了概念外延的不确定性。不同的人针对同一抽象概念(模糊概念)可能会得到不同的外延(客观对象集)。因此,研究如何形式化地表示不确定性概念、用概念外延描述概念内涵、从概念外延挖掘得到其内涵等问题成为认知计算领域需要研究的关键问题。

在从不确定性概念内涵到外延映射的相关研究中,谓词逻辑创始人 Frege 教授早在 1904 年就提出了"含糊"一词,并把它归结为概念外延边界域问题。模糊集的提出让不少逻辑学家试图用这一理论解决 Frege 教授的含糊概念问题,但遗憾的是模糊集无法计算出它的边界线上具体的含糊对象的数目。Pawlak 教授针对 Frege 教授的边界域思想,把那些无法确认的个体都归属于边界域,而这种边界域被定义为上近似集与下近似集的差集。由于上近似集与下近似集都可以通过等价关系给出确定的数学描述公式,所以含糊元素数目可以被计算出来,从而实现了 Frege 教授的边界域思想。但是,粗糙集理论没有刻画对象本身具有的随机性。1995 年,李德毅教授在概率论和模糊数学理论两者结合的基础上提出的云模型理论融合了数据分布的特点,利用期望、熵和超熵这三个数字特征来定量描述一个不确定性概念,通过正向云发生器实现从概念的内涵向其外延进行转化,通过逆向云发生器实现从概念的外延向其内涵进行转化,较好地刻画了概念内涵与外延之间的双向认知变换过程,同时也揭示了客观对象具有的模糊性和随机性[11-14,22]。

在云模型论中,基于正态分布和正态隶属函数的正态云是一种重要的云模型,具有普适性[12]。本章将以正态云模型为代表研究人类认知的双向认知计算过程,并对同一个人对同一个定性概念以及不同人对同一个定性概念的双向认知计算过程进行实验模拟和分析。

1.2　正态分布与正态隶属函数

正态分布广泛存在于自然现象、社会现象、科学技术和生产活动中，现实世界中的许多随机现象都服从或者近似服从正态分布。例如，正常生产条件下的产品质量指标，随机测量误差，同一生物群体的某种特征，某地的年平均气温等。正态分布是许多重要概率分布的极限分布，许多非正态的随机变量是正态随机变量的函数，正态分布的密度函数和分布函数有各种很好的性质和比较简单的数学形式，这些都使得正态分布在理论和实际中应用非常广泛[23]。

中心极限定理从理论上阐述了产生正态分布的条件[23]。对中心极限定理的简单直观说明是:如果决定某一随机变量结果的是大量微小的、独立的随机因素之和，并且每一因素的单独作用相对均匀地小，没有一种因素可起到压倒一切的主导作用，那么这个随机变量一般近似于正态分布。例如，某种成批生产的产品，如果工艺、设备、技术、操作、原料等生产条件正常且稳定，那么产品的质量指标应该近似服从正态分布，否则说明生产条件不稳定或发生变化，影响了产品质量。在实际应用中，人们多是根据上述考虑来判断随机现象是否服从正态分布的。

定义 1-1[23]　设连续型随机变量 X 的概率密度函数为

$$f(x) = \frac{1}{\sqrt{2\pi}\sigma}\exp\left(-\frac{(x-\mu)^2}{2\sigma^2}\right)$$

其中，若 $\mu,\sigma(\sigma > 0)$ 为常数，则称随机变量 X 为服从参数为 μ,σ^2 的正态分布，记为 $X \sim N(\mu,\sigma^2)$。参数 μ 和 σ^2 分别是正态分布的期望和方差，分别表征随机变量的最可能取值以及一切取值的离散程度。

在经典集合论中，元素或者属于，或者不属于一个集合。模糊集合对此提出挑战，认为元素和集合之间还有第 3 种关系：在某种程度上属于，属于的程度用[0,1]之间的一个数值表示，称为隶属度。所有元素隶属集合的程度用隶属函数表示。隶属函数是模糊集合理论的基石，它是度量模糊程度的函数。通过隶属函数，模糊集合理论将模糊现象转变成精确数学加以研究。从模糊集合的开创者 Zadeh 开始，近 50 年来人们普遍接受并使用的模糊集合及隶属函数的定义，表述如下。

定义 1-2[15]　设 U 是一个普通集合称为论域，论域 U 到实数区间[0,1]上的任一映射

$$\mu_{\tilde{A}}: U \to [0,1],$$
$$\forall x \in U, x \to \mu_{\tilde{A}}(x)$$

确定论域 U 上的一个模糊集合 $\tilde{A}$，$\mu_{\tilde{A}}(x)$ 称为元素 x 隶属于模糊集合 $\tilde{A}$ 的程度，简称为 x 对 $\tilde{A}$ 的隶属度。隶属函数 $\mu_{\tilde{A}}(x)$ 是论域中所有元素属于模糊集合 $\tilde{A}$ 的隶属度分布。

模糊集合的一个基本问题是如何确定一个明晰的隶属函数，但是至今没有严格的确定方法，通常凭借直觉、经验、统计、排序、推理等确定。通过对人们搜集到的各类隶属函数进行分析，可发现许多领域的隶属函数都和正态隶属函数有相当的一致性，并且大多数都是正态隶属函数泰勒展开式的若干低次项之和，是正态隶属函数的一种近似，因此，相对于其他类型函数，正态隶属函数在众多领域中有着最广泛的应用。

正态型隶属函数为：$\mu_{\tilde{A}}(x) = \exp\left(-\frac{(x-a)^2}{2b^2}\right)$，其中 a,b 为参数。

在精确的隶属函数确定之后，就可以计算论域中的元素属于这个模糊概念的隶属度，这是一个唯一的、精确的数值。这是一种用精确的隶属函数来严格表示模糊概念，得到完全确定、清晰关系的方法。近年来，隶属度本身的不确定性，即隶属度的分布特性和分布函数受到越来越多研究人员的关注，他们允许隶属度在一个中心值附近做微小摆动，即将精确隶属度用一个有稳定倾向的随机数来代替，将精确隶属

函数用一个有稳定倾向的期望隶属曲线表示，成为研究不确定性概念表示的方法[14]。

1.3 云 模 型

云模型是由我国学者李德毅教授在结合概率论和模糊数学理论两者的基础上，通过赋予样本点以随机确定度来统一刻画概念中的随机性、模糊性及其关联性。它利用3个数字特征（期望，熵，超熵）来描述一个定性概念，并通过特定的算法形成用数字特征表示的某个定性概念与其定量表示之间的不确定性转换模型，主要反映概念中的模糊性和随机性，并把二者完全集成在一起，构成定性概念（概念内涵）和定量数据（概念外延）相互间的转换，深刻揭示了客观对象具有的模糊性和随机性[14]。这对理解定性概念的内涵和外延有着极其重要的意义。利用云模型，可以从语言值表达的定性信息中获得定量数据的范围和分布规律，也可以把精确数值有效转换为恰当的定性语言值，即定性概念，从而构成不确定性概念定性与定量的转换。

1.3.1 云模型的定义

定义 1-3[14] 设 U 是一个用数值表示的定量论域，C 是 U 上的定性概念，若定量数值 $x \in U$ 是定性概念 C 的一次随机实现，x 对 C 的确定度 $\mu(x) \in [0,1]$ 是具有稳定倾向的随机数，即

$$\mu: U \to [0,1],$$
$$\forall x \in U, x \to \mu(x)$$

则 x 在论域 U 上的分布称为云，记为 $C(X)$。每一个 x 称为一个云滴。

定义 1-3 中的论域 U 可以是一维的，也可以是多维的。云模型具有以下性质：

(1)对于任意一个 $x \in U$，确定度 $\mu(x)$ 是论域 U 到区间[0,1]上具有稳定倾向的随机数，而不是一个固定的数值。

(2)云模型产生的云滴之间无次序，一个云滴是定性概念在数量上的一次随机实现，云滴越多，越能反映这个定性概念的整体特征。

(3)云滴的确定度可以理解为云滴能够代表该定性概念的程度。云滴出现的概率越大，云滴的确定度应当越大，这与人们主观理解一致。

云变量 $C(X)$ 不是简单的随机或者模糊，而是具有随机确定度的随机变量。云模型从自然语言中的语言值切入，研究定性概念的量化方法，具有直观性和普遍性。定性概念转换成一个个定量值，更形象地说，是转换成论域空间的一个个点。这是个离散的转换过程，具有随机性。每一个特定点的出现是一随机事件，可以用其概率分布函数描述。云滴能够代表该概念的确定度具有模糊集合中隶属度的含义，同时确定度

自身也是个随机变量，也可以用其概率分布函数描述。

云模型作为定性概念与其定量表示之间的不确定性转换模型，主要反映客观世界中事物或人类知识中概念的两种不确定性：模糊性（边界的亦此亦彼性）和随机性（发生的概率），并把二者完全集成在一起，构成定性概念（概念内涵）和定量数据（概念外延）相互间的映射，研究自然语言中最基本语言值所蕴含的不确定性普遍规律，使得有可能从语言值表达的定性信息中获得定量数据的范围和分布规律，也有可能把精确数值有效转换为恰当的定性语言值。

根据该定义，论域中的值代表某个定性概念的确定度不是恒定不变的，而是始终在细微变化着的。但是，这种变化并不影响云的整体特征，对云来说，重点在研究云的整体形状反映出的不确定概念的特性，以及云滴大量出现时确定度值呈现的规律性。

1.3.2　云模型的数字特征

云模型用期望 Ex (expected value)、熵 En (entropy)和超熵 He (hyper entropy)三个数字特征来整体表征一个概念[14]。将概念的整体特性用三个数字特征来反映，这是定性概念的整体定量特性，对理解定性概念的内涵和外延有着极其重要的意义。通过这三个数字特征，可以设计不同的算法来生成云滴及确定度，得到不同的云模型，从而构造出不同的云。

期望 Ex：云滴在论域空间中分布的期望，是最能够代表定性概念的点，或者说是这个概念量化的最典型样本。距离期望 Ex 越近，云滴越集中，反映人们对概念的认知越统一；距离期望 Ex 越远，云滴越离散稀疏，反映出人们对概念的认知越不稳定，不统一。

熵 En：是定性概念不确定性的度量，由概念的随机性和模糊性共同决定。一方面，En 是定性概念随机性的度量，反映了能够代表这个定性概念的云滴的离散程度；另一方面又是定性概念亦此亦彼性的度量，反映了在论域空间可被概念接受的云滴的取值范围。用同一个数字特征来反映定型概念的随机性和模糊性，也必然反映了它们之间的关联性。

超熵 He：是熵的不确定性度量，即熵的熵，由熵的随机性和模糊性共同决定。

从一般意义上讲，概念的不确定性可以用多个数字特征表示。可以认为，概率理论中的期望、方差和高阶矩是反映随机性的多个数字特征，但没有触及模糊性；隶属度是模糊性的精确度量方法，但是没有考虑随机性；粗糙集是用基于精确知识背景下的两个精确集合来度量边界域的模糊性，却忽略了数据样本的随机性。在云模型理论中，除了期望、熵、超熵这三个数字特征外，理论上还可以用更高阶的熵去刻画概念的不确定性。

1.3.3 正态云模型的递归定义及其数学性质

在概率分布中，正态分布是最基本、最重要，应用也最广泛的模型。正态分布由两个参数决定：期望和方差。正态隶属函数是模糊理论中最常使用的隶属函数。正态云模型就是利用正态分布和正态隶属函数实现的。如果不确定性概念由多个数字特征进行表示，那么正态云模型的递归定义可以表示如下。

定义 1-4 设U是定量论域，C是论域U上的定性概念，且C包含$p+1$个数字特征：$\mathrm{Ex}=\mathrm{En}_1,\mathrm{En}_2,\cdots,\mathrm{En}_{p-1},\mathrm{En}_p,\mathrm{He}$，其中$\mathrm{He}>0$，$R_N(\mu,\sigma)$表示以$\mu$为均值，$\sigma^2$为方差的正态随机变量$X$（即$X\sim N(\mu,\sigma^2)$）的一次正态随机实现，通过$p$次正态随机实现后得到的随机数$x_p$，即

$$x_i=\begin{cases}R_N(\mathrm{En}_p,\mathrm{He}), & i=1\\ R_N(\mathrm{En}_{p-(i-1)},x_{i-1}), & 2\leqslant i\leqslant p\end{cases}$$

$x_p\in U$称为p阶正态云的一个云滴。云滴x_p对C的确定度$\mu(x_p)\in[0,1]$是具有稳定倾向的随机数，且x_p对C的确定度满足

$$\mu(x_p)=\exp\left(-\frac{(x_p-\mathrm{En}_1)^2}{2x_{p-1}^2}\right)\quad 或\quad \mu(x_p)=\exp\left(-\frac{(x_p-\mathrm{Ex})^2}{2x_{p-1}^2}\right)$$

则所有云滴构成随机变量X_p的分布称为p阶正态云。

当$p=1$时，$x_1=R_N(\mathrm{En}_1,\mathrm{He})$（或$x_1=R_N(\mathrm{Ex},\mathrm{He})$），$p$阶正态云就退化为正态分布。当$p=2$时，$p$阶正态云退化为二阶正态云，此时$\mathrm{En}_1=\mathrm{Ex}$，$\mathrm{En}_2=\mathrm{En}$，也就是文献[14]中给出的正态云。

当参数$\mathrm{En}_1=\mathrm{En}_2=\cdots=\mathrm{En}_{p-1}=\mathrm{En}_p=0,\mathrm{He}=1$，即

$$x_i=\begin{cases}R_N(0,1), & i=1\\ R_N(0,x_{i-1}), & 2\leqslant i\leqslant p\end{cases}$$

$x_p\in U$称为p阶标准正态云的一个云滴。云滴x_p对C的确定度满足

$$\mu(x_p)=\exp\left(-\frac{x_p^2}{2x_{p-1}^2}\right)$$

则所有云滴构成随机变量X_p的分布称为p阶标准正态云。

对二阶正态云随机变量X，其期望、方差、三阶中心矩和四阶中心矩分别为：

(1) $E(X)=\mathrm{Ex}$；

(2) $D(X)=\mathrm{En}^2+\mathrm{He}^2$；

(3) $E(X-\mathrm{Ex})^3=0$；

(4) $E(X-\mathrm{Ex})^4=3(3\mathrm{He}^4+6\mathrm{He}^2\mathrm{En}^2+\mathrm{En}^4)$。

1.3.4 云发生器

正向云发生器和逆向云发生器是云模型中两个最重要、最关键的算法[14]。由云

的数字特征 C(Ex, En, He)产生定量数值,称为正向云发生器(forward cloud generator),用 FCG 表示(见图 1-1)。

对正态云模型而言,二阶正向正态云发生器算法 FCG(Ex, En, He, n)可表述如下。

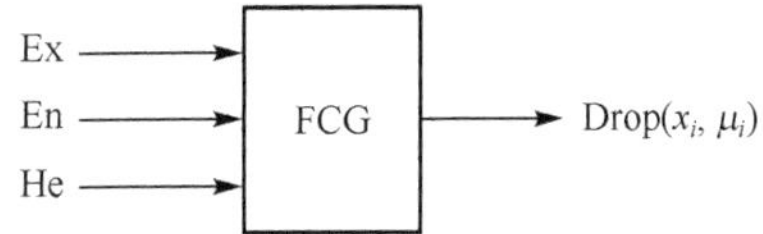

图 1-1　正向云发生器

算法 1-1[14]　FCG(Ex, En, He, n)。

输入:数字特征 Ex,En,He,生成云滴的个数 n。

输出:n 个云滴 x_i 及其确定度 $\mu(x_i)(i=1,2,\cdots,n)$。

算法步骤:

(1)生成以 En 为期望值,He^2 为方差的一个正态随机数 $y_i = R_N(\mathrm{En},\mathrm{He})$;

(2)生成以 Ex 为期望值,y_i^2 为方差的一个正态随机数 $x_i = R_N(\mathrm{Ex},y_i)$;

(3)计算 $\mu(x_i) = \exp\left(-\dfrac{(x_i-\mathrm{Ex})^2}{2y_i^2}\right)$;

(4)具有确定度 $\mu(x_i)$ 的 x_i 成为数域中的一个云滴;

(5)重复步骤(1)到(4),直至产生要求的 n 个云滴为止。

该算法既适用于论域空间为一维的情况,也适用于论域空间为二维或高维的情况。算法中两次用到正态随机数的生成,一次正态随机数是另一次正态随机数的基础,这是本算法的关键。如果 He=0,算法步骤(1)总是生成一个确定的 En,那么 x 就成为一个正态分布。如果 En=0, He=0,那么算法生成的 x 就成为一个精确值 Ex,且确定度恒等于 1。

在数域空间中,二阶正态云模型既不是一个确定的概率密度函数,也不是一条明晰的隶属函数曲线,而是由 2 次串接的正态发生器生成的许多云滴组成的、一对多的泛正态数学映射图像,是一朵可以伸缩、无确定边沿的云图(见图 1-2),完成定性和定量之间的相互转换。

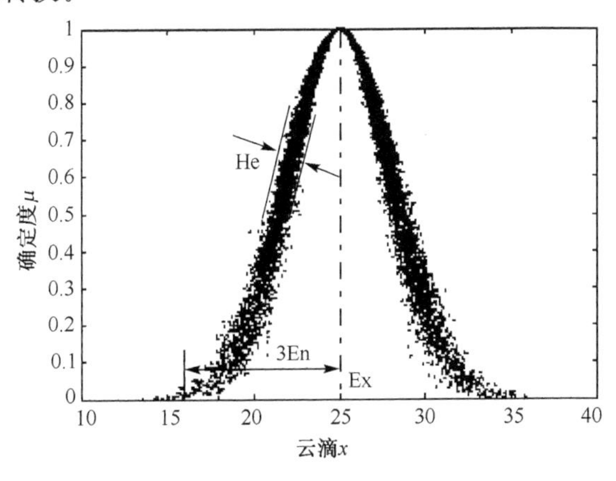

图 1-2　二阶正态云概念(25, 3, 0.3)的云图

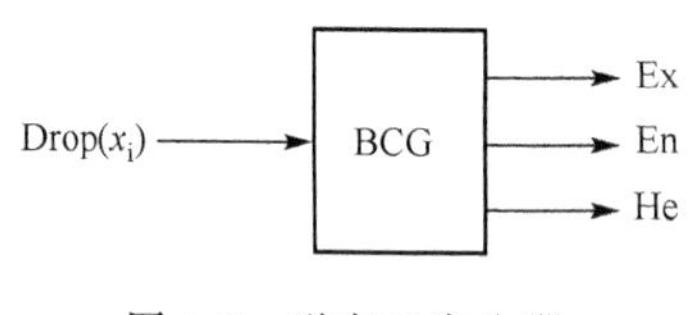

图 1-3 逆向云发生器

逆向云发生器(backward cloud generator,BCG)是实现定量数值和其定性语言值之间的不确定性转换,是从定量到定性的映射,它将一定数量的精确数据有效转换为以数字特征 C(Ex, En, He)表示的定性概念(见图 1-3)。

逆向云发生器算法是根据一定数量的数据样本,将其表示为用数字特征表示的定性概念,是实现从定性概念的外延到内涵转换的过程。现有的逆向云发生器算法可分为基于确定度的逆向云发生器算法和无确定度的逆向云发生器算法。基于确定度的逆向云发生器算法在形成定性概念时,由于实际问题中带有确定度的样本很难获得,所以该算法受到一定的局限性;现有的无确定度逆向云发生器算法通常是从给定的数据样本中利用样本各阶矩对定性概念的数字特征进行直接估计,这会导致有时得不到定性概念的数字特征的熵 En 和超熵 He 的估计值,或对定性概念数字特征的估计误差较大(即在转换过程中发生了"概念漂移")。主要有刘常昱等于 2004 年根据样本一阶绝对中心距和样本方差计算得到基于云 X 信息的逆向云新算法[24]和王立新于 2011 年 5 月根据样本方差和样本四阶中心矩计算得到的一种逆向云算法,两种逆向云发生器算法分别表述如下。

算法 1-2[24] BCG1(x_i)。

输入:样本点 $x_i(i=1,2,\cdots,n)$。

输出:反映定性概念的数字特征 Ex,En,He。

算法步骤:

(1)根据 x_i 计算这组数据的样本均值 $\bar{X}=\frac{1}{n}\sum_{i=1}^{n}x_i$,一阶样本绝对中心矩 $\frac{1}{n}\sum_{i=1}^{n}|x_i-\bar{X}|$,样本方差 $S^2=\frac{1}{n-1}\sum_{i=1}^{n}(x_i-\bar{X})^2$;

(2)计算期望 $\mathrm{Ex}=\bar{X}$;

(3)计算熵 $\mathrm{En}=\sqrt{\frac{\pi}{2}}\times\frac{1}{n}\sum_{i=1}^{n}|x_i-\mathrm{Ex}|$;

(4)计算超熵 $\mathrm{He}=\sqrt{S^2-\mathrm{En}^2}$。

算法 1-3 BCG2(x_i)。

输入:样本点 $x_i(i=1,2,\cdots,n)$。

输出:反映定性概念的数字特征 Ex,En,He。

算法步骤:

(1)根据 x_i 计算这组数据的样本均值 $\bar{X}=\frac{1}{n}\sum_{i=1}^{n}x_i$,样本方差 $S^2=\frac{1}{n-1}\times\sum_{i=1}^{n}(x_i-\bar{X})^2$,及样本四阶中心矩 $\bar{\mu}_4=\frac{1}{n-1}\sum_{i=1}^{n}(x_i-\bar{X})^4$;

(2) $\mathrm{Ex} = \bar{X}$；

(3) $\mathrm{En} = \sqrt[4]{\dfrac{9\,(S^2)^2 - \bar{\mu}_4}{6}}$；

(4) $\mathrm{He} = \sqrt{S^2 - \sqrt{\dfrac{9\,(S^2)^2 - \bar{\mu}_4}{6}}}$。

根据正向正态云发生器算法由定性概念的内涵生成概念外延过程的特点，提出一种多步还原的逆向云发生器算法，表述如下。

算法 1-4　BCG3(x_i)。

输入：样本点 $x_i(i = 1,2,\cdots,n)$。

输出：反映定性概念的数字特征 $\hat{\mathrm{E}}\mathrm{x},\hat{\mathrm{E}}\mathrm{n},\hat{\mathrm{H}}\mathrm{e}$。

算法步骤：

(1)根据给定的数据样本 $x_1,x_2,\cdots,x_n$ 计算样本均值 $\hat{\mathrm{E}}\mathrm{x} = \dfrac{1}{n}\sum_{k=1}^{n} x_k$，得到期望 Ex 的估计值；

(2)对原始样本 $x_1,x_2,\cdots,x_n$ 进行随机分组得到 m 组样本，且每组有 r 个样本($n = mr$ 且 n,m,r 都是正整数)。从分组后的每组样本中分别计算组内样本方差 $\hat{y}_i^2 = \dfrac{1}{r-1}\sum_{j=1}^{r} (x_{ij} - \hat{\mathrm{E}}\mathrm{x}_i)^2$，其中 $\hat{\mathrm{E}}\mathrm{x}_i = \dfrac{1}{r}\sum_{j=1}^{r} x_{ij}\,(i = 1,2,\cdots,m)$。根据正向云发生器，可以认为 $y_1,y_2,\cdots,y_m$ 是来自 $N(\mathrm{En},\mathrm{He}^2)$ 的一组样本。

(3)从样本 $y_1^2,y_2^2,\cdots,y_m^2$ 中估计 $\hat{\mathrm{E}}\mathrm{n}^2,\hat{\mathrm{H}}\mathrm{e}^2$。计算公式为

$$\hat{\mathrm{E}}\mathrm{n}^2 = \frac{1}{2}\sqrt{4\,(\hat{E}Y^2)^2 - 2\hat{D}Y^2}$$

$$\hat{\mathrm{H}}\mathrm{e}^2 = \hat{E}Y^2 - \hat{\mathrm{E}}\mathrm{n}^2$$

其中，$\hat{E}Y^2 = \dfrac{1}{m}\sum_{i=1}^{m}\hat{y}_i^2,\hat{D}Y^2 = \dfrac{1}{m-1}\sum_{i=1}^{m}(\hat{y}_i^2 - \hat{E}Y^2)^2$。

依据统计原理，给定的样本点越多，用逆向云发生器算法还原所得到的参数估计值的误差越小。在样本点有限的情况下，无论采用什么算法，误差都是不可避免的。下面利用正向云发生器算法生成试验样本，通过上述三个逆向云发生器算法分别对数字特征进行估计，根据数字特征值的估计均值和均方误差随样本量增大时的变化情况对逆向云算法的有效性进行比较，实验过程如下：

(1)运行正向云发生器 FCG(Ex, En, He, n) T 次，每次产生 n 个云滴；

(2)对(1)中每次产生得到的 n 个云滴分别用上述三种逆向云算法 BCG1，BCG2 和 BCG3 得到相应数字特征的估计值 $\hat{\mathrm{E}}\mathrm{x},\hat{\mathrm{E}}\mathrm{n},\hat{\mathrm{H}}\mathrm{e}$；

(3)计算在每种逆向云发生器算法下,(2)中所得到的 T 次数字特征值的均值和均方误差;

(4)计算在不同样本量下(不同云滴数)数字特征值的估计均值和均方误差。

图 1-4 所示为在 Ex=25, En=3, He=0.1 的条件下,三种逆向云发生器算法关于熵 En 和超熵 He 的估计值均值和均方误差在不用样本量 n 下的变化趋势。"—*—"线条为算法 BCG1 的实验结果,"—·—"线条为算法 BCG2 的实验结果,"—◦—"线条为算法 BCG3 的实验结果,三种逆向云发生器算法对期望 Ex 的估计方法相同,所以没有进行比较。

如图 1-4 所示,算法 BCG1 和算法 BCG2 与算法 BCG3 对熵 En 的估计误差差别不明显;在对超熵 He 进行估计时,算法 BCG1 和算法 BCG2 对 He 的估计出现较大的波动,导致超熵 He 估计的均方误差较大,算法 BCG3 对超熵 He 的估计相对较稳定,而且估计的均方误差随云滴数的增大而趋于 0。

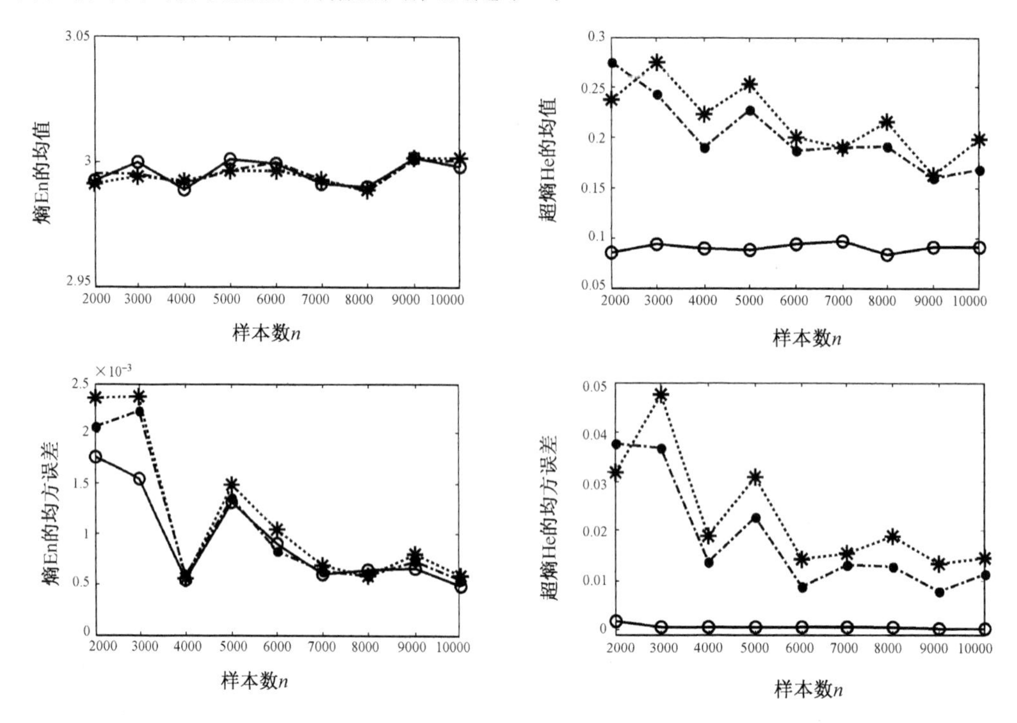

图 1-4 三种逆向云发生器算法误差比较

1.3.5 双向认知计算模型

近年来,认知计算研究已经有了长足进展[25]。但是,人们也同样越来越深刻地意识到在前进道路上仍有许多难以克服的困难[26]。特别是对于不确定性概念的认知,由于概念外延的不确定性而增加了研究的困难,主要表现在两个方面:一方面是在概念内涵层次上的,尽管人们早已投入了极大的研究力量来挖掘概念的内涵,提出了一系列机器学习模型和方法,但是还需要进一步研究高效且泛化能力强的知识获取方法;另一方面是在概念外延层次上的,虽然学术界已提出了一些概念外延上的计算理论模型和方法,但是面对模糊概念,由于认知的差异和外延的不确定性,现有方法很难得到概念的稳定外延(客观对象集合),特别是对于从概念内涵到外延之间的稳定双向映射模型研究甚少[27]。云模型理论通过期望、熵和超熵这三个数字特征来定量描述定性概念,通过正向云发生器和逆向云发生器实现了不确定性概念内涵与外延之间的定性定量相互转换,刻画了人类认知的双向认知计算过程——概念内涵与外延的双向认知变换,如图 1-5 所示。

在云模型理论中,正向云发生器算法(FCG)可通过特定的结构算法实现概念的内涵向其外延的转换,即由定性概念的数字特征生成一定量的数据(云滴)。由于逆向云发生器算法(BCG)是将一定量的样本数据转换为用数字特征表示的定性概念,也就是一个定性概念数字特征还原的过程,在这个过程中不可避免地会有误差产生,因此模拟人类认知的双向认知计算过程的关键在于构造一个相对准确的逆向云发生器算法。

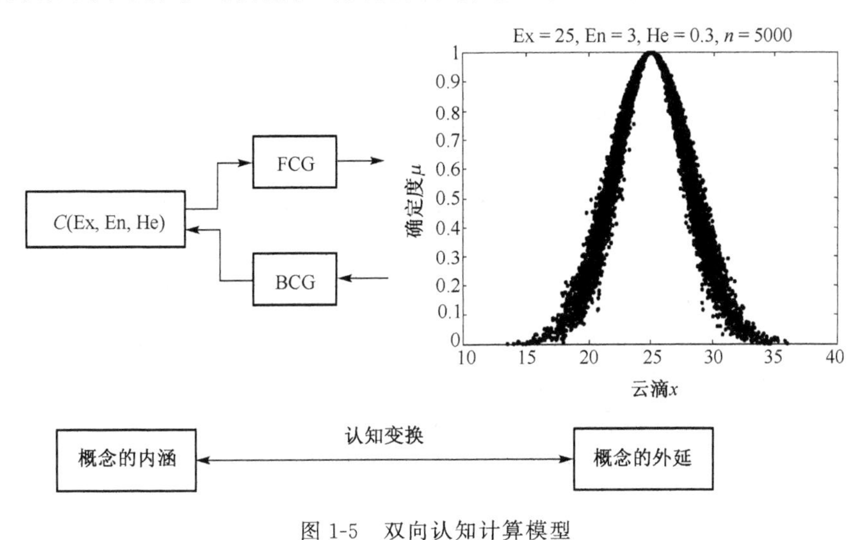

图 1-5　双向认知计算模型

人类对事物的认知是一个从实践中获取知识,再将获得的知识应用于实践中,即从定量认知到定性认知再到定量认知这样一个双向循环的认知过程。而目前众多机器学习和数据挖掘理论模型和方法所实现的是从概念的外延(定量数据)获取概念内涵(定性知识)的单向过程,这只实现了人类认知过程中从定量到定性的单向认知过程。在云模型理论中,由于正向云发生器算法的功能是把用数字特征表示的现定性概念(内涵)转换为其定量的表示(外延),逆向云发生器的功能则是把一定量的数据形成一个用数字特征表示的定性概念；因此，可利用正向云发生器算法与逆向云发生器算法循环进行多次，即对一个定性概念通过正向云发生器算法生成定量数据，再由逆向云发生器算法形成定性概念，来模拟人类对事物认知的双向认知计算过程。此外，由于逆向云发生器算法是实现定性概念数字特征值的还原过程，难免会有误差产生，因此可利用这一双向认知计算过程检验一个逆向云发生器算法的性能。为此，通过下面的实验模拟双向认知计算过程，同时对上述三种逆向云发生器算法的性能进行比较。

由于正向正态云发生器算法都是通过多次正态随机数串联产生得到云滴(定量数据)，而逆向云发生器算法可以通过不同的方法得到不同的逆向云发生器算法，所以用不同的逆向云发生器算法代表不同的人，模拟同一个人对同一个概念以及不同人对同一个概念的双向认知计算过程。

1. 同一个人对同一个定性概念的认知计算过程

对同一个定性概念，利用正向云发生器算法分别与上述三个逆向云发生器算法交替进行，模拟同一个人对同一个定性概念的认知计算过程，实验的主要步骤如下：

(1)给定一个初始定性概念 C(Ex, En, He)，运行正向云发生器算法 FCG(Ex, En, He, n)T 次，每次产生 n 个云滴；

(2)对步骤(1)中每次产生的云滴群分别用上述三种逆向云发生器算法，得到相应数字特征的估计值 $\hat{\mathrm{E}}\mathrm{x}$,$\hat{\mathrm{E}}\mathrm{n}$,$\hat{\mathrm{H}}\mathrm{e}$；

(3)分别计算在三种逆向云发生器算法下 T 次数字特征估计值的均值和均方误差；

(4)将步骤(3)中得到的三个数字特征估计值的均值分别代入步骤(1)中；

(5)反复执行步骤(1)～(4) L 次。

图 1-6 为初始数字特征值为 Ex＝25, En＝3, He＝0.1，云滴数 $n=5000$，$T=20$ 次的条件下，正向云发生器算法和上述三种逆向云发生器算法交替循环进行 $L=50$ 次时，数字特征值期望 Ex，熵 En 和超熵 He 估计值的均值和均方误差的变化趋势。“—*—”线条为算法 BCG1 的试验结果，“—·—”线条为算法 BCG2 的试验结果，“—◦—”线条为算法 BCG3 的试验结果。

上述模拟试验可理解为人们对“年轻人”这一定性概念认知计算的模拟，用数字特征 Ex＝25, En＝3, He＝0.1 进行定量表示，其中 Ex＝25 表示“年轻人”的期望年龄，En＝3 和 He＝0.1 是对“年轻人”这一不确定性概念的不确定性度量。从上述试验结果可以看出，对初始给定的定性概念 C(25, 3, 0.1)，经过正向云发生器算法 FCG 和上述三个逆向云发生器算法 BCG1、BCG2 和 BCG3 循环进行 $L=50$ 次的过程中，原始定性概念的数字特征值都发生了不同程度的变化，即概念在经过正向/逆向循环变换后存在一定的“概念漂移”现象，不再是原来的概念(见表 1-1)。上述三种逆向云发生器算法对初始定性概念 $C(25, 3, 0.1)$经过 $L=50$ 次认知计算后的云图，如图 1-7 所示，其中图 1-7(a)为初始定性概念 $C(25, 3, 0.1)$的云图，图 1-7(b)，(c)，(d)分别为通过逆向云发生器算法 BCG1，BCG2 和 BCG3 认知计算后所得定性概念 $C1(24.92, 2.96, 0.34)$，$C2(25.03, 2.98, 0.30)$，$C3(24.98, 3.01, 0.096)$的云图。

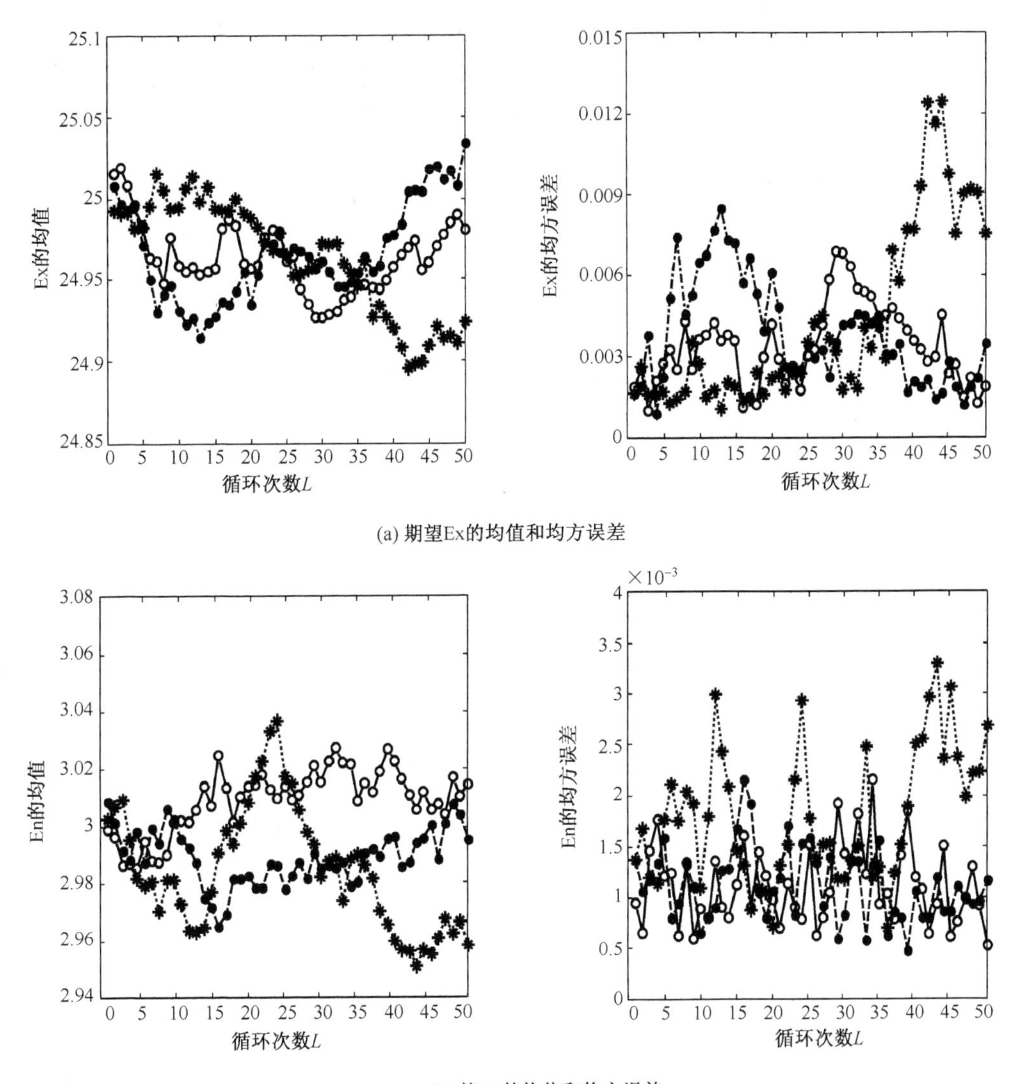

(a) 期望Ex的均值和均方误差

(b) 熵En的均值和均方误差

图 1-6　正向云发生器算法和三种逆向云发生器算法交替循环

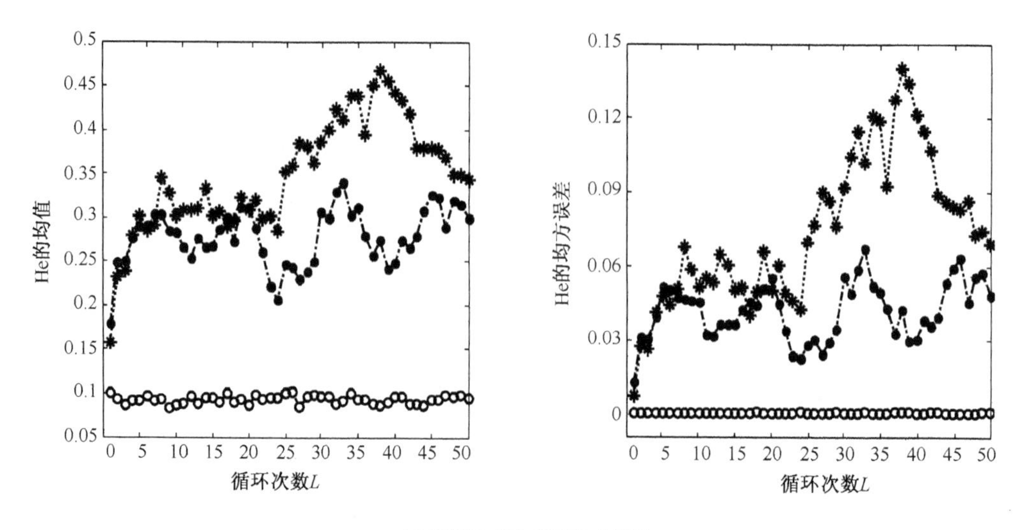

(c) 超熵He的均值和均方误差

图 1-6　正向云发生器算法和三种逆向云发生器算法交替循环(续)

表 1-1　同一个人对同一定性概念的认知计算结果

初始定性概念	L＝50 次认知计算后得到的定性概念		
	BCG1	BCG2	BCG3
C(25，3，0.1)	C1(24.92，2.96，0.34)	C2(25.03，2.98，0.30)	C3(24.98,3.01，0.096)

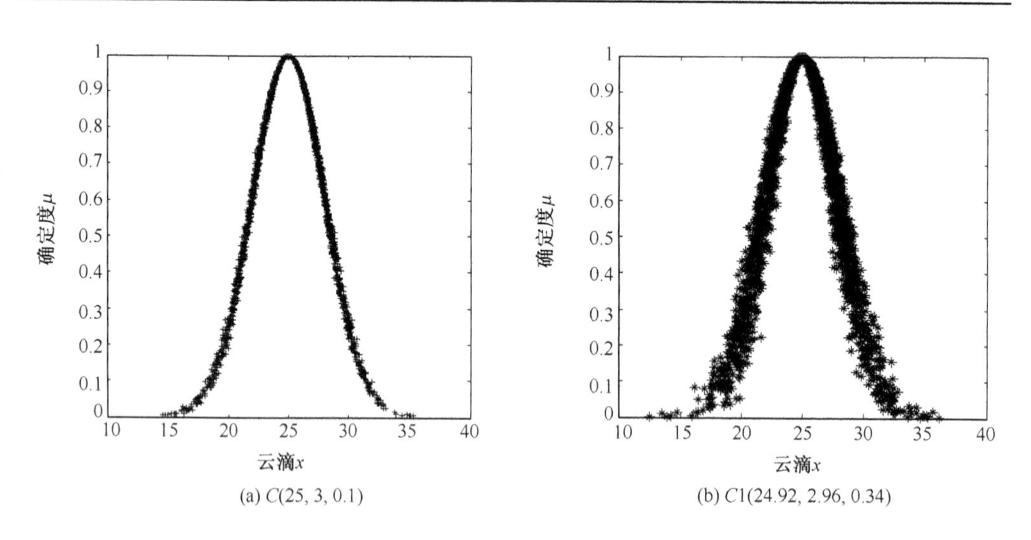

图 1-7　同一个人对同一个定性概念的认知计算云图

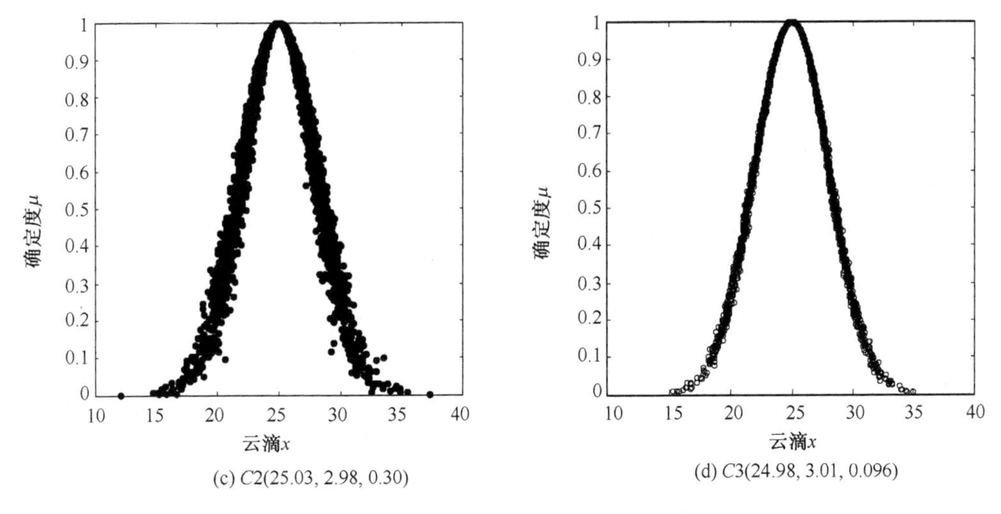

(c) $C2(25.03, 2.98, 0.30)$　(d) $C3(24.98, 3.01, 0.096)$

图 1-7　同一个人对同一个定性概念的认知计算云图(续)

同一个人对同一定性概念的认知计算过程,由于不存在精确的逆向云发生器算法,所以在模拟概念内涵与外延的双向变换过程中允许概念存在一定的"弱漂移"性,这就需要逆向云发生器算法具有一定的稳定性。因此,从上述模拟过程可以看出,逆向云发生器算法 BCG1 和 BCG2 在估计定性概念的超熵时稳定性相对较差,导致认知计算后所得到的定性概念的漂移性相对较大,如图 1-7(a)、(b)、(c)所示;而逆向云发生器算法 BCG3 的稳定性较好,认知计算后所得到的定性概念的漂移性小,如图 1-7(d)所示。

2. 不同人对同一个概念的认知计算过程模拟

不同人对同一个定性概念的认知,可能会得到不同的认知结果。为此,利用上述三个逆向云发生器算法相互交替进行,模拟不同人对同一个定性概念的认知计算过程,每次都利用正向云发生器产生定量数据(云滴),实验模拟过程如图 1-8 所示。

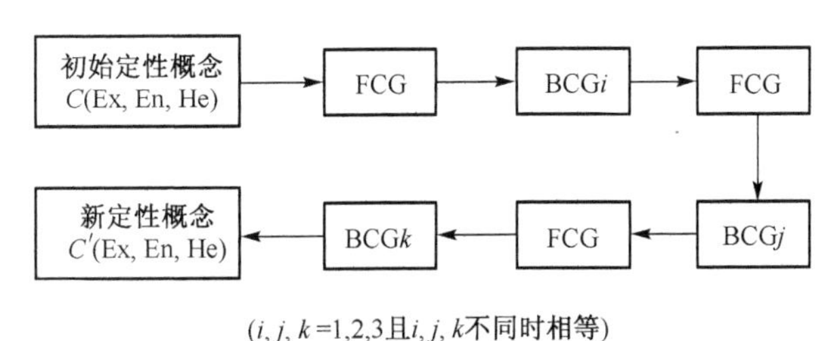

图 1-8　不同人对同一定性概念的认知计算过程

在云模型理论中,当定性概念的 3He<En 时,云滴群的分布呈现出泛正态分布的

状态，此时云滴群表现出的凝聚性较好；当 3He>En 时，云滴群的分布所呈现的形状明显区别于正态分布，即呈现出雾化的状态[27]，此时云滴群表现出的凝聚性较差，所表示的定性概念共识也较差，或者对缺乏共识的定性概念可用雾化状态的云概念进行表示。

若对于初始定性概念为 $C(25, 3, 0.1)$，通过上述三种逆向云发生器算法得到的认知计算结果见表 1-2。其中表 1-2 中的结果是由云滴数为 $n=5000$，计算每种逆向云算法 $T=20$ 次时的均值得到的，表中 $Ci(\mathrm{Ex}, \mathrm{En}, \mathrm{He})$ 表示由逆向云发生器算法 BCGi($i=1, 2, 3$)得到的定性概念。

初始定性概念 $C(25, 3, 0.1)$可视为人们对"年轻人"的认知，由于没有雾化，所以可理解为人们对"年轻人"这一定性概念的认知达成了一定的共识。因此，这一定性概念通过不同人的认知计算后所得到的定性概念也具有一定的共识性，即认知计算后得到的概念不会雾化。从表 1-2 中的数据可看出，对初始定性概念经过不同人的认知计算后所得到的结果都没有呈现出雾化的状态。表 1-2 中初始定性概念 $C(25, 3, 0.1)$经过 BCG1→BCG2→BCG3 这一认知过程的云图如图 1-9 所示，表中其他过程的云图类似可画出，此处略。

表 1-2　不同人对同一定性概念的认知计算结果

初始定性概念	→ BCGi → BCGj → BCGk → 新定性概念
$C(25, 3, 0.1)$	→ $C1(24.996, 2.982, 0.247)$ → $C2(25.012, 2.984, 0.271)$ → $C3(25.002, 2.980, 0.275)$
	→ $C2(25.014, 2.980, 0.224)$ → $C3(25.013, 2.968, 0.221)$ → $C1(25.004, 2.959, 0.285)$
	→ $C3(25.005, 3.006, 0.094)$ → $C1(24.990, 3.011, 0.210)$ → $C2(24.980, 3.013, 0.274)$
	→ $C1(24.996, 2.982, 0.247)$ → $C3(24.994, 2.985, 0.216)$ → $C2(24.989, 2.984, 0.269)$
	→ $C2(25.014, 2.980, 0.224)$ → $C1(25.008, 2.973, 0.324)$ → $C3(25.006, 2.969, 0.315)$
	→ $C3(25.005, 3.006, 0.094)$ → $C2(24.997, 3.002, 0.194)$ → $C1(24.980, 3.013, 0.274)$

若对于初始定性概念为 $C(25, 3, 1.2)$，通过上述三种逆向云发生器算法得到的认知计算结果见表 1-3。其中的结果是由云滴数为 $n=5000$，计算每种逆向云算法 $T=20$次时的均值得到的，表中 $Ci(\mathrm{Ex}, \mathrm{En}, \mathrm{He})$表示由逆向云发生器算法 BCG$i$($i=1, 2, 3$)得到的定性概念。

表 1-3　不同人对同一定性概念的认知计算结果

初始定性概念	→ BCGi → BCGj → BCGk → 新定性概念
$C(25, 3, 1.2)$	→ $C1(25.004, 3.002, 1.178)$ → $C2(25.006, 2.995, 1.201)$ → $C3(25.002, 2.983, 1.184)$
	→ $C2(24.997, 2.985, 1.229)$ → $C3(25.013, 3.008, 1.215)$ → $C1(25.034, 3.016, 1.183)$
	→ $C3(24.995, 3.007, 1.187)$ → $C1(24.987, 3.011, 1.169)$ → $C2(25.021, 2.964, 1.173)$
	→ $C1(25.004, 3.002, 1.178)$ → $C3(24.989, 2.987, 1.182)$ → $C2(24.977, 3.011, 1.196)$
	→ $C2(24.997, 2.985, 1.229)$ → $C1(25.017, 3.006, 1.217)$ → $C3(25.011, 2.994, 1.208)$
	→ $C3(24.995, 3.007, 1.187)$ → $C2(24.978, 3.002, 1.194)$ → $C1(24.975, 3.012, 1.176)$

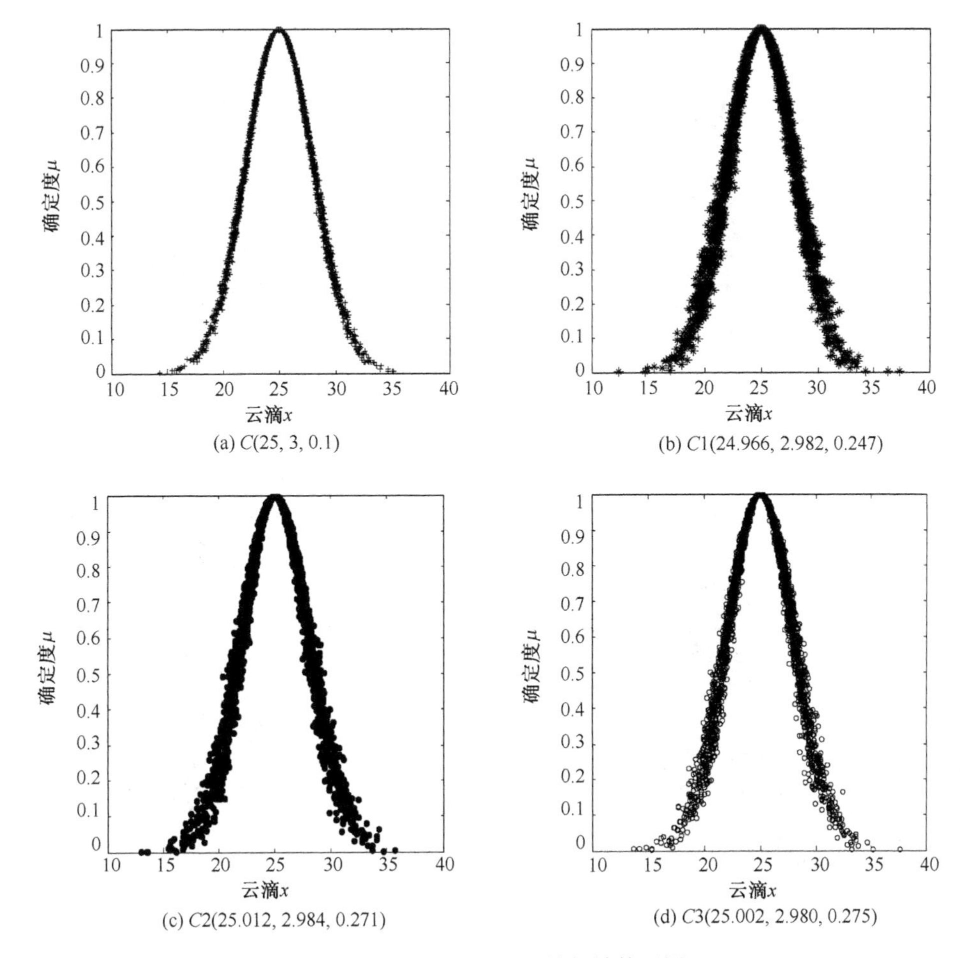

(a) $C(25, 3, 0.1)$　(b) $C1(24.966, 2.982, 0.247)$

(c) $C2(25.012, 2.984, 0.271)$　(d) $C3(25.002, 2.980, 0.275)$

图 1-9　$C \rightarrow C1 \rightarrow C2 \rightarrow C3$ 认知计算云图

同理，初始定性概念 $C(25, 3, 1.2)$可视为人们对“年轻人”的认知，此时由于定性概念 $C(25, 3, 1.2)$已经雾化，所以可理解为人们对“年轻人”这一定性概念的认知还未达成一定的共识，即对“年轻人”这一定性概念的认知还需更多知识。那么，这一雾化了的定性概念通过不同人的认知计算后所得到的定性概念也是雾化的。从表 1-3 中的数据可看出，对初始定性概念经过不同人的认知计算后所得到的结果都呈现出了雾化的状态。表 1-3 中初始定性概念 $C(25, 3, 1.2)$经过 BCG1→BCG2→BCG3 这一认知过程的云图如图 1-10 所示，表中其他过程的云图类似可画出，此处略。

从上述的结果可以看出，针对一个定性概念，无论是否雾化，不同人对这一概念的认知结果虽然有一定的差异，但都表现出一定的趋同性，即原始概念经过认知后不会发生本质性的改变。

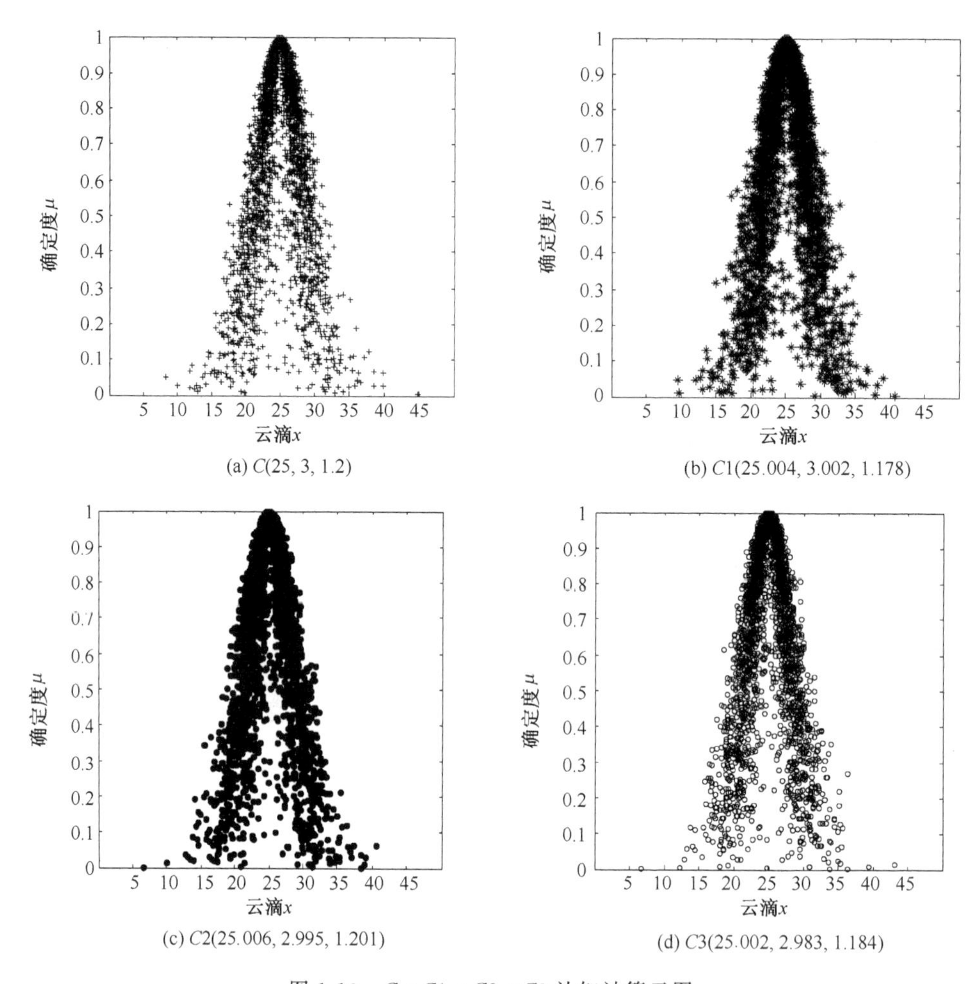

(a) $C(25, 3, 1.2)$　(b) $C1(25.004, 3.002, 1.178)$

(c) $C2(25.006, 2.995, 1.201)$　(d) $C3(25.002, 2.983, 1.184)$

图 1-10　$C \to C1 \to C2 \to C3$ 认知计算云图

1.4　本章小结

云模型实现了定性概念与其定量表示之间的不确定性转换,用以反映自然语言中概念的不确定性,而且反映了不确定性概念中随机性和模糊性的关联性,通过正向云发生器和逆向云发生器较好地刻画了人类对事物认知的双向认知计算过程。为了进一步研究不确定概念的表示与处理,以及揭示不确定性概念内涵与外延的本质关系,还有一些工作需要进一步研究。

(1)在实现双向认知计算过程中,由于逆向云发生器算法在由定量数据形成定性概念数字特征值的过程中误差不可避免,所以对一个原始的定性概念通过正向/逆向云发生器算法后,不再是原来的概念,会有一定程度的漂移性发生。因此,对概念漂移性的度量需要进一步的研究，同时概念漂移性的大小也是检验逆向云发生器算法的一个指标。

(2)云模型是不确定性概念表示和处理的一种模型，由于客观世界中不确定性的复杂性，任何一种单一模型都无法涵盖所有的不确定性，都只能在具体领域具体问题中适用，将各种模型综合考虑是研究不确定性概念表示和处理的一个重要方向。因此，如何将云模型与其他处理不确定性问题的理论模型(如粗糙集)有机结合起来，也是今后的重点研究工作之一。

本章的成果得到李德毅研究员组织的不确定性表示的数学基础讨论组的许多建议和帮助，对在讨论中给予启发的同志们，在此致以深深的谢意！

本章成果得到国家自然科学基金(No. 61073146)、重庆市杰出青年科学基金(No. 2008BA2041)项目的支持。

参考文献

[1] O'Neill M. Artificial Intelligence and Cognitive Science. Berlin：Springer，2002.

[2] Edward E S，Stephen M K. Cognitive Psychology：Mind and Brain. New York：Pearson International Education，2008.

[3] 史忠植. 智能科学. 北京：清华大学出版社，2006.

[4] Wang Y X. Novel Approaches in Cognitive Informatics and Natural Intelligence. New York：IGI Global，2008.

[5] Wang Y X. Cognitive informatics：exploring theoretical foundations for natural intelligence，neural informatics，autonomic computing，and agent systems. The International Journal of Cognitive Informatics and Natural Intelligence，2007，1 (1) ：1-10.

[6] 克莱因. 数学：确定性的丧失. 李宏魁，译. 长沙：湖南科技出版社，2007.

[7] Zajonc R B，Morrissette J. The role of uncertainty in cognitive change. The J of Abnormal and Social Psychology，1960，61(2)：168-175.

[8] Quayle D Q，Ball L J. Cognitive uncertainty in syllogistic reasoning：an alternative mental models theory. Proc of the Twenty-Third Annual Conference of the Cognitive Science Society，Mahwah，2001.

[9] Wallerstein I. The Uncertainties of Knowledge. Philadelphia：Temple University Press，2004.

[10] Halpern J Y. Reasoning about Uncertainty. Cambridge：The MIT Press，2005.

[11] 李德毅，孟海军，史雪梅. 隶属云和隶属云发生器. 计算机研究与发展，1995，32(6)：16-21.

[12] Li D Y，Liu C Y. Study on the universality of the normal cloud model. Engineering Science，2004，6(8)：28-34.

[13] 李德毅，刘常昱，杜鹢，等. 不确定性人工智能. 软件学报，2004，15(11)：1583-1594.

[14] 李德毅，杜鹢. 不确定性人工智能. 北京：国防工业出版社，2005.

[15] Zadeh L A. Fuzzy sets. Information and Control，1965，8(3)：338-353.

[16] Pawlak Z. Rough sets. Int J of Computer and Information Sciences, 1982, 11(5): 341-356.
[17] Atanassov K T. Intuitionistic fuzzy sets. Fuzzy Sets and Systems, 1986, 20(1):87-96.
[18] Mendel J M, John R I, Liu F. Interval type-2 fuzzy logic systems made simple. IEEE Trans on Fuzzy Systems, 2006, 14: 808-821.
[19] 王国胤，张清华，马希骜，等. 知识不确定性问题的粒计算模型. 软件学报，2011，22(4): 676-694.
[20] 王国胤，姚一豫，于洪. 粗糙集理论与应用研究综述. 计算机学报，2009，32(7): 1229-1246.
[21] Wang G Y. Rough set based uncertainty knowledge expressing and processing. RSFDGrC 2011, Moscow, 2011:11-18.
[22] Li D Y, Liu C Y, Gan W Y. A new cognitive model: cloud model. Int J of Intelligent Systems, 2009, 24(3): 357-375.
[23] 王梓坤. 概率论基础及其应用. 北京:北京师范大学出版社，1996.
[24] 刘常昱，冯芒，戴晓军，等. 基于云 X 信息的逆向云新算法. 系统仿真学报，2004，16(11): 2417-2420.
[25] Wang Y X, Pedrycz W, Baciu G, et al. Perspectives on cognitive computing and applications: summary of plenary panel I of IEEE ICCI'10. Proc 9th IEEE Int Conf on Cognitive Informatics (ICCI'10), 2010:8-16.
[26] Snaider J, McCall R, Franklin S. Time production and representation in a conceptual and computational cognitive model. Cognitive Systems Research, 2012, 13(1): 59-71.
[27] 刘禹，李德毅. 正态云模型雾化性质统计分析. 北京航空航天大学学报，2010，36(11): 1320-1324.

第2章 高斯云的数学性质

刘玉超[1] 李德毅[1] 刘 禹[2]

1.清华大学 计算机科学与技术系

2.北京航空航天大学 计算机学院

云模型的具体实现方法可以有多种[1]，基于不同的概率分布可以构成不同的云，如基于均匀分布的均匀云、基于高斯分布的高斯云、基于幂律分布的幂律云等。其中，高斯云是研究和应用最为广泛的一种云模型，高斯分布的普适性与钟形隶属函数的普遍性，共同奠定了高斯云的普适性[2]。高斯云是基于二阶高斯分布迭代来实现的云模型，与高斯分布相比，具有尖峰肥尾[3-5]的特性，而对于高阶高斯分布迭代产生的高阶高斯云，随着阶数的增加其越来越接近幂律分布。本章试图通过对高斯云数学性质的研究，建立高斯分布与幂律分布之间的联系，并通过实验分析高阶高斯云的典型参数。

2.1 高斯云分布

正向高斯云算法本质上是利用二阶高斯随机数产生器实现从定性概念到定量数据的转换过程，并根据三个数字特征（期望、熵和超熵）自动生成数据样本（称之为云滴），具体算法见本书第1章算法1-1。

算法中两次用到高斯随机数的生成，一次随机数是另一次随机数的基础，这是本算法的关键。如果 He=0，那么算法步骤1总是生成一个确定的值 En，x 就成为一个高斯分布。更极端地说，如果 He=0，En=0，那么算法生成的 x 就成为同一个精确值 Ex，且确定度恒等于1。图2-1显示了云滴的生成过程以及出现的所有中间量。

Ex、En 和 He 是三个已知量；En_i' $(i=1,\cdots,n)$ 构成随机变量 En'，$\mathrm{En}_i'^2$ $(i=1,\cdots,n)$ 构成随机变量 En'^2，En' 和 En'^2 是两个中间变量；x_i $(i=1,\cdots,n)$ 构成随机变量 X，y_i $(i=1,\cdots,n)$ 构成随机变量 Y，云滴变量 X 和隶属度变量 Y 是输出量。很显然，En' 服从高斯分布，期望为 En，方差为 He^2。En'^2 的数字特征如下：

因为 $D(\mathrm{En}') = E(\mathrm{En}'^2) - [E(\mathrm{En}')]^2$，所以 $E(\mathrm{En}'^2) = \mathrm{En}^2 + \mathrm{He}^2$

因为 $D(\mathrm{En}'^2) = E(\mathrm{En}'^4) - [E(\mathrm{En}'^2)]^2$，有

$$E(\mathrm{En}'^4) = \int_{-\infty}^{+\infty} \mathrm{En}'^4 f_{\mathrm{En}'}(\mathrm{En}')\mathrm{d}x$$

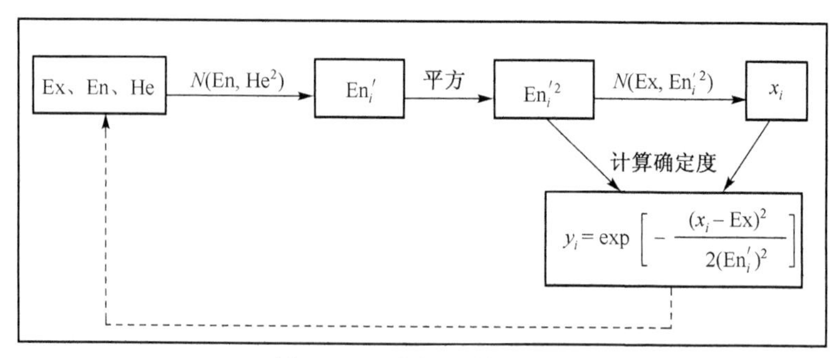

图 2-1　云滴的生成过程图

$$
\begin{aligned}
&= \int_{-\infty}^{+\infty} (\mathrm{En}' - \mathrm{En} + \mathrm{En})^4 \frac{1}{\sqrt{2\pi \mathrm{He}^2}} \mathrm{e}^{-\frac{(\mathrm{En}'-\mathrm{En})^2}{2\mathrm{He}^2}} \mathrm{dEn}' \\
&= \int_{-\infty}^{+\infty} (\mathrm{En}' - \mathrm{En})^4 \frac{1}{\sqrt{2\pi \mathrm{He}^2}} \mathrm{e}^{-\frac{(\mathrm{En}'-\mathrm{En})^2}{2\mathrm{He}^2}} \mathrm{dEn}' \\
&\quad + \int_{-\infty}^{+\infty} \mathrm{En}^4 \frac{1}{\sqrt{2\pi \mathrm{He}^2}} \mathrm{e}^{-\frac{(\mathrm{En}'-\mathrm{En})^2}{2\mathrm{He}^2}} \mathrm{dEn}' \\
&\quad + 6\mathrm{En}^2 \int_{-\infty}^{+\infty} (\mathrm{En}' - \mathrm{En})^2 \frac{1}{\sqrt{2\pi \mathrm{He}^2}} \mathrm{e}^{-\frac{(\mathrm{En}'-\mathrm{En})^2}{2\mathrm{He}^2}} \mathrm{dEn}' \\
&= 3\mathrm{He}^4 + \mathrm{En}^4 + 6\mathrm{En}^2\mathrm{He}^2
\end{aligned}
$$

所以 $D(\mathrm{En}'^2) = 2\mathrm{He}^4 + 4\mathrm{En}^2\mathrm{He}^2$。

对于正向高斯云算法生成的云滴 X,可以通过一个条件概率来给出其数学描述。

定义 2-1　在论域U上定义均值为 En、标准差为 He 的高斯随机变量 s, 即 s 的概率密度函数为

$$f(s) = \frac{1}{\sqrt{2\pi \mathrm{He}^2}} \exp\left[-\frac{(s - \mathrm{En})^2}{2\mathrm{He}^2}\right], \quad \forall s \in U$$

在 $s=\sigma$ 的条件下,定义在论域上的随机变量 X 的条件概率密度函数为

$$f(x \mid s = \sigma) = \frac{1}{\sqrt{2\pi\sigma^2}} \exp\left[-\frac{(x - \mathrm{Ex})^2}{2\sigma^2}\right], \quad \forall x \in U$$

因此,

$$
\begin{aligned}
f(x) &= \int_{-\infty}^{+\infty} f(x \mid s = \sigma) f(\sigma) \mathrm{d}\sigma \\
&= \int_{-\infty}^{+\infty} \frac{1}{\sqrt{2\pi\sigma^2}} \exp\left[-\frac{(x - \mathrm{Ex})^2}{2\sigma^2}\right] \frac{1}{\sqrt{2\pi \mathrm{He}^2}} \exp\left[-\frac{(\sigma - \mathrm{En})^2}{2\mathrm{He}^2}\right] \mathrm{d}\sigma
\end{aligned}
$$

式中,$f(x)$就是云模型产生云滴 X 的概率密度分布函数,X 服从高斯云分布。

如果把高斯分布看做一阶高斯云,那么就有两个参数(Ex, En);而前面描述的高斯云作为二阶高斯云,有三个参数(Ex,En,He)。依次类推,可以给出 p 阶高斯云的生成算法。

算法 2-1　p 阶高斯云的正向算法。

输入:刻画 p 阶云模型的 $p+1$ 个参数 He, μ_1, …, μ_p,云滴数 N。

输出:N 个云滴的定量值 x_p。

算法步骤:

步骤 1　以 μ_1 为期望值,He^2 为方差产生一个正态随机数 x_1;

步骤 2　以 μ_2 为期望值,x_1^2 为方差产生一个正态随机数 x_2;

…

步骤 $p-1$　以 μ_{p-1} 为期望值,x_{p-2}^2 为方差产生一个正态随机数 x_{p-1};

步骤 p　以 μ_p 为期望值, x_{p-1}^2 为方差产生一个正态随机数 x_p,称做云滴;

步骤 $p+1$　重复步骤 1 至 p,直到产生 N 个云滴。

p 阶高斯云正向算法生成的云滴 X_p 的概率密度函数为

$$
\begin{aligned}
f(x_p) &= \int_{-\infty}^{+\infty} f(x_p \mid x_{p-1}) f(x_{p-1}) \mathrm{d}x_{p-1} \\
&= \int_{-\infty}^{+\infty} \cdots \int_{-\infty}^{+\infty} f(x_p \mid x_{p-1}) \cdots f(x_2 \mid x_1) f(x_1) \mathrm{d}x_1 \mathrm{d}x_2 \cdots \mathrm{d}x_{p-1} \\
&= \int_{-\infty}^{+\infty} \cdots \int_{-\infty}^{+\infty} \frac{1}{\sqrt{2\pi x_{p-1}^2}} \mathrm{e}^{-\frac{(x_p-\mu_p)^2}{2x_{p-1}^2}} \cdots \frac{1}{\sqrt{2\pi x_1^2}} \mathrm{e}^{-\frac{(x_2-\mu_2)^2}{2x_1^2}} \frac{1}{\sqrt{2\pi\sigma^2}} \mathrm{e}^{-\frac{(x_1-\mu_1)^2}{2\sigma^2}} \mathrm{d}x_1 \mathrm{d}x_2 \cdots \mathrm{d}x_{p-1}
\end{aligned}
$$

式中,$\mu_i(i=1,\cdots,p)$是 $X_i(i=1,\cdots,p)$的期望,$x_i(i=1,\cdots,p)$是 i 阶随机变量 $X_i(i=1,\cdots,p)$的一次实现,σ^2 是 X_1 的方差。

单纯从数学表示上看,对于 p 阶高斯云 x_p 而言,随着阶数 p 的增加,其方差不断向两极分化,也就是说样本向靠近期望 μ_p 和远离期望的尾端同时变化。

2.2　高斯云的数学性质

2.2.1　高斯云的数字特征

(1)高斯云分布的期望 $E\{X\}=\mathrm{Ex}$。

证明:
$$
\begin{aligned}
E\{X\} &= \int_{-\infty}^{+\infty} x f(x) \mathrm{d}x \\
&= \int_{-\infty}^{+\infty} x \frac{1}{\sqrt{2\pi\sigma^2}} \mathrm{e}^{-\frac{(x-\mathrm{Ex})^2}{2\sigma^2}} \mathrm{d}x \int_{-\infty}^{+\infty} \frac{1}{\sqrt{2\pi \mathrm{He}^2}} \mathrm{e}^{-\frac{(\sigma-\mathrm{En})^2}{2\mathrm{He}^2}} \mathrm{d}\sigma \\
&= \mathrm{Ex}
\end{aligned}
$$

(2)当 $0<\mathrm{He}<\frac{\mathrm{En}}{3}$时,高斯云分布的一阶绝对中心矩 $E\{|X-\mathrm{Ex}|\}=\sqrt{\frac{2}{\pi}}\mathrm{En}$。

$$\text{证明}: E\{|X-\mathrm{Ex}|\}=\int_{-\infty}^{+\infty}|x-\mathrm{Ex}|f(x)\mathrm{d}x$$

$$=2\int_{\mathrm{Ex}}^{+\infty}\frac{x-\mathrm{Ex}}{\sqrt{2\pi\sigma^2}}\mathrm{e}^{-\frac{(x-\mathrm{Ex})^2}{2\sigma^2}}\mathrm{d}x\int_{-\infty}^{+\infty}\frac{1}{\sqrt{2\pi\mathrm{He}^2}}\mathrm{e}^{-\frac{(\sigma-\mathrm{En})^2}{2\mathrm{He}^2}}\mathrm{d}\sigma$$

$$=\sqrt{\frac{2}{\pi}}\int_{\mathrm{Ex}}^{+\infty}\frac{x-\mathrm{Ex}}{|\sigma|}\mathrm{e}^{-\frac{(x-\mathrm{Ex})^2}{2\sigma^2}}\mathrm{d}x\int_{-\infty}^{+\infty}\frac{1}{\sqrt{2\pi\mathrm{He}^2}}\mathrm{e}^{-\frac{(\sigma-\mathrm{En})^2}{2\mathrm{He}^2}}\mathrm{d}\sigma$$

$$=\sqrt{\frac{2}{\pi}}\int_{-\infty}^{+\infty}\frac{|\sigma|}{\sqrt{2\pi\mathrm{He}^2}}\mathrm{e}^{-\frac{(\sigma-\mathrm{En})^2}{2\mathrm{He}^2}}\mathrm{d}\sigma$$

$$=\sqrt{\frac{2}{\pi}}\mathrm{En}\quad\left(\text{当 } 0<\mathrm{He}<\frac{\mathrm{En}}{3}\text{,即 99.7\% 的 }\sigma\text{ 取值为正}\right)$$

(3)高斯云分布的方差 $D(X)=\mathrm{He}^2+\mathrm{En}^2$。

$$\text{证明}: D(X)=\int_{-\infty}^{+\infty}(x-\mathrm{Ex})^2f(x)\mathrm{d}x$$

$$=\int_{-\infty}^{+\infty}(x-\mathrm{Ex})^2\frac{1}{\sqrt{2\pi\sigma^2}}\mathrm{e}^{-\frac{(x-\mathrm{Ex})^2}{2\sigma^2}}\mathrm{d}x\int_{-\infty}^{+\infty}\frac{1}{\sqrt{2\pi\mathrm{He}^2}}\mathrm{e}^{-\frac{(\sigma-\mathrm{En})^2}{2\mathrm{He}^2}}\mathrm{d}\sigma$$

$$=\int_{-\infty}^{+\infty}\frac{\sigma^2}{\sqrt{2\pi\mathrm{He}^2}}\mathrm{e}^{-\frac{(\sigma-\mathrm{En})^2}{2\mathrm{He}^2}}\mathrm{d}\sigma=\int_{-\infty}^{+\infty}\frac{(\sigma-\mathrm{En}+\mathrm{En})^2}{\sqrt{2\pi\mathrm{He}^2}}\mathrm{e}^{-\frac{(\sigma-\mathrm{En})^2}{2\mathrm{He}^2}}\mathrm{d}\sigma$$

$$=\int_{-\infty}^{+\infty}\frac{(\sigma-\mathrm{En})^2}{\sqrt{2\pi\mathrm{He}^2}}\mathrm{e}^{-\frac{(\sigma-\mathrm{En})^2}{2\mathrm{He}^2}}\mathrm{d}\sigma+\int_{-\infty}^{+\infty}\frac{\mathrm{En}^2}{\sqrt{2\pi\mathrm{He}^2}}\mathrm{e}^{-\frac{(\sigma-\mathrm{En})^2}{2\mathrm{He}^2}}\mathrm{d}\sigma+0$$

$$=\mathrm{He}^2+\mathrm{En}^2$$

高斯云的云滴集合是一个期望为 Ex、方差为 $\mathrm{En}^2+\mathrm{He}^2$ 的随机变量。这是高斯云分布的重要的数学性质。

(4)高斯云分布的三阶中心矩 $E(X-\mathrm{Ex})^3=0$

$$\text{证明}: \quad E(X-\mathrm{Ex})^3=\int_{-\infty}^{+\infty}(x-\mathrm{Ex})^3f(x)\mathrm{d}x$$

$$=\int_{-\infty}^{+\infty}(x-\mathrm{Ex})^3\frac{1}{\sqrt{2\pi\sigma^2}}\mathrm{e}^{-\frac{(x-\mathrm{Ex})^2}{2\sigma^2}}\mathrm{d}x\int_{-\infty}^{+\infty}\frac{1}{\sqrt{2\pi\mathrm{He}^2}}\mathrm{e}^{-\frac{(\sigma-\mathrm{En})^2}{2\mathrm{He}^2}}\mathrm{d}\sigma$$

$$=0$$

(5)高斯云分布的四阶中心矩 $E(X-\mathrm{Ex})^4=9\mathrm{He}^4+3\mathrm{En}^4+18\mathrm{En}^2\mathrm{He}^2$

$$\text{证明}: E(X-\mathrm{Ex})^4=\int_{-\infty}^{+\infty}(x-\mathrm{Ex})^4f(x)\mathrm{d}x$$

$$=\int_{-\infty}^{+\infty}(x-\mathrm{Ex})^4\frac{1}{\sqrt{2\pi\sigma^2}}\mathrm{e}^{-\frac{(x-\mathrm{Ex})^2}{2\sigma^2}}\mathrm{d}x\int_{-\infty}^{+\infty}\frac{1}{\sqrt{2\pi\mathrm{He}^2}}\mathrm{e}^{-\frac{(\sigma-\mathrm{En})^2}{2\mathrm{He}^2}}\mathrm{d}\sigma$$

$$=\int_{-\infty}^{+\infty}3\sigma^4\frac{1}{\sqrt{2\pi\mathrm{He}^2}}\mathrm{e}^{-\frac{(\sigma-\mathrm{En})^2}{2\mathrm{He}^2}}\mathrm{d}\sigma$$

$$=3\int_{-\infty}^{+\infty}(\sigma-\mathrm{En}+\mathrm{En})^4\frac{1}{\sqrt{2\pi\mathrm{He}^2}}\mathrm{e}^{-\frac{(\sigma-\mathrm{En})^2}{2\mathrm{He}^2}}\mathrm{d}\sigma$$

$$= 3\int_{-\infty}^{+\infty}[(\sigma - \mathrm{En})^4 + \mathrm{En}^4 + 6\mathrm{En}^2(\sigma - \mathrm{En})^2]\frac{1}{\sqrt{2\pi \mathrm{He}^2}}e^{-\frac{(\sigma-\mathrm{En})^2}{2\mathrm{He}^2}}d\sigma$$

$$= 9\mathrm{He}^4 + 3\mathrm{En}^4 + 18\mathrm{En}^2\mathrm{He}^2$$

在以上性质的基础上，对 He 反映高斯云偏离高斯分布的程度，可以作进一步讨论：对于一个给定的高斯云 X，可构建一个尽可能接近的高斯随机变量 X'，这里"尽可能地接近"的含义是 X 和 X' 的各阶中心矩要尽可能地相等，这个构建的高斯随机变量 X' 的密度函数为

$$f(x') = \frac{1}{\mathrm{He}\sqrt{2\pi(\mathrm{En}^2 + \mathrm{He}^2)}}\exp\left[-\frac{(x' - \mathrm{Ex})^2}{2(\mathrm{En}^2 + \mathrm{He}^2)}\right]$$

X' 的期望、方差及三阶中心矩分别为 Ex，$\mathrm{En}^2 + \mathrm{He}^2$ 和 0，与高斯云分布 X 的完全相同，而 X' 的四阶中心矩为

$$E(X' - \mathrm{Ex})^4 = 3\mathrm{He}^4 + 3\mathrm{En}^4 + 6\mathrm{En}^2\mathrm{He}^2$$

与高斯云分布的四阶中心矩比较，发现高斯云分布 X 的四阶中心矩要比高斯分布 X' 的四阶中心矩大 $6\mathrm{He}^4 + 12\mathrm{He}^2\mathrm{En}^2$。

2.2.2　高斯云的期望曲线

根据回归曲线的定义，高斯云的回归曲线形成过程为：对于给定的 x_i，对应确定度 μ_i 的期望值为 $E(\mu_i)$，不同的 x_i 对应的 $E(\mu_i)$ 拟合形成回归曲线。高斯云的回归曲线为

$$f(x) = \int_{-\infty}^{+\infty}\frac{1}{\sqrt{2\pi}\mathrm{He}}e^{-\frac{(y-\mathrm{En})^2}{2\mathrm{He}^2}} \times e^{-\frac{(x-\mathrm{Ex})^2}{2y^2}}dy$$

其解析形式难以求出，但可通过线性逼近的方法近似求得。

与回归曲线不同，高斯云主曲线的每一点是投影到该点的所有点的期望值。高斯云主曲线的解析形式也难以给出，但也可通过线性逼近的方法近似求得。

回归曲线和主曲线都反映云图几何形状的整体特征，前者是考虑垂直方向的期望，后者是考虑正交方向的期望。下面从水平方向的期望来分析高斯云的期望曲线。

由 $\mu = \exp\left[-\frac{(x - \mathrm{Ex})^2}{2\mathrm{En}'^2}\right]$ 知道，对任意的 $0<\mu\leqslant 1$，$X = \mathrm{Ex} \pm \sqrt{-2\ln\mu}\mathrm{En}'$。

因为 En′ 是一个随机变量，所以 X 是对称地位于 Ex 两边的随机变量，可只对 $X = \mathrm{Ex} + \sqrt{-2\ln\mu}\mathrm{En}'$ 进行分析，对 $X = \mathrm{Ex} - \sqrt{-2\ln\mu}\mathrm{En}'$ 的讨论完全类似。

由 $\mathrm{En}' \sim N(\mathrm{En}, \mathrm{He}^2)$ 知 X 服从高斯分布，期望为 $E(X) = \mathrm{Ex} + \sqrt{-2\ln\mu}\mathrm{En}$，标准差为 $B = \sqrt{DX} = \sqrt{-2\ln\mu}\mathrm{He}$。

由 $E(X) = \mathrm{Ex} + \sqrt{-2\ln\mu}\mathrm{En}$ 解出

$$\mu = \exp\left[-\frac{(E(X) - \mathrm{Ex})^2}{2\mathrm{En}^2}\right]$$

即曲线

$$y = \exp\left[-\frac{(x - \mathrm{Ex})^2}{2\mathrm{En}^2}\right]$$

的形成过程是:对于每一个固定的 μ_i,对应云滴的期望值为 Ex_i,期望曲线上的每一点就是每个 μ_i 对应云滴的期望值 Ex_i 可以将此曲线称为高斯云的期望曲线。

可以用期望曲线方法研究数据集在空间随机分布的统计规律性,反映高斯云的重要几何特征。对高斯云来讲,回归曲线和主曲线的解析形式难以给出,以上定义的期望曲线能给出明确的解析形式。这三种期望曲线都平滑地穿过云滴"中间",勾画出云的整体"轮廓",是云滴集合的"骨架",所有的云滴都在期望曲线附近随机波动。回归曲线、主曲线和上述定义的期望曲线分别从垂直方向、正交方向、水平方向按波动情况,形成三种不同意义的"中间",只是分析问题的不同切入点而已。

图 2-2 中的曲线就是概念 $C(\mathrm{Ex} = 0,\ \mathrm{En} = 3,\ \mathrm{He} = 0.5)$ 对应的 $C(X,\ \mu)$ 的期望曲线。

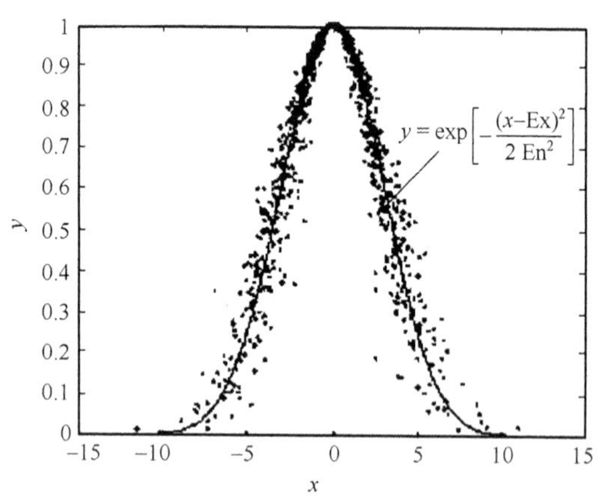

图 2-2　高斯云(Ex=0, En=3, He=0.5)的期望曲线

2.2.3　高斯云的雾化特性

高斯云来源于高斯分布,当 He 较小时,高斯云的云滴呈泛高斯分布状态,存在明显的期望曲线。而当 He 较大时,云滴所呈现的形状明显区别于高斯分布,外围云滴更加分散,核心云滴出现明显的"抱团",云的期望曲线不再明显,将超熵较大时的云称为"雾"。随着 He 的变化,云由一个极端(正态)到另一个极端(雾)的变化过程称为雾化[6]。

超熵 He=0 时,云滴分布为高斯分布,此时所有云滴都分布在高斯曲线上,如图 2-3(a)所示。随着 He 逐渐增大,云滴开始离散,由高斯云算法可知,

$P\{\mathrm{En}-3\mathrm{He}<\mathrm{En}'<\mathrm{En}+3\mathrm{He}\}=0.997$。当 $\mathrm{En}-3\mathrm{He}>0$，即 $\mathrm{He}<\mathrm{En}/3$ 时，99.7%的云滴落在曲线 $y_1=\exp\left[-\dfrac{(x-\mathrm{Ex})^2}{2(\mathrm{En}+3\mathrm{He})^2}\right]$ 和 $y_2=\exp\left[-\dfrac{(x-\mathrm{Ex})^2}{2(\mathrm{En}-3\mathrm{He})^2}\right]$ 所围的区域内，如图 2-3(b)、(c)所示。

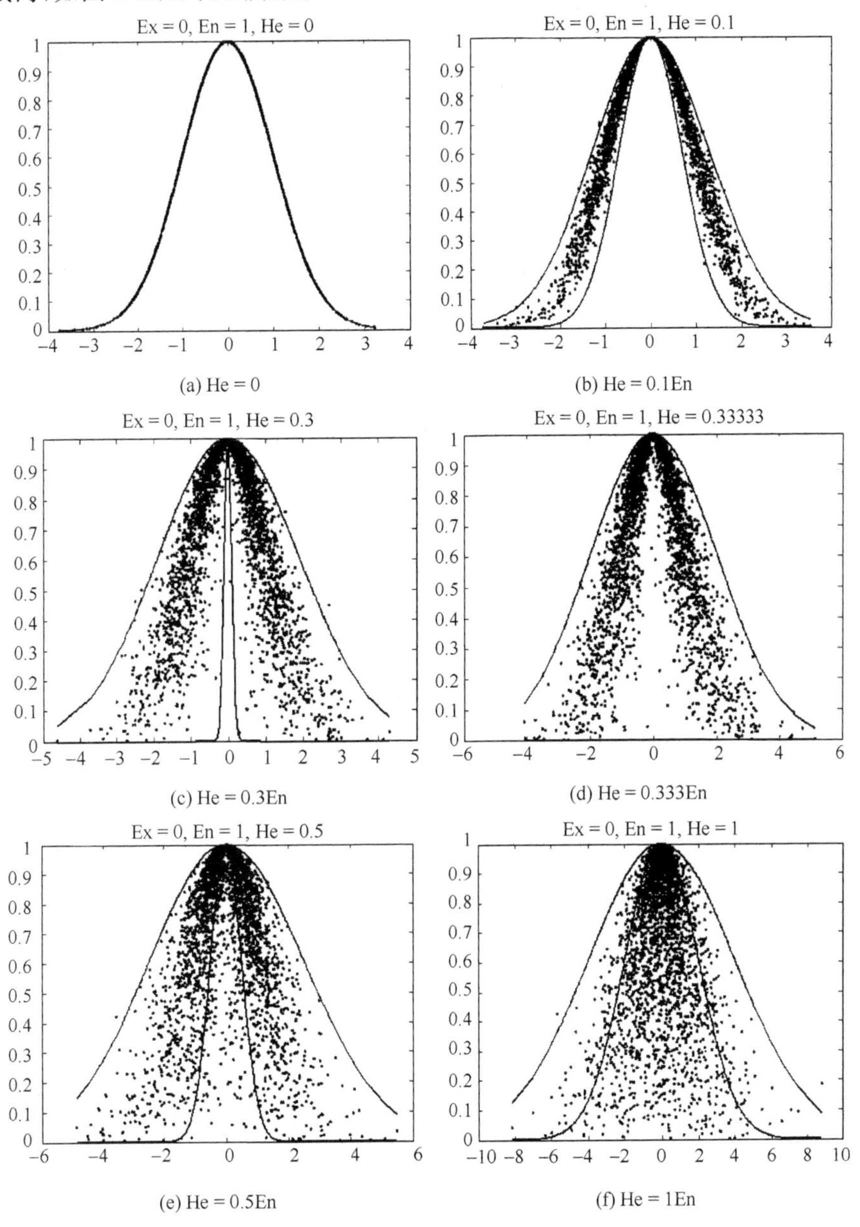

图 2-3　高斯云的雾化

当 He=En/3 时，由于 y_2 的指数趋向负无穷大，函数值趋于 0，如图 2-3(d)所示。当 He>En/3 时，曲线 y_2 的内径开始加宽，部分云滴落在曲线 y_1 与 y_2 所围成的区域之外，如图 2-3(e)所示。随着 He 的继续增大，越来越多的云滴超出了两曲线所围区域，如图 2-3(f)所示。而最终变化趋势为 $\lim_{He\to\infty} y_2 \to y_1$，即两条函数曲线趋向重合，此时所有云滴均逃离了两曲线所夹范围。可见，高斯云的形态在 He=En/3 时出现明显的分界，可以将 En/3 称做正态云模型的雾化点，当 He<En/3 时，云呈现泛高斯状态，而 He>En/3 时，云呈现雾化状态。

2.2.4 高阶高斯云的数字特征

本节主要分析 p 阶高斯云的期望、方差、三阶中心矩和四阶中心矩四个数字特征，并计算其峰度[7]。

(1) p 阶高斯分布迭代的期望 $E(X_p)=\mu_p$。

$$
\begin{aligned}
E(X_p) &= \int_{-\infty}^{+\infty} x_p f(x_p)\,\mathrm{d}x_p \\
&= \int_{-\infty}^{+\infty}\cdots\int_{-\infty}^{+\infty} x_p \frac{1}{\sqrt{2\pi x_{p-1}^2}}\mathrm{e}^{-\frac{(x_p-\mu_p)^2}{2x_{p-1}^2}}\,\mathrm{d}x_p\cdots\frac{1}{\sqrt{2\pi\sigma^2}}\mathrm{e}^{-\frac{(x_1-\mu_1)^2}{2\sigma^2}}\,\mathrm{d}x_1\cdots\mathrm{d}x_{p-1} \\
&= \mu_p\int_{-\infty}^{+\infty}\frac{1}{\sqrt{2\pi x_{p-2}^2}}\mathrm{e}^{-\frac{(x_{p-1}-\mu_{p-1})^2}{2x_{p-2}^2}}\,\mathrm{d}x_{p-1}\cdots\int_{-\infty}^{+\infty}\frac{1}{\sqrt{2\pi\sigma^2}}\mathrm{e}^{-\frac{(x_1-\mu_1)^2}{2\sigma^2}}\,\mathrm{d}x_1 \\
&= \mu_p
\end{aligned}
$$

(2) p 阶高斯分布迭代的方差（二阶中心矩）$\mathrm{Var}(X_p)=\sum_{i=1}^{p-1}\mu_i^2+\sigma^2$。

$$
\begin{aligned}
\mathrm{Var}(X_p) &= \int_{-\infty}^{+\infty}(x_p-\mu_p)^2 f(x_p)\,\mathrm{d}x_p \\
&= \int_{-\infty}^{+\infty}\cdots\int_{-\infty}^{+\infty}(x_p-\mu_p)^2\frac{1}{\sqrt{2\pi x_{p-1}^2}}\mathrm{e}^{-\frac{(x_p-\mu_p)^2}{2x_{p-1}^2}}\,\mathrm{d}x_p\frac{1}{\sqrt{2\pi x_{p-2}^2}}\mathrm{e}^{-\frac{(x_{p-1}-\mu_{p-1})^2}{2x_{p-2}^2}}\cdots \\
&\quad \frac{1}{\sqrt{2\pi\sigma^2}}\mathrm{e}^{-\frac{(x_1-\mu_1)^2}{2\sigma^2}}\,\mathrm{d}x_1\cdots\mathrm{d}x_{p-1} \\
&= \int_{-\infty}^{+\infty}\cdots\int_{-\infty}^{+\infty}x_{p-1}^2\frac{1}{\sqrt{2\pi x_{p-2}^2}}\mathrm{e}^{-\frac{(x_{p-1}-\mu_{p-1})^2}{2x_{p-2}^2}}\cdots\frac{1}{\sqrt{2\pi\sigma^2}}\mathrm{e}^{-\frac{(x_1-\mu_1)^2}{2\sigma^2}}\,\mathrm{d}x_1\cdots\mathrm{d}x_{p-1} \\
&= \int_{-\infty}^{+\infty}\frac{(x_{p-1}-\mu_{p-1})^2}{\sqrt{2\pi x_{p-2}^2}}\mathrm{e}^{-\frac{(x_{p-1}-\mu_{p-1})^2}{2x_{p-2}^2}}\,\mathrm{d}x_{p-1}\cdots\int_{-\infty}^{+\infty}\frac{1}{\sqrt{2\pi\sigma^2}}\mathrm{e}^{-\frac{(x_1-\mu_1)^2}{2\sigma^2}}\,\mathrm{d}x_1 \\
&\quad +\int_{-\infty}^{+\infty}\frac{\mu_{p-1}^2}{\sqrt{2\pi x_{p-2}^2}}\mathrm{e}^{-\frac{(x_{p-1}-\mu_{p-1})^2}{2x_{p-2}^2}}\,\mathrm{d}x_{p-1}\cdots\int_{-\infty}^{+\infty}\frac{1}{\sqrt{2\pi\sigma^2}}\mathrm{e}^{-\frac{(x_1-\mu_1)^2}{2\sigma^2}}\,\mathrm{d}x_1 \\
&= \mathrm{Var}(X_{p-1})+\mu_{p-1}^2=\sum_{i=1}^{p-1}\mu_i^2+\sigma^2
\end{aligned}
$$

(3) p 阶高斯云的三阶中心矩 $E\{[X_p - E(X_p)]^3\} = 0$。

$$
\begin{aligned}
E\{[X_p - E(X_p)]^3\} &= \int_{-\infty}^{+\infty} (x_p - \mu_p)^3 f(x_p)\mathrm{d}x_p \\
&= \int_{-\infty}^{+\infty} \cdots \int_{-\infty}^{+\infty} (x_p - \mu_p)^3 \frac{1}{\sqrt{2\pi x_{p-1}^2}} \mathrm{e}^{-\frac{(x_p-\mu_p)^2}{2x_{p-1}^2}} \cdots \\
&\quad \frac{1}{\sqrt{2\pi\sigma^2}} \mathrm{e}^{-\frac{(x_1-\mu_1)^2}{2\sigma^2}} \mathrm{d}x_1 \cdots \mathrm{d}x_{p-1}\mathrm{d}x_p \\
&= \frac{x_{p-1}^3}{\sqrt{2\pi}} \int_{-\infty}^{+\infty} \mu_p^3 \mathrm{e}^{-\frac{\mu_p^2}{2}} \mathrm{d}\mu_p \int_{-\infty}^{+\infty} \cdots \int_{-\infty}^{+\infty} \frac{1}{\sqrt{2\pi x_{p-2}^2}} \mathrm{e}^{-\frac{(x_{p-1}-\mu_{p-1})^2}{2x_{p-2}^2}} \mathrm{d}x_{p-1} \cdots \\
&\quad \int_{-\infty}^{+\infty} \frac{1}{\sqrt{2\pi\sigma^2}} \mathrm{e}^{-\frac{(x_1-\mu_1)^2}{2\sigma^2}} \mathrm{d}x_1 \\
&= 0
\end{aligned}
$$

(4) p 阶高斯云的四阶中心矩计算如下。

$$
\begin{aligned}
E\{[X_p - E(X_p)]^4\} &= \int_{-\infty}^{+\infty} (x_p - \mu_p)^4 f(x_p)\mathrm{d}x_p \\
&= \int_{-\infty}^{+\infty} \cdots \int_{-\infty}^{+\infty} (x_p - \mu_p)^4 \frac{1}{\sqrt{2\pi x_{p-1}^2}} \mathrm{e}^{-\frac{(x_p-\mu_p)^2}{2x_{p-1}^2}} \cdots \\
&\quad \frac{1}{\sqrt{2\pi\sigma^2}} \mathrm{e}^{-\frac{(x_1-\mu_1)^2}{2\sigma^2}} \mathrm{d}x_1 \cdots \mathrm{d}x_{p-1}\mathrm{d}x_p \\
&= \int_{-\infty}^{+\infty} (x_p - \mu_p)^4 \frac{1}{\sqrt{2\pi x_{p-1}^2}} \mathrm{e}^{-\frac{(x_p-\mu_p)^2}{2x_{p-1}^2}} \mathrm{d}x_p \\
&\quad \int_{-\infty}^{+\infty} \frac{1}{\sqrt{2\pi x_{p-2}^2}} \mathrm{e}^{-\frac{(x_{p-1}-\mu_{p-1})^2}{2x_{p-2}^2}} \mathrm{d}x_{p-1} \cdots \int_{-\infty}^{+\infty} \frac{1}{\sqrt{2\pi\sigma^2}} \mathrm{e}^{-\frac{(x_1-\mu_1)^2}{2\sigma^2}} \mathrm{d}x_1 \\
&= \frac{2x_{p-1}^4}{\sqrt{2\pi}} \int_{0}^{+\infty} \mu_p^4 \mathrm{e}^{-\frac{\mu_p^2}{2}} \mathrm{d}\mu_p \int_{-\infty}^{+\infty} \frac{1}{\sqrt{2\pi x_{p-2}^2}} \mathrm{e}^{-\frac{(x_{p-1}-\mu_{p-1})^2}{2x_{p-2}^2}} \mathrm{d}x_{p-1} \cdots \\
&\quad \int_{-\infty}^{+\infty} \frac{1}{\sqrt{2\pi\sigma^2}} \mathrm{e}^{-\frac{(x_1-\mu_1)^2}{2\sigma^2}} \mathrm{d}x_1 \\
&= \int_{-\infty}^{+\infty} 3x_{p-1}^4 \frac{1}{\sqrt{2\pi x_{p-2}^2}} \mathrm{e}^{-\frac{(x_{p-1}-\mu_{p-1})^2}{2x_{p-2}^2}} \mathrm{d}x_{p-1} \cdots \\
&\quad \int_{-\infty}^{+\infty} \frac{1}{\sqrt{2\pi\sigma^2}} \mathrm{e}^{-\frac{(x_1-\mu_1)^2}{2\sigma^2}} \mathrm{d}x_1
\end{aligned}
$$

由于

$$
\begin{aligned}
x_{p-1}^4 &= (x_{p-1} - \mu_{p-1} + \mu_{p-1})^4 = [(x_{p-1} - \mu_{p-1})^2 + \mu_{p-1}^2 + 2\mu_{p-1}(x_{p-1} - \mu_{p-1})]^2 \\
&= (x_{p-1} - \mu_{p-1})^4 + \mu_{p-1}^4 + 6(x_{p-1} - \mu_{p-1})^2\mu_{p-1}^2 + 4\mu_{p-1}^3(x_{p-1} - \mu_{p-1}) \\
&\quad + 4\mu_{p-1}(x_{p-1} - \mu_{p-1})^3
\end{aligned}
$$

因此，

$$
\begin{aligned}
&E\{[X_p-E(X_p)]^4\}\\
&=3\int_{-\infty}^{+\infty}(x_{p-1}-\mu_{p-1})^4\frac{1}{\sqrt{2\pi x_{p-2}^2}}e^{-\frac{(x_{p-1}-\mu_{p-1})^2}{2x_{p-2}^2}}dx_{p-1}\cdots\int_{-\infty}^{+\infty}\frac{1}{\sqrt{2\pi\sigma^2}}e^{-\frac{(x_1-\mu_1)^2}{2\sigma^2}}dx_1\\
&\quad+3\int_{-\infty}^{+\infty}\mu_{p-1}^4\frac{1}{\sqrt{2\pi x_{p-2}^2}}e^{-\frac{(x_{p-1}-\mu_{p-1})^2}{2x_{p-2}^2}}dx_{p-1}\cdots\int_{-\infty}^{+\infty}\frac{1}{\sqrt{2\pi\sigma^2}}e^{-\frac{(x_1-\mu_1)^2}{2\sigma^2}}dx_1\\
&\quad+18\int_{-\infty}^{+\infty}\frac{(x_{p-1}-\mu_{p-1})^2\mu_{p-1}^2}{\sqrt{2\pi x_{p-2}^2}}e^{-\frac{(x_{p-1}-\mu_{p-1})^2}{2x_{p-2}^2}}dx_{p-1}\cdots\int_{-\infty}^{+\infty}\frac{1}{\sqrt{2\pi\sigma^2}}e^{-\frac{(x_1-\mu_1)^2}{2\sigma^2}}dx_1\\
&=3E\{[X_{p-1}-E(X_{p-1})]^4\}+3\mu_{p-1}^4+18\mu_{p-1}^2\mathrm{Var}(X_{p-1})\\
&=3^p\sigma^4+6\sigma^2\sum_{i=1}^{p-1}3^{p-i}\mu_i^2+6\sum_{i=1}^{p-1}\sum_{j=1}^{i-1}3^{p-i}\mu_i^2\mu_j^2+\sum_{i=1}^{p-1}3^{p-i}\mu_i^4
\end{aligned}
$$

(5)p 阶高斯云的峰度计算如下。

$$
\begin{aligned}
\mathrm{Kur}(X_p)&=\frac{E\{[X_p-E(X_p)]^4\}}{[\mathrm{Var}(X_p)]^2}-3\\
&=\frac{3E\{[X_{p-1}-E(X_{p-1})]^4\}+3\mu_{p-1}^4+18\mu_{p-1}^2\mathrm{Var}(X_{p-1})}{\left[\sum_{i=1}^{p-1}\mu_i^2+\sigma^2\right]^2}-3\\
&=\frac{3^p\sigma^4+6\sigma^2\sum_{i=1}^{p-1}3^{p-i}\mu_i^2+6\sum_{i=1}^{p-1}\sum_{j=1}^{i-1}3^{p-i}\mu_i^2\mu_j^2+\sum_{i=1}^{p-1}3^{p-i}\mu_i^4}{\left[\sum_{i=1}^{p-1}\mu_i^2+\sigma^2\right]^2}-3\\
&=3^p\frac{\sigma^4+2\sigma^2\sum_{i=1}^{p-1}3^{1-i}\mu_i^2+2\sum_{i=1}^{p-1}\sum_{j=1}^{i-1}3^{1-i}\mu_i^2\mu_j^2+\sum_{i=1}^{p-1}3^{-i}\mu_i^4}{\sigma^4+2\sigma^2\sum_{i=1}^{p-1}\mu_i^2+2\sum_{i=1}^{p-1}\sum_{j=1}^{i-1}\mu_i^2\mu_j^2+\sum_{i=1}^{p-1}\mu_i^4}-3
\end{aligned}
$$

以上高阶高斯云的数字特征推导与 2011 年 5 月模糊集合专家王立新博士在邮件通信中的推导过程和结论相同。

2.3 高斯云的参数对峰度的影响分析

从数学表达式中可以看出，p 阶高斯云具有 $p+1$ 个参数：$\mu_i\,(i=1,\cdots,p)$ 和 σ，参数的取值决定了高斯云反映出来的数学特性。下面针对三种具有简单参数的高阶高斯云，对其数学性质的变化趋势进行研究，并加以试验分析。

(1)对于 $\mu_i=0\ (i=1,\cdots,p)$，$\sigma\neq0$ 的情况。

$$E(X_p)=\mu_p=0$$

$$\mathrm{Var}(X_p) = \sum_{i=1}^{p-1} \mu_i^2 + \sigma^2 = \sigma^2$$

$$E\{[X_p - E(X_p)]^4\} = 3^p \sigma^4$$

$$\mathrm{Kur}(X_p) = \frac{E\{[X_p - E(X_p)]^4\}}{[\mathrm{Var}(X_p)]^2} - 3 = \frac{3^p \sigma^4}{\sigma^4} - 3 = 3^p - 3$$

其峰度随阶数变化趋势如图 2-4 所示。

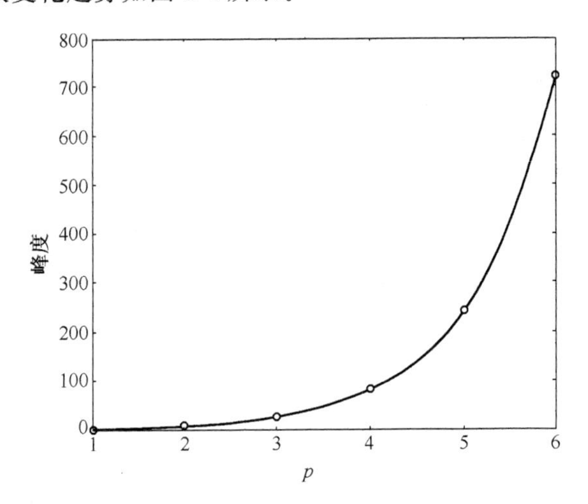

图 2-4　p 阶高斯分布迭代的峰度随阶数变化趋势曲线($\mu_i = 0$，$\sigma \neq 0$)

(2)对于 $\mu_i = \mu$ ($i=1,\cdots,p$)，$r = \sigma/\mu$ 的情况。

$$E(X_p) = \mu_p = \mu$$

$$\mathrm{Var}(X_p) = \sum_{i=1}^{p-1} \mu_i^2 + \sigma^2 = (p-1)\frac{\sigma^2}{r^2} + \sigma^2$$

$$\begin{aligned} E\{[X_p - E(X_p)]^4\} &= 3^p\sigma^4 + 6\sigma^2 \sum_{i=1}^{p-1} 3^{p-i}\mu_i^2 + 6\sum_{i=1}^{p-1}\sum_{j=1}^{i-1} 3^{p-i}\mu_i^2\mu_j^2 + \sum_{i=1}^{p-1} 3^{p-i}\mu_i^4 \\ &= 3^p\sigma^4 + \frac{6\sigma^4 \sum_{i=1}^{p-1} 3^{p-i}}{r^2} + \frac{6\sigma^4 \sum_{i=1}^{p-1} (i-1) 3^{p-i}}{r^4} + \frac{\sigma^4 \sum_{i=1}^{p-1} 3^{p-i}}{r^4} \\ &= 3^p\sigma^4 + \frac{6\sigma^4 \sum_{i=1}^{p-1} 3^{p-i}}{r^2} + \frac{\sigma^4 \sum_{i=1}^{p-1} (6i-5) 3^{p-i}}{r^4} \end{aligned}$$

$$\mathrm{Kur}(X_p) = \frac{E\{[X_p - E(X_p)]^4\}}{[\mathrm{Var}(X_p)]^2} - 3$$

$$= \frac{3^p\sigma^4 + \frac{6\sigma^4 \sum_{i=1}^{p-1} 3^{p-i}}{r^2} + \frac{\sigma^4 \sum_{i=1}^{p-1}(6i-5)3^{p-i}}{r^4}}{\left[(p-1)\frac{\sigma^2}{r^2}+\sigma^2\right]^2} - 3$$

$$= \frac{3^p r^4 + 6r^2 \sum_{i=1}^{p-1} 3^{p-i} + \sum_{i=1}^{p-1}(6i-5)3^{p-i}}{r^4+(p-1)^2+2(p-1)r^2} - 3$$

其峰度随阶数变化趋势如图 2-5 所示。

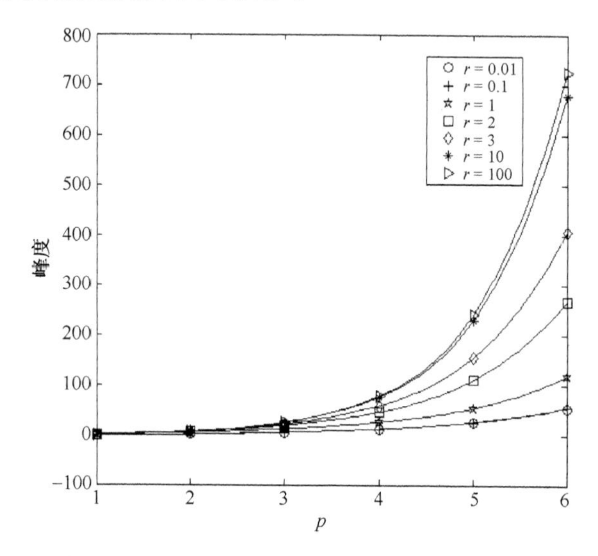

图 2-5　p 阶高斯分布迭代的峰度随阶数变化趋势曲线（$\mu_i=\mu$，$r=\sigma/\mu$）

从图 2-5 可以看出，在 $\mu_i=\mu\ (i=1,\cdots,p)$，$r=\sigma/\mu$ 的情况下，随着阶数的增加，高阶高斯云的峰度不断增加；对于具有相同阶数的高斯分布而言，当 $0.3<r<10$ 时，随着 r 的增加，峰度增加显著，而其他情况峰度则趋于稳定，随 r 变化增长不大。

(3)对于 $\mu_i=r^i\sigma\ (i=1,\cdots,p)$的情况。

$$E(X_p)=\mu_p=r^p\sigma$$

$$\mathrm{Var}(X_p)=\sum_{i=1}^{p-1}\mu_i^2+\sigma^2=\left(\sum_{i=1}^{p-1}r^{2i}+1\right)\sigma^2=\sigma^2\left(\frac{r^{2p}-1}{r^2-1}\right)$$

$$\begin{aligned}E\{[X_p-E(X_p)]^4\} &= 3^p\sigma^4+6\sigma^2\sum_{i=1}^{p-1}3^{p-i}\mu_i^2+6\sum_{i=1}^{p-1}\sum_{j=1}^{i-1}3^{p-i}\mu_i^2\mu_j^2+\sum_{i=1}^{p-1}3^{p-i}\mu_i^4\\ &= 3^p\sigma^4+6\sigma^4\sum_{i=1}^{p-1}3^{p-i}r^{2i}+6\sigma^4\sum_{i=1}^{p-1}\sum_{j=1}^{i-1}3^{p-i}r^{2(i+j)}+\sigma^4\sum_{i=1}^{p-1}3^{p-i}r^{4i}\end{aligned}$$

$$\mathrm{Kur}(X_p)=\frac{E\{[X_p-E(X_p)]^4\}}{[\mathrm{Var}(X_p)]^2}-3$$

$$= \frac{3^p\sigma^4 + 6\sigma^4\sum_{i=1}^{p-1}3^{p-i}r^{2i} + 6\sigma^4\sum_{i=1}^{p-1}\sum_{j=1}^{i-1}3^{p-i}r^{2(i+j)} + \sigma^4\sum_{i=1}^{p-1}3^{p-i}r^{4i}}{\left[\left(\sum_{i=1}^{p-1}r^{2i}+1\right)\sigma^2\right]^2} - 3$$

$$= \frac{3^p + 6\sum_{i=1}^{p-1}3^{p-i}r^{2i} + 6\sum_{i=1}^{p-1}\sum_{j=1}^{i-1}3^{p-i}r^{2(i+j)} + \sum_{i=1}^{p-1}3^{p-i}r^{4i}}{1+2\sum_{i=1}^{p-1}r^{2i}+\sum_{i=1}^{p-1}\sum_{j=1}^{p-1}r^{2(i+j)}} - 3$$

其峰度随阶数变化趋势如图 2-6 所示。

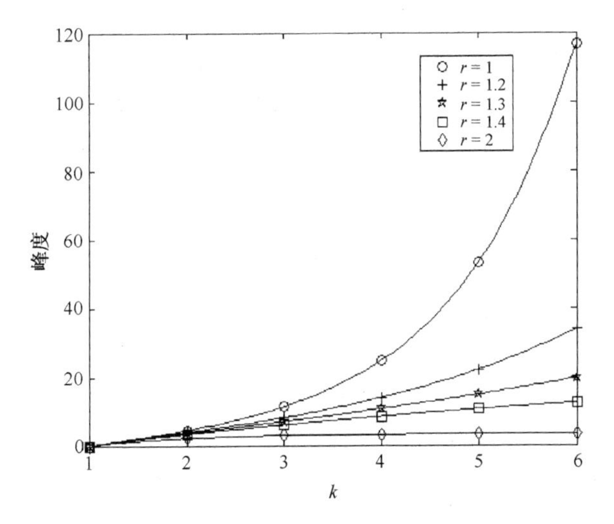

图 2-6　p 阶高斯分布迭代的峰度随阶数变化趋势曲线($\mu_i = r^i\sigma$)

从图 2-6 可以看出，在 $\mu_i = r^i\sigma\ (i=1,\cdots,p)$的情况下，随着阶数的增加，高阶高斯云的峰度不断增加；当 $r \approx 1.3$ 时，峰度随阶数增长近似呈线性增长，当 $r < 1.3$ 时，峰度随阶数增长趋势加剧，当 $r > 1.3$ 时，峰度随阶数增长趋势减缓。

基于多阶高斯分布迭代可以构造具有尖峰肥尾特性的高斯云，由于高斯分布具有良好的数学性质，很容易对高斯云的数学性质进行推导。高阶高斯云可以用来刻画更多的不确定性现象，是一种从高斯分布向尖峰肥尾分布过渡的方法。

2.4　高斯云的幂律特性实验

从峰度的计算中可以看出高斯云，尤其是高阶高斯云具有尖峰肥尾特性，而反映自然界和社会现象中自相似特性的幂律分布也同样具有肥尾特性，且近年来随着网络科学的发展广受关注。文献[8]中 Clauset 等给出了一种判断样本分布是否符合幂律分布的实验方法，本节通过实验验证高阶高斯云具有幂律特性。

(1)数据准备。

步骤 1　依据算法 1,采用 k 阶正向高斯云算法,产生 N 个云滴,记为 $\boldsymbol{X}=\{x_1,x_2,\cdots,x_n\}$;

步骤 2　取 $\boldsymbol{X}$ 中的最大值(最大偏离),记为 MAX_n;

步骤 3　将 $[0, \mathrm{MAX}_n]$ 等分为 m 个子区间,m 为实验参数,记为区间步长 $\mathrm{inter\_stick}=\mathrm{MAX}_n/m$;

步骤 4　统计落入每个子区间的云滴数,记为 X_{cnt},$X_{\mathrm{cnt}}=\{\mathrm{CntDrops}[0,\mathrm{inter\_stick}],\mathrm{CntDrops}[\mathrm{inter\_stick},2\times\mathrm{inter\_stick}]\cdots\mathrm{CntDrops}[(m-1)\times\mathrm{inter\_stick},m\times\mathrm{inter\_stick}]\}$。

X_{cnt} 为本次实验的基础数据:①随着云滴的离散,并非每一个统计区间内一定有云滴存在,此外,考虑幂律定义中的 $X_{\min}>0$,故剔除云滴个数为 0 的区间;②本数据的物理意义可以解释为,对于 ZIPF 定律,每个区间代表一个单词,区间内云滴个数代表单词在文章中出现的次数;对于 Internet 网络,每个区间代表一个路由(节点),云滴个数代表路由的连接数(度)。

(2) 数据拟合。

以 X_{cnt} 为输入,计算数据的幂指数的极大似然估计值。

(3)拟合结果分析。

为验证拟合结果的有效性,本实验采用 KS 统计,对拟合结果进行检验。基本思路为:对原始数据 X_{cnt},以估计量 $\hat{\alpha}$ 构建检验函数,通过 KS 检验,计算最大误差 D;构建 1000 个以 $X_{\min}$ 为最小值,任意 $\alpha\in[1.5, 3.5]$ 为幂指数的分布 F_i,逐个进行 KS 检验,计算 D_i;取 $p=\mathrm{Count}(D_i>D)/\mathrm{Count}(i)$,依据 p 的统计值,决定原始数据 X_{cnt} 对幂指数 $\hat{\alpha}$ 的幂律分布的吻合程度。

简言之,p 越趋近于 1,则原始数据分布越吻合拟合的幂律分布;反之,p 越趋近于 0,则偏差越大。

(4)实验结果。

参数	drop_cnt	k	He	M
意义	云滴数	阶数	He 取值	区间划分个数
默认值	10000	—	1	3000

取阶数 k 为{2,3,5,8,10,15},分别实验拟合(其他参数取默认值),效果如图 2-7 所示。

图 2-7 高阶正态云随 k 变化的拟合结果表明①2 阶、3 阶、5 阶云,其拟合效果很差;②8 阶、10 阶的拟合效果最好;③随着阶数继续增大,云滴愈发离散,而在相同的 M 值(区间划分数量)下,出现更多的区间内无云滴落入的情况,统计值个数减少。

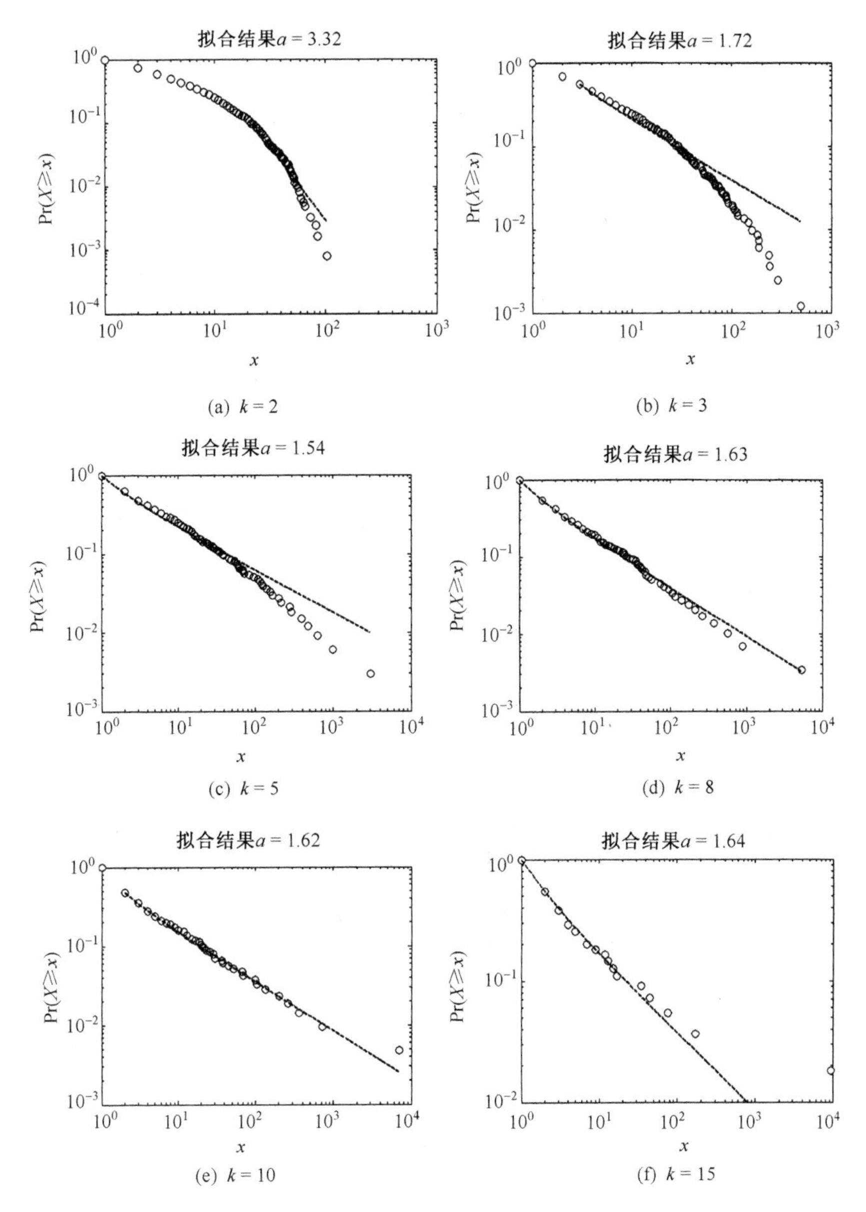

(a) $k=2$　(b) $k=3$

(c) $k=5$　(d) $k=8$

(e) $k=10$　(f) $k=15$

图 2-7　高阶正态云随 k 变化的拟合结果

对于 8 阶云模型，取超熵 He 的初始值为{1,10,100,1000}，区间数 $M=3000$，结果如图 2-8 所示。

其结果表明 He 的取值对拟合的影响不直观。

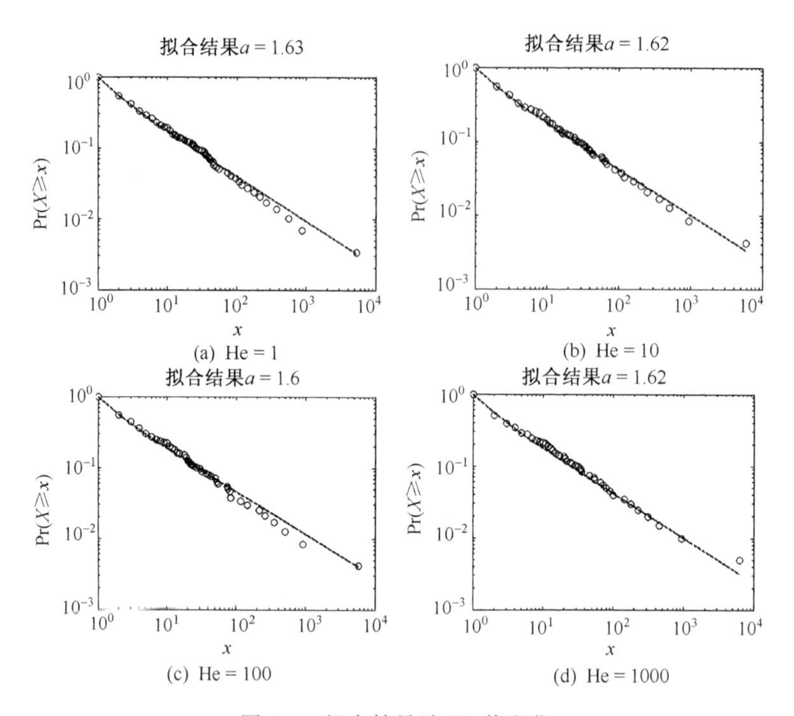

图 2-8　拟合结果随 He 值变化

(5)拟合精度分析。

本部分计算随着阶数 k 的变化和 He 值的变化，通过 KS 检验，分析拟合的精度。其高阶云模型不同超熵拟合精度表如表 2-1 所示。

表 2-1　高阶云模型不同超熵拟合精度表

	$k=1$			$k=10$			$k=100$			$k=1000$		
	$\hat{\alpha}$	p	ret	$\hat{\alpha}$	p	ret	$\hat{\alpha}$	p	ret	$\hat{\alpha}$	p	ret
$k=2$	1.81	0.00	D	1.81	0.00	D	1.82	0.00	D	1.81	0.00	D
$k=5$	1.73	0.24	A	1.71	0.20	A	1.69	0.19	A	1.71	0.37	A
$k=8$	1.71	0.99	F	1.76	0.94	F	1.72	0.98	F	1.75	0.82	F
$k=10$	1.71	0.99	F	1.69	0.97	F	1.72	0.98	F	1.73	0.99	F
$k=15$	1.67	0.96	F	1.70	0.98	F	1.72	0.98	F	1.73	0.98	F

表 2-1 中仍旧体现出拟合过程几乎不受初始超熵的影响；当阶数大于 5 之后，p 值越来越大，直至 0.99，十分趋近于 1，现象表明，8 阶、10 阶、15 阶正态云的云滴区间分布，已经与幂律分布十分吻合。

2.5 本章小结

通过高斯分布迭代生成的高斯云具有尖峰肥尾特性，随着阶数的增加高斯云逐渐向幂律分布逼近，因此，可以说高斯云建立了高斯分布与幂律分布之间的桥梁。本章主要对高斯云的数字特征进行了推导和分析，针对高斯云的典型参数特征进行了峰度讨论，通过幂律特性实验验证了高阶高斯云的幂律特性。与高斯分布相比，高斯云既具有"钟形"特征，同时又具有尖峰肥尾特性，弱化了高斯分布的产生条件，可以刻画和研究更为广泛的不确定性问题。

本章中高斯云和 p 阶高斯云的数字特征推导部分得到了模糊集合专家王立新博士和解放军理工大学刘常昱副教授的指导和帮助，在此致以深深的谢意！

本章成果得到国家自然科学基金重点项目（No. 61035004）、面上项目（No. 60974086）的资助支持。

参考文献

[1] 李德毅，杜鹢. 不确定性人工智能. 北京：国防工业出版社，2005.

[2] 李德毅，刘常昱. 论正态云模型的普适性. 中国工程科学，2004，6(8)：28-34.

[3] Embrechts P，Klupperberg C，Mikosch T. Modelling Extremal Events for Insurance and Finance. Berlin：Springer-Verlag，1997.

[4] Mandjes M. Overflow behavior in queues with many long-tailed inputs. Journal of Applied Probability，2000，32(4)：1150-1167.

[5] Baltrunas A. Some asymptotic results for transient random walks with applications to insurance risk. Journal of Applied Probability，2001，38(1)：108-121.

[6] 刘禹，李德毅，张光卫，等. 云模型雾化特性及在进化算法中的应用. 电子学报，2009，37(8)：1651-1658.

[7] Werner T，Upper C. Time variation in the tail behavior of bund futures returns. Journal of Futures Markets，2004，24(4)：387-398.

[8] Clauset A，Shalizi C R，Newman M E J. Power-law distributions in empirical data，SIAM Review 51，2009：661-703.

第3章　云模型与相近概念的关系

胡宝清

武汉大学　数学与统计学院

在模式识别、决策理论、人工智能等领域中存在如下复杂问题有待解决：① 对象的含糊性；② 特征的多样性；③ 人的主观性；④ 知识或学习的进化。针对这些问题的研究已经开始，例如 Fuzzy 集理论、多值逻辑、情态逻辑、量子逻辑、主观概率、粗糙集理论等。Fuzzy 集理论和多值逻辑主要针对问题①和②；情态逻辑主要针对问题②和④；主观概率主要针对问题③；粗糙集理论主要针对问题①②和④。Fuzzy 概率集理论、Fuzzy 粗糙集理论和云模型等似乎针对上述所有问题进行研究，值得人们关注。但是，Fuzzy 集理论是当今解决这些问题的研究热点。

Fuzzy 集产生之后，关于隶属函数的推广研究越来越多，一些高阶 Fuzzy 集不断涌现，如 n 型 Fuzzy 集、直觉 Fuzzy 集、Neumaier 云、Fuzzy 概率集、云模型等。本章将各类与云模型有相似之处的集合(或模型)进行了归纳，对云集的定义和研究提供了帮助。

3.1　二型 Fuzzy 集

Zadeh 提出 Fuzzy 集后，针对隶属度问题研究最多。在这样的环境下，随后 Zadeh提出了二型 Fuzzy 集概念。

3.1.1　二型 Fuzzy 集的定义

到目前为止，我们已经认识了 Fuzzy 集，带有精确定义的隶属函数或隶属度。在人们心目中无疑有了一个隶属函数的精确印象。然而在实际中，有时隶属度仍表现出模糊性而使得很难用一个数值来表示。例如，要对 5 个人 x_1, x_2, x_3, x_4, x_5 的年龄做出估计，则通常得到的答案是如下形式：

x_1 ——较年老，x_2 ——年轻，x_3 ——很年轻，x_4 ——很年老，x_5 ——中年

如果记 $X = \{x_1, x_2, x_3, x_4, x_5\}$，则上述结果可以表述成

$$A = \frac{较年老}{x_1} + \frac{年轻}{x_2} + \frac{很年轻}{x_3} + \frac{很年老}{x_4} + \frac{中年}{x_5}$$

在实际中,很少说 x_1 属于年老的程度是 0.7,而通常是说 x_1 "较老",其结果仍然是模糊的。

因此,Zadeh 提出了隶属函数本身是 Fuzzy 集的 Fuzzy 集概念。如果称Zadeh最开始所考虑的Fuzzy集为一型Fuzzy集(或称为 T1 FS),那么这种推广的Fuzzy集则称为二型 Fuzzy 集。为了叙述方便,本章 $\mathscr{F}(X)$ 表示 X 上的全体一型 Fuzzy 集。下面列出在一型 Fuzzy 集中常用的概念和运算,对于 $A,B \in \mathscr{F}(X)$,有

$$\text{Supp}A = \{x \in X \mid A(x) > 0\}$$
$$\text{Ker}A = \{x \in X \mid A(x) = 1\}$$
$$A_\alpha = \{x \mid A(x) \geqslant \alpha\}$$
$$(A \cup B)(x) = \max\{A(x), B(x)\}$$
$$(A \cap B)(x) = \min\{A(x), B(x)\}$$
$$A^c(x) = 1 - A(x)$$

二型 Fuzzy 集严格定义如下。

定义 3-1[1]　设 A 是论域 X 到 $\mathscr{F}([0,1])$ 的一个映射,即

$$A: X \to \mathscr{F}([0,1])$$
$$x \mapsto A(x) \in \mathscr{F}([0,1])$$

称 A 是 X 上的二型 Fuzzy 集(或称为 T2 FS, Fuzzy 值 Fuzzy 集)。

X 上的二型 Fuzzy 集可表示为

$$A \equiv \int_{x\in X} A(x)/x = \int_{x\in X}\int_{r\in J_x} A(x)(r)/(x,r)$$
$$\equiv \int_{x\in X}\left[\int_{r\in J_x} A(x)(r)/r\right]/x \tag{3-1}$$

其中,$J_x = \text{Supp}(A(x)) = \{r \in [0,1]: A(x)(r) \neq 0\} \subseteq [0,1]$;$A(x)$ 称为次(第二)隶属函数(MF^{nd});$A(x)(r)$ 称为次隶属度(MG^{nd});MF^{nd}的支集,即 $\text{Supp}(A(x))$,称为主(第一)隶属函数(MF^{st})或 x 的主(第一)隶属度(MG^{st})。不确定区(FOU)是 $X \times [0,1]$ 的子集,即

$$\text{FOU}(A) = \{(x,y) \mid x \in X, y \in \text{Supp}(A(x))\} \tag{3-2}$$

图 3-1 说明了二型 Fuzzy 集的概念[2]。图中 A 在 a 处对应[0, 1]上的梯形 Fuzzy 数 $(\alpha_1,\alpha_2,\alpha_3,\alpha_4)$,在 b 处对应[0, 1]上的梯形 Fuzzy 数 $(\beta_1,\beta_2,\beta_3,\beta_4)$。

注意,在很多关于二型 Fuzzy 集的文献中,二型 Fuzzy 集被表示为 $\widetilde{A} = \int_{x\in X}\int_{r\in J_x} A_x(r)/(x,r) = \int_{x\in X}\left[\int_{r\in J_x} A_x(r)/r\right]/x$,$J_x \subseteq [0,1]$。定义中关于著名的"$J_x$"是含糊的,$\text{FOU}(\widetilde{A}) = \bigcup_{x\in X} J_x$ [3-8] 或 $\text{FOU}(\widetilde{A}) = \bigcup_{x\in X} [\underline{\mu}_{\widetilde{A}}(x), \bar{\mu}_{\widetilde{A}}(x)]$[4, 6, 7, 9-12] 的含义也是含糊的。下面给一个例子来说明这一观点。

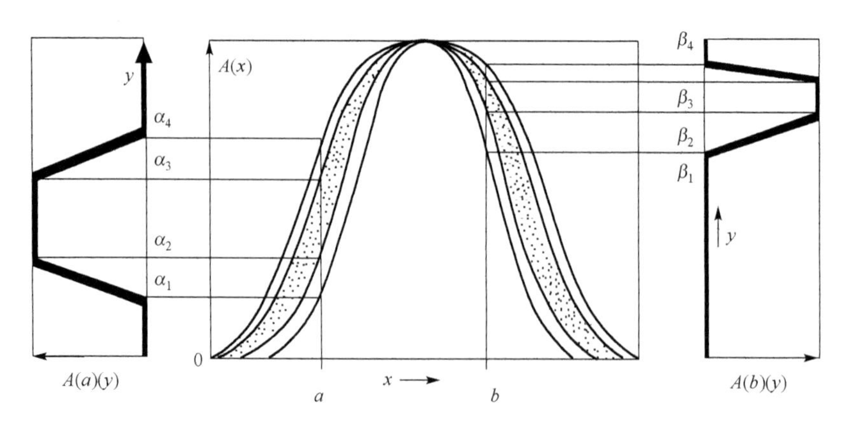

图 3-1　二型 Fuzzy 集概念示意图

例 3-1　设 $X=[0,1]$，$A=\int_{x\in[0,1]}\left[\int_{r\in J_x}A(x)(r)/r\right]/x$，其中对所有 $x\in[0,1]$，$A(x)=(x^2,x,\sqrt{x})$ 是$[0,1]$上的一个三角 Fuzzy 数，并且 $J_x=\mathrm{Supp}(A(x))=(x^2,\sqrt{x})$。则 $\mathrm{FOU}(A)=\{(x,y)\mid x\in[0,1],y\in\mathrm{Supp}(A(x))\}=\left\{(x,y)\mid x\in[0,1],y\in(x^2,\sqrt{x})\right\}\subseteq[0,1]\times[0,1]$，如图 3-2 所示。

然而，$\bigcup_{x\in I}J_x=\bigcup_{x\in I}(x^2,\sqrt{x})=(0,1)$ 与“不确定区(FOU) 是主(第一)隶属函数之并”的原始思想不符[3-4]。

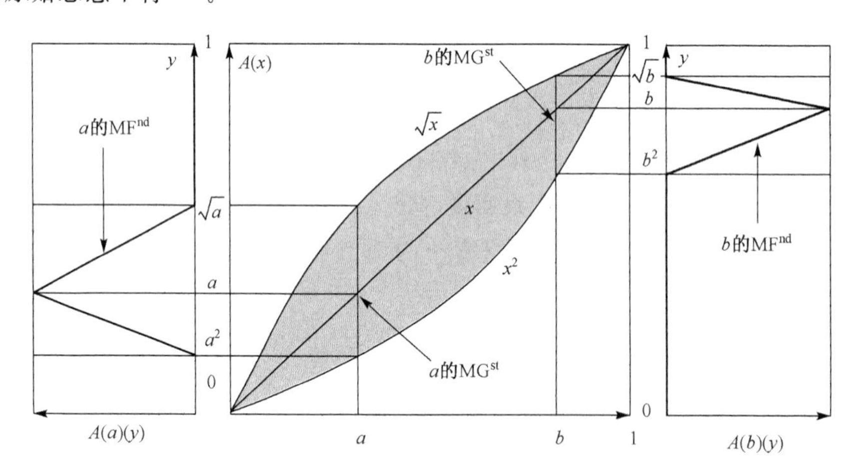

图 3-2　带有 $\mathrm{MF}^{\mathrm{nd}}$ 为 $A(x)=(x^2,x,\sqrt{x})$ 的二型 Fuzzy 集 A 与其 FOU (阴影部分)

3.1.2　二型 Fuzzy 集的运算

由此可见，二型 Fuzzy 集对于模糊现象的刻画更为深刻，也更加接近于实际情形，但对其处理比一般的 Fuzzy 集要复杂得多。Fuzzy 集的运算，如并、交、补都可以扩张到二型 Fuzzy 集。

定义 3-2　设 A，B 是 X 上的二型 Fuzzy 集，且

$$A=\int_{x\in X}A(x)/x=\int_{x\in X}\left[\int_{r\in J_x}A(x)(r)/r\right]/x\ ,$$

$$B=\int_{x\in X}B(x)/x=\int_{x\in X}\left[\int_{r\in J_x}B(x)(r)/r\right]/x$$

利用 Zadeh 扩张原理[1]，A 和 B 的并、交、补运算 $A\cup B$，$A\cap B$ 和 A^c 定义如下[13]：

$$\begin{aligned}(A\sqcup B)(x)&=A(x)\ \tilde{\vee}\ B(x)\\&=\int_{r\in[0,1]}\sup\nolimits_{r=r_1\vee r_2}\{A(x)(r_1)\ \wedge\ B(x)(r_2)\}/r,\quad \forall x\in X\end{aligned}\tag{3-3}$$

$$\begin{aligned}(A\sqcap B)(x)&=A(x)\ \tilde{\wedge}\ B(x)\\&=\int_{r\in[0,1]}\sup\nolimits_{r=r_1\wedge r_2}\{A(x)(r_1)\ \wedge\ B(x)(r_2)\}/r,\quad \forall x\in X\end{aligned}\tag{3-4}$$

$$(A^c)(x)=\neg(A(x))=\int_0^1 A(x)(r)/(1-r)=\int_0^1 A(x)(1-r)/r\tag{3-5}$$

二型 Fuzzy 集的运算主要依赖于[0,1]上的 Fuzzy 集运算 $\tilde{\vee}$、$\tilde{\wedge}$ 和 $\neg$。设 E,F 是[0，1]上的 Fuzzy 集，$\forall x\in[0,1]$

$$(E\ \tilde{\vee}\ F)(x)=\sup\nolimits_{x=y\vee z}\{E(y)\ \wedge\ F(z)\},$$

$$(E\ \tilde{\wedge}\ F)(x)=\sup\nolimits_{x=y\wedge z}\{E(y)\ \wedge\ F(z)\},$$

$$\neg E(x)=E(1-x)$$

[0,1]上的 Fuzzy 集 E 和 F 的 $\tilde{\vee}$ 和 $\tilde{\wedge}$ 运算示意图如图 3-3 所示。

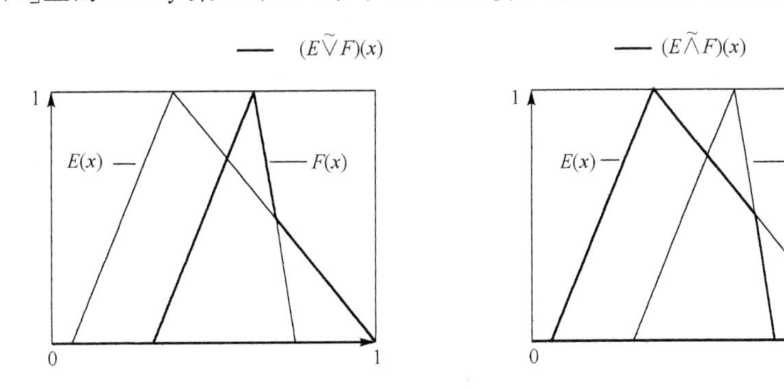

图 3-3　[0,1]上的 Fuzzy 集 E 和 F(细线)的 $\tilde{\vee}$ 和 $\tilde{\wedge}$ 运算(粗线)

例 3-2　在例 3-1 中二型 Fuzzy 集 A 的补集 A^c 按式(3-5)得到 $A^c(x)=(1-\sqrt{x},1-x,1-x^2)$ ($\forall x\in X$)，见图 3-4。

关于二型 Fuzzy 集运算的性质可参见文献[14]～[16]。

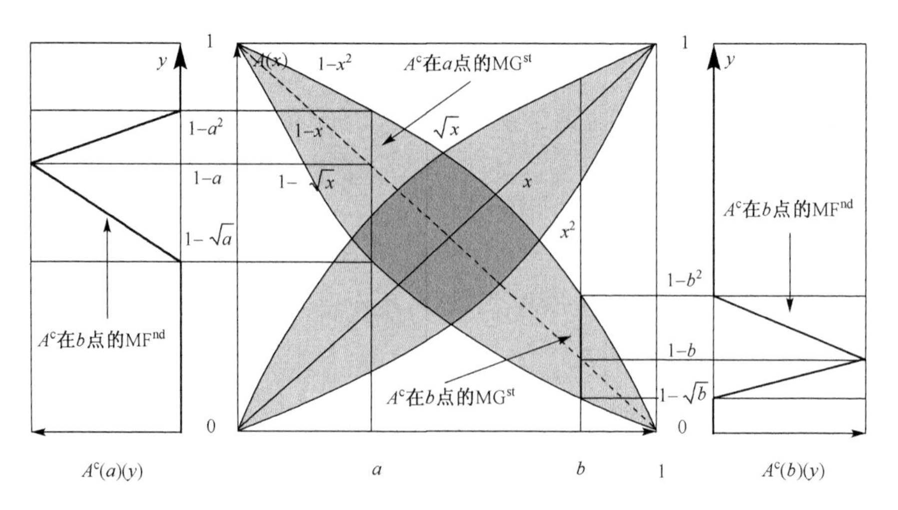

图 3-4 带有 MF^nd 为 $A(x)=(x^2,x,\sqrt{x})$ 的二型 Fuzzy 集 A(实线部分),其补集 A^c(虚线部分)的 MF^nd 为 $A^c(x)=(1-\sqrt{x},1-x,1-x^2)$,以及 A 与 A^c 的 FOU(阴影部分)

3.1.3 区间值 Fuzzy 集

如果二型 Fuzzy 集的隶属函数值为区间,则有下面的定义。

定义 3-3[1,17] 设 A 是论域 X 到 $I_{[0,1]}$ 的一个映射,即

$$A:X\to I_{[0,1]}$$

称 A 是 X 上的区间值 Fuzzy 集(或 ϕ-Fuzzy 集),这里

$$I_{[0,1]}=\{a=[\underline{a},\bar{a}]\mid 0\leqslant\underline{a}\leqslant\bar{a}\leqslant 1,\underline{a},\bar{a}\in\mathbf{R}\}\tag{3-6}$$

设 A 是 X 上的区间值 Fuzzy 集,则 $A(x)$ 记为 $[\underline{A}(x),\bar{A}(x)]$,这时实际上 $\underline{A}$ 和 $\bar{A}$ 是 X 上的(一型)Fuzzy 集,记 A 为 $[\underline{A},\bar{A}]$,显然 $\underline{A}\subseteq\bar{A}$。$\underline{A}(x)$ 和 $\bar{A}(x)$ 分别称为 A 的下隶属函数和上隶属函数。

例 3-3 考虑用 Gaussian 隶属函数描述的 Fuzzy 集,其均值为 m,标准差在 $[\sigma_1,\sigma_2]$ 中取值,即

$$A(x)=\exp\left[-\frac{1}{2}\left((x-m)/\sigma\right)^2\right],\sigma\in[\sigma_1,\sigma_2]$$

这样就产生了一个 Gaussian 区间值 Fuzzy 集,其中

$$\underline{A}(x)=\exp\left[-\frac{1}{2}\left((x-m)/\sigma_1\right)^2\right]$$

$$\bar{A}(x)=\exp\left[-\frac{1}{2}\left((x-m)/\sigma_2\right)^2\right]$$

图 3-5 是示意图。

如果其标准差为 σ,均值在 $[m_1,m_2]$ 中取值,即

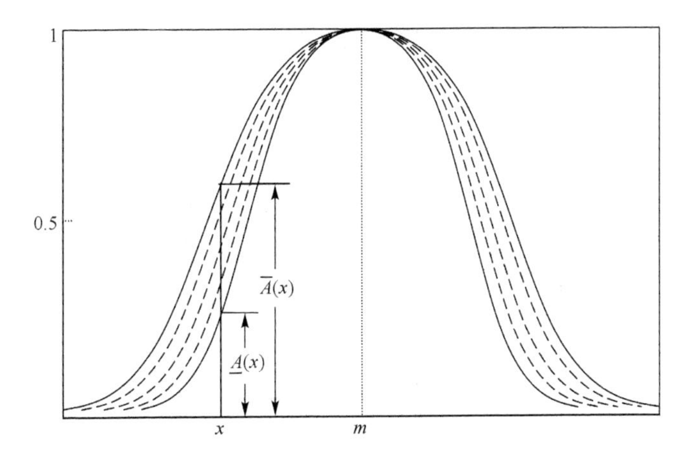

图 3-5　带有不确定方差的 Gaussian 区间值 Fuzzy 集 $A(x)=[\underline{A}(x),\bar{A}(x)]$

$$A(x)=\exp\left[-\frac{1}{2}\left((x-m)/\sigma\right)^2\right], m\in[m_1,m_2]$$

这样就产生了另一个 Gaussian 区间值 Fuzzy 集，其中

$$\underline{A}(x)=\begin{cases}\exp\left[-\frac{1}{2}\left((x-m_2)/\sigma\right)^2\right], & x\leqslant(m_1+m_2)/2\\ \exp\left[-\frac{1}{2}\left((x-m_1)/\sigma\right)^2\right], & x>(m_1+m_2)/2\end{cases}$$

$$\bar{A}(x)=\begin{cases}\exp\left[-\frac{1}{2}\left((x-m_1)/\sigma\right)^2\right], & x\leqslant m_1\\ 1, & m_1\leqslant x\leqslant m_2\\ \exp\left[-\frac{1}{2}\left((x-m_2)/\sigma\right)^2\right], & x>m_2\end{cases}$$

图 3-6 是示意图。

区间值 Fuzzy 集的并、交、补与序关系定义如下。

定义 3-4　设 A 和 B 是 X 上的区间值 Fuzzy 集，则

(1) $(A\cup B)(x)=[\underline{A}(x)\vee\underline{B}(x),\bar{A}(x)\vee\bar{B}(x)], \forall x\in X$；

(2) $(A\cap B)(x)=[\underline{A}(x)\wedge\underline{B}(x),\bar{A}(x)\wedge\bar{B}(x)], \forall x\in X$；

(3) $A^c(x)=[1-\bar{A}(x),1-\underline{A}(x)], \forall x\in X$；

(4) $A\subseteq B\Leftrightarrow\underline{A}\subseteq\underline{B}$ 且 $\bar{A}\subseteq\bar{B}$。

由此得到

$$\underline{A\cup B}=\underline{A}\cup\underline{B},\ \overline{A\cup B}=\bar{A}\cap\bar{B}$$

$$\underline{A\cap B}=\underline{A}\cap\underline{B},\ \overline{A\cap B}=\bar{A}\cap\bar{B}$$

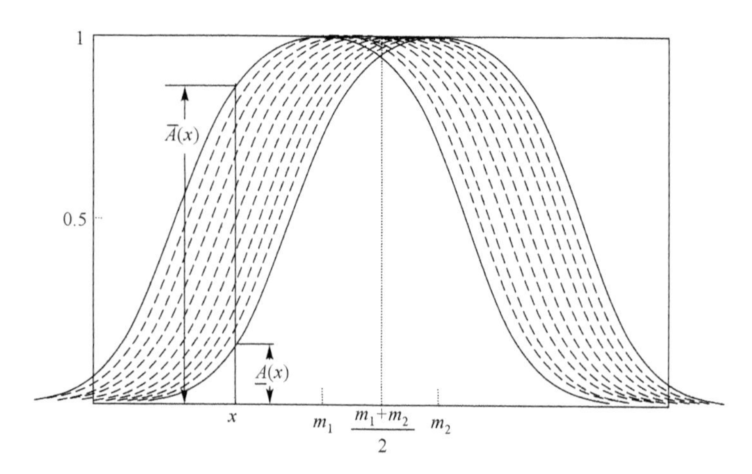

图 3-6 带有不确定均值的 Gaussian 区间值 Fuzzy 集

$A(x)=[\underline{A}(x),\bar{A}(x)]$，均值的不确定区间为 $[m_1,m_2]$

$$\underline{A^c}=(\bar{A})^c,\ \overline{A^c}=(\underline{A})^c$$

注意：(1)有人将区间值 Fuzzy 集称为灰集[18]。

(2) 在很多文献中，关于"区间二型 Fuzzy 集"(interval type-2 fuzzy set)的定义是不严格的，J_x 不一定是一个区间。下面列举一些文献中出现的这样不严格之处。

①"一个区间二型 Fuzzy 集可表示为[4-7,12,19]

$$\widetilde{A}=\int_{x\in X}\int_{u\in J_x\subseteq[0,1]}1/(x,u)=\int_{x\in X}\left[\int_{u\in J_x\subseteq[0,1]}1/u\right]/x"$$

②"当所有 $A_x(r)=1$，那么 $\widetilde{A}$ 是一个区间二型 Fuzzy 集"[4]；

③"如果一个二型 Fuzzy 集 $\widetilde{A}$ 的所有次隶属度等于 1，即 $A_x(r)=1,\forall x\in X,\forall r\in J_x\subseteq I$，那么 $\widetilde{A}$ 被定义为一个区间二型 Fuzzy 集"[8]。

(3) Mendel 描述的区间二型 Fuzzy 集与上面定义的区间值 Fuzzy 集是等价的[20-21]。区间值 Fuzzy 集在 Fuzzy 集理论中被精确表示和长期使用[20-22]，但是"区间二型 Fuzzy 集"误导了人们。

3.1.4 Gaussian 二型 Fuzzy 集

定义 3-5 一个 Gaussian 二型 Fuzzy 集是其次隶属函数为[0, 1]上的 Gaussian 型 Fuzzy 集。

例 3-4 考虑一个一型 Fuzzy 集具有 Gaussian 隶属函数(均值 M,标准差 σ_x)：

$$m(x)=\exp\left[-\frac{1}{2}\left((x-M)/\sigma_x\right)^2\right],x\in X$$

如果假设次隶属函数也是一个 Gaussian 函数(均值 $m(x)$，标准差 σ_m)：

$$A(x)(r) = \exp\left[-\frac{1}{2}\left((r-m(x))/\sigma_m\right)^2\right], x \in X$$

其中 $r \in [0,1]$。A 的不确定区为

$$\text{FOU}(A) = \{(x,y) \mid x \neq M, y \in (0,1); x = M, y = 1\}$$

图 3-7 是示意图。

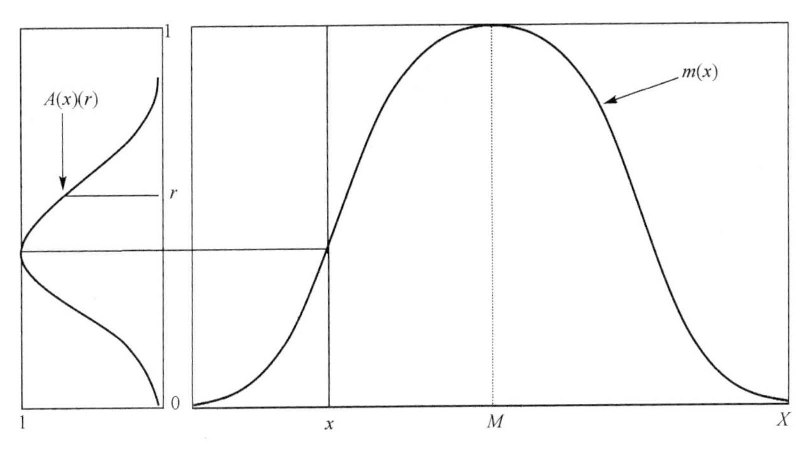

图 3-7　一个 Gaussian 二型 Fuzzy 集

3.1.5　二型 Fuzzy 集的嵌入区间值 Fuzzy 集

我们可以从二型 Fuzzy 集中发现一些有用的区间值 Fuzzy 集和一型 Fuzzy 集。

定义 3-6　对于 X 上的二型 Fuzzy 集 A, $\inf\{\text{Supp}(A(x))\}$ 和 $\sup\{\text{Supp}(A(x))\}$ 分别称为 MF^{st} 的下隶属和上隶属函数,分别用 LMF(A) 和 UMF(A) 表示。

定义 3-7　设 A 是 X 上的二型 Fuzzy 集,并且对每一个 $x \in X$,$A(x)$ 是[0, 1]上的 Fuzzy 数,即 $\forall \alpha \in [0,1)$, $(A(x))_\alpha$ 是[0,1]上的闭区间。$\int_{x\in X}(A(x))_\alpha/x$ 是 X 上的一个区间值 Fuzzy 集。两个 Fuzzy 集 $\inf(\text{Ker}(A(x)))$ 和 $\sup(\text{Ker}(A(x)))$ 分别称为下嵌入 Fuzzy 集和上嵌入 Fuzzy 集，分别记为 Em^- 和 Em^+。区间值 Fuzzy 集 $\text{Em}(A) = [\text{Em}^-(A), \text{Em}^+(A)]$，带有隶属函数 $\text{Em}(A)(x) = [\text{Em}^-(A)(x), \text{Em}^+(A)(x)]$，被称为二型 Fuzzy 集 A 的最大嵌入区间值 Fuzzy 集。一个一型 Fuzzy 集 F 的隶属度 $F(x) \in \text{Em}(A)(x)(\forall x \in X)$ 被称为是 X 关于二型 Fuzzy 集 A 的嵌入 Fuzzy 集,如图 3-8 所示。

设 A 是 X 上的二型 Fuzzy 集,并且对每一个 $x \in X$,$A(x)$ 是[0,1]上的 Fuzzy 数。由定义 3-7 可知 $[\text{Em}^-(A)(x), \text{Em}^+(A)(x)] \subseteq [\text{LMF}(A)(x), \text{UMF}(A)(x)]$。在例 3-1 中, $\text{Em}^-(A)(x) = \text{Em}^+(A)(x) = x$ 并且 $\text{LMF}(A)(x) = x^2$, $\text{UMF}(A)(x) = \sqrt{x}$。

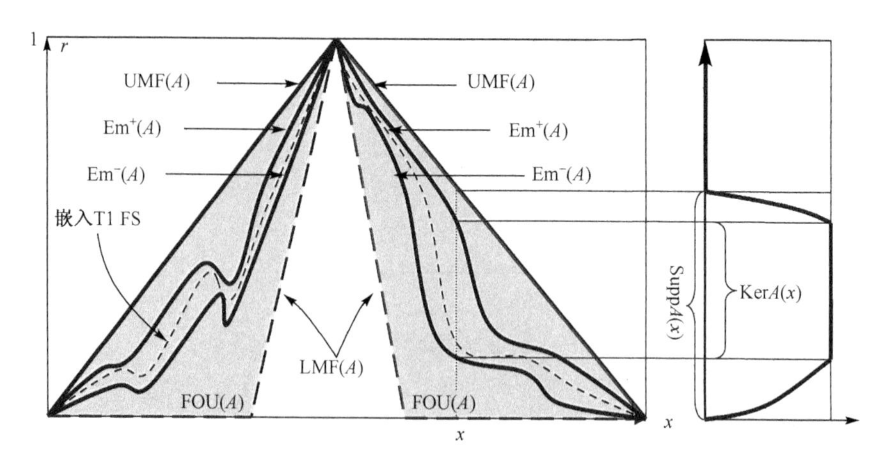

图 3-8　二型 Fuzzy 集 A 的 FOU（阴影部分）、LMF（虚直线）、UMF（实直线）、最大嵌入 IVFS（实波浪线）和一个嵌入 T1 FS（虚波浪线）[4,6,11,23]

命题 3-1　设 A 和 B 是 X 上的二型 Fuzzy 集，则

(1) $\mathrm{LMF}(A\sqcup B)=\mathrm{LMF}(A)\cup \mathrm{LMF}(B)$，$\mathrm{UMF}(A\cup B)=\mathrm{UMF}(A)\sqcup \mathrm{UMF}(B)$；

(2) $\mathrm{LMF}(A\sqcap B)=\mathrm{LMF}(A)\cap \mathrm{LMF}(B)$，$\mathrm{UMF}(A\sqcap B)=\mathrm{UMF}(A)\cap \mathrm{UMF}(B)$。

证明：对任意 $x\in X$，注意到 $(A(x)\ \tilde{\vee}\ B(x))(r)=\sup_{r_1\vee r_2=r}\{A(x)(r_1)\wedge B(x)(r_2)\}$。可以证明 $\mathrm{Supp}(A(x)\ \tilde{\vee}\ B(x))=\mathrm{Supp}A(x)\ \tilde{\vee}\ \mathrm{Supp}B(x)$。事实上，$r\in \mathrm{Supp}A(x)\ \tilde{\vee}\ \mathrm{Supp}B(x)$，那么存在 $r_1,r_2\in[0,1]$ 使得 $r_1\vee r_2=r$，并且 $A(x)(r_1)>0$ 和 $B(x)(r_2)>0$。于是 $(A(x)\ \tilde{\vee}\ B(x))(r)=\sup_{r'\vee r''=r}\{A(x)(r')\wedge B(x)(r'')\}\geqslant A(x)(r_1)\wedge B(x)(r_2)>0$，即 $r\in \mathrm{Supp}(A(x)\ \tilde{\vee}\ B(x))$。因此，$\mathrm{Supp}A(x)\ \tilde{\vee}\ \mathrm{Supp}B(x)\subseteq \mathrm{Supp}(A(x)\ \tilde{\vee}\ B(x))$。

另一方面，设 $r\in \mathrm{Supp}(A(x)\ \tilde{\vee}\ B(x))$，则 $(A(x)\ \tilde{\vee}\ B(x))(r)=\sup_{r'\vee r''=r}\{A(x)(r')\wedge B(x)(r'')\}>0$。于是存在 r_1 和 r_2 使得 $r_1\vee r_2=r$ 并且 $A(x)(r_1)>0$ 和 $B(x)(r_2)>0$，即 $r_1\in \mathrm{Supp}A(x)$ 和 $r_2\in \mathrm{Supp}B(x)$。因此 $r\in \mathrm{Supp}A(x)\ \tilde{\vee}\ \mathrm{Supp}B(x)$，即 $\mathrm{Supp}(A(x)\ \tilde{\vee}\ B(x))\subseteq \mathrm{Supp}A(x)\ \tilde{\vee}\ \mathrm{Supp}B(x)$。故 $\mathrm{Supp}(A(x)\ \tilde{\vee}\ B(x))=\mathrm{Supp}A(x)\ \tilde{\vee}\ \mathrm{Supp}B(x)$。

$$\begin{aligned}\mathrm{LMF}(A\sqcup B)(x)&=\inf\{\mathrm{Supp}(A(x)\ \tilde{\vee}\ B(x))\}\\&=\inf\{\mathrm{Supp}A(x)\ \tilde{\vee}\ \mathrm{Supp}B(x)\}\\&=\inf\{\mathrm{Supp}A(x)\}\vee\inf\{\mathrm{Supp}B(x)\}\\&=\big(\mathrm{LMF}(A)\cup \mathrm{LMF}(B)\big)(x)\end{aligned}$$

其他等式证明类似。

关于区间值二型 Fuzzy 集的研究可参见文献[15]。

3.1.6　m 型 Fuzzy 集与 Genuine 集

可以类似地定义 m 型 Fuzzy 集如下。

定义 3-8　X 上的 m 型 Fuzzy 集是一个 Fuzzy 集,其隶属度值为 $[0,1]$ 上的 $m-1$ 型 Fuzzy 集。

对于 m 型 Fuzzy 集的并、交和补运算以及序关系可以类似定义。

Genuine 集是 Demirci 基于 m 型 Fuzzy 集提出的。

定义 3-9[24]　设 A 为 $X\times[0,1]^m$ 到$[0,1]$的一个映射,即

$$A:X\times[0,1]^m\rightarrow[0,1],(x,\varphi_1,\varphi_2,\cdots,\varphi_m)\mapsto\varphi$$

称 A 为 X 上的 m 阶 Genuine 集,$A(x,\varphi_1,\varphi_2,\cdots,\varphi_m)$ 为 Genuine 集 A 的真函数。

特别地,当 $m=0$ 时,该映射变为 $A:X\rightarrow[0,1]$。因此,Fuzzy 集也可以看做零阶 Genuine 集。当 $m=1$ 时,该映射变成为 $A:X\times[0,1]\rightarrow[0,1]$,这与二型 Fuzzy 集等价,参见图 3-9。

容易看出,所谓的 m 阶 Genuine 集其实就是 $m+1$ 型 Fuzzy 集。事实上,m 型 Fuzzy 集就像 m 个函数复合在一起,而 m 阶 Genuine 集就像一个含 $m+1$ 个变元的函数。因此,这种双射的存在性是容易理解的。

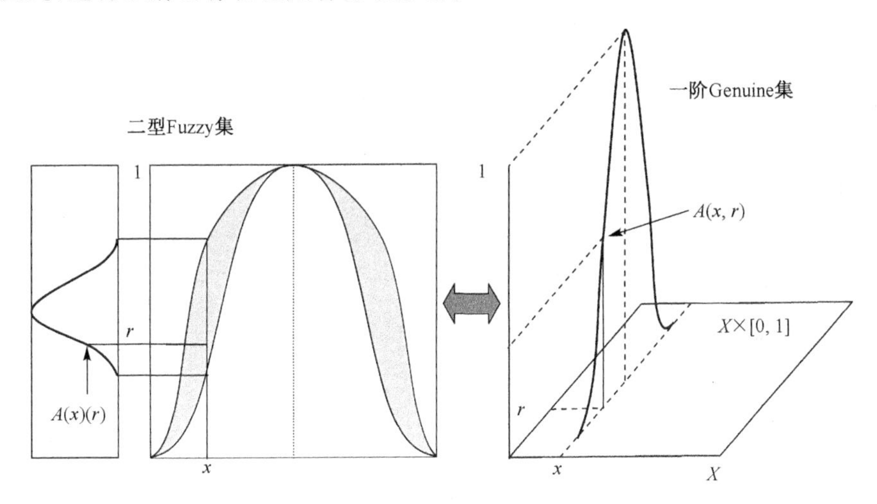

图 3-9　1 阶 Genuine 集与二型 Fuzzy 集

虽然 $m+1$ 型 Fuzzy 集与 m 阶 Genuine 集之间可以建立一一对应,但 Demirci 并不打算将 Fuzzy 集上的序关系与运算也照搬到 Genuine 集上,而是重新定义了新的序关系及运算。

为了在 Genuine 集上构造序关系及各种运算,我们先做如下定义。

定义 3-10[24]　对给定的一个 m 阶 Genuine 集 A，定义一个 Fuzzy 集 $G(A)$，其隶属函数为 $G(A):X\to[0,1]$，即 $\forall x\in X$，

$$G(A)(x)=\begin{cases}\sup\limits_{(\varphi_1,\varphi_2,\cdots,\varphi_m)\in I^m}\{A(x,\varphi_1,\varphi_2,\cdots,\varphi_m)\wedge\varphi_1\wedge\varphi_2\wedge\cdots\wedge\varphi_m\}, & m>0\\ A(x), \quad m=0\end{cases}\tag{3-7}$$

有了 Fuzzy 集 $G(A)$，再利用 Fuzzy 集的运算，就可以定义 Genuine 集上的序关系与交、并、补等运算。

定义 3-11[24]　设 $A,B,\{A_i\mid i\in J\}$（J 为指标集）都是 m 阶 Genuine 集，则

(1) $A\subseteq^g B\Leftrightarrow G(A)\subseteq G(B)$；

(2) $A=^g B\Leftrightarrow G(A)=G(B)$；

(3) $B=^g A^{gc}\Leftrightarrow G(B)=(G(A))^c$；

(4) $B=^g \bigcap\limits_{i\in J}{}^g A_i\Leftrightarrow G(B)=\bigcap\limits_{i\in J}G(A_i)$；

(5) $B=^g \bigcup\limits_{i\in J}{}^g A_i\Leftrightarrow G(B)=\bigcup\limits_{i\in J}G(A_i)$。

另外，Demirci 还在 Genuine 集上对空集、全集等做了定义。

X 上的 Genuine 集 E 称为 m 阶空集，是指其真函数为

$$E(x,\varphi_1,\varphi_2,\cdots,\varphi_m)=0,\forall x\in X,\forall\varphi_1,\forall\varphi_2,\cdots,\forall\varphi_m\in(0,1]$$

$$E(x,\varphi_1,\varphi_2,\cdots,\varphi_m)\in(0,1],\forall x\in X,\exists r\in\{1,2,\cdots,m\},\varphi_r=0$$

简记为 $\varnothing_m^g$。

X 上的 Genuine 集 U 称为 m 阶全集，是指其真函数为

$$U(x,1,1,\cdots,1)=1,\forall x\in X$$

$$U(x,\varphi_1,\varphi_2,\cdots,\varphi_m)\in[0,1),\forall x\in X,\exists r\in\{1,2,\cdots,m\},\varphi_r\neq 1$$

简记为 X_m^g。

事实上，m 阶空集与 m 阶全集都不是唯一的。

3.1.7　区间集与阴影集

Yao 引入了有限论域上的区间集[25]，下面我们给出的区间集不限制在有限论域上。

定义 3-12[25-26]　设 X 是论域，则 $[A_l,A_u]=\{A\subseteq X\mid A_l\subseteq A\subseteq A_u\}$ 称为 X 的一个区间集。

由定义很容易得到 X 上的区间集 $[A_l,A_u]$ 是 X 上的一个区间值 Fuzzy 集 $[\chi_{A_l},\chi_{A_u}]$，其中 χ_A 是 A 的特征函数。

Pedrycz 引入了阴影集(shadowed set)的概念[27]。

定义 3-13[27-28]　设 X 是论域，则集值映射 $A:X\to\{0,1,[0,1]\}$ 是一个阴影集。

由定义很容易得到 X 上的阴影集 A 是 X 上的一个区间值 Fuzzy 集 $[\underline{A},\bar{A}]$，其中：

$$\underline{A}(x)=\begin{cases}A(x), & A(x)=0,1\\0, & A(x)=[0,1]\end{cases},\bar{A}(x)=\begin{cases}A(x), & A(x)=0,1\\1, & A(x)=[0,1]\end{cases}$$

命题 3-2　区间集是一个阴影集，而阴影集是一个区间集。

证明：设 $[A_l,A_u]$ 是 X 上的一个区间集，定义

$$A(x)=\begin{cases}1, & x\in A_l\\ [0,1], & x\in A_u-A_l\\ 0, & \text{其他}\end{cases}$$

则 A 是 X 上的一个阴影集。反之，设 A 是 X 上的一个阴影集，定义

$$A_l=\{x\in X\mid A(x)=1\},A_u=\{x\in X\mid A(x)=1\text{ 或}[0,1]\}$$

则 $[A_l,A_u]$ 是 X 上的一个区间集。

关于二型 Fuzzy 集的研究主要在其运算、推广和应用上[5,6,9,12,29,30]，很多文献的区间二型 Fuzzy 集实际上是区间值 Fuzzy 集[7, 31]；区间值 Fuzzy 集比二型 Fuzzy 集在实际应用中更容易处理[32]。

Mendel 在文献[9]中指出二型 Fuzzy 集越来越流行，并回答了下面三个问题：

(1)为什么二型 Fuzzy 集的概念花了这么长的时间才浮出水面？尽可能地发展一型 Fuzzy 集这是很自然的，但是在不确定性环境下利用一型 Fuzzy 集存在明显的不足。

(2) 为什么二型 Fuzzy 集没有立即流行？虽然 Zadeh 在 1975 就引入二型 Fuzzy 集，但是在 20 世纪 90 年代中后期前关于它的研究很少。之后开始有少量的工作出现。一旦人们清楚一型 Fuzzy 集能做什么，很自然期待更多的挑战。

(3) 为什么我们相信二型 Fuzzy 集的使用将优于一型 Fuzzy 集？二型 Fuzzy 集用具有比一型 Fuzzy 集更多参数的隶属函数去描述。因此，二型 Fuzzy 集给我们提供了更多自由度。二型 Fuzzy 集的应用有潜力优于一型 Fuzzy 集的应用，特别当我们处在不确定环境。

二型 Fuzzy 集与云模型的出发点是一样的，弥补了精确隶属度的不足。但云模型考虑了随机性，基于概率测度空间研究了隶属度的生成方法。

区间值 Fuzzy 集是一种特殊的二型 Fuzzy 集，但二型 Fuzzy 集处理起来比较复杂，应用起来不方便，区间值 Fuzzy 集相对要简单。对于二型 Fuzzy 集的研究很少有本质上的进展，主要研究还是放在区间值 Fuzzy 集上。二型 Fuzzy 集的研究不仅在理论上而且在应用上。二型 Fuzzy 集的研究要与云模型联系起来，这两者的定义过程有相似之处。

3.2 直觉 Fuzzy 集

Atanassov 于 1983 年给出了 Fuzzy 集的一个推广概念——直觉 Fuzzy 集。像二型 Fuzzy 集一样,直觉 Fuzzy 集是 Fuzzy 集提出之后的又一高阶 Fuzzy 集。Fuzzy 集给出了论域中一点的隶属度,而直觉 Fuzzy 集给出了论域中一点的隶属度与非隶属度。

3.2.1 直觉 Fuzzy 集的定义

直觉 Fuzzy 集用两个特征函数分别来表示论域中元素的隶属度(belongingingness)和非隶属度(non-belongingingness)。严格定义如下。

定义 3-14[33] 论域 X 上的一个直觉 Fuzzy 集是下列形式的一个对象:

$$A=\{(x,\mu_A(x),\nu_A(x))\mid x\in X\} \tag{3-8}$$

其中,$\mu_A(x)$ ($\in[0,1]$) 称为"x 属于 A 的隶属度",$\nu_A(x)$ ($\in[0,1]$) 称为"x 不属于 A 的隶属度",并且其和满足下列条件

$$\mu_A(x)+\nu_A(x)\leqslant 1,\forall x\in X \tag{3-9}$$

为了简单起见,$A=\{(x,\mu_A(x),\nu_A(x))\mid x\in X\}$ 记为 $A=(\mu_A,\nu_A)$。若 $X=\{x_1,x_2,\cdots,x_n\}$,则直觉 Fuzzy 集 $A=(\mu_A,\nu_A)$ 可以表示为

$$A=\frac{(\mu_A(x_1),\nu_A(x_1))}{x_1}+\frac{(\mu_A(x_2),\nu_A(x_2))}{x_2}+\cdots+\frac{(\mu_A(x_n),\nu_A(x_n))}{x_n} \tag{3-10}$$

图 3-10 是直觉 Fuzzy 集取值示意图。

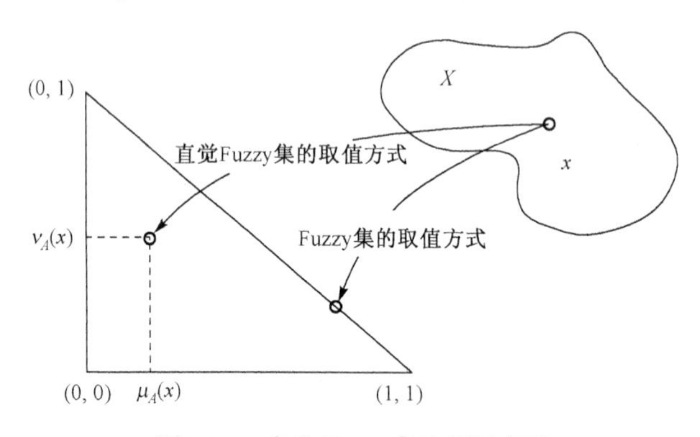

图 3-10 直觉 Fuzzy 集取值示意图

图 3-11 是一个直觉 Fuzzy 集的示意图。

设 $X=\{x_1,x_2,x_3,x_4,x_5\}$,则直觉 Fuzzy 集 A="年老"可定义为

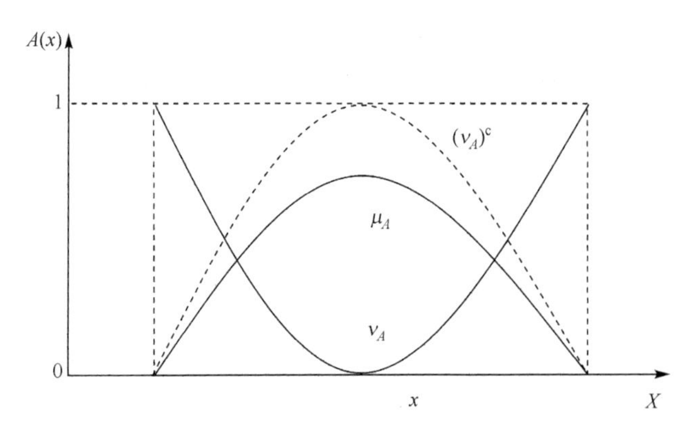

图 3-11　直觉 Fuzzy 集 $A=(\mu_A,\nu_A)$

$$A=\frac{(0.8,0.2)}{x_1}+\frac{(0.2,0.7)}{x_2}+\frac{(0.1,0.8)}{x_3}+\frac{(0.9,0.1)}{x_4}+\frac{(0.5,0.5)}{x_5}$$

对于 X 上的直觉 Fuzzy 集 $A=(\mu_A,\nu_A)$，称

$$\pi_A(x)=1-\mu_A(x)-\nu_A(x) \tag{3-11}$$

为元素 x 在 A 中的直觉指标。很显然，$0\leqslant\pi_A(x)\leqslant 1$[34]。$[\mu_A(x),1-\nu_A(x)]$ 称为 x 在直觉 Fuzzy 集 $A=(\mu_A,\nu_A)$ 中的 Fuzzy 值[35]。

3.2.2　直觉 Fuzzy 集的运算

直觉 Fuzzy 集的并、交、补与序关系定义如下。设 A 和 B 是 X 上的直觉 Fuzzy 集，则

(1) $A\cup B=\{(x,\max\{\mu_A(x),\mu_B(x)\},\min\{\nu_A(x),\nu_B(x)\})\mid x\in X\}$；

(2) $A\cap B=\{(x,\min\{\mu_A(x),\mu_B(x)\},\max\{\nu_A(x),\nu_B(x)\})\mid x\in X\}$；

(3) $A^c=\{(x,\nu_A(x),\mu_A(x))\mid x\in X\}$；

(4) $A\subseteq B\Leftrightarrow\mu_A\subseteq\mu_B$ 且 $\nu_A\supseteq\nu_B$；

(5) $A=B\Leftrightarrow A\subseteq B,B\subseteq A$；

(6) $A\preceq B\Leftrightarrow\mu_A\subseteq\mu_B$ 且 $\nu_A\subseteq\nu_B$。

Gau 和 Buehrer[36]定义了含糊集的概念，随后 Bustince 和 Burillo[37]证明了含糊集就是直觉 Fuzzy 集。

3.2.3　区间值直觉 Fuzzy 集

定义 3-15[38]　论域 X 上的一个区间值直觉 Fuzzy 集是下列形式的一个对象：

$$A=\{(x,M_A(x),N_A(x))\mid x\in X\} \tag{3-12}$$

其中 $M_A:X\to I_{[0,1]}$ 和 $N_A:X\to I_{[0,1]}$，并且其和满足下列条件

$$\overline{M_A}(x)+\overline{N_A}(x)\leqslant 1,\forall x\in X \tag{3-13}$$

为了简单起见，$A=\{(x,M_A(x),N_A(x))\mid x\in X\}$ 记为 $A=(M_A,N_A)$。

区间值直觉 Fuzzy 集的并、交、补与序关系定义如下，设是 X 上的区间值直觉 Fuzzy 集，则

(1) $A\cup B=\{(x,[\underline{M_A}(x)\vee \underline{M_B}(x),\overline{M_A}(x)\vee \overline{M_B}(x)],[\underline{N_A}(x)\wedge \underline{N_B}(x),\overline{N_A}(x)\wedge \overline{N_B}(x)])\mid x\in X\}$；

(2) $A\cap B=\{(x,[\underline{M_A}(x)\wedge \underline{M_B}(x),\overline{M_A}(x)\wedge \overline{M_B}(x)],[\underline{N_A}(x)\vee \underline{N_B}(x),\overline{N_A}(x)\vee \overline{N_B}(x)])\mid x\in X\}$；

(3) $A^c=\{(x,N_A(x),M_A(x))\mid x\in X\}$；

(4) $A\subseteq B\Leftrightarrow M_A\subseteq M_B$ 且 $N_A\supseteq N_B$；

(5) $A=B\Leftrightarrow A\subseteq B,B\subseteq A$；

(6) $A\leq B\Leftrightarrow M_A\subseteq M_B$ 且 $N_A\subseteq N_B$。

当直觉 Fuzzy 集的两个隶属函数满足 $\mu_A(x)+\nu_A(x)=1(\forall x\in X)$ 时，A 就是 Fuzzy 集。直觉 Fuzzy 集与区间值 Fuzzy 集是 Fuzzy 集的两个推广，数学形式上通过 $\mu_B(x)=\underline{A}(x)$，$\nu_B(x)=1-\bar{A}(x)$ 可以证明两者是等价的[39]。所以在云模型的比较研究中可以不考虑直觉 Fuzzy 集。

直觉 Fuzzy 集理论主要在模式识别和决策等方面有应用[40-42]。

关于“直觉 Fuzzy 集”这一术语，Dubois 等在文献[43]中指出：由 Atanassov 引入的“直觉 Fuzzy 集”(IFS)越来越成为 Fuzzy 集研究中的流行主题。但是他们对“直觉 Fuzzy 集”的术语进行了质疑：Atanassov 的直觉 Fuzzy 集是直觉的吗？至少有下面的三个理由来说明 Atanassov 理论冠以“直觉 Fuzzy 集”之名是不合适的，并且存在误导。

(1) 由 Takeuti 和 Titani[44] 提出的直觉 Fuzzy 集理论是绝对合法的理论，它属于直觉逻辑的范畴。但是它与 Atanassov 的直觉 Fuzzy 集无关。

(2) 在 Fuzzy 逻辑中排中律一般不成立，所以直觉 Fuzzy 集不满足排中律的事实不是使用“直觉”名字的充分理由。

(3) 一般直觉主义者的哲学思想和特别的直觉数学与直觉逻辑有构成主义者观点的强烈倾向。在这些思想与 IFS 理论的基本直觉概念之间没有关系。

解决这一问题的好办法也许可以用带“*I*”的术语 *I*-fuzzy sets，这也适合于不适当的老名“直觉 Fuzzy 集”(intuitionistic fuzzy sets)，也允许有其他像“interval”、“imprecise”等的解释。

Grzegorzewski 和 Mrowka[45] 还提出了下面名字：

incomplete fuzzy sets / inaccurate fuzzy sets / imperfect fuzzy sets / indefinite fuzzy sets / indeterminate fuzzy sets / indistinct fuzzy sets。

紧接着，Atanassov[46]回答了 Dubois 的问题。讨论了 Atanassov 于 1983 提出的直觉 Fuzzy 集与 Takeuti 和 Titani 于 1984 年提出的直觉 Fuzzy 集的关系。Atanassov声明他所提出的直觉 Fuzzy 集是 Fuzzy 集理论中具有创新性的主要研究方向。

3.3　Neumaier 云

Neumaier 于 2004 年针对不确定性介于 Fuzzy 集和概率分布之间的较直观思想提出了一个云的概念。一般来说，这种云包含了比 Fuzzy 集更多的信息，比分布较少的信息。

3.3.1　Neumaier 云的定义

定义 3-16[47]　设 $\xi \in M \subseteq \mathbf{R}^n$ 是一个不确定变量的 n 维向量，称 ξ 是一个不确定描述（scenario）。一个 Neumaier 云是一个映射 $A(\xi)=[\underline{A}(\xi),\bar{A}(\xi)]$，其中 $\forall \xi \in M, A(\xi)$ 是$[0,1]$上一个闭区间，并且满足下面的 Neumaier 条件：

$$(0,1) \subseteq \bigcup_{\xi \in M} A(\xi) \subseteq [0,1] \tag{3-14}$$

$\underline{A}(\xi)$ 和 $\bar{A}(\xi)$ 称为 Neumaier 云的下限和上限，并用 $\bar{A}(\xi)-\underline{A}(\xi)$ 表示 Neumaier 云 A 的宽度(见图 3-12)。

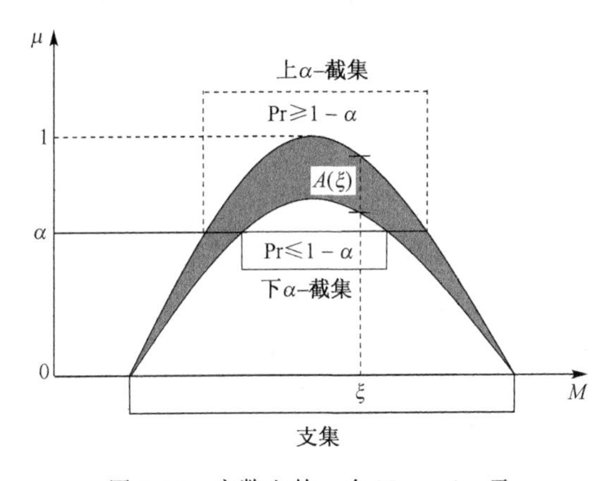

图 3-12　实数上的一个 Neumaier 云

在很多应用中，水平 $A(\xi)$ 可以解释为对于 Neumaier 云 A 所产生的数据作为一个可能描述 $\xi \in M$ 的适合度的上下界。该适合度能通过相关 Neumaier 云的随机变量的概率来解释，参看下面的式(3-15)。

一个 Neumaier 云 A 称为薄云，如果 $\forall \xi \in M, \underline{A}(\xi)=\bar{A}(\xi)$（最大信息情形）。一个 Neumaier 云 A 称为模糊云，如果 $\forall \xi \in M, \underline{A}(\xi)=0$（最小信息情形）。一个模糊云可看

成隶属度为 $\bar{A}(\xi)$ 的模糊集。M 的一个非空子集 A 的特征云是一个模糊云 χ_A，其中，

$$\chi_A(\xi)=\begin{cases}[0,1], & \xi\in A\\ 0, & \text{其他}\end{cases}$$

注意，没有 Neumaier 云对应于空集。

$\mathbf{R}^n$ 上的所有 Neumaier 云构成的集合记为 $\mathcal{N}(\mathbf{R}^n)$。

由上面的定义可知，$\mathbf{R}$ 上的 Fuzzy 数可看成 $\mathbf{R}$ 上的一个 Neumaier 云（见图 3-13）。

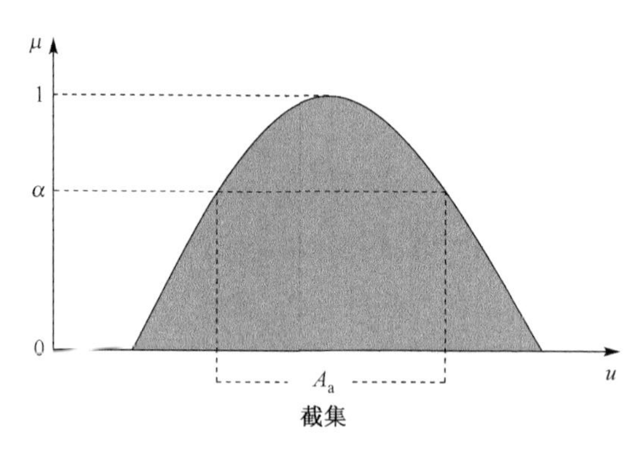

图 3-13　一个 Fuzzy 数对应一个 Neumaier 云

我们称 M 上的 Neumaier 云 A 是 M' 上 Neumaier 云 B 的子云，记为 $A\subseteq B$，当且仅当 $M\subseteq M'$，并且对任意 $\xi\in M$，$A(\xi)\subseteq B(\xi)$。很显然，$\subseteq$ 是 $\mathcal{N}(\mathbf{R}^n)$ 上的偏序。

设 $(M,\mathscr{B},\mathrm{Pr})$ 是一概率空间，在 M 中取值的随机变量 x 属于 M 上的 Neumaier 云 A，记为 $x\in_c A$，如果对所有 $\alpha\in[0,1]$，有

$$\mathrm{Pr}(\underline{A}(x)\geqslant\alpha)\leqslant 1-\alpha\leqslant\mathrm{Pr}(\bar{A}(x)>\alpha)\tag{3-15}$$

其中 Pr 表示所论事件的概率。这当然要求 $\{\xi\in M\mid\underline{A}(\xi)\geqslant\alpha\}$（对应的 $\{\xi\in M\mid\bar{A}(\xi)>\alpha\}$）在 σ-代数 $\mathscr{B}$ 上是可测的。

不等式(3-15)是指随机变量 $x\in_c A$ 属于上 α-截集

$$\bar{C}_\alpha\triangleq\{\xi\in M\mid\bar{A}(\xi)>\alpha\}$$

的概率至少是 $1-\alpha$，并且随机变量 $x\in_c A$ 属于下 α-截集

$$\underline{C}_\alpha=\{\xi\in M\mid\underline{A}(\xi)\geqslant\alpha\}$$

的概率最大是 $1-\alpha$。这说明了图 3-12 的注释。Neumaier 条件式(3-14)保证当 $\alpha>0$ 时下 α-截集不同于 M，而当 $\alpha<1$ 时上 α-截集是非空的。为了保证概率有意义这是必需的。

命题 3-3[47]　设 A 是 M 上的 Neumaier 云，则

(1) 对任意含随机变量 $x\in_c A$ 的事件 St(x)以及它的对立事件：$\neg\,\mathrm{St}(x)$，

$$\Pr(\mathrm{St}(x)) \leqslant \min(\sup\{\bar{A}(\xi) \mid \mathrm{St}(\xi)\}, 1-\inf\{\underline{A}(\xi) \mid \mathrm{St}(\xi)\}) \tag{3-16}$$

$$\Pr(\mathrm{St}(x)) \geqslant \max(\inf\{\underline{A}(\xi) \mid \neg\mathrm{St}(\xi)\}, 1-\sup\{\bar{A}(\xi) \mid \neg\mathrm{St}(\xi)\}) \tag{3-17}$$

（2）对任意随机变量 $x \in_c A$ 和 $\alpha \in [0,1]$，有

$$\Pr(\bar{A}(x) \leqslant \alpha) \leqslant \alpha \leqslant \Pr(\underline{A}(x) < \alpha) \tag{3-18}$$

（3）如果 A 是薄云，则

$$\Pr(A(x) < \alpha) = \Pr(A(x) \leqslant \alpha) = \alpha$$

$$\Pr(A(x) > \alpha) = \Pr(A(x) \geqslant \alpha) = 1-\alpha$$

命题 3-4[47]　一个随机变量属于 Neumaier 云 A 当且仅当它属于反射云 A^c，其中 $A^c(\xi) = [1-\bar{A}(\xi), 1-\underline{A}(\xi)]$。

一个反射云图如图 3-14 所示。

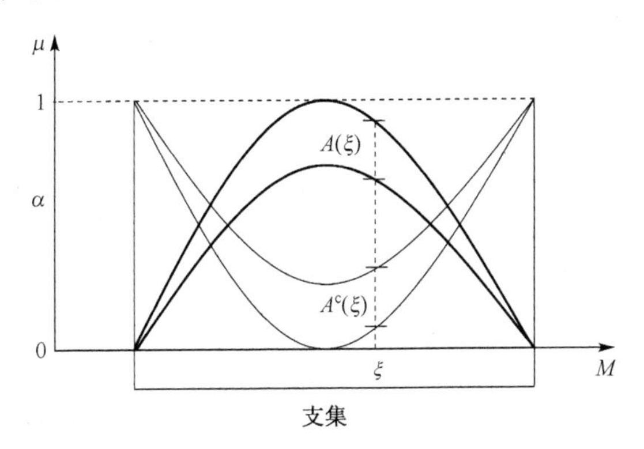

图 3-14　一个 Neumaier 云（粗线）的反射云（细线）

下面以集合论形式来关注命题 3-3。

定义 3-17[47]　Neumaier 云 A 关于 M 的子集 D 的概率区间 $p(A \mid D)$ 定义为

$$p(A \mid D) = [\underline{p}(A \mid D), \bar{p}(A \mid D)] \tag{3-19}$$

这里下概率为

$$\underline{p}(A \mid D) = \inf_{\xi \notin D} \underline{A}(\xi) \tag{3-20}$$

上概率为

$$\bar{p}(A \mid D) = \sup_{\xi \in D} \bar{A}(\xi) \tag{3-21}$$

其中 $\inf_{\xi \in \varnothing} = 0, \sup_{\xi \in \varnothing} = 1$。

命题 3-5　所有概率区间 $p(A \mid D)$ 都是非空的。并且对任意随机变量 $x \in_c A$ 和 M 的任意可测集 D，都有

$$\Pr(x \in D) \in p(A \mid D) \triangleq p(A \mid D) \cap p(A^c \mid D) \tag{3-22}$$

并且具有这一性质的任意随机变量 x 都有 $x \in_c A$。

3.3.2 离散云

对应 Neumaier 云 A，如果 $A(\xi)$ 只取有限多个[0, 1]上的区间值 $a_1, a_2, \cdots, a_m$，则称 A 是离散的。在此情形该 Neumaier 云完全被这些区间来阐述，而这些区间与下列集合的一个描述联系起来：

$$X_l = \{\xi \in M \mid A(\xi) = a_l\} \tag{3-23}$$

如果这些集合是充分简单的(如立方体)，那么人们对云有一个全方位的清晰描述，这在应用中也许是有用的。

关于一个随机变量(或向量)的部分信息往往通过一些直方图来描述。为了这个目的，一个直方图是一个有限的序对集 $(X_l, p_l), l = 1, 2, \cdots, m$，这里 $\{X_l \mid l = 1, 2, \cdots, m\}$ 是 M 的一个划分，p_l 是非负相对频率并且满足 $\sum_{l=1}^{m} p_l = 1$。一个随机变量 x 属于这个直方图，如果

$$\Pr(x \in X_l) = p_l, l = 1, 2, \cdots, m \tag{3-24}$$

直方图与特别的离散云是一一对应的，用这一方法性质，式(3-24)精确地表示了随机变量属于这些 Neumaier 云的特点。特别地，这使我们能从离散随机分布或低维连续分布离散化后的样本中构成 Neumaier 云。

3.3.3 连续云与潜云

利用累积分布函数(CDF)，某些连续云能准确描述一元连续分布。在多变量情形中，一个连续云只反映了在某一分布的一个单个统计数值中获得的信息。这建议我们从简单、用户定义的潜函数去构造 Neumaier 云。

命题 3-6[47]　设 x 是 M 的一个随机变量，映射 $V: M \rightarrow \mathbf{R}$ 是有界的，则

$$A(\xi) \triangleq [\Pr(V(x) > V(\xi)), \Pr(V(x) \geqslant V(\xi))] \tag{3-25}$$

定义一个 $x \in_c A$ 的 Neumaier 云 A，其 α-截集是 V 的水平集。如果 $V(x)$ 具有一个连续分布，则 Neumaier 云是薄云。

将式(3-25)写成

$$A(\xi) \triangleq [\underline{\alpha}(V(\xi)), \bar{\alpha}(V(\xi))] \tag{3-26}$$

其中，$\underline{\alpha}(u) = \Pr(V(x) > u)$，$\bar{\alpha}(u) = \Pr(V(x) \geqslant u)$。在这种情形下，式(3-26)对应的 Neumaier 云 A 满足 $x \in_c A$，其 α-截集是 V 的水平集。

形如式(3-26)的 Neumaier 云 A 称为潜云(potential cloud)，并且称函数 $\underline{\alpha}, \bar{\alpha}: \mathbf{R} \rightarrow [0,1]$ 为潜云 A 的潜水平映射。潜云通过潜水平映射确定，这一表示使得它们能在高维情形下很好地处理不确定随机性。

粗略地讲，Neumaier 云可以通过一套对于不同置信水平的内和外置信域来描

述。因此它包含了比传统的统计计算结果更多的信息。另外,这一信息对不确定性推理是有用。Neumaier 云在处理高维和不完全信息问题有所应用[48]。

Neumaier 云实际上是一个特殊的区间值 Fuzzy 集,但概率思想引入其中。薄云实际上是一个特殊的 Fuzzy 集,反射云是这种区间值 Fuzzy 集的补(见定义 3-4(3))。关于 Neumaier 云的详细讨论参见文献[47]。

3.4 Fuzzy 概率集

随机集概念在 20 世纪 70 年代早期作为随机变量概念的一个推广而引入[49-52]。随机集是值为集合的随机元,而随机变量其值为数的随机元。因此,粗略而言,随机集理论可以看做是随机变量和随机向量的一个推广。

Hirota 在文献[53]中结合 Fuzzy 集理论与概率理论首次提出了一个概率集原始概念。随后他又正式提出了 Fuzzy 概率集这一概念[54-55]。这一概念想通过测度论工具将模糊概念与概率论很好地统一融合起来。事实上,Hirota 提出的 Fuzzy 概率集是一个带有随机隶属函数的 Fuzzy 集。Fuzzy 概率集它不仅包含着 Fuzzy 集的思想,而且它还为在 Fuzzy 集中引入矩、相关系数等概率论的一些基本概念提供了可能性,这些也将为 Fuzzy 概率集在一些实际领域中的应用起到非常重要的作用。

3.4.1 随机集

在本节中,$(\Omega,\mathscr{A},P)$ 表示一概率空间,其中 $\mathscr{A}$ 是 Ω 的一个 σ-代数,P 是一个概率测度。

定义 3-18　设 $(\Omega,\mathscr{A},P)$ 是一个概率空间,$(X,\mathscr{B})$ 是另一个可测空间(称为目标空间)。如果映射 $A:\Omega\to\mathscr{P}(X)$ 是 $(\mathscr{A},\mathscr{B})$ 可测的,即若对于任意 $B\in\mathscr{B}$,有 $\{\omega\in\Omega\mid A(\omega)\in B\}\in\mathscr{A}$,则称具有概率分布 $P\{\omega\in\Omega\mid A(\omega)\in B\}$ 的映射 A 是一个随机集。

例 3-5[56]　给定概率空间 $(\Omega,\mathscr{A},P)$,样本空间 $\Omega=\{a,b,c,d\}$,其中,a=“海上进攻”,b=“陆上进攻”,c=“空中进攻”,d=“远程导弹进攻”。$\mathscr{A}=\mathscr{P}(\Omega)$。目标空间 $X=\{x_1,x_2,x_3\}$,其中,x_i=“攻击第 i 个城市”,$i=1,2,3$。多值映射 $A:\Omega\to\mathscr{P}(X)$ 就是一个随机集,可以将其定义为

$$A(a)=\{x_1,x_2,x_3\},A(b)=\{x_1\},A(c)=\{x_2\},A(d)=\{x_3\}$$

3.4.2 Fuzzy 概率集

设 $(\Omega,\mathscr{A},P)$ 是一概率空间. 设 $\Xi([0,1])=\{\xi\mid\xi:\Omega\to[0,1]$ 是 Ω 上的随机变量$\}$; $\Xi(\{0,1\})=\{\xi\mid\xi:\Omega\to\{0,1\}$ 是 Ω 上具有 0-1 分布的随机变量$\}$。很显然,$\Xi(\{0,1\})\subseteq\Xi([0,1])$。

定义 3-19[54-55]　设 X 是论域，映射 $A:X \to \Xi([0,1])$ 或 $X \times \Omega \to [0,1]$ 称为 X 上的 Fuzzy 概率集。

定义 3-20[57]　设 X 是论域，映射 $A:X \to \Xi(\{0,1\})$ 或 $X \times \Omega \to \{0,1\}$ 称为 X 上的 r-Fuzzy 集。

对于论域上的 x，二型 Fuzzy 集对应一个[0, 1]上的 Fuzzy 集，Fuzzy 概率集对应 Ω 上的随机变量，如图 3-15 所示。

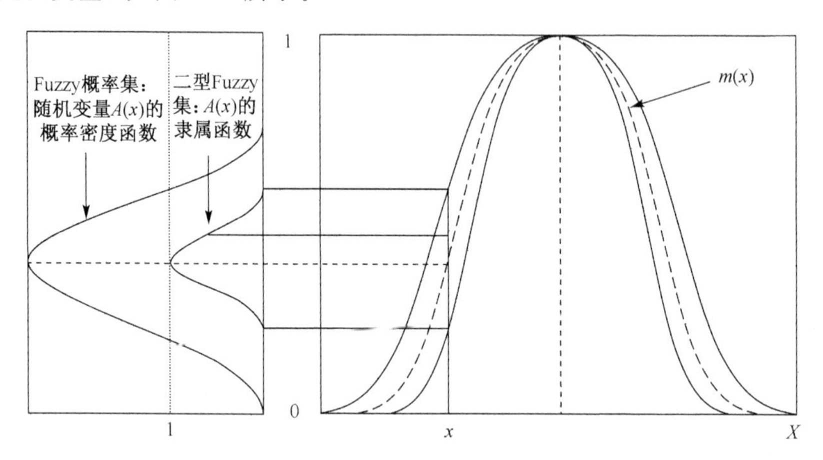

图 3-15　Fuzzy 概率集与二型 Fuzzy 集

例 3-6　令 $(\Omega,\mathscr{A},P)$ 为一个概率空间，其中 $\Omega=\{\omega_1,\omega_2,\omega_3\}$ 为一个给定的有限的样本空间，并且 P 是 Ω 上的一个概率测度，其分布为 $P(\omega_1)=0.3$，$P(\omega_2)=0.3$ 和 $P(\omega_3)=0.4$。设 $X=\{x_1,x_2\}$ 为一个有限的论域，X 上的一个 Fuzzy 概率集 A 定义如表 3-1 所示。

表 3-1　Fuzzy 概率集 A 的定义

A	ω_1	ω_2	ω_3
x_1	0.3	0.5	0.6
x_2	0.4	0.7	0.8

设 A 和 B 是 X 上的两个 Fuzzy 概率集，称 A 被 B 包含，记为 $A \subseteq B$，如果对于任意 $x \in X$，存在 $E \in \mathscr{B}$，使得

$$P(E)=1,$$
$$A(x,\omega) \leqslant B(x,\omega), \forall x \in X, \forall \omega \in E$$

上面两式简记为

$$A(x,\omega) \leqslant B(x,\omega), \forall x \in X, a,e, \omega \in \Omega$$

还可以定义下面运算：

$$(\bigcup_{i=1}^{\infty} A_i)(x,\omega)=\bigvee_{i=1}^{\infty} A_i(x,\omega)\ ;\ (\bigcap_{i=1}^{\infty} A_i)(x,\omega)=\bigwedge_{i=1}^{\infty} A_i(x,\omega)$$
$$(A^c)(x,\omega)=1-A(x,\omega)$$

3.4.3　Bifuzzy 概率集和区间值概率集

定义 3-21[58]　论域 X 上的 Bifuzzy 概率集A 通过两个 Fuzzy 概率集 $\mu_A, \nu_A: X \times \Omega \to [0,1]$ 来描述，并且对每一个 $x \in X$，对几乎所有 $\omega \in \Omega$，有

$$0 \leqslant \mu_A(x,\omega) + \nu_A(x,\omega) \leqslant 1$$

记为 $A = (\mu_A, \nu_A)$。

定义 3-22[58]　设 $A = (\mu_A, \nu_A), B = (\mu_B, \nu_B)$ 是 X 上的两个 Bifuzzy 集，如果对每一个 $x \in X$ 和几乎所有 $\omega \in \Omega$，都有

$$\mu_A(x,\omega) \leqslant \mu_B(x,\omega),\ \nu_A(x,\omega) \geqslant \nu_B(x,\omega)$$

则称 $A \subseteq B$。

Bifuzzy 概率集其实就是按照直觉 Fuzzy 集推广 Fuzzy 集的思想给出的，还有人给出了区间值 Fuzzy 概率集[59]。

定义 3-23[59]　论域 X 上的区间值概率集 A 通过两个 Fuzzy 概率集 $\underline{A}, \bar{A}: X \times \Omega \to [0,1]$ 来描述，并且对每一个 $x \in X$，对几乎所有 $\omega \in \Omega$，有

$$\underline{A}(x,\omega) \leqslant \bar{A}(x,\omega)$$

记为 $A = [\underline{A}, \bar{A}]$。类似可以定义区间值概率集的运算。

Hirota 提出的 Fuzzy 概率集是一个带有随机隶属函数的 Fuzzy 集。Fuzzy 概率集是 r-Fuzzy 集合套的一个等价类[60]。Fuzzy 概率集在不精确和不确定环境下的多准则决策[61]和模式识别[59]上有过应用，但由于过于理论化，应用起来不太方便。

3.5　Soft 集

所有领域都存在不确定性，为了描述不确定性，Fuzzy 集、粗糙集等被提出。但这些理论都存在不同程度的不足。这些不足很可能是理论的参数化工具不足。针对这些问题，Molodtsov[62]首次提出 Soft 集理论这一数学工具去处理不确定性，它弥补了一些不足。

3.5.1　Soft 集的定义

设 X 是论域，E 是参数集。

定义 3-24[62]　设 $\mathscr{P}(X)$ 是 X 的幂集，$A \subseteq E$，对象 (F,A) 称为是 X 上的一个 Soft 集，如果 F 是一个映射 $F: A \to \mathscr{P}(X)$。映射关系见图 3-16。

换句话说，X 上的 Soft 集是论域 X 的子集参数系。对于 $a \in A, F(a)$ 可以被考虑成 Soft 集 (F,A) 的 a-近似元所构成的集合。值得注意的是集合 $F(a)$ 可以是任意的，也可以是空集，它们之间的交也可能非空。为了说明 Soft 集，Molodtsov 考虑了下列例子。

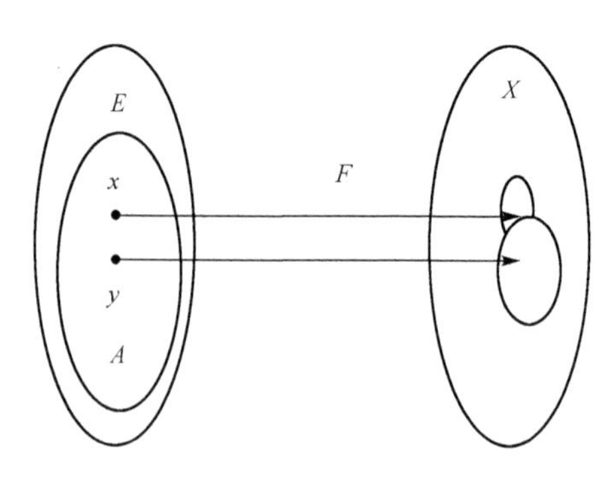

图 3-16　Soft 集的映射图

例 3-7　设 $X=\{h_1,h_2,h_3,h_4,h_5,h_6\}$ 是所考虑的房屋，某些参数构成的集合为

$A=$ {高价(a_1)；美观(a_2)；木制(a_3)；廉价(a_4)；绿色环境(a_5)；现代(a_6)；维修好(a_7)；维修差(a_8)}。

假设

$$F(a_1)=\{h_2,h_4\},$$
$$F(a_2)=\{h_1,h_3\},$$
$$F(a_3)=\{h_3,h_4,h_5\},$$
$$F(a_4)=\{h_1,h_3,h_5\},$$
$$F(a_5)=\{h_1\}$$

则 (F,A) 是 X 上的一个 Soft 集。

在文献[63]中，Aktas 指出每一个 Zadeh 的 Fuzzy 集都可以看成一个特殊的 Soft 集。设 A 是 X 上的一个 Fuzzy 集，A_α 是 α-截集，则 (A_α,I) 是 X 上的 Soft 集，其中 [0，1]为参数集，并且 $I\subseteq[0,1]$。

例 3-8　设房屋论域 $X=\{h_1,h_2,h_3,h_4,h_5,h_6\}$ 有 6 个选择，并且考虑房屋的单参数质量是语言变量。对这一变量定义语言术语集 $T(\text{quality})=\{\text{best, good, fair, poor}\}$。每一个语言术语都对应一个 Fuzzy 集。其中之一可以定义为

$$F_{\text{best}}=\{(h_1,0.1),(h_2,0.5),(h_3,0.9),(h_4,0.1),(h_5,0.8),(h_6,0.9)\}$$

设 $E=[0,1]$是参数集。那么获得如下 Soft 集：

$$A_{\text{best}}=\{0.1,0.5,0.8,0.9\},$$
$$F_{\text{best}}(0.1)=\{h_1,h_2,h_3,h_4,h_5,h_6\},$$
$$F_{\text{best}}(0.5)=\{h_2,h_3,h_5,h_6\},$$
$$F_{\text{best}}(0.8)=\{h_3,h_5,h_6\},$$
$$F_{\text{best}}(0.9)=\{h_3,h_6\}$$

另一个 Fuzzy 集 F_{good} 定义为

$$F_{\text{good}}=\{(h_1,0.1),(h_2,0.5),(h_3,0.5),(h_4,0.1),(h_5,0.8),(h_6,0.8)\}$$

那么，获得如下 Soft 集：

$$A_{good}=\{0.1,0.5,0.8\},$$
$$F_{good}(0.1)=\{h_1,h_2,h_3,h_4,h_5,h_6\},$$
$$F_{good}(0.5)=\{h_2,h_3,h_5,h_6\},$$
$$F_{good}(0.5)=\{h_5,h_6\}$$

还可以考虑其他 Fuzzy 集 F_{fair} 和 F_{poor}。

3.5.2　Soft 集的运算

定义 3-25[64]　设 (F,A) 和 (G,B) 是论域 X 上的两个 Soft 集，则 (F,A) 被称为是 (G,B) 的 Soft 子集，如果

(1) $A\subseteq B$；

(2) $\forall a\in A, F(a)=G(a)$。

记为 $(F,A)\subseteq(G,B)$。称 (F,A) 与 (G,B) Soft 相等，如果 (F,A) 是 (G,B) 的 Soft 子集，并且 (G,B) 是 (F,A) 的 Soft 子集，记为 $(F,A)=(G,B)$。

定义 3-26[64]　设 (F,A) 和 (G,B) 是论域 X 上的两个 Soft 集，则 (F,A) 与 (G,B) 的 Soft 并 $(F,A)\cup(G,B)$，Soft 交 $(F,A)\cap(G,B)$ 定义为

$$(F,A)\cup(G,B)=(H_1,A\cup B)$$
$$(F,A)\cap(G,B)=(H_2,A\cap B)$$

其中 $\forall e\in A\cup B$，

$$H_1(e)=\begin{cases}F(e), & e\in A-B\\ G(e), & e\in B-A\\ F(e)\cup G(e), & e\in A\cap B\end{cases}$$

对于 $\forall e\in A\cap B$，

$$H_2(e)=F(e)\cap G(e)$$

文献[65]讨论了关于 Soft 集的运算问题。

Maji 和 Roy 将 Soft 集理论应用决策问题中[66]，Chen 等给出了 Soft 集参数约简的定义并与粗糙集属性约简的相关概念进行比较[67]。关于 Soft 集详细理论可参看文献[64]。

Soft 集与其他集合的关系：

(1)Zadeh 的 Fuzzy 集可以被看成是一个特殊的 Soft 集。

(2)X 上的区间值 Fuzzy 集 $A=[\underline{A},\bar{A}]$ 也可看成 X 上的一个 Soft 集。对于 $[\underline{\alpha},\bar{\alpha}]\in I_{[0,1]}$，区间值 Fuzzy 集 $A=[\underline{A},\bar{A}]$ 的 $[\underline{\alpha},\bar{\alpha}]$-截集定义为 $A_{[\underline{\alpha},\bar{\alpha}]}=\{x\in X\mid \underline{A}(x)\geqslant\underline{\alpha},\bar{A}(x)\geqslant\bar{\alpha}\}$，则 (A_α,J) 是 X 上的 Soft 集，其中 $I_{[0,1]}$ 为参数集，并且 $J\subseteq I_{[0,1]}$。

(3)当论域 X 和参数集 A 是有限集，则 Soft 集 (F,A) 是一个信息系统 $(X, A, \{0,1\})$。比如，例 3-7 中的 Soft 集对应如表 3-2 所示的信息系统。

表 3-2 信息系统

A	a_1	a_2	a_3	a_4	a_5
h_1	0	1	0	1	1
h_2	1	0	0	0	0
h_3	0	1	1	1	0
h_4	1	0	1	0	0
h_5	0	0	1	1	0

这样的信息系统正好是粗糙集理论的研究对象[68]。

还有人结合 Fuzzy 集提出了 Fuzzy 软集[69]和区间值 Fuzzy 软集[70]。

3.6 云 模 型

李德毅于 1995 年从模糊性与随机性的关联性出发，提出了基于概率测度空间自动形成隶属度的云模型。

3.6.1 云模型的定义

定义 3-27 (云模型)[71-74] 设 U 是一个用数值表示的定量论域，C 是 U 上的定性概念，若定量值 $x \in U$ 是定性概念 C 的一次随机实现，x 对 C 的确定度 $\mu(x) \in [0,1]$ 是稳定倾向的随机数，$\mu: U \to [0,1]$，$\forall x \in U, x \to \mu(x)$，则 x 在论域 U 上的分布称为云，记为 $C(X)$。每一个 x 称为一个云滴。

云模型用期望 Ex(expected value)、熵 En(entropy)和超熵 He(hyper entropy)三个数字特征来整体表征一个概念。

定义 3-28(正态云模型)[72] 设 U 是一个用数值表示的定量论域，C 是 U 上的定性概念，若定量值 $x \in U$ 是定性概念 C 的一次随机实现，x 对 C 的确定度 $\mu(x) \in [0,1]$ 是稳定倾向的随机数，若 x 满足 $x \sim N(\mathrm{Ex}, \mathrm{En}'^2)$，其中 $\mathrm{En}' \sim N(\mathrm{En}, \mathrm{He}^2)$，且 x 对 C 的确定度满足

$$\mu(x) = \exp\left[-\frac{(x-\mathrm{Ex})^2}{2(\mathrm{En}')^2}\right]$$

则 x 在论域 U 上的分布称为高斯云或正态云(见图 3-17[73])。

3.6.2 云模型算法

云模型算法主要分正向云和逆向云算法。正向正态云算法步骤：

(1)生成以 En 为期望值，He 为标准差的一个正态随机数 En'；

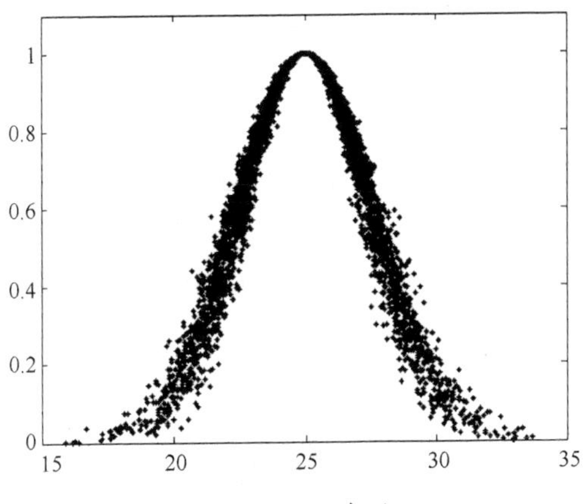

图 3-17　正态云

$$f_{\mathrm{En}'}(x)=\frac{1}{\sqrt{2\pi}\mathrm{He}}\exp\left[-\frac{(x-\mathrm{En})^2}{2\mathrm{He}^2}\right]$$

(2)生成以 Ex 为期望值,En′为标准差的一个正态随机数 x;

$$f_X(x)=\frac{1}{\sqrt{2\pi}\,|\mathrm{En}'|}\exp\left[-\frac{(x-\mathrm{Ex})^2}{2\mathrm{En}'^2}\right]$$

X 的概率密度函数为

$$\begin{aligned}f_X(x)&=f_{\mathrm{En}'}(x)\times f_X(x\,|\,\mathrm{En}')\\&=\int_{-\infty}^{\infty}\frac{1}{2\pi\mathrm{He}\,|y|}\exp\left[-\frac{(x-\mathrm{Ex})^2}{2y^2}-\frac{(y-\mathrm{En})^2}{2\mathrm{He}^2}\right]\mathrm{d}y\end{aligned}$$

此函数没有解析形式。云滴 X 的期望为 $E(X)=\mathrm{Ex}$,方差为 $D(X)=\mathrm{En}^2+\mathrm{He}^2$。

(3)计算 $y=\exp\left[-\frac{(x-\mathrm{Ex})^2}{2\,(\mathrm{En}')^2}\right]$;

(4)x 是论域中的一个云滴,y 是其确定度;

(5)重复(1)~(4)直至产生要求数目的云滴。

关于云模型的其他算法参见文献[72]和[73]。

3.6.3　正态云生成的区间值 Fuzzy 集

因为 $\frac{1}{\sqrt{2\pi}\mathrm{He}}\int_{\mathrm{En}-3\mathrm{He}}^{\mathrm{En}+3\mathrm{He}}\exp\left[-\frac{(x-\mathrm{En})^2}{2\mathrm{He}^2}\right]\mathrm{d}x\approx 99.74\%$,所以借用云滴对定性概念的主要贡献思想,可以给出下面的定义。

定义 3-29　设 C 是论域 U 上的定性概念,其正态云的数字特征为(Ex,En,He),令

$$\underline{C}(x)=\exp\left[-\frac{(x-\mathrm{Ex})^2}{2\,\underline{c}^2}\right],\ \bar{C}(x)=\exp\left[-\frac{(x-\mathrm{Ex})^2}{2\bar{c}^2}\right]$$

其中 $\underline{c}=(\mathrm{En}-3\mathrm{He})^2 \wedge (\mathrm{En}+3\mathrm{He})^2, \bar{c}=(\mathrm{En}-3\mathrm{He})^2 \vee (\mathrm{En}+3\mathrm{He})^2$，则 $[\underline{C},\bar{C}]$ 称为正态云生成的一个区间值 Fuzzy 集。

该定义说明由云滴产生的随机数主要落在区间 Fuzzy 集 C 的值域带子里。值得注意的是，虽然 $\mathrm{En}-3\mathrm{He} \leqslant \mathrm{En}+3\mathrm{He}$，但不知道 $(\mathrm{En}-3\mathrm{He})^2$ 与 $(\mathrm{En}+3\mathrm{He})^2$ 的大小关系。

例 3-9 给定 Ex=25，En=10，He=0.1，n=1000 生产的云图与区间值 Fuzzy 集如图 3-18 所示。

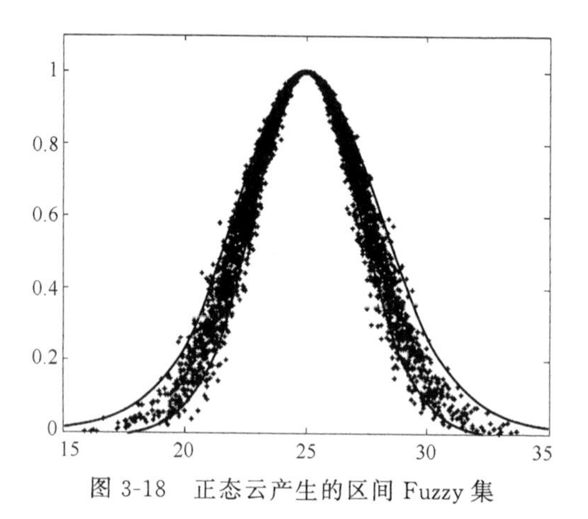

图 3-18　正态云产生的区间 Fuzzy 集

还可以利用这样的“带子”为不确定区(FOU)构成一个二型 Fuzzy 集，如图 3-19 所示。

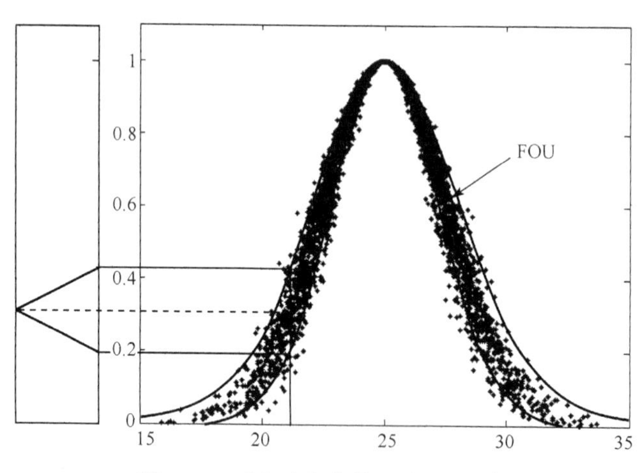

图 3-19　正态云产生的二型 Fuzzy 集

云模型是用数值表示的定量论域上的 Fuzzy 概率集。正态(高斯)Fuzzy 集是超熵 He=0 的正态云。

云模型提出后，除了自身的算法研究外，也考虑与二型 Fuzzy 集等结合[75-76]。云模型也成功地应用到图像分割[77-78]、植物分形演化和网络拓扑演化[79]等领域。

3.7 云　　集

3.7.1 各类集合的关系

经过前面的讨论，将各类集合的关系归纳一下。

Fuzzy 集是一个特殊的区间值 Fuzzy 集，区间值 Fuzzy 集是一个特殊的二型 Fuzzy 集。Fuzzy 集是一个特殊的云模型，Neumaier 云是一个特殊的区间值 Fuzzy 集。云模型是一个目标空间为[0, 1]的特殊随机集。

从映射的角度，各类集归纳如下：

Zadeh　$X \to [0,1]$

区 间　$X \to I_{[0,1]}$

二 型　$X \to \mathscr{F}([0,1])$

Demirci　$X \times [0,1] \to [0,1]$

Hirota　$X \times \Omega \to [0,1]$

随机集　$\Omega \to \mathscr{P}(X)$

云模型　$\mathbf{R} \to [0,1]$ 上的随机数

图 3-20 是 Zadeh 隶属度的各类推广(以隶属度取 0.8 为例)。

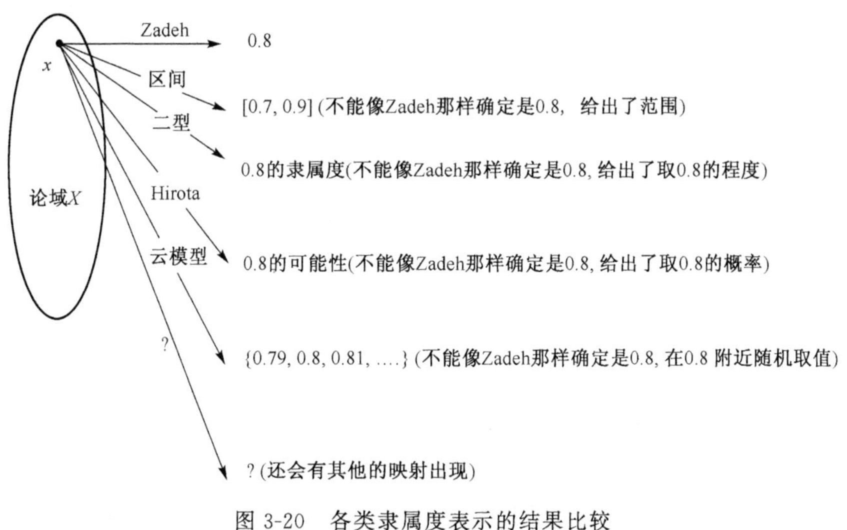

图 3-20　各类隶属度表示的结果比较

下面图 3-21 显示了这些集合之间的关系。研究这些概念的关系对云模型的进一步研究是有益处的。

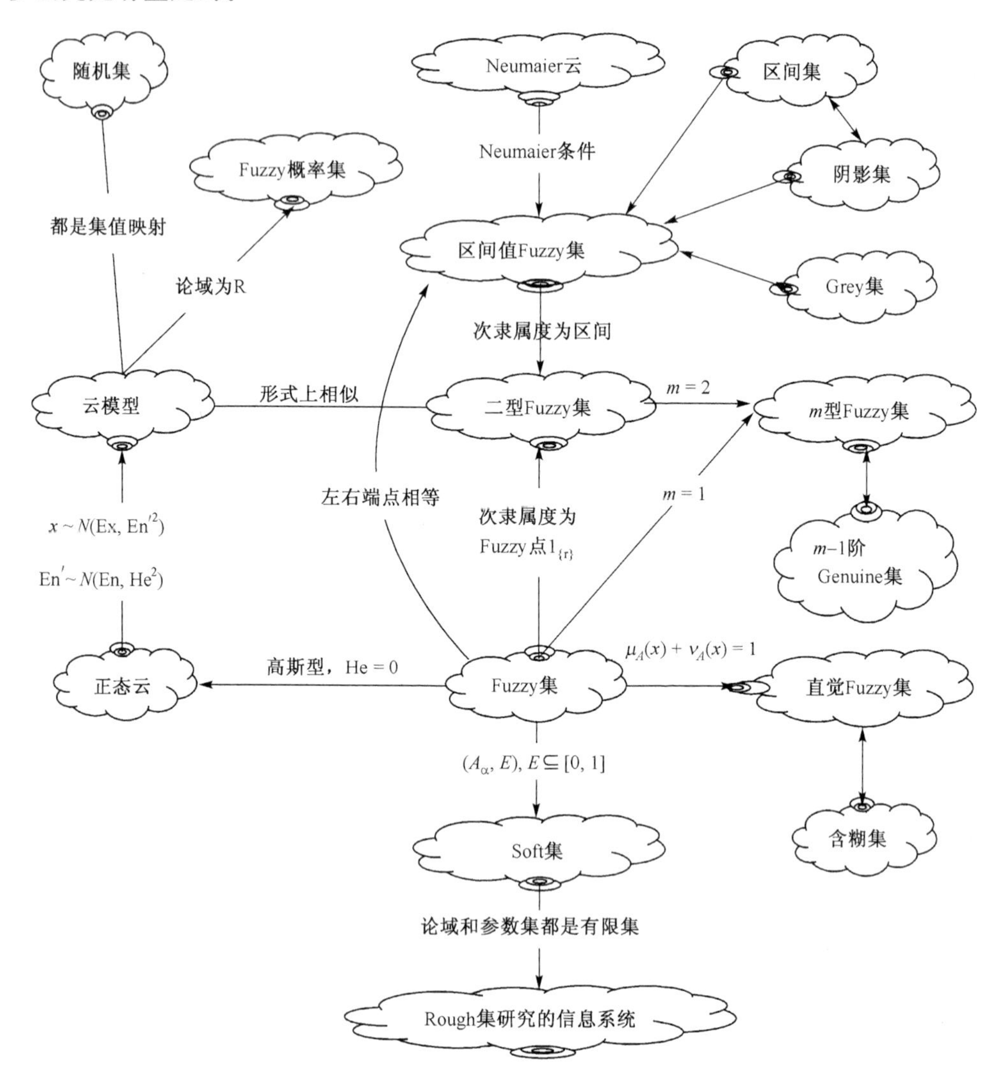

图 3-21　云模型与相关集合的关系

从图 3-21 可以看到：

(1)Zadeh 的 Fuzzy 集 A 可以被看成是一个特殊的 Soft 集 $(A_\alpha,E),E\subseteq[0,1]$。当论域 U 和参数集 A 是有限集，则 Soft 集 (F,A) 是一个信息系统$(U, A, \{0,1\})$。

(2)Zadeh 的 Fuzzy 集 A 是满足 $\mu_A(x)+\nu_A(x)=1$ 的直觉 Fuzzy 集。而直觉 Fuzzy 集又与含糊集等价。

(3)Zadeh 的 Fuzzy 集 A 是一个一型 Fuzzy 集，也是次隶属度为 Fuzzy 点 $1_{\{r\}}$ 的

二型 Fuzzy 集，也是区间左右端点相等的区间值 Fuzzy 集。m 型 Fuzzy 集是 $m-1$ 阶 Genuine 集。

(4) Neumaier 云是满足 Neumaier 条件的区间值 Fuzzy 集，区间值 Fuzzy 集是次隶属度为区间的二型 Fuzzy 集。区间集与阴影集等价，都是特殊的区间值 Fuzzy 集。区间值 Fuzzy 集与灰集等价。

(5)高斯型 Fuzzy 集是超熵 He=0 的正态云，正态云是 $x \sim N(\mathrm{Ex},\mathrm{En}'^2)$，$\mathrm{En}' \sim N(\mathrm{En},\mathrm{He}^2)$ 的云模型。

(6)云模型是用数值表示的定量论域上的 Fuzzy 概率集。云模型与随机集都属于集值映射。云模型与二型 Fuzzy 集在形式上相似。

3.7.2　云集

能否给出描述云模型的一个集合概念呢？相信在不久的将来我们一定能给出，因为我们一直在朝这方面努力。可以从下面几个方面入手考虑云集的定义：

(1)设 $(\Omega,\mathscr{A},P)$ 是一个概率空间，云集 A 是目标空间为$[0,1]$的随机集，即 $A:\Omega \to \mathscr{P}([0,1])$。

(2)设 $(\Omega,\mathscr{A},P)$ 是一个概率空间，X 是论域，云集可理解为映射为 $A:X\times\Omega \to [0,1]$ 的 Fuzzy 概率集。关键是期望 Ex、熵 En 和超熵 He 三个数字特征如何与这一 Fuzzy 概率集联系起来，如何来整体表征一个模糊概念。

3.8　本章小结

本章以云模型为主线简单归纳了与之相关的概念：二型 Fuzzy 集、区间值 Fuzzy 集、直觉 Fuzzy 集、Neumaier 云、Fuzzy 概率集等。对它们进行了比较研究，得到下列结论和研究建议：

(1)所有这些概念都是围绕 Fuzzy 集的隶属度问题。关于隶属度的研究还有待进一步研究。

(2)Fuzzy 概率集、Genuine 集、Neumaier 云等概念的提出，并没有得到广泛的认可，主要原因是描述过于复杂，实用性不强。但可以借鉴它们的思想研究云模型。

(3)二型 Fuzzy 集与云模型形式上相似，但方法完全不同。可以利用二型 Fuzzy 集的思想考虑云模型的逻辑运算，为建立基于云模型的逻辑推理系统做准备。

(4)Fuzzy 概率集与云模型密切相关，这可能是云模型集合描述的突破口。

感谢秦昆、王春勇参与本章的讨论并提出了宝贵意见，并感谢云模型团队给了我灵感。

本章成果得到国家自然科学基金项目(No. 61179038、No. 70771081)的资助。

参考文献

[1] Zadeh L A. The concept of a linguistic variable and its applications in approximate reasoning (I), (II), (III). Information Science, 1975. 8:199-249; 8: 301-357; 9: 43-80.

[2] Klir G J, Yuan B. Fuzzy Sets and Fuzzy Logic-theory and Applications. New York: Prentice-Hall PTR, 1995.

[3] Mendel J M, John R I. Type-2 fuzzy sets made simple. IEEE Transactions on Fuzzy Systems, 2002, 10(2): 117-127.

[4] Mendel J M, John R I, Liu F. Interval type-2 fuzzy logic systems made simple. IEEE Transactions on Fuzzy Systems, 2006, 14(6): 808-821.

[5] Mendel J M, Wu H. Type-2 fuzzistics for symmetric interval type-2 fuzzy sets: Part 1, forward problems. IEEE Transactions on Fuzzy Systems, 2006, 14(6):781-792.

[6] Mendel J M, Wu H. New results about the centroid of an interval type-2 fuzzy set, including the centroid of a fuzzy granule. Information Sciences, 2007, 177: 360-377.

[7] Wu D, Mendel J M. Uncertainty measures for interval type-2 fuzzy sets. Information Science, 2007, 177: 5378-5393.

[8] Wu H, Wu Y, Luo J. An interval type-2 fuzzy rough set model for attribute reduction. IEEE Transactions on Fuzzy Systems, 2009, 17 (2): 301-315.

[9] Mendel J M. Advances in type-2 fuzzy sets and systems. Information Sciences, 2007, 177: 84-110.

[10] Mendel J M. Computing with words and its relationships with fuzzistics. Information Sciences, 2007,177: 988-1006.

[11] Mendel J M, Liu F. Super-exponential convergence of the Karnik-Mendel algorithms for computing the centroid of an interval type-2 fuzzy set. IEEE Transactions on Fuzzy Systems, 2007, 15(2):309-320.

[12] Mendel J M, Wu H. Type-2 fuzzistics for non-symmetric interval type-2 fuzzy sets: forward problems. IEEE Transactions on Fuzzy Systems, 2007, 15(5): 916-930.

[13] Mizumoto M, Tanaka K. Some properties of fuzzy sets of type-2. Information and Control, 1976, 31: 312-340.

[14] Hu B Q, Kwong C K. On type-2 fuzzy sets and their t-norm operations. Information Sciences, 2012,6.

[15] Hu B Q, Wang C Y. On type-2 fuzzy relations and interval-valued type-2 fuzzy sets. Fuzzy Sets and Systems, 2012,6.

[16] Walker C, Walker E. The algebra of fuzzy truth values. Fuzzy Sets and Systems, 2005, 149: 309-347.

[17] Sambuc R. Fonctions ϕ-flous. Application a l'aide au Diagnostic en Pathologie Thyroidienne, Ph. D. Thèse. France: Universite de Marseille, 1975.

[18] Deng J L. Introduction to grey system theory. The Journal of Grey System, 1989, 1: 1-24.

[19] Mendel J M. Uncertain Rule-Based Fuzzy Logic Systems: Introduction and New Directions. Upper Saddle River, NJ: Prentice-Hall, 2001.

[20] Gehrke M, Walker C, Walker E. Some comments on interval valued fuzzy sets. International Journal of Intelligent Systems, 1996, 11:751-759.

[21] Gorzalczany M B. Interval-valued fuzzy controller based on verbal model of object. Fuzzy Sets and Systems, 1988, 28: 45-53.

[22] Yager R R. Level sets and the extension principle for interval valued fuzzy sets and its application to uncertainty measures. Information Sciences, 2008, 178: 3565-3576.

[23] Mendel J M. Type-2 fuzzy sets and systems: An overview. IEEE Computation Intelligence Magazine, 2007, 2: 20-29.

[24] Demirci M. Genuine sets. Fuzzy Sets and Systems, 1999, 105: 377-384.

[25] Yao Y Y. Interval-set algebra for qualitative knowledge representation. Proceedings of the 5th International Conference on Computing and Information, Sudbury, Canada, 1993:370-374.

[26] Yao Y Y. Interval sets and interval-set algebras. Proceedings of the 8th IEEE International Conference on Cognitive Informatics, Hong Kong, 2009: 307-314.

[27] Pedrycz W. Shadowed sets: representing and processing fuzzy sets. IEEE Transactions on Systems, Man, and Cybernetics, Part B: Cybernetics, 1998, 28: 103-109.

[28] Pedrycz W. From fuzzy sets to shadowed sets: Interpretation and computing. International Journal of Intelligent Systems, 2009, 24: 48-61.

[29] Karnik N N, Mendel J M. Operations on type-2 fuzzy sets. Fuzzy Sets and Systems, 2001, 122: 327-348.

[30] Mendel J M, Wu H. Type-2 fuzzistics for symmetric interval type-2 fuzzy sets: Part 2, inverse problems. IEEE Transactions on Fuzzy Systems, 2007, 15(2): 301-308.

[31] Wu D, Mendel J M. A vector similarity measure for linguistic approximation: interval type-2 and type-1 fuzzy sets. Information Sciences, 2008, 178: 381-402.

[32] Cornelis C, Kerre E E. Advances and challenges in interval-valued fuzzy logic. Fuzzy Sets and Systems, 2006, 157: 622-627.

[33] Atanassov K T. Intuitionistic fuzzy sets//Sequrev V. VII ITKR's Session, Sofia, Bulgarian, 1983.

[34] Burillo P, Bustince H. Entropy on intuitionistic fuzzy sets and on interval-valued fuzzy sets. Fuzzy Sets and Systems, 1996, 78:305-316.

[35] Atanassov K T. Intuitionistic fuzzy sets. Fuzzy Sets Systems, 1986, 20: 87-96.

[36] Gau W L, Buehrer D J. Vague sets. IEEE Transactions on Systems Man on Cybernetics, 1993, 23(2): 610-614.

[37] Bustince H, Burillo P. Vague sets are intuitionistic fuzzy sets. Fuzzy Sets and Systems, 1996, 79: 403-405.

[38] Atanassov K T, Gargov G. Interval valued intuitionistic fuzzy sets. Fuzzy Sets and Systems, 1989, 31: 343-349.

[39] 胡宝清. 模糊理论基础.第 2 版. 武汉：武汉大学出版社，2010.

[40] Li D F, Cheng C T. New similarity measures of intuitionistic fuzzy sets and application to pattern recognitions. Pattern Recognition Lett, 2002, 23: 221-225.

[41] Mitchell H B. On the Dengfeng-Chuntian similarity measure and its application to pattern recognition. Pattern Recognition Lett, 2003, 24:3101-3104.

[42] Vlachos I K, Sergiadis G D. Intuitionistic fuzzy information - applications to pattern recognition. Pattern Recognition Letters, 2007, 28:197-206.

[43] Dubois D, Gottwald S, Hajek P, et al. Terminological difficulties in fuzzy set theory—the case of "Intuitionistic Fuzzy Sets". Fuzzy Sets and Systems, 2005, 156: 485-491.

[44] Takeuti G, Titani S. Intuitionistic fuzzy logic and intuitionistic fuzzy set theory. The Journal of Symbolic Logic, 1984, 49(3): 851-866.

[45] Grzegorzewski P, Mrowka E. Some notes on (Atanassov's) intuitionistic fuzzy sets. Fuzzy Sets and Systems, 2005, 156: 492-495.

[46] Atanassov K. Answer to D. Dubois, S. Gottwald, P. Hajek, J. Kacprzyk and H. Prade's paper "Terminological difficulties in fuzzy set theory—the case of "Intuitionistic Fuzzy Sets" ". Fuzzy Sets and Systems, 2005, 156: 496-499.

[47] Neumaier A. Clouds, fuzzy sets and probability intervals. Reliable Computing, 2004, 10: 249-272.

[48] Fuchs M, Neumaier A. Autonomous robust design optimization with potential clouds. Int J Reliability and Safety, 2009, 3(1/2/3):23-34.

[49] Kendall D G. Foundations of a theory of random sets//Hardings E F, Kendall D, Stochastic Geometry. London: Wiley, 1974.

[50] Molchanov I. Theory of Random Sets. Berlin:Springer, 2005.

[51] Nguyen H T. Fuzzy and random sets. Fuzzy Sets and Systems, 2005, 156:349-356.

[52] Nguyen H T. An Introduction to Random Sets. London: Chapman & Hall, CRC, 2006.

[53] Hirota K. Probabilistic sets and its applications. The Behaviormetric Society of Japan, 3rd Conf, Tokyo, 1975.

[54] Hirota K. Concepts of probabilistic sets. Proc IEEE Conf on Decision and Control, New Orleans, 1977:1361-1366.

[55] Hirota K. Concepts of probabilistic sets. Fuzzy Sets and Systems, 1981, 5: 31-46.

[56] 邓勇，施文康. 随机集理论在数据融合中的应用研究. 红外与激光工程，2002，31(6):545-549.

[57] Li Q, Wang P, Lee E S. R-fuzzy sets. Computers and Mathematics with Applications, 1996, 31(2):49-61.

[58] Gerstenkorn T, Manko J. Bifuzzy probabilistic sets. Fuzzy Sets and Systems, 1995, 71: 207-214.

[59] 张倩生，蒋盛益. 区间值模糊概率集及其在模式识别中的应用. 高校应用数学学报，2011,26(1):111-120.

[60] Yuan X H, Li H X, Zhang C. Fuzzy probabilistic sets and r-fuzzy sets. Fifth International Conference on Fuzzy Systems and Knowledge Discovery, 2008:271-276.

[61] Czogale E. Multi-criteria decision making by making by means of fuzzy and probabilistic sets. Fuzzy Sets and Systems, 1990, 36: 235-244.

[62] Molodtsov D. Soft set theory-first results. Computers and Mathematics with Applications, 1999,37(4/5): 19-31.

[63] Aktas H, Cagman N. Soft sets and soft groups. Information Sciences,2007, 177: 2726-2735.

[64] Maji P K, Biswas R, Roy A R. Soft set theory. Computers and Mathematics with Applications, 2003, 45 (4/5): 555-562.

[65] Ma Z M,Yang W, Hu B Q. Soft set theory based on its extension. Fuzzy Information and Engineering, 2010, 4: 423-432.

[66] Maji P K, Roy A R. An application of soft sets in a decision making problem. Computers and Mathematics with Applications, 2002, 44: 1077-1083.

[67] Chen D G, Tsang E C C, Daniel S Y, et al. The parameterization reduction of soft sets and its applications. Computers and Mathematics with Applications, 2005, 49: 757-763.

[68] Pawlak Z. Rough sets. International Journal of Information and Computer Sciences, 1982, 11: 341-356.

[69] Maji P K, Biswas R, Roy A R. Fuzzy soft sets. J Fuzzy Math, 2001, 9 (3): 589-602.

[70] Yang X, Lin T Y, Yang J, et al. Combination of interval-valued fuzzy set and soft set. Computers and Mathematics with Applications, 2009, 58: 521-527.

[71] 李德毅,刘常昱,杜鹢,等. 不确定性人工智能. 软件学报, 2004, 15(11):1583-1594.

[72] 李德毅,孟海军,史雪梅. 隶属云和隶属云发生器. 计算机研究和发展,1995,32(6):16-21.

[73] 李德毅,杜鹢. 不确定性人工智能. 北京:国防工业出版社, 2005.

[74] 刘玉超, 李德毅. 基于云模型的粒计算//苗夺谦, 李德毅, 姚一豫,等. 不确定性与粒计算. 北京: 科学出版社, 2011.

[75] Qin K, Wu M, Kong L, et al. Spatio-temporal data clustering based on type-2 fuzzy sets and cloud models. International Symposium on Geoscience and Remote Sensing IGARSS, 2010: 237-240.

[77] Qin K, Ou L, Wu T, et al. Image segmentation based on data field and cloud model. Proceedings of SPIE, 2010: 7820.

[76] Wu T, Qin K. Comparative study of image thresholding using type-2 fuzzy sets and cloud model. International Journal of Computational Intelligence Systems, 2010, 3(1): 61-73.

[78] Qin K, Xu K, Liu F, et al. Image segmentation based on histogram analysis utilizing the cloud model. Computers & Mathematics with Applications, 2011, 62(7): 2824-2833.

[79] Li D, Liu C, Gan W. A new cognitive model: cloud model. International Journal of Intelligent System, 2009, 24(3): 357-375.

第4章 区　间　集

姚一豫

里贾纳大学

4.1 引　　言

粒计算(granular computing)是一个新兴的学科,它研究基于多粒度的问题求解和信息处理[1-22]。粒计算的思想和原理不仅适用于机器,也适用于人;不仅能指导科学研究者,也能指导每一个人;不仅能用于科学研究,也能用于日常生活。掌握粒计算的思维方式、方法论、策略及处理模型,不仅能更有效地解决问题,也能设计出更智能化的机器[8,23-24]。

基于多层次(multilevel)、多视角(multiview)的粒结构,粒计算三元论[23]将粒计算研究分为三大部分:哲学、方法论及信息处理。粒计算三元论强调基于多粒度的结构化方法和处理模式,其目的是为人类问题求解和机器问题求解提供一个全面、系统和多角度的理论。粒计算的基础是粒结构,粒是粒结构的基本单元;层是一组粒的集合,称为粒化(granulation)。粒与粒之间,层与层之间,存在着某种偏序关系。通过偏序关系可以构造多层次的粒结构;通过不同的多层次粒结构可以获得多视角的粒结构。

粒计算中所用到的粒和日常生活中所用的概念及自然语言中的词有非常紧密的联系。从很大程度上讲,粒可以看做对概念和词的形式化描述。概念是人脑思维的基本单元,由语言中的词来标记。关于概念有许多观点[25-27],例如,概念的经典观点(classical view)、原型观点(prototype view)、实例观点(exemplar view)和解释观点(explanation-based view)。每一个观点都从一种独特的角度介绍和解释概念,因此各有优缺点。为了简化讨论,本章用概念的经典观点来阐明概念和粒之间的关系[28]。

现实世界中的实体具有各种属性,这些属性的集合可以用于描述概念。概念的经典观点认为,概念由内涵和外延组成。内涵是属性集的子集,是概念中所有实体的公共属性集,也可以具体地表示为一个逻辑公式。外延是该概念的实体所组成的集合。概念和自然语言的词可以通过 Ogden 和 Richards 提出的语义三角形(meaning triangle)[29]来解释。词是自然语言对一个概念的编码,可以看做概念的名称。这样,概念的名称、内涵和外延构成了语义三角形的三个顶点。基于概念的内涵或外延,可以研究概念之间的关系,并通过对概念的编码体现这些关系。在自然语言中,词之间的各种关系体现了概念之间的关系。在互相交流的过程中,概念的名称使人们联想到概念的内涵,引起相同的感受。在交流过程中,也可以用具体的实例解释概念。因此,记忆、共享和交流是借助于概念实现的。在本章中,在不引起歧义的前提下,有时将概念和概念的外延等同起来,从而将一个集合也称为概念。

同样,语义三角形可以用来解释粒。一个粒可以看成一个三元组,由粒的名称、粒的描述和粒的实例组成[28]。从内涵和外延上看,逻辑学和集合论提供了研究粒计算的有效方法。二值逻辑和经典集合论可用来研究精确概念和粒,多值逻辑和非经典集合论可用来研究不精确概念和粒。本章的主要目的是讨论如何用区间集描述部分已知的概念和粒。

4.2 不精确概念及其表示

在许多实际应用中,有些概念往往不能精确定义,概念的外延也不能由实体集精确给出。为了表示不确定(inexact)、不准确(imprecise)、含糊(vague),或者部分已知(partially known)概念,许多研究者提出拓展集合理论。为了表示现实世界中的不精确概念,至少应考虑以下几种情况[30-31]。

不确定边界概念。有些概念具有不确定的边界(grey boundary),导致难以区分实体是否属于该概念。一个实体可能是部分属于,而不是完全属于某一概念。从属于概念的实体到不属于概念的实体的过渡是一个渐变的过程,定量地表示实体属于概念的程度就显得尤为重要。模糊集[32]和云模型[33-34]代表了这方面的研究。

部分已知概念。假设一个实体是否是概念的实例仅有两种可能,即是或非。然而,由于信息不完全,并不是对所有实体都可以作出这种明确的判断,只能对部分实体作出这样的判断。因此,这个概念是部分已知的。描述部分已知概念需要引入下界和上界,下界表示所有确定属于该概念的实体,上界表示所有可能属于该概念的实体。区间集[31,35]和阴影集(shadowed set)[36-37]代表了这方面的研究。

不可定义概念和近似。概念的内涵通常可以用逻辑语言定义,决策逻辑(decision logic)和描述逻辑(description logic)是两种常用的描述概念的逻辑语言。由于语言的限制或属性集的不完备性,一些实体不能通过有限属性集上的值进行区分。因此,逻辑语言有可能不能定义某些实体集。如果不能找到逻辑语言中的公式来表示一个概念的实体集,那么,这个概念就是一个在该逻辑语言下的不可定义概念。粗糙集理论[38-39]是这方面研究的代表,它用可定义概念去近似不可定义概念[40]。

系统转换与概念近似。在解决实际问题的过程中,人们往往采用不同的描述系统,每个系统具有不同的概念体系。当系统间进行转换时,常常需要借助于概念的近似。例如,实数系统是数学研究中的一个基本系统,而计算机系统只能实现实数系统的一个子集。因此，一个实数可以表示为一个以计算机数为端点的闭区间。由其他系统转换所产生的概念近似也有类似的解释。例如，在五分制系统中，成绩“5”这个概念可以用百分制中的区间[90,100]来表示。通常，一个包含多个概念的复杂系统可以由一个包含少量概念的简单系统来近似。粗糙集和区间集也代表了这方面的研究。

虽然区间集提出的最初目的是解决部分已知概念的问题，即第二种情况，但是也适用于研究概念的近似，即第三、四种情况。因此，区间集有很好的普适性。区间集的相关研究工作已引起了诸多专家学者的关注[41-71]。

4.3 区 间 集

区间集的定义与解释与区间数[72]的定义和解释类似：一个区间数是数的集合，一个区间集是集合的集合。有关区间数的结果和方法可以推广到区间集上。

区间集和区间代数在数学结构上类似于 Flou 集和系统[73]。但语义上有所不同。Flou 集可以看成是由三值隶属函数定义的集合，而区间集则是一组集合的集合。区间集有以下两种语义解释。

4.3.1 区间集与部分已知概念

区间集是一种新的集合，由一对集合表示，即上、下边界。形式上，区间集有如下定义。设 U 是一个有限集合，称为全集，2^U 是 U 的幂集。区间集$\mathcal{A}$是 2^U 的一个子集，定义为

$$\mathcal{A}=[A_l,A_u]=\{A\in 2^U \mid A_l\subseteq A\subseteq A_u\}$$

其中 $A_l\subseteq A_u$ 成立。幂集 2^U 是一个格，称为幂集格。区间集$\mathcal{A}$是幂集格 2^U 的一个闭区间，也是一个格，A_l 是最小元，A_u 是最大元，经典集合的运算也适用于$\mathcal{A}$中元素。所有区间集的集合定义为

$$I(2^U)=\{[A_l,A_u] \mid A_l,A_u\subseteq U,A_l\subseteq A_u\}$$

退化的区间集$[A, A]$可以看做经典集合 $A\subseteq U$。

从语义上讲，一个区间集描述了一个部分已知概念。尽管概念的外延是 U 的子集，但是信息不完备性使得难以精确地给出该子集。一个可能的方法是通过下界 A_l 和上界 A_u 对概念进行描述。任何子集 A，如果满足条件 $A_l\subseteq A\subseteq A_u$，那么 A 就可能是该概念的真实外延。集合

$$\mathrm{BND}([A_l, A_u])=A_u-A_l$$

称为区间集$[A_l, A_u]$的边界域。对于这些元素，很难判断其是否是该概念的实例。不同概念的区间集表示可能是相同的。

区间集是全集 U 的子集。幂集 2^U 中元素和区间集的关系，以及不同区间集之间

的关系也可以用常规的$\in$,$\subseteq$,$=$关系来定义。因此,$A\in[A_l,A_u]$表示A是区间集$[A_l,A_u]$的元素;$[A_l,A_u]\subseteq[B_l,B_u]$表示$[B_l,B_u]$包含$[A_l,A_u]$,即$B_l\subseteq A_l\subseteq A_u\subseteq B_u$;$\mathcal{A}=\mathcal{B}$表示集合相等,即$A_l=B_l$且$A_u=B_u$。

为了解释区间集,可以考虑下面两个例子。例一,设U是临床病人的集合,现考虑患有某一疾病的病人集合。对于任何一个病人,根据临床症状、相关检测结果和现有医学知识可以获得三个结果:该病人确诊患有该疾病,所有这样的病人构成一个下界A_l;该病人确诊没有患有该疾病,所有这样的病人构成一个上界的补集$(A_u)^c=U-A_u$;该病人不能确诊是否患有该疾病,所有这样的病人构成集合A_u-A_l。因此,A_u和A_l给出了患有该疾病病人的上、下界,任何介于这两者之间的集合都可能是患有该疾病病人的集合。例二,设U是提交到某会议的论文集合。经过初审,可以得到三种结果:确定接收的论文集合A_l,确定拒绝的论文集合$(A_u)^c$和需要进一步评审的论文集合A_u-A_l。尽管每篇论文最终只有接收或拒绝两种结果,但在进一步审核之前,还不知道最终结果。在该阶段,会议接收的论文集合只能用区间集$[A_l,A_u]$表示。

4.3.2 区间集与概念近似

区间集的另一种解释与应用与概念近似有关。这要求一个区间集的上、下边界满足一定的条件,并具有特定的语义。

设$B_0\subseteq 2^U$是由U的一族子集构成的布尔代数,即$\varnothing=B_0$,$U\in B_0$,B_0关于集合的补、交、并运算封闭,即如果$A,B\in B_0$,那么$A^c,A\cap B,A\cup B\in B_0$。布尔代数$B_0$中的一对集合可以用作$2^U$上一个区间集的两个边界。给定一对$B_0$中的集合$A_l$和$A_u$,如果它们满足条件$A_l\subseteq A_u$,那么可以定义$2^U$上的区间集

$$\begin{aligned}\mathcal{A}_{2^U}&=[A_l,A_u]_{2^U}\\&=\{A\in 2^U\mid A_l\subseteq A\subseteq A_u,\ A_l,\ A_u\in B_0\}\end{aligned}$$

在B_0中,该区间集有另一种解释:

$$\begin{aligned}\mathcal{A}_{B_0}&=[A_l,A_u]_{B_0}\\&=\{A\in B_0\mid A_l\subseteq A\subseteq A_u,\ A_l,\ A_u\in B_0\}\end{aligned}$$

显然,$\mathcal{A}_{B_0}\subseteq\mathcal{A}_{2^U}$。

给定$A\subseteq U$,如果$A\in B_0$,那么在B_0中A可以表示为区间集$[A,A]$。如果$A\notin B_0$,那么必须用B_0中的两个集合近似,称为上、下近似,其定义为

$$A_l=\bigcup\{X\in B_0\mid X\subseteq A\}\in B_0$$
$$A_u=\bigcap\{X\in B_0\mid A\subseteq X\}\in B_0$$

显然,A_l是在B_0中包含于A的最大集合,A_u是在B_0中包含A的最小集合。由于$A_l\subseteq A_u$,因此区间集$\mathcal{A}_{B_0}=[A_l,A_u]_{B_0}$可以看做对$U$中某个集合$A_l\subseteq A\subseteq A_u$的近似。

幂集2^U和布尔代数B_0可以看做两个不同的系统。集合U的子集在B_0中的近

似是由系统转换引起的。这种基于近似的区间集解释与基于部分已知概念的区间集解释有所不同。给定一个集合 $A\subseteq U$，它在 B_0 中的近似为 A_l 和 A_u，对应于区间集 $[A_l,A_u]_{B_0}$。假设另一个集合 $B\subseteq U$ 也满足 $A_l\subseteq B\subseteq A_u$，很可能有 $B_l\neq A_l$ 和 $B_u\neq A_u$。也就是说，虽然 A 和 B 都属于 2^U 中的区间集 $[A_l,A_u]_{2^U}$，但它们在 B_0 中的近似可能不同。为了表示这种区别，可以将 A 在 B_0 中的近似记为一个集合对 $\langle A_l,A_u\rangle$，虽然它对应于区间集 $[A_l,A_u]$，但有不同的解释。

4.4 区间集代数

区间集是一个集合的幂集上的区间，而幂集是一个格，也是一个布尔代数，因此，区间集代数可以看做格上或布尔代数上区间代数[74]的特例。由于区间集可以解释为集合的集合，区间集运算可以通过集合运算获得。

4.4.1 幂代数

幂代数研究怎样从一个代数系统上诱导它在幂集上对应的代数系统[75]。设 $\circ$ 是集合 U 上的二元算子，如果 $\circ$ 提升到 U 的子集，那么可以定义 2^U 上的二元算子 $\circ^+$：

$$X\circ^+Y=\{x\circ y\mid x\in X,y\in Y\}$$

其中，$X,Y\subseteq U$ 是 U 的任意两个子集。一般地讲，设 f 是任意一个定义在 U 上的运算，可以将 f 提升到 U 的子集上的运算 f^+，称为 f 的幂运算。设 $f:U^n\rightarrow U(n\geqslant 1)$ 是 U 上的 n 元算子，幂算子 $f^+:(2^U)^n\rightarrow 2^U$ 定义为

$$f^+(X_1,\cdots,X_n)=\{f(x_1,\cdots,x_n)\mid x_i\in X_i,\ i=1,\cdots,n\}$$

其中，$X_1,\cdots,X_n\subseteq U$ 是 U 的子集。这提供了一种泛代数(universal-algebraic)的构造方法。对于任何 U 上的代数 $(U,f_1,\cdots,f_k)$，幂代数可以构造为 $(2^U,\ f_1^+,\cdots,f_k^+)$。

幂算子 f^+ 可能会携带 f 算子的某些性质。例如，如果二元算子 $f:U^2\rightarrow U$ 满足交换律、结合律，那么幂运算 f^+ 满足交换律和结合律。如果 e 是算子 f 的幺元，那么集合 $\{e\}$ 是 f^+ 的幺元。如果一元算子 $f:U\rightarrow U$ 满足对合律，即 $f(f(x))=f(x)$，那么 f^+ 满足对合律。另一方面，被幂算子 f^+ 可能不具有算子 f 的一些性质。例如，虽然二元算子 f 满足幂等律，即 $f(x,x)=x$，但 f^+ 可能不满足幂等律；虽然二元算子 g 对 f 满足分配律，但 g^+ 对 f^+ 可能并不满足分配律。

4.4.2 区间集运算

基于幂代数的思想，区间集运算可以理解为集合运算的提升。设 $\cap$，$\cup$ 和 $-$ 是通常的集合交、并和差运算。对于两个区间集 $\mathcal{A}=[A_l,\ A_u]$ 和 $\mathcal{B}=[B_l,B_u]$，如果将集合运算提升为区间集运算，那么可获得

$$\mathcal{A} \sqcap \mathcal{B} = \{A \cap B \mid A \in \mathcal{A}, B \in \mathcal{B}\}$$
$$\mathcal{A} \sqcup \mathcal{B} = \{A \cup B \mid A \in \mathcal{A}, B \in \mathcal{B}\}$$
$$\mathcal{A} \backslash \mathcal{B} = \{A - B \mid A \in \mathcal{A}, B \in \mathcal{B}\}$$

这些运算称为区间集的交、并和差。区间集运算在 $I(2^U)$ 上封闭，即 $\mathcal{A} \sqcap \mathcal{B}$，$\mathcal{A} \sqcup \mathcal{B}$ 和 $\mathcal{A} \backslash \mathcal{B}$ 是区间集。事实上，区间集可以通过以下公式计算：

$$\mathcal{A} \sqcap \mathcal{B} = [A_l \cap B_l, A_u \cap B_u]$$
$$\mathcal{A} \sqcup \mathcal{B} = [A_l \cup B_l, A_u \cup B_u]$$
$$\mathcal{A} \backslash \mathcal{B} = [A_l - B_u, A_u - B_l]$$

类似地，区间集 $[A_l, A_u]$ 的补运算 $\neg[A_l, A_u]$ 可以定义为 $[U, U] \backslash [A_l, A_u]$。设 $A^c = U - A$ 是集合 A 的补集，则 $[U - A_u, U - A_l] = [A_u^c, A_l^c]$ 是等价的。$\neg[\varnothing, \varnothing] = [U, U]$ 和 $\neg[U, U] = [\varnothing, \varnothing]$ 显然成立。

对于 $\mathcal{A}, \mathcal{B}, \mathcal{C} \in I(2^U)$，运算 $\sqcap$，$\sqcup$ 和 $\neg$ 具有以下性质。

(1)幂等律：

$$\mathcal{A} \sqcap \mathcal{A} = \mathcal{A}$$
$$\mathcal{A} \sqcup \mathcal{A} = \mathcal{A}$$

(2)交换律：

$$\mathcal{A} \sqcap \mathcal{B} = \mathcal{B} \sqcap \mathcal{A}$$
$$\mathcal{A} \sqcup \mathcal{B} = \mathcal{B} \sqcup \mathcal{A}$$

(3)结合律：

$$(\mathcal{A} \sqcap \mathcal{B}) \sqcap \mathcal{C} = \mathcal{A} \sqcap (\mathcal{B} \sqcap \mathcal{C})$$
$$(\mathcal{A} \sqcup \mathcal{B}) \sqcup \mathcal{C} = \mathcal{A} \sqcup (\mathcal{B} \sqcup \mathcal{C})$$

(4)分配律：

$$\mathcal{A} \sqcap (\mathcal{B} \sqcup \mathcal{C}) = (\mathcal{A} \sqcap \mathcal{B}) \sqcup (\mathcal{A} \sqcap \mathcal{C})$$
$$\mathcal{A} \sqcup (\mathcal{B} \sqcap \mathcal{C}) = (\mathcal{A} \sqcup \mathcal{B}) \sqcap (\mathcal{A} \sqcup \mathcal{C})$$

(5)吸收律：

$$\mathcal{A} \sqcap (\mathcal{A} \sqcup \mathcal{B}) = \mathcal{A}$$
$$\mathcal{A} \sqcup (\mathcal{A} \sqcap \mathcal{B}) = \mathcal{A}$$

(6)德摩根律：

$$\neg(\mathcal{A} \sqcap \mathcal{B}) = \neg\mathcal{A} \sqcup \neg\mathcal{B}$$
$$\neg(\mathcal{A} \sqcup \mathcal{B}) = \neg\mathcal{A} \sqcap \neg\mathcal{B}$$

(7)对合律：

$$\neg\neg\mathcal{A} = \mathcal{A}$$

(8) $[U, U]$ 和 $[\varnothing, \varnothing]$ 分别是区间集交、并的幺元，即

$$(\text{对所有 } \mathcal{A} \in I(2^U), \mathcal{A} = \mathcal{X} \sqcap \mathcal{A} = \mathcal{A} \sqcap \mathcal{X}) \Leftrightarrow \mathcal{X} = [U, U]$$

$$(\text{对所有}\mathcal{A}\in I(2^U), \mathcal{A}=\mathcal{Y}\sqcup\mathcal{A}=\mathcal{A}\sqcup\mathcal{Y}) \Leftrightarrow \mathcal{Y}=[\varnothing,\varnothing]$$

上述区间集的这些运算性质与经典集合的运算性质相对应。但是,对于一个区间集$\mathcal{A}$,$\mathcal{A}\sqcap\neg\mathcal{A}$不一定等于$[\varnothing,\varnothing]$,$\mathcal{A}\sqcup\neg\mathcal{A}$不一定等于$[U,U]$,$\mathcal{A}\backslash\mathcal{A}$也不一定等于$[\varnothing,\varnothing]$。尽管如此,以下性质仍然成立。

(9)$\varnothing\in\mathcal{A}\sqcap\neg\mathcal{A}$

$U\in\mathcal{A}\sqcup\neg\mathcal{A}$

$\varnothing\in\mathcal{A}\backslash\mathcal{A}$

因此,$I(2^U)$不是布尔代数而是完全分配格。

区间集的$\sqcap$,$\sqcup$,$\backslash$和$\neg$运算与经典集合运算是有区别的。经典集合交运算和区间集交运算满足以下关系:

$$[A_l,A_u]\cap[B_l,B_u]\subseteq[A_l,A_u]\sqcap[B_l,B_u]$$

但是,其他的集合运算和区间集运算之间并不存在类似关系。使用退化的区间集时,区间集的$\sqcap$,$\sqcup$,$\backslash$和$\neg$运算退化为经典集合交、并、差和补。

在区间集族上可以定义两种序关系[30-31,74],基于这两种序关系,可以研究两种代数:一种称为基于包含序(inclusion ordering)的代数,另一种称为基于知识序(knowledge ordering)的代数。

4.4.3 基于包含序的区间集代数

设 A 和 B 表示两个部分已知概念的外延,且满足 $A\subseteq B$。也就是说,尽管不知道 A 和 B 中的确切元素,但是基于相关信息可以断定 $A\subseteq B$。如果用区间集$[A_l,A_u]$和$[B_l,B_u]$表示 A 和 B,那么它们必须反映 $A\subseteq B$ 的事实。因此,条件 $A_l\subseteq B_l$ 和 $A_u\subseteq B_u$ 是必要的。它们可以用来定义区间集的包含关系$\sqsubseteq$:

$$\begin{aligned}&[A_l,A_u]\sqsubseteq[B_l,B_u]\\ \Leftrightarrow\ & A_l\subseteq B_l\wedge A_u\subseteq B_u\\ \Leftrightarrow\ & (\forall A\in[A_l,A_u]\,\exists B\in[B_l,B_u]\,A\subseteq B)\wedge\\ & (\forall B\in[B_l,B_u]\,\exists A\in[A_l,A_u]\,A\subseteq B)\end{aligned}$$

基于该定义,对于$\mathcal{A}$和$\mathcal{B}$两个区间集,$\mathcal{A}=\mathcal{B}$成立,当且仅当$\mathcal{A}\sqsubseteq\mathcal{B}$且$\mathcal{B}\sqsubseteq\mathcal{A}$。

设$\mathcal{A},\mathcal{B},\mathcal{C},\mathcal{D}\in I(2^U)$,$\sqsubseteq$关系满足以下性质:

(1)$\mathcal{A}\sqsubseteq\mathcal{B}\Leftrightarrow\mathcal{A}\sqcap\mathcal{B}=\mathcal{A}$

$\mathcal{A}\sqsubseteq\mathcal{B}\Leftrightarrow\mathcal{A}\sqcup\mathcal{B}=\mathcal{B}$

(2)$\mathcal{A}\sqsubseteq\mathcal{B}$和$\mathcal{C}\sqsubseteq\mathcal{D}\Rightarrow\mathcal{A}\sqcap\mathcal{C}\sqsubseteq\mathcal{B}\sqcap\mathcal{D}$

$\mathcal{A}\sqsubseteq\mathcal{B}$和$\mathcal{C}\sqsubseteq\mathcal{D}\Rightarrow\mathcal{A}\sqcup\mathcal{C}\sqsubseteq\mathcal{B}\sqcup\mathcal{D}$

(3)$\mathcal{A}\sqcap\mathcal{B}\sqsubseteq\mathcal{A}$,$\mathcal{A}\sqcap\mathcal{B}\sqsubseteq\mathcal{B}$

$\mathcal{A}\sqsubseteq\mathcal{A}\sqcup\mathcal{B}$,$\mathcal{B}\subseteq\mathcal{A}\sqcup\mathcal{B}$

这些性质对应于经典集合包含的性质，$I(2^U)$上的$\sqsubseteq$关系满足自反性、反对称性和传递性。另一方面，设$\mathcal{A}$和$\mathcal{B}$是两个区间集并满足条件$\mathcal{A}\sqsubseteq\mathcal{B}$，它们的差$\mathcal{A}\backslash\mathcal{B}$不一定等于$[\varnothing,\varnothing]$。在这种情况下，$\mathcal{A}\sqsubseteq\mathcal{B}\Rightarrow\varnothing\in\mathcal{A}\backslash\mathcal{B}$。

包含关系$\sqsubseteq$是以$\sqcap$和$\sqcup$为运算的格的序关系，基于这种序关系的区间集代数是完全分配格$(I(2^U),\sqcap,\sqcup)$。

4.4.4 基于知识序的区间集代数

区间集是集合族，因此可以将经典集合运算及关系推广至区间集。给定两个区间集，如果它们满足条件$[A_l,A_u]\subseteq[B_l,B_u]$，那么称前者比后者更加确定。因此，由$[A_l,A_u]$所表示的概念比$[B_l,B_u]$所表示的概念具有更多的知识信息。这表明，通过经典集合的包含关系可以构造区间集上的知识序。

区间集上的知识序$\leqslant_k$可以定义为

$$\begin{aligned}&[B_l,B_u]\leqslant_k[A_l,A_u]\\ \Leftrightarrow\quad&[A_l,A_u]\subseteq[B_l,B_u]\\ \Leftrightarrow\quad&B_l\subseteq A_l\subseteq A_u\subseteq B_u\end{aligned}$$

知识序反映了区间集$[A_l,A_u]$比区间集$[B_l,B_u]$更紧凑。此外，两个区间集相等，记为$\mathcal{A}=\mathcal{B}$，当且仅当$A_l=B_l$且$A_u=B_u$。为方便解释，下面使用经典集合包含关系$\subseteq$表示知识序。

设$\mathcal{A}=[A_l,A_u]$，$\mathcal{B}=[B_l,B_u]$是两个区间集，它们的集合交运算$\mathcal{A}\cap\mathcal{B}$结果仍然是区间集，记为

$$\mathcal{A}\cap\mathcal{B}=\begin{cases}[A_l\cup B_l,A_u\cap B_u], & A_l\cup B_l\subseteq A_u\cap B_u\\ [\varnothing,\varnothing], & \text{其他}\end{cases}$$

值得注意的是，对于区间集的并运算$\mathcal{A}\cup\mathcal{B}$，其结果不一定是区间集；当$\mathcal{A}\subseteq\mathcal{B}$或者$\mathcal{B}\subseteq\mathcal{A}$时，并运算的结果是区间集。设$\mathcal{A},\mathcal{B},\mathcal{C},\mathcal{D}\in I(2^U)$，区间集上的包含关系$\subseteq$满足以下性质：

(1) $\mathcal{A}\subseteq\mathcal{B}\Leftrightarrow\mathcal{A}\cap\mathcal{B}=\mathcal{A}$，

$\mathcal{A}\subseteq\mathcal{B}\Leftrightarrow\mathcal{A}\cup\mathcal{B}=\mathcal{B}$；

(2) $\mathcal{A}\subseteq\mathcal{B}$且$\mathcal{C}\subseteq\mathcal{D}\Rightarrow\mathcal{A}\cap\mathcal{C}\subseteq\mathcal{B}\cap\mathcal{D}$；

(3) $\mathcal{A}\cap\mathcal{B}\subseteq\mathcal{A}$，$\mathcal{A}\cap\mathcal{B}\subseteq\mathcal{B}$。

$I(2^U)$上的包含关系$\subseteq$满足自反性、反对称性和传递性，定义了基于运算$\cap$的交半格。基于知识序关系$\subseteq$，区间集代数仅是交半格$(I(2^U),\cap)$。

4.5 基于不完备信息表的区间集构造方法

前几节讨论了区间集的定义和代数结构，回答了什么是区间集，但没有回答怎样

用区间集解决实际问题。作为一个应用的例子，本节给出了一个基于信息表的构造及解释区间集的方法。

根据信息是否精确与完整，信息表可以分为完备信息表和不完备信息表。信息表定义为一个四元组[39]：

$$T=(U,A_t,(V_a)_{a\in A_t},(I_a)_{a\in A_t})$$

其中，U 是有限、非空实体集，A_t 是有限属性集，V_a 是属性 $a\in A_t$ 的值域，信息函数 $I_a:U\rightarrow V_a$ 将 U 中的每一个实体 $x\in U$ 映射到 V_a 中唯一的一个值上，记为 $I_a(x)=v$。

在一个信息表中，可以递归地定义决策逻辑语言 DL 如下[28,39,76-77]：

(1) 一个描述元 $a=v$ 是一个原子公式，其中 $a\in A_t$，$v\in V_a$；

(2) 如果 p 和 q 是 DL 中的公式，那么 $p\wedge q$ 和 $p\vee q$ 仍是 DL 中的公式。

该语言是 Pawlak 所采用的决策逻辑语言[39]的子集，也是 Lipski 所采用的查询语言[76-77]的一个子集。为讨论简洁，没有考虑逻辑非等其他运算。

DL 语言的语义可以用 U 的子集定义为[39,76]

$$\|a=v\|=\{x\in U\mid I_a(x)=v\}$$
$$\|p\wedge q\|=\|p\|\cap\|q\|$$
$$\|p\vee q\|=\|p\|\cup\|q\|$$

其中，$\|p\|\subseteq U$ 是公式 p 的语义集。因此，能够用 U 的子集严格、准确地解释 DL 的公式。同时，也可以利用集合运算解释逻辑运算，这就将概念的内涵和外延联系在一起。

表 4-1 给出了一个完备信息表，逻辑公式的例子及其语义集可以如下计算：

表 4-1 完备信息表

	a	b
x_1	0	0
x_2	0	1
x_3	0	0
x_4	1	0

$$\|a=0\|=\{x_1,x_2,x_3\},$$
$$\|b=0\|=\{x_1,x_3,x_4\},$$
$$\begin{aligned}\|a=0\wedge b=0\|&=\|a=0\|\cap\|b=0\|\\&=\{x_1,x_2,x_3\}\cap\{x_1,x_3,x_4\}\\&=\{x_1,x_3\},\end{aligned}$$
$$\begin{aligned}\|a=0\vee b=0\|&=\|a=0\|\cup\|b=0\|\\&=\{x_1,x_2,x_3\}\cup\{x_1,x_3,x_4\}\\&=\{x_1,x_2,x_3,x_4\}\end{aligned}$$

用同样的方法，可以得到任何一个公式的语义集。

在实际应用中，虽然实体 x 在属性 a 上的取值是唯一的，但由于信息不完备或不精确，因而只知道 x 在 a 上的值是属于 V_a 的某一个子集，并不能完全确定其具体的属性值。这样的信息表称为不完备信息表[76-77]，其定义为

$$T=(U,A_t,(V_a)_{a\in A_t},\ (I_a)_{a\in A_t})$$

其中 $I_a:U\to 2^{V_a}-\{\varnothing\}$ 将 U 中的每一个实体 $x\in U$ 映射到 V_a 的一个非空子集，即 $\varnothing\neq I_a(x)\subseteq V_a$。如果信息表是完备的，则所有的 $I_a(x)$ 是单元素集，即 $I_a(x)=\{v\}$。这种特殊的信息表称为完备信息表，$I_a(x)=\{v\}$ 简记为 $I_a(x)=v$。

对于不完备信息表，Lipski 给出一个非常合理的语义解释[76-77]，即一个不完备信息表等价于一族完备信息表。给定一个完备信息表 T' 和一个不完备信息表 T，如果对所有的实体 x、所有的属性 a，$I_a^{T'}(x)\in I_a^{T}(x)$ 成立，则称 T' 是 T 的完备信息表。因此，一个不完备信息表可以等价地看做它的所有完备表的集合：

$$\mathrm{CT}(T)=\{T'\mid T'\text{是 } T \text{ 的一个完备表}\}$$

任何 CT(T)中的完备表可能是真实的信息表。通过 Lipski 模型，一个不完备信息表问题可以转换为一族完备信息表问题。这样，就可以使用完备信息表的问题求解方法去解决不完备信息表的问题。

给定一个公式，在不完备信息表的每一个完备表中，可以找到该公式的一个语义集。对所有的完备表，可得到一族语义集，那么该公式在不完备信息表中的语义集应由该语义集族定义。给定任何一个集合，一个合理的方法就是寻找由该集合元素所确定的上、下界。基于这种思想，在不完备信息表中逻辑公式的语义可以由两个集合定义：

$$\begin{aligned}\|p\|_*&=\{x\in U\mid \text{对于所有的 } T'\in\mathrm{CT}(T),\ x\in\|p\|^{T'}\}\\&=\bigcap_{T'\in\mathrm{CT}(T)}\|p\|^{T'}\\\|p\|^*&=\{x\in U\mid \text{存在一个 } T'\in\mathrm{CT}(T),\ x\in\|p\|^{T'}\}\\&=\bigcup_{T'\in\mathrm{CT}(T)}\|p\|^{T'}\end{aligned}$$

其中 $\|p\|^{T'}$ 表示公式 p 在完备表 T' 中的语义集。显然，$\|p\|^*$ 和 $\|p\|_*$ 是集合 $\{\|p\|^{T'}\mid T'\in\mathrm{CT}(T)\}$ 是集合的上、下界，对任何公式 p 有 $\|p\|_*\subseteq\|p\|^*$，这给出了一个构造区间集的方法。根据定义，可以证明：

$$\begin{aligned}[\|p\|_*,\|p\|^*]&=\{A\subseteq U\mid \|p\|_*\subseteq A\subseteq\|p\|^*\}\\&=\{\|p\|^{T'}\subseteq U\mid T'\in\mathrm{CT}(T)\}\end{aligned}$$

也就是说，区间集包含，且仅包含公式 p 的所有可能真实语义集。这同区间集上的解释完全一致。因此，一个公式在不完备信息表中的语义解释是一个区间集。

表 4-2 给出了一个不完备信息表及其对应的完备表。在这个信息表中，对于公式 $a=0$ 有

$$\begin{aligned}\|a=0\|_*&=\|a=0\|^{T_1}\cap\|a=0\|^{T_2}\cap\|a=0\|^{T_3}\cap\|a=0\|^{T_4}\\&=\{x_1,x_2,x_3\}\cap\{x_1,x_2,x_3\}\cap\{x_1,x_2\}\cap\{x_1,x_2\}\\&=\{x_1,x_2\}\\\|a=0\|^*&=\|a=0\|^{T_1}\cup\|a=0\|^{T_2}\cup\|a=0\|^{T_3}\cup\|a=0\|^{T_4}\end{aligned}$$

$$=\{x_1,x_2,x_3\}\cup\{x_1,x_2,x_3\}\cup\{x_1,x_2\}\cup\{x_1,x_2\}$$
$$=\{x_1,x_2,x_3\}$$

所以区间集$[\|a=0\|_*,\|a=0\|^*]=\{\{x_1,x_2\},\{x_1,x_2,x_3\}\}$。

表 4-2　不完备信息表及其完备表

	a	b
x_1	{0}	{0}
x_2	{0}	{1}
x_3	{0,1}	{0}
x_4	{1,2}	{0}

(a)不完备信息表

T_1		
	a	b
x_1	0	0
x_2	0	1
x_3	0	0
x_4	1	0

T_2		
	a	b
x_1	0	0
x_2	0	1
x_3	0	0
x_4	2	0

T_3		
	a	b
x_1	0	0
x_2	0	1
x_3	1	0
x_4	1	0

T_4		
	a	b
x_1	0	0
x_2	0	1
x_3	1	0
x_4	2	0

(b)不完备信息表的完备表

在不完备信息表中，一个描述元$a=v$的语义区间集可以如下计算：

$$\|a=v\|_*=\{x\in U\mid I_a(x)=\{v\}\}$$
$$\|a=v\|^*=\{x\in U\mid v\in I_a(x)\}$$

对于复杂逻辑公式，语义区间集有如下关系：

$$\|p\wedge q\|_*=\|p\|_*\cap\|q\|_*$$
$$\|p\wedge q\|^*\subseteq\|p\|^*\cap\|q\|^*$$
$$\|p\vee q\|_*\supseteq\|p\|_*\cup\|q\|_*$$
$$\|p\vee q\|^*=\|p\|^*\cup\|q\|^*$$

这导致了两个困难：①没有计算公式的语义集的有效方法。虽然可以很容易地计算一个描述元的语义区间集，但不能用它们计算复杂公式的语义区间集。②虽然区间集可用于解释公式的语义，但却不能用区间集运算来解释逻辑运算。

这两个困难主要是由于前面所给出的性质中的不等号引起的。而引起不等号的原因是p和q中可能有相同的属性，例如，p:$(a=0)$，q:$(a=1)$，$p\vee q$:$(a=0)\vee(a=1)$。如果假设p和q不能有共同的属性，那么公式中的不等号就变为等号。因此，Lipski 讨论[76]并研究了 DL 的一个子集 $DL_0\subseteq DL$，其定义如下：

(1)一个描述元$a=v$是一个原子公式，其中$a\in A_t$，$v\in V_a$；

(2)如果p和q是DL_0中的公式，且p和q没有共同属性，那么$p\wedge q$和$p\vee q$仍是 DL 中的公式。设p和q是DL_0中的公式，则

$$[\|p\wedge q\|_*, \|p\wedge q\|^*] = [\|p\|_*, \|p\|^*] \sqcap [\|q\|_*, \|q\|^*]$$
$$= [\|p\|_* \cap \|q\|_*, \|p\|^* \cap \|q\|^*]$$
$$[\|p\vee q\|_*, \|p\vee q\|^*] = [\|p\|_*, \|p\|^*] \sqcup [\|q\|_*, \|q\|^*]$$
$$= [\|p\|_* \cup \|q\|_*, \|p\|^* \cup \|q\|^*]$$

通过 DL_0 区间集运算也可以描述逻辑运算,因此,区间集非常完美地描述了不完备信息表。

4.6 区间集与其他理论的联系

本节简单地介绍区间集与其他理论的联系。

4.6.1 区间集与 Kleene 三值逻辑

Kleene 三值逻辑[78]引入第三个逻辑值,表示不知道或不确定。这里采用下面的解释:一方面,假设一个命题的真值是 t(真)或者 f(假);另一方面,由于信息的不确定性,并不知道命题的实际真值。基于这种解释,将第三个值记为{f,t}。Kleene 三值逻辑可用表 4-3 中的真值表定义。如果将 f 理解为{f},将 t 理解为{t},那么 Kleene 逻辑运算可以看成是由经典二值逻辑运算提升到 $2^{\{t,f\}}$ 上的逻辑运算。

表 4-3 Kleene 三值逻辑真值表

p	$\neg p$
t	f
{f,t}	{f,t}
f	t

p	q	$p\wedge q$	$p\vee q$
t	t	t	t
t	{f,t}	{f,t}	t
t	f	f	t
{f,t}	t	{f,t}	t
{f,t}	{f,t}	{f,t}	{f,t}
{f,t}	f	f	{f,t}
f	t	f	t
f	{f,t}	f	{f,t}
f	f	f	f

关于 Kleene 三值逻辑的解释和区间集的解释非常一致。给定一个区间集$[A_l, A_u]$,可以引入下面的隶属函数:

$$\mu_{[A_l,A_u]}(x)=\begin{cases}\mathrm{f}, & x\in(A_u)^c\\ \{\mathrm{f},\mathrm{t}\}, & x\in A_u-A_l\\ \mathrm{t}, & x\in A_l\end{cases}$$

这样,区间集运算可以等价地定义为

$$\mu_{\neg A}(x)=\neg\,\mu_A(x),$$
$$\mu_{A\sqcap B}(x)=\mu_A(x)\wedge\mu_B(x),$$
$$\mu_{A\sqcup B}(x)=\mu_A(x)\vee\mu_B(x)$$

从而建立了区间集与三值逻辑之间的关系。

4.6.2 区间集与粗糙集

基于近似的区间集解释是从粗糙集理论[38-39]得出的。在粗糙集中,布尔代数 B_0 是通过一个等价关系构造出来的。一个等价关系是满足自反性、对称性和传递性的二元关系。设 E 是集合 U 上的等价关系,它定义了 U 的一个划分,记为 U/E。划分 U/E 中的元素称为等价类。等价类可以作为原子来构造一个布尔代数 B_0,即 B_0 包含空集 $\varnothing$、E 的等价类,并且对于集合的补、交和并封闭。更准确地说,B_0 可以定义为

$$B_0=\{\bigcup F\mid F\subseteq U/E\}$$

也就是说,B_0 中每个元素是若干个等价类的并。每个等价类都可以用描述元的合取表示,因而是一个可定义概念。等价类的并可以用等价类所对应公式的析取表示,因而也是可定义概念。所以,B_0 给出了一个信息表中所有的可定义概念[40]。其他概念则可以用可定义概念近似。

给定一个子集 $A\subseteq U$,它在 B_0 中的下近似和上近似可以定义为

$$A_l=\bigcup\{X\in B_0\mid X\subseteq A\}\in B_0$$
$$A_u=\bigcap\{X\in B_0\mid A\subseteq X\}\in B_0$$

集合对 $\langle A_l,A_u\rangle$ 对应于区间集 $[A_l,A_u]$。对于一个可定义概念 $A\in B_0$,它的近似为集合对 $\langle A,A\rangle$。

4.6.3 区间集与三支决策

三支决策是近期提出的一个用于解释粗糙集的模型[79-81],它更准确地体现了粗糙集的分类思想。三支决策也适用于许多学科,有广泛的应用前景[82-108]。

给定一个区间集 $[A_l,A_u]$,可以将 U 分为两两不相交的三个域:

$$\mathrm{POS}([A_l,A_u])=A_l,$$
$$\mathrm{NEG}([A_l,A_u])=(A_u)^c,$$
$$\mathrm{BND}([A_l,A_u])=A_u-A_l$$

它们分别称为 $[A_l,A_u]$ 的正域、负域和边界域。区间集的三个域描述给出了一个三支

决策，即接受正域中的元素，拒绝负域中的元素和既不接受也不拒绝边界域中的元素。也就是说，对于边界域中的元素，采取不承诺(non-commitment)的态度。

4.6.4 区间集、模糊集和云模型

区间集可以看做对不精确概念的一个定性描述模型，而模糊集[32]和云模型[33-34]则是定量模型。给定一个区间集$[A_l, A_u]$，我们隐式地假设边界域$A_u - A_l$中元素的信息是一样的，即不考虑一个元素属于一个概念的程度或可能度。而在很多现实问题中，往往有足够多的信息去区分边界域中元素属于一个概念的程度。

模糊集和云模型是两种解决这个问题的方法。模糊集模型通过引入隶属度去描述一个实体属于概念的程度，但模糊集的一个主要问题是没有一个被广泛接受的模糊隶属度的语义解释。云模型形象地用云来描述边界域，并且云的结构是通过概率分布刻画的。为了有效地进行运算，概率分布简单地表示为期望、熵和超熵三个数字特征。这样，云模型既考虑到语义解释，也考虑到可计算性。

定性区间集模型同定量模糊集模型和云模型之间是有联系的。例如，通过引入阈值，可以用区间集近似定量模型。关于用区间集近似模糊集，可以参考文献[32]和[109]。用区间集近似云模型可能是今后一个有价值的研究课题。

4.7 本章小结

区间集给出了描述部分已知概念的有效工具，同时，也可以用来研究不同系统之间的相互转换。区间集的运算和区间集代数可以通过幂代数得出。在一个不完备信息表中，可以构造和解释区间集，区间集给出了描述不完备信息表的方法。区间集和三值逻辑、三支决策、粗糙集、模糊集和云模型有密切的关系。如何更进一步讨论这些理论之间的共性和个性，以及相互关系是一个重要的研究方向。

参考文献

[1] Bargiela A, Pedrycz W. Human-Centric Information Processing through Granular Modeling. Berlin: Springer, 2009.

[2] Lin T Y, Yao Y Y, Zadeh L A. Data Mining, Rough Sets and Granular Computing. Heidelberg: Physica-Verlag, 2002.

[3] Pedrycz W, Chen S M. Granular Computing and Intelligent Systems: Design with Information Granules of Higher Order and Higher Type, Intelligent Systems Reference Library. Berlin: Springer, 2011.

[4] Pedrycz W, Skowron A, Kreinovich V. Handbook of Granular Computing. New Jersey: Wiley, 2008.

[5] Yao J T. Novel Developments in Granular Computing: Applications for Advanced Human Reasoning and Soft Computation. Hershey: IGI Global, 2010.
[6] Yao Y Y. Granular computing: basic issues and possible solutions. The 5th Joint Conference on Information Sciences, North Carolina, USA, 2000: 186-189.
[7] Yao Y Y. A partition model of granular computing. LNCS Transactions on Rough Sets I, LNCS 3100,2004: 232-253.
[8] Yao Y Y. Granular computing: past, present and future. The 2008 IEEE International Conference on Granular Computing, Hangzhou, China, 2008:80-85.
[9] Zadeh L A. Towards a theory of fuzzy information granulation and its centrality in human reasoning and fuzzy logic. Fuzzy Sets and Systems, 1997, 90: 111-127.
[10] 邓蔚，王国胤，吴渝. 粒计算综述. 计算机科学,2004, 31: 178-181.
[11] 李道国. 信息粒：计算理论、模型与应用研究. 太原：山西科学技术出版社，2006.
[12] 李道国，苗夺谦，张东星，等. 粒度计算研究综述. 计算机科学，2005，32: 1-12.
[13] 李鸿. 粒计算的基本要素研究. 计算机技术与发展，2009，19: 89-93.
[14] 李鸿. 粒计算的四面体模型. 计算机工程与应用，2009，45: 43-47.
[15] 梁吉业，李德玉. 信息系统中的不确定性与知识获取. 北京:科学出版社，2005.
[16] 苗夺谦，范世栋. 知识的粒度计算及其应用. 系统工程理论与实践，2002，22: 48-56.
[17] 苗夺谦,李德毅,姚一豫,等. 不确定性与粒计算. 北京：科学出版社,2011.
[18] 苗夺谦，王国胤，刘清，等. 粒计算：过去、现在与展望. 北京：科学出版社，2007.
[19] 王国胤，张清华. 不同知识粒度下粗糙集的不确定性研究. 计算机学报，2008，31: 1588-1598.
[20] 王国胤，张清华,胡军. 粒计算研究综述. 智能系统学报，2007，2: 8-26.
[21] 谢克明,逯新红,陈泽华. 粒计算的基本问题和研究. 计算机工程与应用，2007，43: 41-44.
[22] 张燕平，罗斌，姚一豫，等. 商空间与粒计算——结构化问题求解理论与方法. 北京：科学出版社，2010.
[23] 姚一豫. 粒计算三元论//张燕平，罗斌，姚一豫，等. 商空间与粒计算——结构化问题求解理论与方法. 北京：科学出版社，2010: 115-143.
[24] Yao Y Y. A unified framework of granular computing//Pedrycz W, Skowron A, Kreinovich V. Handbook of Granular Computing. New Jersey: Wiley, 2008:401-410.
[25] Goldstone R L, Kersten A. Concepts and categorization//Healy A F, Proctor R W. Comprehensive Handbook of Psychology, Volume 4: Experimental Psychology. New Jersey: Wiley, 2003:591-621.
[26] Medin D L, Smith E E. Concepts and concept formation. Annual Review of Psychology, 1984, 35: 113-138.
[27] Mechelen I V, Hampton J, Michalski R S, et al. Categories and Concepts, Theoretical Views and Inductive Data Analysis. New York: Academic Press, 1993.
[28] Yao Y Y, Deng X F. A Granular computing paradigm for concept learning//Ramanna S, Jain L C, Howlett R J. Emerging Paradigms in Machine Learning. Berlin: Springer, 2012:307-326.

[29] Ogden C K, Richards I A. The Meaning of Meaning: A Study of the Influence of Language upon Thought and of the Science of Symbolism. 8th edition. New York: Harcourt Brace, 1946.
[30] Marek V W, Truszczynski M. Contributions to the theory of rough sets. Fundamenta Informaticae, 1999, 39: 389-409.
[31] Yao Y Y. Interval sets and interval-set algebras. Proceedings of the 8th IEEE International Conference on Cognitive Informatics, Hong Kong, 2009: 307-314.
[32] Zadeh L A. Fuzzy sets. Information and Control, 1965, 8: 338-353.
[33] 李德毅,杜鹢. 不确定性人工智能. 北京:国防工业出版社,2005.
[34] 刘玉超,李德毅. 基于云模型的粒计算//苗夺谦,李德毅,姚一豫,等. 不确定性与粒计算. 北京:科学出版社,2011:1-23.
[35] Yao Y Y. Interval-set algebra for qualitative knowledge representation. Proceedings of the 5th International Conference on Computing and Information, Sudbury, Canada, 1993:370-374.
[36] Pedrycz W. Shadowed sets: representing and processing fuzzy sets. IEEE Transactions on Systems, Man, and Cybernetics, Part B: Cybernetics, 1998, 28: 103-109.
[37] Pedrycz W. From fuzzy sets to shadowed sets: Interpretation and computing. International Journal of Intelligent Systems, 2009, 24: 48-61.
[38] Pawlak Z. Rough sets. International Journal of Computer and Information Sciences, 1982, 11: 341-356.
[39] Pawlak Z. Rough Sets: Theoretical Aspects of Reasoning about Data. Boston: Kluwer Academic Publishers, 1991.
[40] Yao Y Y. A note on definability and approximations. LNCS Transactions on Rough Sets VII, LNCS 4400, 2007: 274-282.
[41] Chen M, Miao D Q. Interval set clustering. Expert Systems with Applications, 2011, 38: 2923-2932.
[42] Ciucci D. Orthopairs: A simple and widely used way to model uncertainty. Fundamenta Informaticae, 2011, 108: 287-304.
[43] Ciucci D, Dubois D. Truth-functionality, rough sets and three-valued logics. Proceedings of the 40th IEEE International Symposium on Multiple-Valued Logic, Barcelona, Spain, 2010: 98-103.
[44] Couso I, Dubois D. Rough sets, coverings and incomplete information. Fundamenta Informaticae, 2011, 108: 223-247.
[45] Dubois D. Degrees of truth, ill-known sets and contradiction//Bouchon-Meunier B, Magdalena L, Ojeda-Aciego M, et al. Foundations of Reasoning under Uncertainty. Heidelberg: Springer, 2010:65-83.
[46] Dubois D, Prade H. Gradualness, uncertainty and bipolarity: Making sense of fuzzy sets. Fuzzy Sets and Systems, 2012, 192: 3-24.
[47] Encheva S, Tumin S. Rough sets approximations for learning outcomes//Tomar G S, Grosky W I, Kim T H, et al. Ubiquitous Computing and Multimedia Applications, UCMA 2010,

Miyazaki, Japan,2010: 63-72.

[48] Grabowski A, Jastrzebska M. On the lattice of intervals and rough sets. Formalized Mathematics, 2009, 17: 237-244.

[49] Li H X, Wang M H, Zhou X Z, et al. An interval set model for learning rules from incomplete information table. International Journal of Approximate Reasoning, 2012, 53: 24-37.

[50] Miao D Q, Zhang N, Yue X D. Knowledge reduction in interval-valued information systems. Proceedings of the 8th IEEE International Conference on Cognitive Informatics, Hong Kong, 2009: 320-327.

[51] Miao D Q, Yang W, Zhang N. Generalized relation based knowledge discovery in interval-valued information systems. 2010 IEEE International Conference on Granular Computing, Silicon Valley, USA, 2010:743-748.

[52] Mousavi A, Jabedar-Maralani P. Relative sets and rough sets. International Journal of Applied Mathematics and Computer Science, 2011, 11: 637-654.

[53] Oukbir K. Indiscernibility and Vagueness in Spatial Information Systems. PhD Dissertation, Department of Numerical Analysis and Computer Science, Royal Institute of Technology, Stockholm, Sweden, 2003.

[54] Tahayori H, Pedrycz W, Antoni G D. Distributed intervals: A formal framework for information granulation. Canadian Conference on Electrical and Computer Engineering, Vancouver 2007: 1409-1412.

[55] Xue Z A, Du H C, Xue H F,et al. Residuated lattice on the interval sets. Journal of Information and Computational Science, 2011, 8: 1199-1208.

[56] Xue Z A, Du H C, Yin H Z, et al. A new kind of the generalized R-implication on interval-set. 2010 IEEE International Conference on Granular Computing, Silicon Valley, USA, 2010: 568-573.

[57] Wang Y Q, Zhang X H. Some implication operators on interval sets and rough sets. Proceedings of the 8th IEEE International Conference on Cognitive Informatics, Hong Kong, 2009, 328-332.

[58] Yamaguchi D, Li G D, Nagai M. A grey-based rough approximation model for interval data processing. Information Sciences 2007, 177: 4727-4744.

[59] Yamaguchi D, Li G D, Chen L C, et al. Reviewing crisp, fuzzy, grey and rough mathematical models. Proceedings of 2007 IEEE International Conference on Grey Systems and Intelligent Services, Nanjing, China, 2007: 547-552.

[60] Yang Y J, John R. Grey sets and greyness. Information Sciences, 2012, 185: 249-264.

[61] Yao J T, Yao Y Y, Kreinovich V, et al. Towards more adequate representation of uncertainty: from intervals to set intervals, with the possible addition of probabilities and certainty degrees. Proceedings of 2008 IEEE International Conference on Fuzzy Systems, Hong Kong, 2008: 983-990.

[62] Yao Y Y. A comparison of two interval-valued probabilistic reasoning methods. Journal of Computing and Information, 1995, 1: 1090-1105.

[63] Yao Y Y. Interval based uncertain reasoning. Proceedings of the 19th International Conference of the North American Fuzzy Information Processing Society, Atlanta, Georgia, USA, 2000: 363-367.

[64] Yao Y Y, Li X. Comparison of rough-set and interval-set models for uncertain reasoning. Fundamenta Informaticae, 1996, 27: 289-298.

[65] Yao Y Y, Lingras P, Wang R Z, et al. Interval set cluster analysis: A re-formulation. Proceedings of RSFDGrC 2009, 2009, LNAI 5908: 398-405.

[66] Yao Y Y, Liu Q. A generalized decision logic in interval-set-valued information tables. Proceedings of RSFDGrC'99, 1999, LNAI 1711: 285-293.

[67] Yao Y Y, Wang J. Interval based uncertain reasoning using fuzzy and rough sets//Wang P P. Advances in Machine Intelligence & Soft-Computing, Volume IV. Dept of Electrical Engineering, Duke University, 1997: 196-215.

[68] Yao Y Y, Wong S K M. Interval approaches for uncertain reasoning. Proceedings of ISMIS'97, 1997, LNAI 1325: 381-390.

[69] Zhang X H. On interval fuzzy residuated implications and interval quasi-implications. The 6th International Conference on Fuzzy Systems and Knowledge Discovery, FSKD' 09, Tianjin, China, 2009: 65-70.

[70] Zhang X H, Jia X Y. Lattice-valued interval sets and t-representable interval set t-norms. Proceedings of the 8th IEEE International Conference on Cognitive Informatics, Hong Kong, 2009: 333-337.

[71] Zhang X H, Yao Y Y, Zhao Y. Qualitative approximations of fuzzy sets and non-classical three-valued logics (I), (II). RSKT 2010, 2010, LNAI 6401: 195-203, 204-211.

[72] Moore R E. Interval Analysis. Englewood Cliffs, New Jersey: Prentice-Hall, 1966.

[73] Negoita C V, Ralescu D A. Applications of Fuzzy Sets to Systems Analysis. Basel: Birkhauser, 1975.

[74] Milne P. Algebras of intervals and a logic of conditional assertions. Journal of Philosophical Logic, 2004, 33: 497-548.

[75] Brink C. Power structures. Algebra Universalis, 1993, 30: 177-216.

[76] Lipski W Jr. On semantic issues connected with incomplete information databases. ACM Transactions on Database Systems, 1979, 4: 269-296.

[77] Lipski W Jr. On databases with incomplete information. Journal of the Association of Computing Machinery, 1981, 28: 41-70.

[78] Kleene S C. Introduction to Mathematics. New York: North-Holland, 1952.

[79] Yao Y Y. Three-way decision: an interpretation of rules in rough set theory//Wen P, Li Y, Polkowski L, et al. RSKT 2009, 2009, LNCS (LNAI) 5589: 642-649.

[80] Yao Y Y. Three-way decisions with probabilistic rough sets. Information Sciences, 2010, 180: 341-353.

[81] Yao Y Y. The superiority of three-way decisions in probabilistic rough set models. Information

Sciences, 2011, 181:1080-1096.

[82] Azam N, Yao J T. Multiple criteria decision analysis with game-theoretic rough sets. Proceedings of the 8th international RSCTC conference, Chengdu, China, 2012.

[83] Grzymala-Busse J W. Generalized parameterized approximations//Yao J T, Ramanna S, Wang G, et al. RSKT 2011, 2011, LNCS (LNAI) 6954: 136-145.

[84] Jia X Y, Li W W, Shang L, et al. An optimization viewpoint of decision-theoretic rough set model// Yao J T, Ramanna S, Wang G, RSKT 2011,2011, LNCS (LNAI)6954: 457-465.

[85] Jia X Y, Zhang K, Shang L. Three-way decisions solution to filter spam email: an empirical study. Proceedings of the 8th international RSCTC conference, Chengdu, China, 2012.

[86] Li H X, Zhou X Z. Risk decision making based on decision-theoretic rough set: A three-way view decision model. International Journal of Computational Intelligence Systems, 2011, 4: 1-11.

[87] 李华雄,周献中,李天瑞,等. 决策粗糙集理论及其研究进展. 北京:科学出版社,2011.

[88] Li H X, Zhou X Z, Zhao J B, et al. Cost-sensitive classification based on decision-theoretic rough set model. Proceedings of the 8th international RSCTC conference, Chengdu, China, 2012.

[89] Li H X, Zhou X Z, Zhao J B, et al. Attribute reduction in decision-theoretic rough set model: a further investigation//Yao J T, Ramanna S, Wang G, et al. RSKT 2011, 2011, LNCS (LNAI): 6954: 466-475.

[90] Li W, Miao D Q, Wang W L, et al. Hierarchical rough decision theoretic framework for text classification. Proceedings of the 9th IEEE International Conference on Cognitive Informatics, Beijing, China, 2009: 484-489.

[91] Liu D, Li H X, Zhou X Z. Two decades' research on decision-theoretic rough sets. Proceedings of the 9th IEEE International Conference on Cognitive Informatics, Beijing, China, 2010: 968-973.

[92] Liu D, Li T R, Li H X. A multiple-category classification approach with decision-theoretic rough sets. Fundamenta Informaticae, 2012, 115: 173-188.

[93] Liu D, Li T R, Liang D C. A new discriminant analysis approach under decision-theoretic rough sets//Yao J T, Ramanna S, Wang G. RSKT 2011,2011, LNCS (LNAI)6954: 476-485.

[94] Liu D, Li T R, Liang D C. Decision-theoretic rough sets with probabilistic distribution. Proceedings of the 8th International RSCTC Conference, Chengdu, China, 2012.

[95] Liu D, Li T R, Ruan D. Probabilistic model criteria with decision-theoretic rough sets. Information Sciences, 2011, 181: 3709-3722.

[96] Liu D, Yao Y Y, Li T R. Three-way investment decisions with decision-theoretic rough sets. International Journal of Computational Intelligence Systems, 2011, 4: 66-74.

[97] Liu J B, Min F, Liao S J, et al. Minimal test cost feature selection with positive region constraint. Proceedings of the 8th International RSCTC Conference, Chengdu, China, 2012.

[98] Ma X A, Wang G Y, Yu H. Multiple-category attribute reduct using decision-theoretic rough

set model. Proceedings of the 8th International RSCTC Conference, Chengdu, China, 2012.

[99] Yang X P, Song H G, Li T J. Decision making in incomplete information system based on decision-theoretic rough sets//Yao J T, Ramanna S, Wang G, et al. RSKT 2011, 2011, LNCS (LNAI) 6954: 495-503.

[100] Yang X P, Yao J T. Modelling multi-agent three-way decisions with decision-theoretic rough sets. Fundamenta Informaticae, 2012, 115: 157-171.

[101] Yao Y Y, Deng X F. Sequential three-way decisions with probabilistic rough sets. Proceedings of the 10th IEEE International Conference on Cognitive Informatics & Cognitive Computing, Banff, Canada, 2011, 120-125.

[102] Yao Y Y, Zhou B. Naive Bayesian rough sets//Yu J, Greco S, Lingras P. RSKT 2010,2010, LNCS (LNAI)6401: 719-726.

[103] Yu H, Chu S S, Yang D C. Autonomous knowledge-oriented clustering using decision-theoretic rough set theory. Fundamenta Informaticae, 2012, 115: 141-156.

[104] Yu H, Liu Z G, Wang G Y. Automatically determining the number of clusters using decision-theoretic rough set//Yao J T, Ramanna S, Wang G. RSKT 2011,2011, LNCS (LNAI)6954: 504-513.

[105] Yu H, Wang Y. Three-way decisions method for overlapping clustering. Proceedings of the 8th international RSCTC conference, Chengdu, China, 2012.

[106] Zhou B. A new formulation of multi-category decision-theoretic rough sets//Yao J T, Ramanna S, Wang G. RSKT 2011,2011, LNCS (LNAI) 6954: 514-522.

[107] Zhou B, Yao Y Y, Luo J G. A three-way decision approach to email spam filtering//Farzindar A, Keselj V. AI 2010, 2010, LNCS (LNAI) 6085: 28-39.

[108] Zhou X Z, Li H X. A multi-view decision model based on decision-theoretic rough set//Wen P, Li Y, Polkowski L, et al. RSKT 2009, 2009, LNCS (LNAI) 5589: 650-657.

[109] Yao Y Y. An outline of a theory of three-way decisions. Proceedings of the 8th International RSCTC Conference, Chengdu, China, 2012.

第5章　区间值信息系统的粒计算模型与方法

代建华　王文涛

浙江大学　计算机科学与技术学院

5.1 引　　言

Pawlak提出的粗糙集理论已经成为处理和分析不确定性、不完备数据的有效工具，并且在许多领域都有成功的应用[1-6]。

不确定性度量是数据分析中的一个重要问题，也是粗糙集理论中的重要内容，可以揭示数据集潜在的特征。对于一般的信息系统或者决策系统，不确定性度量已经得到了广泛的研究。Pawlak提出了几种数字特征，即精度(accuracy)、粗糙度(roughness)，以及决策系统中的近似精度(approximation accuracy)来度量不确定性。Liang等提出了一种基于粒度的精度和近似精度[7]。Yao则基于等价关系，研究了两类近似及相关联的度量[8]。

此外，Shannon提出的信息熵作为不确定性度量的有效手段[9]，也被引入到粗糙集理论[10-20]。例如，Düntsch和Gediga为了预测规则，在粗糙集里定义了信息熵和三种条件熵[12]。Beaubouef等在粗糙集中提出了基于粗糙熵的不确定性度量[13]。Wierman在文献[11]中提出了一种新的不确定性度量和粒度。Yao等在文献[14]中研究了多种基于熵理论的属性重要性度量标准。Liang等提出了一种新的评价不确定性和模糊性的方法[16]。Qian等提出了一种联合熵，用来评价信息系统中的知识的粒度[18]。然而，上述的方法主要是基于单值的信息系统或决策系统。

区间值信息系统是一种比较重要的数据类型，是单值信息系统的一般化模型[21]。Qian等在区间值信息系统中提出了一种优势关系[21]。Yang等研究了在不完备的区间值信息系统中的决策规则获取[22]。Leung等研究了区间值信息系统中分类规则的获取的一种粗糙集方法[23]。然而，对区间值信息系统(对应无监督学习)和区间值决策系统(对应有监督学习)的不确定性度量研究尚不常见。本章介绍在区间值决策系统中的不确定性度量的相关问题，并构造了两种有效的不确定性度量的方法[24]。首先介绍了一种基于可能度的相似关系定义方法，以及在此关系上定义的条件熵，并进而研究了一种称为粗糙决策熵的不确定性度量标准。与此同时，由Pawlak提出的经典的近似精度被拓展到区间值决策系统中来，并提出了区间近似粗糙度的概念。通过实验表明,粗糙决策熵和区间近似粗糙度是行之有效的不确定性度量手段,它们可以用来刻画区间值决策系统中的不确定程度。实验还显示在某些情形粗糙决策熵要优于区间近似粗糙度,能提供更多的度量信息。

本章在 5.2 节中介绍粗糙集理论中的一些基本概念。在 5.3 节中,比较详细地介绍和讨论相似度、θ-条件熵和 θ-粗糙决策熵等概念,并研究相关的性质。在 5.4 节中进行了实验,对所提出的不确定性度量方法进行了验证。最后在 5.5 节进行小结。

5.2 基础概念

首先,回顾粗糙集理论中的一些基本概念和定义,包括决策系统,不可分辨关系和近似域等[2]。

5.2.1 不可分辨关系和近似域

一个决策系统是一个二元对 $\delta=(U,A\cup\{d\})$,其中 U 是对象的非空集合,称为论域;A 是属性的非空集合,称为条件属性集;d 是类别,称做决策属性。对于任意的 $a_k\in U$,存在一个映射 $U\rightarrow V_{a_k}$,其中,V_{a_k} 是属性 a_k 的值域。

对于一个属性集合 $B\subseteq A$,B 决定了一个二元不可分辨关系,记为 $\mathrm{IND}(B)$,其定义为

$$\mathrm{IND}(B)=\{(u_i,u_j)\in U^2\mid\forall a_k\in B,a_k(u_i)=a_k(u_j)\}$$

值得注意的是,关系 $\mathrm{IND}(B)$ 构成了在论域 U 下的一个划分。这个划分可以用 $U/\mathrm{IND}(B)$ 来表示,或者简化表示为 U/B。实际上,U/B 代表了一些等价类,这些等价类在属性子集 B 上不可分辨。

对于任意给定的决策系统 $\delta=(U,A\cup\{d\})$,$B\subseteq A$ 并且 $X\subseteq U$,Pawlak 定义了对象子集 X 的上近似和下近似,定义为

$$\underline{B}X=\{x\in U\mid[x]_{\mathrm{IND}(B)}\subseteq X\}$$

$$\bar{B}X=\{x\in U\mid[x]_{\mathrm{IND}(B)}\cap X\neq\varnothing\}$$

给定一个 X 的上下近似 $\underline{B}$ 和 $\bar{B}X$,X 是论域 U 上的对象子集,属性子集 B 的正域可以表示为 $\mathrm{POS}_B(X)=\underline{B}X$;负域表示为 $\mathrm{NEG}_B(X)=U-\bar{B}X$;属性子集 B 的边界可以表示为 $\mathrm{NEG}_B(X)=\bar{B}X-\underline{B}X$。值得指出的是,尽管没有考虑决策属性 d,上近似和下近似在决策系统中仍然适用。

5.2.2 决策系统中的不确定性度量

在信息系统中,Pawlak 提出了两种对象集 X 的不确定性度量:精度和粗糙度[2]。

它们均基于上近似和下近似，其中，上近似的集合元素可能属于粗糙集 X，而下近似的集合元素肯定属于粗糙集 X。

然而，近似精度和粗糙度只适用于信息系统，因为决策系统不仅要考虑条件属性，而且还要考虑决策属性。因此，近似精度被提出用来度量粗糙分类的不确定性。假设决策属性 d 在论域上的划分表示为 $U/D=\{D_1,D_2,\cdots,D_m\}$，并且 $B\subseteq A$。

通过属性集 B 得到的 U/d 的近似精度可以定义为

$$\alpha_B(U/d)=\frac{\sum_{D_i\in U/d}|\underline{B}D_i|}{\sum_{D_i\in U/d}|\bar{B}D_i|}$$

其中，$|\cdot|$ 表示集合元素的个数。

近似精度给出了在属性集 B 下进行辨析和分类，得出正确规则的百分比。$\alpha_B(U/d)$ 考虑了上近似和下近似各自的集合元素个数，可以通过边界域有效地表示不确定度。

5.3 区间值决策系统的不确定性度量

5.3.1 区间值的相似关系

比较两个区间值不同于比较两个实数[25-27]，下面介绍一种基于可能度的相似度量，用来比较两个区间值。

定义 5-1 假设 $A=[a^-,a^+]$ 和 $B=[b^-,b^+]$ 是两个区间值。区间值 A 相对于区间值 B 的可能度定义为

$$P_{A\geqslant B}=\min\left\{1,\max\left\{\frac{a^+-b^-}{(a^+-a^-)+(b^+-b^-)}\right\}\right\}$$

其中，$P(A\geqslant B)$ 可以看做区间值 A 大于区间值 B 的可能度。

需要指出的是，一般有 $P_{(A\geqslant B)}\neq P_{(B\geqslant A)}$。

在可能度概念的基础上，可以提出两个区间值的相似度。

定义 5-2[24] 假设 $A=[a^-,a^+]$ 和 $B=[b^-,b^+]$ 是两个区间值。两个区间值的相似度可以定义为

$$\upsilon_{AB}=1-|P_{(A\geqslant B)}-P_{(B\geqslant A)}|$$

其中，$P_{(A\geqslant B)}$ 和 $P_{(B\geqslant A)}$ 分别是区间值 A 大于区间值 B 和区间值 B 大于区间值 A 的可能度。

实际上，$P_{(A\geqslant B)}$ 可以理解为区间值 A 大于区间值 B 的可能性，而 $P_{(B\geqslant A)}$ 可以看做区间值 B 比区间值 A 大的可能性。这样，$|P_{(A\geqslant B)}-P_{(B\geqslant A)}|$ 便可以理解为区间值 A 和区间值 B 的差异程度。换句话说，$1-|P_{(A\geqslant B)}-P_{(B\geqslant A)}|$ 就表示区间值 A 和区间值 B 的相似程度，即相似度。

例 5-1　假设两个区间值分别是 $A=[1,4]$ 和 $B=[2,6]$，有

$$P_{(A\geqslant B)}=\min\left\{1,\max\left\{\frac{4-2}{(4-1)+(6-2)}\right\}\right\}=\frac{2}{7}$$

$$P_{(B\geqslant A)}=\min\left\{1,\max\left\{\frac{6-1}{(6-2)+(4-1)}\right\}\right\}=\frac{5}{7}$$

因此，可以得到

$$\upsilon_{AB}=1-|P_{(A\geqslant B)}-P_{(B\geqslant A)}|=1-\left|\frac{2}{7}-\frac{5}{7}\right|=0.57$$

在一个区间值信息系统中的某一个属性上，我们可以定义两个对象的相似度。

定义 5-3[24]　假设 $u_i^k=[u_i^-,u_i^+]$ 和 $u_j^k=[u_j^-,u_j^+]$ 是对象 u_i 和 u_j 在第 k 个属性上的区间值。在第 k 个属性上的两个对象之间的相似度定义为

$$\upsilon_{ij}^k=1-|P_{(u_i^k\geqslant u_j^k)}-P_{(u_j^k\geqslant u_i^k)}|$$

因为 $1\geqslant P_{(u_i^k\geqslant u_j^k)}\geqslant 0$，$1\geqslant P_{(u_j^k\geqslant u_i^k)}\geqslant 0$，很容易地推出 $1\geqslant \upsilon_{ij}^k\geqslant 0$。并且可以推断得到，当两个区间值 u_i^k 和 u_j^k 的值域范围接近时，$P_{(u_i^k\geqslant u_j^k)}$ 和 $P(u_j^k\geqslant u_i^k)$ 几乎相等。这也就是说，u_i^k 的上边界和下边界相对应地和 u_j^k 在实数轴上很接近，反之亦然。可以这么说，如果 υ_{ij}^k 接近 1 时，对象 u_i 和 u_j 在第 k 个属性上很难被分辨。

需要指出的是，相似度 υ_{ij}^k 具有对称性和自反性，不具有传递性。

5.3.2　相似类和决策类

在本节中，基于相似度的相似类的概念被用来替代经典粗糙集理论中的等价类概念。假设 $\xi=(U,A\cup\{d\})$ 表示一个区间值决策系统，其中 U 代表一个非空对象集合；A 是非空属性集合，称为条件属性，d 称为决策属性或者类别。对于任意的 $a_k\in U$，存在一个映射 $U\rightarrow V_{a_k}$，其中，V_{a_k} 是属性 a_k 的值，该值是一个区间值，而不是单值。

一个区间值决策系统如表 5-1 所示，其中包含 8 个对象（样本）和 5 个条件属性。

定义 5-4　假设 $\xi=(U,A\cup\{d\})$ 是一个区间值决策系统，给定一个相似率 $\theta\in[0,1]$ 和一个属性子集 $B\subseteq A$，对于一个对象 $u_i\in U$ 的 θ-相似类可以定义为

$$S_B^\theta(u_i)=\{u_j\,|\,\upsilon_{ij}^k\geqslant\theta,\forall a_k\in A,u_j\in U\}$$

其中，u_{ij}^k 表示在第 k 个属性上，对象 u_i 和 u_j 的相似度。

$u_j\in S_B^\theta(u_i)$ 表示在 B 中的任何属性上，对象 u_i 和 u_j 的相似度都不小于给定的 θ。换句话说，$S_B^\theta(u_i)$ 是一些对象的集合，这些对象在属性子集 B 和给定 θ 下，相对于对象 u_i 不可分辨。这里，θ 是一个给定的区间值决策系统的相似率。

接下来，对于所有的论域 U 上的相似关系，定义一个在区间值系统中的偏序关系：

$$S_B^\theta\leqslant S_C^\theta\Leftrightarrow S_B^\theta(u_i)\subseteq S_C^\theta(u_i),\forall u_i\in U$$

这里有两种特殊的相似关系，独立相似关系和非独立相似关系。独立相似关系可

以表示为

$$\hat{S}:\hat{S}(u_i)=\{u_i\},\forall u_i\in U$$

非独立相似关系可以表示为

$$\check{S}:\check{S}(u_i)=U,\forall u_i\in U$$

性质 5-1 假设 $\xi=(U,A\cup\{d\})$是一个区间值决策系统,属性子集 $C,B\subseteq A$,对象 $u_i\in U$,有

(1)如果 $C\subseteq B$,则有,$S_B^\theta(u_i)\leqslant S_C^\theta(u_i)$;

(2)如果 $0\leqslant\gamma\leqslant\theta\leqslant 1$,则有 $S_B^\theta(u_i)\leqslant S_B^\gamma(u_i)$;

(3)$S_B^\theta(u_i)=\bigcap_{b\in B}S_{\{b\}}^\theta(u_i)$;

(4) $S_B^\theta(u_i)\neq\varnothing$,并且 $U_{u_i\in U}S_B^\theta(u_i)=U$

证明:可以从定义简单推导证明。

表 5-1 一个区间值决策系统

	a_1	a_2	a_3	a_4	a_5	d
u_1	[0.15,0.94]	[0.07,0.35]	[0.55,0.74]	[0.13,0.14]	[0.19,0.57]	3
u_2	[0.01,0.12]	[0.43,0.84]	[0.72,0.74]	[0.50,0.74]	[0.38,0.48]	2
u_3	[0.20,0.56]	[0.28,0.60]	[0.07,0.95]	[0.57,0.92]	[0.64,0.70]	3
u_4	[0.53,0.64]	[0.57,0.58]	[0.67,0.80]	[0.21,0.54]	[0.02,0.13]	1
u_5	[0.42,0.75]	[0.51,0.65]	[0.26,0.43]	[0.60,0.82]	[0.72,0.74]	1
u_6	[0.16,0.96]	[0.25,0.87]	[0.75,1.00]	[0.47,0.74]	[0.58,0.78]	3
u_7	[0.14,0.28]	[0.49,0.53]	[0.31,0.32]	[0.23,0.68]	[0.01,0.57]	2
u_8	[0.11,0.89]	[0.19,0.77]	[0.81,0.87]	[0.10,0.86]	[0.81,0.99]	1

例 5-2 对于表 5-1 所示的一个区间值决策系统,假设给定的相似率 $\theta=0.3$,并且属性子集 $B=\{a_1,a_2\}$,则 θ-相似类容易计算得到。为了更清楚明了地表示结果,将 θ-相似类变换成如下的一个$|U|\times|U|$的一个矩阵 $\boldsymbol{M}^\theta$,称为 θ-相似矩阵。

$$\boldsymbol{M}^{0.3}=\begin{vmatrix}1&0&0&0&0&0&0&1\\0&1&0&0&0&0&0&0\\0&0&1&0&1&1&1&1\\0&0&0&1&1&1&0&1\\0&0&1&1&1&1&0&1\\0&0&1&1&1&1&0&1\\0&0&1&0&0&0&1&1\\1&0&1&1&1&1&1&1\end{vmatrix}$$

其中,$\boldsymbol{M}_{ij}^{0.3}=1$ 表示 $u_j\in S_B^{0.3}(u_i)$,反之亦然。

定义 5-5 假设 $\xi=(U,A\cup\{d\})$是一个区间值决策系统,对于一个对象 $u_i\in U$ 的

决策类可以表示为

$$D(u_i)=\{u_j \mid d(u_i)=d\{u_j\}, \forall u_j \in U\}$$

这里，我们用 U/d 表示 U 在决策属性上的划分。

例 5-3　对于表 5-1 所示的一个区间值决策系统，根据决策属性，可以很容易地就计算得到所有对象 $u_i \in U$ 的决策类：

$$D(u_1)=D(u_3)=D(u_6)=\{u_1,u_3,u_6\}$$
$$D(u_2)=D(u_7)=\{u_2,u_7\}$$
$$D(u_4)=D(u_5)=D(u_8)=\{u_4,u_5,u_8\}$$
$$U/d=\{\{u_1,u_3,u_6\},\{u_2,u_7\},\{u_4,u_5,u_8\}\}$$

5.3.3　θ-条件熵

定义 5-6[24]　假设 $\xi=(U,A\cup\{d\})$ 是一个区间值决策系统，对于决策属性 d，属性集 B 的 θ-条件熵可以定义为

$$H_{\mathrm{SIM}}^{\theta}(d \mid B)=-\sum_{i=1}^{|U|}\sum_{j=1}^{|U/d|}\frac{|S_B^{\theta}(u_i)\cap D_j|}{|U|^2}\log\frac{|S_B^{\theta}(u_i)\cap D_j|}{|S_B^{\theta}(u_i)|}$$

定理 5-1(等价性)　假设 $\xi=(U,A\cup d)$ 是一个区间值决策系统，属性子集 $P,Q\subseteq A$。假设 $\forall x\in U$，都有 $S_P^{\theta}(x)=S_Q^{\theta}(x)$，则有 $H_{\mathrm{SIM}}^{\theta}(d\mid P)=H_{\mathrm{SIM}}^{\theta}(d\mid Q)$。

定理 5-2(最大值)　假设 $\xi=(U,A\cup\{d\})$ 是一个区间值决策系统，属性子集 $B\subseteq A$。对于决策属性 d，属性集 B 的 θ-条件熵的最大值是 $\log|U|$。$H_{\mathrm{SIM}}^{\theta}(d\mid B)=\log|U|$ 当且仅当 $\forall x\in U, S_B^{\theta}(x)=U$，并且 $\forall D_j\in U/d, |D_j=1|$。

定理 5-3(最小值)　假设 $\xi=(U,A\cup\{d\})$ 是一个区间值决策系统，属性子集 $B\subseteq A$。对于决策属性 d，属性集 B 的 θ-条件熵的最小值是 0。$H_{\mathrm{SIM}}^{\theta}(d\mid B)=0$ 当且仅当 $S_B^{\theta}(u_i)=D(u_i), \forall u_i\in U$。

证明：($\Leftarrow$)假设 $\forall u_i\in U, S_B^{\theta}(u_i)=D(u_i)$，有

$$\frac{|S_B^{\theta}(u_j)\cap D_i|}{|S_B^{\theta}(u_i)|}=\frac{|S_B^{\theta}(u_i)|}{|S_B^{\theta}(u_i)|}=1$$

因此，很容易得到 $H_{\mathrm{SIM}}^{\theta}(d\mid B)=0$。

($\Rightarrow$)假设 $H_{\mathrm{SIM}}^{\theta}(d\mid B)=0$，我们反证 $S_B^{\theta}(u_i)\subseteq D(u_i)$。如果存在一个对象 $u_i\in U$ 使得 $S_B^{\theta}(u_i)\subseteq D(u_i)$ 不成立。那么，有 $\exists u\in U$，使得 $u\in S_B^{\theta}(u_i)$，而 $u\notin D(u_i)$，因此可以得到，$S_B^{\theta}(u_i)\cap D(u_i)\neq S_B^{\theta}(u_i)$ 和 $S_B^{\theta}(u_i)\cap D(u_i)\neq\varnothing$ 的结论。

这样通过计算可得

$$\frac{|S_B^{\theta}(u_i)\cap D_i|}{|U|^2}\log\frac{|S_B^{\theta}(u_i)\cap D_j|}{|S_B^{\theta}(u_i)|}\neq 0$$

因此，$H_{\mathrm{SIM}}^{\theta}(d\mid B)\neq 0$。与题设产生矛盾。所以，$S_B^{\theta}(u_i)=D(u_i), \forall u_i\in U$。

定理 5-4(单调性)[24]　假设 $\xi=(U,A\cup\{d\})$ 是一个区间值决策系统，如果属性子

集 $P \subseteq Q \subseteq A$，那么，我们可以得到 $H_{\mathrm{SIM}}^{\theta}(d|P) \geqslant H_{\mathrm{SIM}}^{\theta}(d|Q)$

证明 因为属性子集 $P \subseteq Q \subseteq A$，有 $S_A^{\theta}(u_i) \leqslant S_Q^{\theta}(u_i) \leqslant S_P^{\theta}(u_i)$。通过定义可得 $|S_A^{\theta}(u_i) \leqslant S_Q^{\theta}(u_i) \leqslant S_P^{\theta}(u_i)|$。然后，$\theta$-相似类可以分成两部分：

$$S_{P_x}^j(u_i) = S_P(u_i) \cap D_j \text{ 和 } S_{P_y}^j(u_i) = S_p(u_i) \cap (U - D_j)$$

因此有

$$|S_P(u_i)| = |S_{P_x}^j(u_i)| + |S_{P_y}^j(u_i)| = P_x^{ij} + P_y^{ij}$$

同理可得

$$|S_Q(u_i)| = |S_{Q_x}^j(u_i)| + |S_{Q_y}^j(u_i)| = Q_x^{ij} + Q_y^{ij}$$

容易得到 $P_x^{ij} \geqslant Q_x^{ij} \geqslant 0$ 和 $P_y^{ij} \geqslant Q_y^{ij} \geqslant 0$。

这样，θ-条件熵就可以转换为

$$H_{\mathrm{SIM}}^{\theta}(d \mid P) = -\sum_i \sum_j \frac{P_x^{ij}}{|U|^2} \log \frac{P_x^{ij}}{P_x^{ij} + P_y^{ij}}$$

$$H_{\mathrm{SIM}}^{\theta}(d \mid Q) = -\sum_i \sum_j \frac{Q_x^{ij}}{|U|^2} \log \frac{Q_x^{ij}}{Q_x^{ij} + Q_y^{ij}}$$

接下来，θ-条件熵单调性问题就转换成讨论当 $x>0, y \geqslant 0$ 时，如下函数单调性问题。图 5-1 显示了该函数的图像。

$$f(x,y) = -x\log \frac{x}{x+y}$$

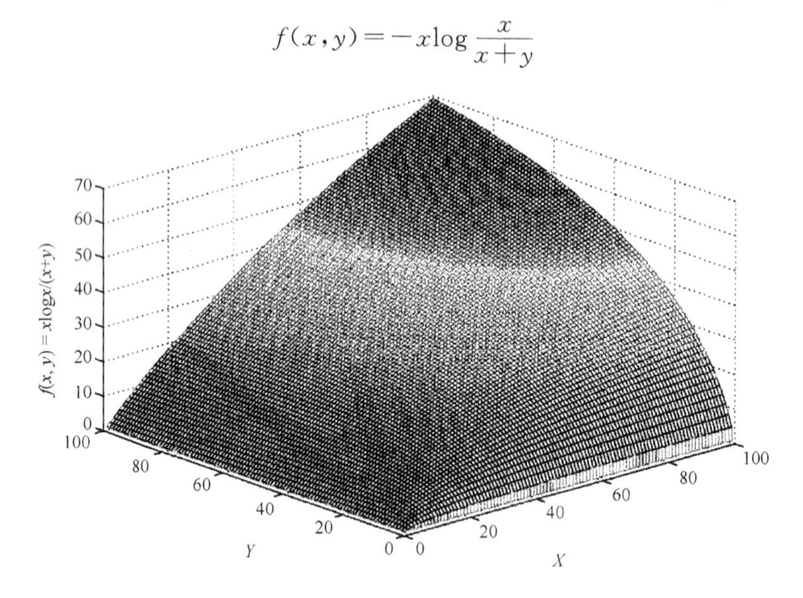

图 5-1 函数 $f(x,y) = -x\log \frac{x}{x+y}$ 的图像

下面，分别对 x 和 y 求偏导：

$$\frac{\partial f(x,y)}{\partial x} = \frac{1}{\ln a}\left(\frac{x}{x+y} - 1\right) - \log \frac{x}{x+y} = \frac{1}{\ln a}(z-1) - \log z \geqslant 0, \text{当 } 0 < z = \frac{x}{x+y} \leqslant 1$$

$$\frac{\partial f(x,y)}{\partial y}=x\cdot\frac{1}{x+y}\cdot\frac{1}{\ln a}>0$$

因此,如果 $P_x^{ij}\geqslant Q_x^{ij}\geqslant 0$ 和 $P_y^{ij}\geqslant Q_y^{ij}\geqslant 0$,有

$$f(P_x^{ij},P_y^{ij})\geqslant f(P_x^{ij},Q_y^{ij})\geqslant f(Q_x^{ij},Q_y^{ij})$$

通过定义,可以得到

$$-\frac{P_x^{ij}}{|U|^2}\log\frac{P_x^{ij}}{P_x^{ij}+P_y^{ij}}\geqslant\frac{Q_x^{ij}}{|U|^2}\log\frac{Q_x^{ij}}{Q_x^{ij}+Q_y^{ij}}$$

因此,结论 $H_{\mathrm{SIM}}^{\theta}(d|P)\geqslant H_{\mathrm{SIM}}^{\theta}(d|Q)$得证。

定理 5-5　假设 $\xi=(U,A\cup\{d\})$是一个区间值决策系统,如果 $0\leqslant\alpha\leqslant\beta\leqslant 1$,对任意属性集合 $B\subseteq A$,我们有 $H_{\mathrm{SIM}}^{\alpha}(d|P)\geqslant H_{\mathrm{SIM}}^{\beta}(d|P)$。

证明:通过定义,有

$$S_B^{\alpha}(u_i)=\{u_j\,|\,v_{ij}^k\geqslant\alpha,\forall a_k\in A,u_j\in U\}$$

$$S_B^{\beta}(u_i)=\{u_j\,|\,v_{ij}^k\geqslant\beta,\forall a_k\in A,u_j\in U\}$$

对任意的 $u\in S_B^{\beta}(u_i)$,在 $0\leqslant\alpha\leqslant\beta\leqslant 1$ 的条件下,都可以得到 $u\in S_B^{\alpha}(u_i)$,即 $\forall u_i\in U$,$u\in S_B^{\beta}(u_i)$。可以通过证明定理 5.4 的方法证明有 $H_{\mathrm{SIM}}^{\alpha}(d|P)\geqslant H_{\mathrm{SIM}}^{\beta}(d|P)$。

5.3.4　不确定性度量和 θ-粗糙决策熵

在经典的粗糙集理论中,近似精度给出了在属性集 B 下进行辨析和分类,得出正确规则的百分比[2]。

通过替换上近似和下近似,近似粗糙度可以拓展到区间值决策系统中,表示为:

$$\alpha_B^{\theta}(U/d)=1-\frac{\sum_{D_i\in U/d}|\underline{S_B}D_i|}{\sum_{D_i\in U/d}|\overline{S_B}D_i|}$$

其中,$\underline{S_B^{\theta}}X=\{u\in U\,|\,S_B^{\theta}(u)\subseteq X\}$,$\overline{S_B^{\theta}}X=\{u\in U\,|\,S_B^{\theta}(u)\cap X\neq\varnothing\}$。

同样地,近似粗糙度也可以拓展到区间值决策系统中,表示为

$$\rho_B^{\theta}(U/d)=1-\frac{\sum_{D_i\in U/d}|\underline{S_B}D_i|}{\sum_{D_i\in U/d}|\overline{S_B}D_i|}$$

$\rho_B^{\theta}(U/d)$被称为区间近似粗糙度。

定理 5-6　假设 $\xi=(U,A\cup\{d\})$是一个区间值决策系统,如果属性子集 $C\subseteq B\subseteq A$,并且 θ 是一个给定的相似率。有 $\rho_B^{\theta}(U/d)\leqslant\rho_C^{\theta}(U/d)$。

证明　因为 $C\subseteq B$,有 $S_B^{\theta}(u_i)\subseteq S_C^{\theta}(u_i)$,$\forall u_i\in U$。结果,$\forall u_i\in U$,$S_C^{\theta}(u_i)\subseteq X$。然后,有 $S_B^{\theta}(u_i)\subseteq X$。因此,$\forall x\in U$,$\forall u_i\in S_C^{\theta}X$。这样,$\forall u_i\in S_B^{\theta}X$。这样可以得到,$|S_C^{\theta}X|\leqslant|S_B^{\theta}X|$。因此,可以得到$|S_C^{\theta}D_i|\leqslant|S_B^{\theta}D_i|$,$\forall D_i\in U/d$。

另一方面,$\forall u_i\in U$,$S_B^{\theta}(u_i)\cap X=\varnothing$,这样可以得到,$S_C^{\theta}(u_i)\cap X\neq\varnothing$。因此 $S_B^{\theta}(u_i)=S_C^{\theta}(u_i)$,$\forall u_i\in U$。所以,$\forall x\in U$,$\forall u_i\in\bar{B}^{\theta}X$。这里我们知道,$\forall u_i\in\bar{C}^{\theta}X$。也就是说,$|S_C^{\theta}X|\leqslant|S_B^{\theta}X|$。因此$|S_B^{\theta}D_i|\leqslant|S_C^{\theta}D_i|$,$\forall D_i\in U/d$。

所以，得到结论 $\rho_B^\theta(U/d)\leqslant\rho_C^\theta(U/d)$。

然而，在某些情况下，近似精度并不能提供足够的信息来评价属性集的不确定性。例如，在表 5-1 所示的区间值决策系统中，当 $\theta=0.3$，两个属性子集为 $\{a_1\}$ 和 $\{a_1,a_2\}$ 的近似精度就相等，这样对于两个属性集来说就没有区分开（详见例 5-4）。在本章中，我们提出了一个新的称为 θ-粗糙决策熵（也简称为粗糙决策熵）的概念，用它来弥补近似精度在刻画属性集的不确定性上的不足。

定义 5-7 [24]　假设 $\xi=(U,A\cup\{d\})$ 是一个区间值决策系统，给定属性子集 $B\subseteq A$ 和 θ 相似率。U/d 相对于 B 的 θ-粗糙决策熵定义为

$$\mathrm{RED}^\theta(B)=\rho_B^\theta(U/d)\cdot H_{\mathrm{SIM}}^\theta(d\,|\,B)$$

定理 5-7　假设 $\xi=(U,A\cup\{d\})$ 是一个区间值决策系统，属性子集 $C\subseteq B\subseteq A$，则可以得到

$$\mathrm{RED}^\theta(C)\geqslant\mathrm{RED}^\theta(B)$$

证明：假设 $C\subseteq B\subseteq A$，通过定理 5-4 有 $H_{\mathrm{SIM}}^\theta(d\,|\,C)\geqslant H_{\mathrm{SIM}}^\theta(d\,|\,B)$，通过定理 5-6 得到 $\rho_C^\theta(U/d)\geqslant\rho_B^\theta(U/d)$。所以，得到 $\mathrm{RED}^\theta(C)\geqslant\mathrm{RED}^\theta(B)$。

定理 5-7 表明 θ-粗糙决策熵随着属性集 B 的增大而减小，也就是随着 B 在论域上的划分越来越细而减小。换句话说，θ-粗糙决策熵是单调的，并且相比于近似精度可以提供更为有效的信息在区间值决策系统，这些信息可以评价条件属性对决策属性的辨析能力。

例 5-4　在如表 5-1 所示的区间值决策系统中，假设相似率 $\theta=0.3$。属性子集 B 被分别设置成 $\{a_1\}$，$\{a_1,a_2\}$，$\{a_1,a_2,a_3\}$，$\{a_1,a_2,a_3,a_4\}$ 和 $\{a_1,a_2,a_3,a_4,a_5\}$。其对应的结果表示在图 5-2 中。

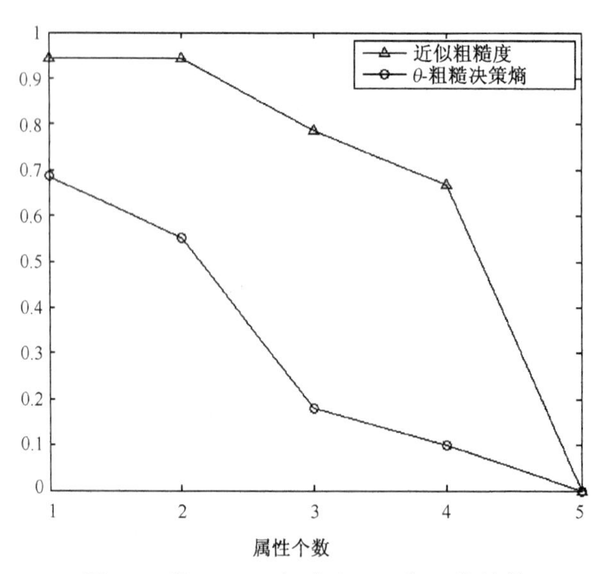

图 5-2　当 $\theta=0.3$ 时，α_B^θ 和 $\mathrm{RED}^\theta(B)$ 的结果

在图 5-2 中，很容易发现近似粗糙度 ρ_B^θ 和粗糙决策熵 $\mathrm{RED}^\theta(B)$都随着属性集 B 的属性个数的增加了减小。然而当属性集 B 的个数增加从 $|B|=1$ 到 $|B|=2$ 时，近似粗糙度 ρ_B^θ 没有发生变化。与此相反，粗糙决策熵 $\mathrm{RED}^\theta(B)$能清晰明确地区分它们。从实例的结果可以看出，在区间值决策系统中，粗糙决策熵 $\mathrm{RED}^\theta(B)$能更加有效地度量不确定性，特别是在近似粗糙度 ρ_B^θ 区分不了的情况下。

5.4 实　　验

为了验证所提出的不确定性度量的有效性和实用性，我们在区间值决策系统上进行了几组实验，实验所用的区间值决策系统如表 5-2～表 5-5 所示。

近似粗糙度 ρ_B^θ 和粗糙决策熵 $\mathrm{RED}^\theta(B)$的结果被分别列在了图 5-3 到图 5-6 中。在表 5-2 的区间值决策系统中，有 10 个对象和 6 个条件属性。剩下的 3 个区间值决策系统中，分别有 15 个，20 个和 25 个对象，有 8 个，9 个和 10 个条件属性。假设相似率 $\theta=0.3$，属性子集 $B=\{a_1,a_2,\cdots,a_{|B|}\}$。例如，我们如果设置 $|B|=3$，则属性子集 $B=\{a_1,a_2,a_3\}$。

表 5-2　第一组实验的区间值决策系统

	a_1	a_2	a_3	a_4	a_5	a_6	d
u_1	[0.28,0.66]	[0.26,0.64]	[0.17,0.37]	[0.54,0.93]	[0.15,0.75]	[0.00,0.13]	1
u_2	[0.67,0.92]	[0.11,0.96]	[0.12,0.49,]	[0.36,0.47]	[0.06,0.33]	[0.25,0.26]	2
u_3	[0.03,0.95]	[0.37,0.91]	[0.66,0.95]	[0.09,0.69]	[0.11,0.41]	[0.46,0.49]	1
u_4	[0.66,0.88]	[0.28,0.66]	[0.65,0.90]	[0.34,0.88]	[0.43,0.80]	[0.87,0.92]	3
u_5	[0.50,0.58]	[0.17,0.92]	[0.26,0.37]	[0.07,0.83]	[0.28,0.56]	[0.41,0.62]	3
u_6	[0.26,0.42]	[0.10,0.38]	[0.13,0.61]	[0.66,0.84]	[0.31,0.50]	[0.05,0.17]	3
u_7	[0.23,0.37]	[0.57,0.57]	[0.59,0.78]	[0.11,0.64]	[0.07,0.37]	[0.29,0.74]	3
u_8	[0.07,0.76]	[0.23,0.24]	[0.01,0.13]	[0.21,0.21]	[0.28,0.91]	[0.10,0.78]	1
u_9	[0.61,0.67]	[0.34,0.69]	[0.23,0.31]	[0.22,0.36]	[0.68,0.74]	[0.01,0.36]	3
u_{10}	[0.24,0.93]	[0.38,0.76]	[0.69,0.70]	[0.59,0.96]	[0.64,0.78]	[0.09,0.89]	2

表 5-3　第二组实验的区间值决策系统

	a_1	a_2	a_3	a_4	a_5	a_6	a_7	a_8	d
u_1	[0.16,0.39]	[0.14,0.90]	[0.16,0.35]	[0.80,0.87]	[0.49,0.73]	[0.40,0.86]	[0.18,0.93]	[0.96,0.82]	2
u_2	[0.47,0.89]	[0.03,0.98]	[0.66,0.82]	[0.45,0.57]	[0.63,0.80]	[0.06,0.79]	[0.39,0.42]	[0.63,0.66]	1
u_3	[0.61,0.89]	[0.62,0.88]	[0.75,0.77]	[0.12,0.20]	[0.12,0.84]	[0.38,0.45]	[0.03,0.07]	[0.16,0.96]	3
u_4	[0.24,0.93]	[0.08,0.67]	[0.06,0.08]	[0.00,0.70]	[0.16,0.27]	[0.32,0.71]	[0.52,0.57]	[0.00,0.58]	4
u_5	[0.35,0.54]	[0.09,0.27]	[0.00,0.59]	[0.03,0.38]	[0.17,0.31]	[0.27,0.31]	[0.54,0.58]	[0.37,0.79]	2
u_6	[0.65,0.75]	[0.55,0.85]	[0.43,0.57]	[0.54,0.77]	[0.11,0.98]	[0.30,0.38]	[0.22,0.47]	[0.23,0.32]	4
u_7	[0.02,0.02]	[0.02,0.78]	[0.20,0.90]	[0.52,0.61]	[0.35,0.71]	[0.51,0.76]	[0.36,0.77]	[0.90,0.93]	4
u_8	[0.52,0.55]	[0.18,0.61]	[0.73,0.88]	[0.47,0.75]	[0.02,0.18]	[0.13,0.86]	[0.19,0.80]	[0.17,0.68]	4
u_9	[0.40,0.94]	[0.40,0.48]	[0.19,0.34]	[0.14,0.44]	[0.44,0.98]	[0.80,0.82]	[0.23,0.64]	[0.12,0.26]	1
u_{10}	[0.07,0.41]	[0.11,0.53]	[0.03,0.21]	[0.74,0.99]	[0.95,0.98]	[0.47,0.99]	[0.31,0.85]	[0.11,0.95]	2

续表

	a_1	a_2	a_3	a_4	a_5	a_6	a_7	a_8	d
u_{11}	[0.00,0.12]	[0.30,0.37]	[0.12,0.71]	[0.32,0.96]	[0.67,0.79]	[0.11,0.72]	[0.00,0.88]	[0.10,0.37]	4
u_{12}	[0.91,1.00]	[0.17,0.17]	[0.10,0.61]	[0.26,0.41]	[0.19,0.20]	[0.63,0.88]	[0.62,0.66]	[0.18,0.63]	4
u_{13}	[0.18,0.88]	[0.65,0.88]	[0.25,0.59]	[0.49,0.84]	[0.05,0.74]	[0.43,0.55]	[0.40,0.78]	[0.36,0.66]	4
u_{14}	[0.18,0.39]	[0.05,0.28]	[0.90,0.98]	[0.14,0.48]	[0.51,0.99]	[0.76,0.97]	[0.24,0.93]	[0.10,0.41]	3
u_{15}	[0.13,0.75]	[0.35,0.45]	[0.20,0.74]	[0.20,0.77]	[0.24,0.61]	[0.35,0.72]	[0.12,0.18]	[0.19,0.36]	3

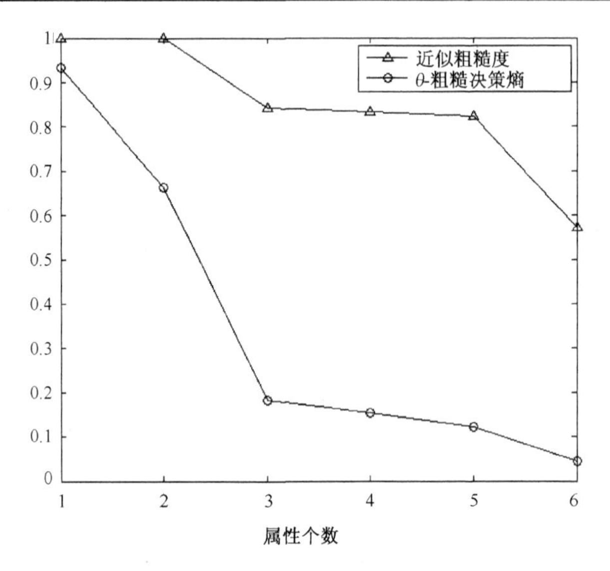

图 5-3　第一组实验的结果

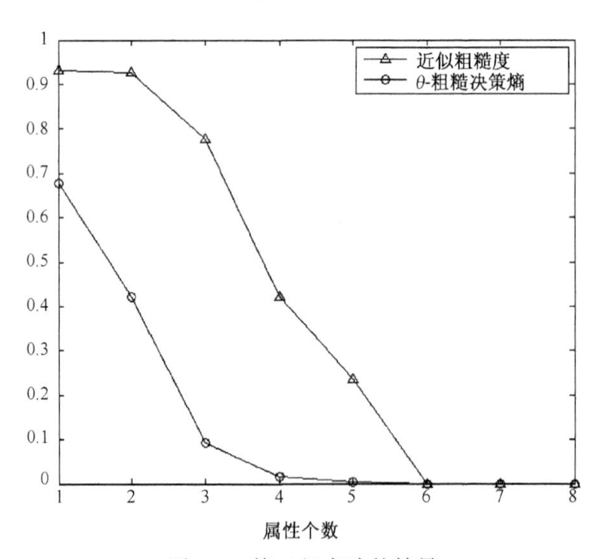

图 5-4　第二组实验的结果

表 5-4　第三组实验的区间值决策系统

	a_1	a_2	a_3	a_4	a_5	a_6	a_7	a_8	a_9	d
u_1	[0.11,0.76]	[0.21,0.29]	[0.41,0.50]	[0.78,0.84]	[0.52,0.58]	[0.30,0.69]	[0.63,0.78]	[0.03,0.87]	[0.20,0.62]	1
u_2	[0.86,0.93]	[0.04,0.85]	[0.36,0.53]	[0.07,0.25]	[0.06,0.23]	[0.81,0.94]	[0.04,0.97]	[0.05,0.93]	[0.33,0.72]	2
u_3	[0.03,0.24]	[0.31,0.83]	[0.12,0.52]	[0.14,0.40]	[0.16,0.94]	[0.13,0.23]	[0.03,0.89]	[0.20,0.72]	[0.34,0.60]	3
u_4	[0.07,0.61]	[0.17,0.18]	[0.58,0.86]	[0.20,0.68]	[0.00,0.10]	[0.36,0.56]	[0.27,0.43]	[0.26,0.51]	[0.01,0.93]	1
u_5	[0.22,0.49]	[0.12,0.89]	[0.17,0.53]	[0.95,0.97]	[0.17,0.49]	[0.71,0.76]	[0.48,0.84]	[0.57,0.84]	[0.48,0.78]	5
u_6	[0.78,0.90]	[0.13,0.96]	[0.63,0.75]	[0.19,0.44]	[0.29,0.44]	[0.25,0.68]	[0.54,0.87]	[0.47,0.91]	[0.37,0.69]	5
u_7	[0.76,0.91]	[0.06,0.78]	[0.17,0.83]	[0.13,0.49]	[0.58,0.84]	[0.28,0.36]	[0.53,0.94]	[0.28,0.64]	[0.04,0.76]	5
u_8	[0.19,0.51]	[0.24,0.59]	[0.49,0.92]	[0.06,0.36]	[0.17,0.61]	[0.36,0.63]	[0.06,0.69]	[0.33,0.61]	[0.45,0.98]	5
u_9	[0.04,0.25]	[0.05,0.56]	[0.45,0.94]	[0.87,0.96]	[0.36,0.68]	[0.58,0.80]	[0.58,0.68]	[0.90.0.91]	[0.18,0.46]	2
u_{10}	[0.02,0.33]	[0.01,0.80]	[0.24,0.79]	[0.21,0.80]	[0.49,0.85]	[0.21,0.63]	[0.54,0.97]	[0.82,0.83]	[0.43,0.55]	2
u_{11}	[0.29,0.80]	[0.51,0.99]	[0.19,0.54]	[0.25,0.39]	[0.21,0.79]	[0.47,0.47]	[0.13,0.72]	[0.73,0.95]	[0.56,0.62]	1
u_{12}	[0.23,0.89]	[0.42,0.51]	[0.70,0.78]	[0.59,0.99]	[0.13,0.16]	[0.07,0.17]	[0.38,0.73]	[0.04,0.39]	[0.01,0.66]	4
u_{13}	[0.07,0.75]	[0.34,0.50]	[0.31,0.67]	[0.68,0.81]	[0.64,0.93]	[0.57,0.99]	[0.05,0.09]	[0.41,0.96]	[0.41,0.69]	2
u_{14}	[0.84,0.99]	[0.25,0.42]	[0.37,0.79]	[0.03,0.80]	[0.02,0.03]	[0.45,0.84]	[0.80,0.94]	[0.20,0.86]	[0.06,0.26]	1
u_{15}	[0.07,0.97]	[0.03,0.23]	[0.13,0.68]	[0.03,0.85]	[0.28,0.42]	[0.65,0.92]	[0.23,0.97]	[0.09,0.78]	[0.18,0.19]	4
u_{16}	[0.10,0.91]	[0.05,0.91]	[0.12,0.35]	[0.23,0.56]	[0.30,0.57]	[0.01,0.77]	[0.27,0.93]	[0.02,0.84]	[0.40,0.97]	2
u_{17}	[0.52,0.73]	[0.55,0.98]	[0.53,0.64]	[0.34,0.98]	[0.11,0.89]	[0.62,0.87]	[0.59,0.77]	[0.13,0.75]	[0.64,0.90]	1
u_{18}	[0.33,0.49]	[0.23,0.76]	[0.40,0.96]	[0.35,0.61]	[0.08,0.21]	[0.26,0.59]	[0.04,0.58]	[0.18,0.90]	[0.12,0.72]	5
u_{19}	[0.48,0.74]	[0.53,0.64]	[0.24,0.96]	[0.63,0.75]	[0.67,0.85]	[0.00,0.97]	[0.08,0.57]	[0.34,0.61]	[0.12,0.58]	5
u_{20}	[0.13,0.87]	[0.09,0.36]	[0.18,0.61]	[0.74,0.93]	[0.01,0.45]	[0.36,0.55]	[0.03,0.67]	[0.38,0.68]	[0.43,0.53]	5

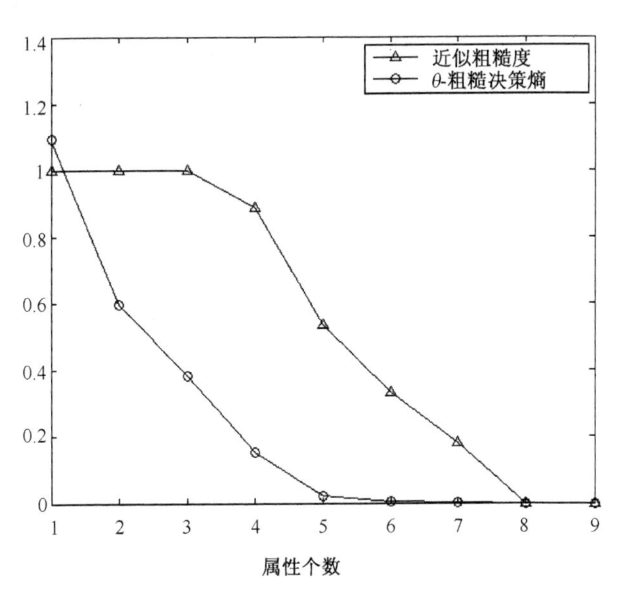

图 5-5　第三组实验的结果

表 5-5　第四组实验的区间值决策系统

	a_1	a_2	a_3	a_4	a_5	a_6	a_7	a_8	a_9	a_{10}	d
u_1	[0.67,0.68]	[0.13,0.58]	[0.02,0.69]	[0.11,0.95]	[0.26,0.95]	[0.44,0.51]	[0.25,0.87]	[0.09,0.39]	[0.33,0.78]	[0.06,0.83]	1
u_2	[0.31,0.82]	[0.52,0.74]	[0.23,0.41]	[0.15,0.28]	[0.28,0.42]	[0.03,0.43]	[0.05,0.94]	[0.57,0.94]	[0.29,0.77]	[0.09,0.87]	4
u_3	[0.35,0.66]	[0.16,0.36]	[0.08,0.61]	[0.63,0.95]	[0.28,0.50]	[0.70,0.79]	[0.09,0.51]	[0.30,0.67]	[0.54,0.95]	[0.14,0.91]	4
u_4	[0.06,0.31]	[0.23,0.87]	[0.86,0.87]	[0.23,0.36]	[0.50,0.55]	[0.48,0.84]	[0.14,0.20]	[0.03,0.78]	[0.65,0.79]	[0.04,0.69]	3
u_5	[0.60,0.93]	[0.14,0.77]	[0.58,0.62]	[0.51,0.83]	[0.34,0.88]	[0.31,0.68]	[0.00,0.34]	[0.29,0.46]	[0.14,0.77]	[0.79,0.85]	4
u_6	[0.39,0.68]	[0.18,0.87]	[0.21,0.96]	[0.43,0.60]	[0.69,0.75]	[0.44,0.62]	[0.17,0.65]	[0.25,0.52]	[0.57,0.72]	[0.33,0.99]	2
u_7	[0.17,0.32]	[0.05,0.79]	[0.79,0.86]	[0.11,0.17]	[0.01,0.29]	[0.01,0.76]	[0.80,0.88]	[0.27,0.62]	[0.05,0.74]	[0.34,0.68]	1
u_8	[0.21,0.32]	[0.00,0.66]	[0.74,0.75]	[0.55,1.00]	[0.38,0.85]	[0.18,0.96]	[0.18,0.28]	[0.68,0.94]	[0.34,0.48]	[0.38,0.49]	2
u_9	[0.43,0.90]	[0.32,0.71]	[0.80,0.97]	[0.40,0.53]	[0.17,0.84]	[0.17,0.47]	[0.21,0.45]	[0.49,0.97]	[0.65,0.96]	[0.77,0.90]	1
u_{10}	[0.02,0.93]	[0.16,0.24]	[0.46,0.96]	[0.08,0.86]	[0.03,0.89]	[0.39,0.81]	[0.34,0.66]	[0.22,0.85]	[0.09,0.90]	[0.18,0.67]	4
u_{11}	[0.61,0.99]	[0.33,0.45]	[0.05,0.50]	[0.45,0.55]	[0.12,0.18]	[0.14,0.95]	[0.09,0.55]	[0.48,0.83]	[0.19,0.91]	[0.44,0.69]	5
u_{12}	[0.47,0.88]	[0.08,0.68]	[0.06,0.09]	[0.23,0.99]	[0.14,0.81]	[0.54,0.79]	[0.24,0.41]	[0.16,0.44]	[0.31,0.43]	[0.25,0.94]	2
u_{13}	[0.06,1.00]	[0.59,0.86]	[0.39,0.59]	[0.49,0.50]	[0.43,0.80]	[0.61,0.63]	[0.40,0.53]	[0.43,0.69]	[0.24,0.77]	[0.20,0.33]	1
u_{14}	[0.35,0.44]	[0.80,0.84]	[0.25,0.67]	[0.35,0.46]	[0.50,0.71]	[0.35,0.81]	[0.17,0.21]	[0.43,0.85]	[0.78,0.94]	[0.28,0.83]	4
u_{15}	[0.39,0.93]	[0.26,0.45]	[0.56,0.74]	[0.35,0.51]	[0.00,0.28]	[0.31,0.85]	[0.67,0.94]	[0.01,0.74]	[0.38,1.00]	[0.15,0.20]	1
u_{16}	[0.80,0.97]	[0.77,0.92]	[0.05,0.43]	[0.16,0.96]	[0.14,0.72]	[0.74,0.95]	[0.15,0.56]	[0.63,0.63]	[0.85,0.90]	[0.08,0.12]	3
u_{17}	[0.54,0.84]	[0.05,0.80]	[0.01,0.30]	[0.22,0.98]	[0.09,0.72]	[0.34,0.81]	[0.79,0.96]	[0.41,0.46]	[0.01,0.38]	[0.04,0.84]	3
u_{18}	[0.06,0.17]	[0.34,0.99]	[0.53,0.94]	[0.04,0.17]	[0.17,0.78]	[0.03,0.49]	[0.75,0.77]	[0.20,0.31]	[0.03,0.50]	[0.43,0.58]	2
u_{19}	[0.07,0.68]	[0.05,0.87]	[0.07,0.37]	[0.06,0.18]	[0.33,0.86]	[0.42,0.60]	[0.35,0.50]	[0.13,0.54]	[0.40,0.60]	[0.19,0.34]	4
u_{20}	[0.01,0.13]	[0.16,0.54]	[0.43,0.92]	[0.83,0.99]	[0.20,0.86]	[0.33,0.84]	[0.07,0.80]	[0.36,0.71]	[0.07,0.41]	[0.30,0.84]	2
u_{21}	[0.31,0.90]	[0.41,0.86]	[0.48,0.50]	[0.28,0.68]	[0.82,1.00]	[0.75,0.93]	[0.64,0.71]	[0.76,0.93]	[0.16,0.85]	[0.49,0.98]	3
u_{22}	[0.53,0.93]	[0.68,0.70]	[0.71,0.96]	[0.28,0.74]	[0.12,0.87]	[0.39,0.77]	[0.51,0.83]	[0.66,1.00]	[0.10,0.69]	[0.37,0.61]	3
u_{23}	[0.02,0.93]	[0.09,0.22]	[0.43,0.55]	[0.53,0.90]	[0.07,0.08]	[0.20,0.64]	[0.10,0.32]	[0.43,0.56]	[0.66,0.71]	[0.56,0.95]	1
u_{24}	[0.09,0.43]	[0.31,0.73]	[0.16,0.20]	[0.21,0.23]	[0.00,0.40]	[0.55,0.64]	[0.53,0.92]	[0.16,0.18]	[0.79,0.99]	[0.22,0.41]	1
u_{25}	[0.39,0.43]	[0.07,0.81]	[0.09,0.90]	[0.11,0.88]	[0.07,0.44]	[0.58,0.89]	[0.57,0.97]	[0.32,0.81]	[0.48,0.63]	[0.04,0.21]	4

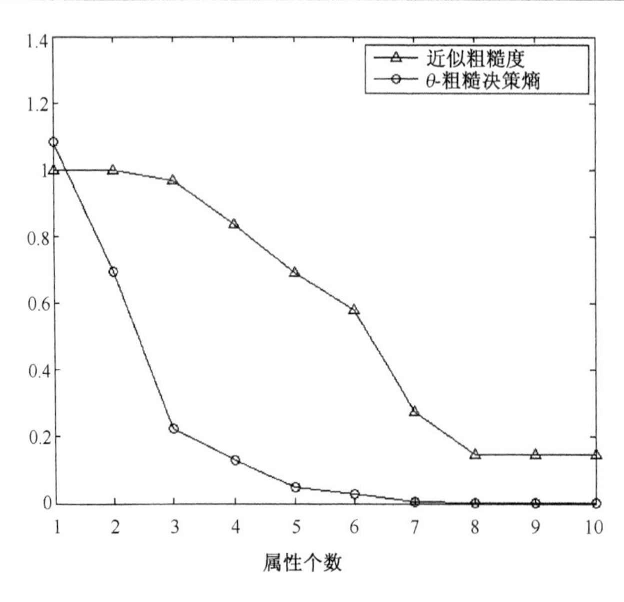

图 5-6　第四组实验的结果

在图 5-3 到图 5-6 中，可以清楚地观察到，近似粗糙度 ρ_B^θ 和粗糙决策熵 $RED^\theta(B)$ 随着属性集 B 的属性个数的增加而减少，这就说明了属性越多，刻画决策系统就越详细，不确定度就下降。也就是说，不确定度量是随着属性个数的增多而降低的。或者这样说，当提供更多的知识时，不确定度降低。这里，我们可以得到这样一个结论，近似粗糙度 ρ_B^θ 和粗糙决策熵 $RED^\theta(B)$ 都可以用来作为不确定性度量。然而，我们也很容易的发现，有些情况下，近似粗糙度 ρ_B^θ 的曲线平行，即随着 B 的个数的增加不能区分属性集 B 的不确定度，因此，近似粗糙决策熵 ρ_B^θ 作为不确定性度量不是很适合。相比之下，粗糙决策熵 $RED^\theta(B)$ 能清晰地分辨出属性集 B 的不确定性度量。这些实验结果显示，在区间值决策系统中，粗糙决策熵 $RED^\theta(B)$ 用来作为不确定度量能提供更多的信息。

5.5 本章小结

本章研究了关于区间值决策系统的不确定性度量的问题。在此区间值可能度基础上，定义了区间值的相似度量，并在区间值信息系统中定义了相应的相似关系。基于所构造的相似关系，介绍了在区间值决策系统中的拓展条件熵的模型，并讨论了粗糙决策熵用来度量区间值决策系统的不确定性。与此同时，将 Pawlak 粗糙集中经典的近似精度和近似粗糙度拓展到区间值决策系统中，构造了针对区间值决策系统的近似粗糙度。实验结果显示，近似粗糙度 ρ_B^θ 和粗糙决策熵 $RED^\theta(B)$ 在区间值决策系统中都能度量不确定性。结果还指出，粗糙决策熵 $RED^\theta(B)$ 要优于近似粗糙度 ρ_B^θ。就像在单值决策系统中一样，这些度量会有助于在区间值决策系统中发现规则和知识获取。而且，在本章中介绍的 θ-条件熵等概念可以用来评价属性的重要程度，继而可以研究基于 θ 条件熵的属性约简方法。

本章研究工作得到国家自然科学基金项目（No. 61070074，No. 60703038）的资助，在此表示感谢！

参考文献

[1] Pawlak Z. Rough sets. International Journal of Computer Information Science, 1982, 11: 341-356.

[2] Pawlak Z. Rough Sets: Theoretical Aspects of Reasoning About Data. Dordrecht: Kluwer Academic Publishers, 1991.

[3] Lin T Y, Yao Y Y, Zadeh L A. Data Mining, Rough Sets and Granular Computing. Heidelberg: Physica-Verlag, 2002.

[4] Herawan T, Deris M M, Abawajy J H, A rough set approach for selecting clustering attribute.

Knowledge-Based Systems, 2010, 23:220-231.
[5] Yang P, Zhu Q. Finding key attribute subset in dataset for outlier detection. Knowledge-Based Systems, 2011, 24:269-274.
[6] Qian Y H, Liang J Y, Pedrycz W, et al. Positive approximation: an accelerator for attribute reduction in rough set theory. Artificial Intelligence, 2010, 174:597-618.
[7] Liang J Y, Wang J, Qian Y H. A new measure of uncertainty based on knowledge granulation for rough sets. Information Sciences, 2009, 179(4): 458-470.
[8] Yao Y Y. Notes on rough set approximations and associated measures. Journal of Zhejiang Ocean University (Natural Science), 2010, 29:399-410.
[9] Shannon C. The mathematical theory of communication. Bell System Technical Journal, 1948, 27: 379-423, 623-656.
[10] Pawlak Z. Wong S, Ziarko W. Rough sets: probabilistic versus deterministic approach. International Journal of Man-Machine Studies,1988, 29(1):91-95.
[11] Wierman M. Measuring uncertainty in rough set theory. International Journal of General Systems, 1999,28:283-297.
[12] Düntsch I, Gediga G. Uncertainty measures of rough set prediction. Artificial Intelligence 1998, 106(1):109-137.
[13] Beaubouef T, Petry F E, Arora G. Information-theoretic measures of uncertainty for rough sets and rough relational databases. Information Sciences, 1998, 109(1-4): 185-195.
[14] Yao Y Y, Wong S K M, Butz C J. On information-theoretic measures of attribute importance. Proceedings of 3rd Pacific-Asia Conference on Knowledge Discovery and Data Mining, 1999: 133-137.
[15] Liang J Y, Qu K S. Information measures of roughness of knowledge and rough sets for information systems. Journal of Systems Science and Systems Engineering, 2002, 10(1): 95-103.
[16] Liang J Y, Chin K S, Dang C, et al. A new method for measuring uncertainty and fuzziness in rough set theory. International Journal of General Systems, 2002, 31(4): 331-342.
[17] Liang J Y, Shi Z Z. The information entropy, rough entropy and knowledge granulation in rough set theory. International Journal of Uncertainty Fuzziness and Knowledge-Based Systems, 2004,12 (1) :1 37-46.
[18] Qian Y H, Liang J Y. Combination entropy and combination granulation in rough set theory. International Journal of Uncertainty, Fuzziness and Knowledge-Based system, 2008, 16 (2): 179-193.
[19] Qian Y H, Liang J Y, Dang C Y. Fuzzy information granularity in a binary granular structure. IEEE Transactions on Fuzzy Systems,2011, 19 (2): 253-264.
[20] Hu Q H, Yu D R, Xie X. Information-preserving hybrid data reduction based on fuzzy-rough techniques. Pattern Recognition Letters, 2006(27):414-423.
[21] Qian Y H, Liang J Y, Dang C. Interval ordered information systems. Computers and Mathematics with Applications,2008:56 (8): 1994-2009.

[22] Yang X, Yu D, Yang J. Dominance-based rough set approach to incomplete interval-valued information system. Data and Knowledge Engineering, 2009, 68(11):1331-1347.

[23] Leung Y, Fischer M, Wu W. A rough set approach for the discovery of classification rules in interval-valued information systems. International Journal of Approximate Reasoning, 2008, 47 (2): 233-246.

[24] Dai J H , Wang W, Xu Q. Uncertainty measurement for interval-valued decision systems based on extended conditional entropy. Knowledge-Based Systems, 2012 (27):443-450.

[25] Nakahara Y, Sasaki M, Gen M. On the linear programming problems with interval coefficients. Computers and Industrial Engineering, 1992, 23(1-4): 301-304.

[26] Moore R E, Bierbaum F. Methods and applications of interval analysis. Philadelphia: Society for Industrial Mathematics, 1979.

[27] Moore R E. Interval Analysis. Englewood Cliffs: Prentice-Hall, 1966.

第6章　多粒度粗糙集

钱宇华[1,2]　梁吉业[1,2]

1. 山西大学　计算智能与中文信息处理教育部重点实验室

2. 山西大学　计算机与信息技术学院

多粒度分析是人类进行问题求解时通常采用的策略之一，是人类认知能力的重要体现。通过信息粒化，复杂数据形成了带有语义描述的信息粒和粒空间。基于多粒度的数据建模就是通过获得的信息粒和粒空间进行复杂数据分析，从中挖掘可用的知识并形成有效决策。若数据建模仅使用一个粒空间，则称其为基于单粒度的数据建模；若使用多个粒空间，则称其为基于多粒度的数据建模。由于多粒度分析从多个角度、多个层次出发分析问题，因此可获得问题更加合理、更加令人满意的求解。本章针对基于粗糙集的数据建模，重点研究了基于乐观决策（求同存异）和基于悲观决策（求同排异）的两类多粒度粗糙集方法。

6.1　问题描述

在基于粗糙集的数据建模中，通过信息系统来表示对象属性值之间的关系，其形式与关系数据库类似。形式上，$S=(U,\mathrm{AT},f)$ 是一个信息系统，其中 U 是非空有限集，AT 是非空有限属性集，$f_a:U\rightarrow V_a$ 表示 U 与 AT 之间的关系，即对 $a\in \mathrm{AT}$，V_a 是属性 a 的值域。对于任意的 $x\in U$，x 的信息向量表示为 $f(x)=\{(a,f_a(x))\mid a\in \mathrm{AT}\}$。特别地，一个决策信息系统可表示为 $S=(U,\mathrm{AT},f,D,g)$，其中 D 是非空有限决策属性集，$g_d:U\rightarrow V_d$ 表示对任意 $d\in D$，V_d 表示属性 d 的值域。若 Q 是条件属性的集合，d 是一个决策属性，则粗糙集数据分析（RSDA）方法产生规则形式为

$$\bigwedge_{q\in Q} x^q = m_q \Rightarrow x^d = m_d^0 \vee x^d = m_d^1 \vee \cdots \vee x^d = m_d^k \tag{6-1}$$

其中 $x^q=m_q$ 表示对象 x 在属性 q 下的取值为 m_q，$x^d=m_d^r(r=1,2,\cdots,k)$ 表示对象 x 在 d 下取值为 $m_d^r(r=1,2,\cdots,k)$。显然，其决策规则形式是“AND”型规则，即在条件属性之间采用与运算。

在过去的十年里，根据不同需求发展了许多粗糙集的拓展模型。如变精度模型（VPRS）[1]、基于相容关系的粗糙集模型[2-4]、模糊粗糙集模型和粗糙模糊集模型[5-8]。从 Zadeh 提出粒计算观点[9-10]来看，粗糙集就是在单个粒空间下，目标概念用所谓的

上/下近似来刻画，即由一个单一关系(等价关系、相容关系、自反关系等)诱导的粒空间中的信息粒来近似表示。然而，这种刻画一个目标概念的方法主要基于以下前提：

若 P 和 Q 是两个属性子集，则 $X \in U$ 关于 $P \cup Q$ 的粗糙集是由商集 $U/(P \cup Q)$ 中的某些信息粒来近似表示的。

事实上，商集等价于下面的式子：

$$U/(P \cup Q) = \{P_i \cap Q_j : P_i \in U/P, Q_j \in U/Q, P_i \cap P_j \neq \varnothing\}$$

这暗含了以下两点假设：

(1)信息粒 P_i 和 Q_j 之间能够进行交运算；

(2)目标概念可用商集 $U/(P \cup Q)$ 内的某些信息粒来近似。

事实上，经典粗糙集是将两个属性各自导出的粒空间组合成更细的粒空间来表达一个目标概念。从粒计算的角度看，论域上的一个等价关系可视为一个粒度，对应的划分可视为一个粒空间，因此，经典粗糙集是基于单粒度来定义的，这里统称它们为单粒度粗糙集。尽管它产生了更细的粒空间和更多的信息，但是这种组合或者细化破坏了原来的粒空间。在很多情形中，上述假设不一定符合实际要求和问题求解需要。下面，考虑几种具体情形。

(1)当面对多源数据的时候，必须考虑在这个特定背景下如何知识表示和粗糙集近似。为了降低数据分析的时间复杂度以进行高效地在线知识发现，没有必要把各个采集源的数据组合形成一个信息系统再进行分析，而更加可取的策略是应该直接针对这些多源信息系统进行分析。这时候，应用经典的单粒度粗糙集进行面向多源信息系统的知识发现时将具有算法耗时过大的局限性。

(2)当面临具有高维特征的数据时，由于数据所具有的特征数特别多，这给知识发现带来了极大挑战。其中有两个主要困难，第一是当利用所有的特征进行数据粒化后，得到的信息粒都将使内涵的描述过长、外延的对象过少，这将导致由目标决策近似导出的决策规则集不具有很好的泛化能力；第二是大量的特征数也造成了经典粗糙集中的求解算法的低效性。这两个不足是经典粗糙集应用于高维数据集时所具有的局限性。

(3)如果在分布式信息系统和多智能 Agent 中应用粗糙集方法进行数据分析，必须考虑在这个特定背景下如何知识表示和粗糙集近似。为了融合不同站点上或者多个 Agent 所具有的信息，无需把各个站点上的数据一起收集起来再进行分析，否则就违背了分布式处理的初衷。这是经典单粒度粗糙集所具有的另一个局限性。

从这上面典型的三个应用可以看出，在许多数据分析问题中，不能在所获得的粒空间之间进行简单的交运算以获得单个更细的粒空间(商集)，目标概念也不能用这个粒空间来近似。在这些情形下，根据用户需求或问题求解需要，我们经常需要通过定义多个二元关系(如等价关系、相容关系、自反关系和邻域关系)来描述论域的目标概念。因此,这迫切需要深度发展粗糙集理论,使得在多源信息系统、高维特征数据集、分布式信息系统以及多智能 Agent 等诸多实际背景中进行粗糙数据分析成为可能。

为了在上述情形中使用粗糙集和拓展粗糙集更广泛的应用范围,本章借鉴多粒度认知机理,拟发展一类基于多粒度的粗糙数据分析方法。

6.2 乐观多粒度粗糙集

在多粒度决策过程中,本节重点考虑两种策略,一种是"求同存异",一种是"求同排异"。"求同存异"策略指的是:每个决策者根据自己的粒空间进行决策,而不反对其他决策者所给出的粒空间的决策,是一种乐观的决策策略。"求同排异"策略指的是:所有决策者使用共同满意的方案进行决策,而存在分歧的方案则不能用于决策,是一种悲观或者保守的决策策略。基于"求同存异"策略,本节建立一个相应的多粒度数据建模方法,称为乐观多粒度粗糙集。在本章中,假设论域 U 是一个有限非空集合。

6.2.1 Pawlak 粗糙集理论

首先简要回顾一下 Pawlak 粗糙集理论及其相关概念。

在信息系统中,假设 U/A 是一个由属性集合 A 诱导的 U 的划分,$[x]_P$ 是包含 $x \in U$ 的等价类。

在 Pawlak 粗糙集理论中,若 $X \in U$,则 X 的下近似和上近似分别定义为

$$\underline{A}X = \bigcup \{Y \in U/A \mid Y \subseteq X\} \tag{6-2}$$

和

$$\bar{A}X = \bigcup \{Y \in U/A : Y \cap X \neq \varnothing\} \tag{6-3}$$

序对 $\langle \underline{A}X, \bar{A}X \rangle$ 称为粗糙集。其不确定区域或边界定义为

$$\mathrm{Bn}_A(X) = \bar{A}X - \underline{A}X \tag{6-4}$$

为了度量粗糙集的近似精度,Pawlak[10]定义了一个比值($X \neq \varnothing$)为

$$\alpha_A(X) = \frac{|\underline{A}(X)|}{|\bar{A}(X)|} = \frac{|\underline{A}(X)|}{|U| - |\underline{A}(\sim X)|} \tag{6-5}$$

称该比值为由 U/A 近似表示 X 的精度。近似精度不仅依赖于 X 的下近似,而且依赖于 $\sim X$ 的下近似。

给定两个属性子集 P 和 Q,Q 关于 P 的近似质量也称为依赖度定义为

$$\gamma(P,Q) = \frac{\sum\{|\underline{P}X| : X \in U/Q\}}{|U|} \tag{6-6}$$

在粗糙集数据分析中,关于条件属性 $B \in \mathrm{AT}$ 在决策属性 D 的重要性度量定义

为 $\gamma(\mathrm{AT},D)-\gamma(\mathrm{AT}\backslash B,D)$。特别地，当 $B=\{a\}$ 时，$\gamma(\mathrm{AT},D)-\gamma(\mathrm{AT}\backslash a,D)$ 表示 $a\in \mathrm{AT}$ 关于 D 的属性重要度。

对于一个信息系统 $S=(U,\mathrm{AT},f)$，$B\in \mathrm{AT}$，若对于任意的 $b\in B$，$U/B=U/\mathrm{AT}$ 和 $U/(B\backslash\{b\})\neq U/\mathrm{AT}$ 都成立，则称 B 是 S 的一个约简。此外，设 $\{B_i:i\leqslant l\}$ 是所有 S 的约简集，则称 $B=\bigcap_{i=1}^{l}B_i$ 为信息系统的核属性集。

对于决策信息系统 $S=(U,\mathrm{AT},f,D,g)$，$\mathrm{Pos}_{\mathrm{AT}}(D)=\bigcup_{X\in U/D}\underline{\mathrm{AT}}X$ 称为 D 关于 AT 的正域。对于 $B\in \mathrm{AT}$，若 $\mathrm{Pos}_B(D)=\mathrm{Pos}_{\mathrm{AT}}(D)$ 和 $\mathrm{Pos}_{B\backslash\{a\}}(D)\neq \mathrm{Pos}_{\mathrm{AT}}(D)$，$a\in B$，则 B 被称为 S 的相对约简。此外，设 $\{B_i:i\leqslant l\}$ 是 S 的所有相对约简的集合，则称 $B=\bigcap_{i=1}^{l}B_i$ 是该决策信息系统的相对核。

6.2.2　乐观粗糙近似

在乐观多粒度粗糙集中，目标概念通过多个等价粒空间按照"求同存异"策略来近似。下面的例子用于说明乐观多粒度粗糙集模型的机理和使用方法。

例 6-1　表 6-1 给出了一个关于商场投资计划信息的完备决策信息系统。Locus、Investment 和 Population density 为条件属性，Decision 为决策属性。为了方便标记，后面的部分用 L,I,P 和 D 分别代替 Locus，Investment，Population density 和 Decision。

它们的属性值域分别为

$V_L=\{\text{good},\text{common},\text{bad}\}$，$V_I=\{\text{high},\text{low}\}$，$V_P=\{\text{big},\text{small},\text{medium}\}$ 和 $V_D=\{\text{Yes},\text{No}\}$。

表 6-1　一个有关商场投资计划的完备决策信息系统

Project	Locus	Investment	Population density	Decision
$x1$	common	high	big	Yes
x_2	bad	high	big	Yes
x_3	bad	low	small	No
x_4	bad	low	small	No
x_5	bad	low	small	No
x_6	bad	high	medium	Yes
x_7	common	high	medium	No
x_8	good	high	medium	Yes

简单地，首先讨论用论域上的两个等价关系来近似一个集合，即目标概念由两个粒空间来表示。为了区分乐观多粒度粗糙集和悲观多粒度粗糙集，本章用上标"O"(代表 Optimistic)表示乐观的语义，用上标"P"(代表 Pessimistic)表示悲观的语义。

定义 6-1　设 $S=(U,\mathrm{AT},f)$ 是一个完备信息系统，$A,B\subseteq \mathrm{AT}$ 是两个属性子集，$X\subseteq U$。X 的乐观多粒度下近似和乐观多粒度上近似分别定义为

$$\underline{A+B}^{\mathrm{O}}(X)=\{x:[x]_A\subseteq X \text{ 或 } [x]_B\subseteq X\} \tag{6-7}$$

$$\overline{A+B}^{O}(X) = \sim \underline{A+B}^{O}(\sim X) \tag{6-8}$$

其不确定性区域或边界域定义为

$$\mathrm{Bn}_{A+B}(X) = \overline{A+B}^{O}(X) \setminus \underline{A+B}^{O}(X)$$

由式(6-7)和式(6-8),可以看到,乐观多粒度粗糙集中目标概念的下近似是通过多个独立的等价关系导出的等价类来表示的,而传统的粗糙集的下近似仅通过单个等价关系导出的等价类来表示。在单粒度粗糙集和多粒度粗糙集中,上近似都是由补集的下近似来表示。事实上,若计算两个划分的交,并使用这些交构成的划分来近似目标概念,则乐观多粒度粗糙集变为传统的粗糙集模型。换言之,多粒度粗糙集和传统的粗糙集的不同之处是它们采用了两种不同的近似方法。

例 6-2(续例 6-1)　设 $X = \{x_1, x_2, x_6, x_8\}$。由表 6-1 中的 A, B 所诱导的两个划分 U/A 与 U/B 如下:

$U/A = \{\{x_1, x_7\}, \{x_2, x_3, x_4, x_5, x_6\}, \{x_8\}\}$

$U/B = \{\{x_1, x_2\}, \{x_3, x_4, x_5\}, \{x_6, x_7, x_8\}\}$

以及

$U/(A \cup B) = \{\{x_1\}, \{x_2\}, \{x_3, x_4, x_5\}, \{x_6\}, \{x_7\}, \{x_8\}\}$

通过计算,可以得到

$\underline{A+B}^{O}(X) = \{x : [x]_A \in X \text{ 或 } [x]_B \subseteq X\} = \{x_8\} \cup \{x_1, x_2\} = \{x_1, x_2, x_8\}$

$\overline{A+B}^{O}(X) = \sim \underline{(A+B)}(\sim X) = \sim \{\varnothing \cup \{x_3, x_4, x_5\}\}$

$\quad = \{x_1, x_2, x_3, x_4, x_5, x_6, x_7, x_8\} \cap \{x_1, x_2, x_6, x_7, x_8\}$

$\quad = \{x_1, x_2, x_6, x_7, x_8\}$

但是,根据 Pawlak 粗糙集理论得到的 X 的下近似和上近似为

$\underline{A \cup B}(X) = \{Y \in U/(A \cup B) : Y \subseteq X\} = \{x_1, x_2, x_6, x_8\}$

$\overline{A \cup B}(X) = \{Y \in U/(A \cup B) : Y \cap X \neq \varnothing\} = \{x_1, x_2, x_6, x_8\}$

显然,

$\underline{A+B}^{O}(X) = \{x_1, x_2, x_8\} \subseteq \{x_1, x_2, x_6, x_8\} = (\underline{A \cup B})(X)$

$\overline{A+B}^{O}(X) = \{x_1, x_2, x_6, x_7, x_8\} \supseteq \{x_1, x_2, x_6, x_8\} = (\overline{A \cup B})(X)$

从这个例子启发,可以得到下面的定理。

定理 6-1　设 $S = (U, \mathrm{AT}, f)$ 是一个完备信息系统,$A, B \subseteq \mathrm{AT}$ 是两个属性子集,$X \subseteq U$。则 $\underline{A+B}^{O}(X) \subseteq \underline{A \cup B}(X)$ 和 $\overline{A+B}^{O}(X) \supseteq \overline{A \cup B}(X)$。

证明:(1) 对任意 $x \in \underline{(A+B)}^{O}(X)$,由定义 6-1,得到 $x \in [x]_A$ 或 $x \in [x]_B$。因此,$x \in [x]_A \cup [x]_B$ 成立。另外,对任意 $x \in U$,有 x 属于 $[x]_A \cap [x]_B$ 其中一个类中,而 $[x]_A \cap [x]_B$ 的子类都属于 $U/(A \cup B)$。因为 $\underline{A \cup B}(X) = \cup \{Y \in U/(A \cup B) : Y \subseteq X\}$,根据定义,有 $x \in \underline{(A \cup B)}(X)$ 成立,即 $\underline{(A+B)}^{O} \subseteq \underline{(A \cup B)}(X)$。

(2)由 Pawlak 的粗糙集理论,可知 $\overline{(A\cup B)}(X)=\sim\underline{(A\cup B)}(\sim X)$。应用结论(1),可以得到 $\overline{(A\cup B)}(X)=\sim\underline{(A\cup B)}(\sim X)\subseteq\sim\underline{(A+B)}^{O}(\sim X)=\overline{(A+B)}^{O}(X)$,即 $\overline{(A+B)}^{O}(X)\supseteq\overline{(A\cup B)}(X)$。

证毕。

推论 6-1　$\mathrm{Bn}_A(X)\subseteq\mathrm{Bn}_{A+B}(X)$ 和 $\mathrm{Bn}_B(X)\subseteq\mathrm{Bn}_{A+B}(X)$。

图 6-1 给出了 Pawlak 粗糙集模型和多粒度粗糙集模型之间不同之处示意图。其中,斜线部分表示目标概念 X 由 $P\cup Q$ 构成的单个空间表示的下近似,这表示在商集 $U/(P\cup Q)$ 中包含在 X 的那些部分,阴影部分表示目标概念 X 在两个粒空间 $P+Q$ 下的乐观下近似,即由粒空间 U/P 和粒空间 U/Q 一起刻画的。

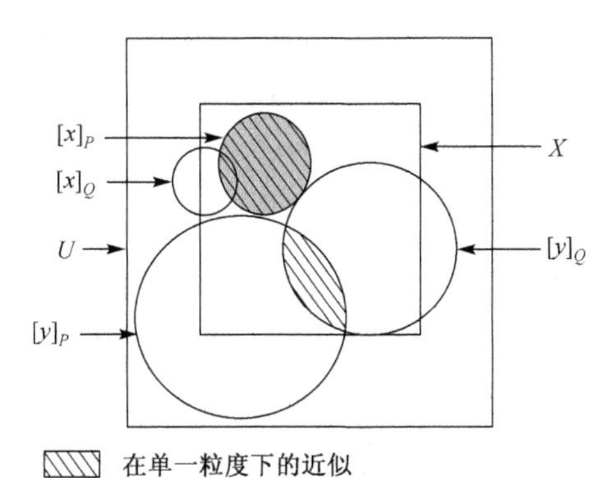

图 6-1　单粒度粗糙集与多粒度粗糙集的比较示意图

根据乐观多粒度粗糙近似的定义,可得到如下性质。

(1) $\underline{(A+B)}^{O}(X)\subseteq X\subseteq\overline{(A+B)}^{O}(X)$;

(2) $\underline{(A+B)}^{O}(\varnothing)=\overline{(A+B)}^{O}(\varnothing)$ 和 $\underline{(A+B)}^{O}(U)=\overline{(A+B)}^{O}(U)=U$;

(3) $\underline{(A+B)}^{O}(\sim X)=\sim\overline{(A+B)}^{O}(X)$

$\overline{(A+B)}^{O}(\sim X)=\sim\underline{(A+B)}^{O}(X)$;

(4) $\underline{(A+B)}^{O}(\underline{(A+B)}^{O}(X))=\overline{(A+B)}^{O}(\underline{(A+B)}^{O}(X))=\underline{(A+B)}^{O}(X)$;

(5) $\overline{(A+B)}^{O}(\overline{(A+B)}^{O}(X))=\underline{(A+B)}^{O}(\overline{(A+B)}^{O}(X))=\overline{(A+B)}^{O}(X)$;

(6) $\underline{(A+B)}^{O}(X)=\underline{A}(X)\cup\underline{B}(X)$;

(7) $\overline{(A+B)}^{O}(X)=\overline{A}(X)\cap\underline{B}(X)$;

(8) $\underline{(A+B)}^{O}(X)=\underline{(B+A)}^{O}(X)$,$\overline{(A+B)}^{O}(X)=\overline{(B+A)}^{O}(X)$。

证明:若 $A=B(A,B\subseteq AT)$,则式(6-7)可以退化为 $\underline{A}(X)=\{Y\in U/A:Y\subseteq X\}$,并且式(6-8)可以退化为 $\overline{A}(X)=\{Y\in U/A:Y\cap X\neq\varnothing\}$。显然,它们分别跟 Pawlak 粗糙集的下/上近似相同,则性质(1)～(8)成立。

如果 $A \neq B(A,B \subseteq \mathrm{AT})$，可以证明如下。

(1a)令 $x,y \in \underline{(A+B)}^{O}(X)(x,y \in U)$，则 $[x]_A \in X$ 且 $[x]_B \in X$。但是 $x \in [x]_A$ 和 $y \in [y]_B$。因此，$x,y \in X$ 和 $\underline{(A+B)}^{O}(X) \subseteq X$。

(1b)设 $x,y \in X$，则 $x \in [x]_A \cap X$ 和 $y \in [y]_B \cap X$，即 $[x]_A \cap X \neq \varnothing$ 和 $y \in [y]_B \cap X \neq \varnothing$。因此，$x,y \in \overline{(A+B)}^{O}(X)$ 和 $X \in \overline{(A+B)}^{O}(X)$。

(2a)从(1)中知道 $\underline{(A+B)}^{O}(\varnothing) \subseteq \varnothing$ 和 $\varnothing \subseteq \underline{(A+B)}^{O}(\varnothing)$（因为每个集合都包含空集）。因此，$\underline{(A+B)}^{O}(\varnothing) = \varnothing$。

(2b)假设 $\overline{(A+B)}^{O}(\varnothing) \neq \varnothing$，则存在 x 使得 $x \in \overline{(A+B)}^{O}(\varnothing) \neq \varnothing$。因此，$[x]_A \cap \varnothing \neq \varnothing$。但是 $[x]_A \cap \varnothing \neq \varnothing$。这跟假设矛盾。因此，$\overline{(A+B)}^{O}(\varnothing) = \varnothing$。

(2c)根据(1)知道 $\underline{(A+B)}^{O}(U) \subseteq U$。且若 $x \in U$，$[x]_A \subseteq U$ 且 $[x]_B \subseteq U$。因此，$x \in \underline{(A+B)}^{O}(U)$ 和 $U \subseteq \underline{(A+B)}^{O}(U)$。这样，$\underline{(A+B)}^{O}(U) = U$。

(2d)根据(1)，可得到 $U \subseteq \overline{(A+B)}^{O}(U)$ 和 $\overline{(A+B)}^{O}(U) \subseteq U$ 显然成立。这样，$\overline{(A+B)}^{O}(U) = U$。

(3)根据式(6-8)，有 $\underline{(A+B)}^{O}(\sim X) = \sim \overline{(A+B)}^{O}(X)$。设 $X = \sim X$，则 $\overline{(A+B)}^{O}(\sim X) = \sim \underline{(A+B)}^{O}(\sim(\sim X)) = \sim \underline{(A+B)}^{O}(X)$。

(4a)根据(1)，得到 $\underline{(A+B)}^{O}(\underline{(A+B)}^{O}(X)) \subseteq \underline{(A+B)}^{O}(X)$。若 $x \in \underline{(A+B)}^{O}(X)$，则 $[x]_A, [x]_B \in X$。因此，$\underline{(A+B)}^{O}([x]_A) \subseteq \underline{(A+B)}^{O}(X)$ 和 $\underline{(A+B)}^{O}([x]_B) \subseteq \underline{(A+B)}^{O}(X)$。然而 $\underline{(A+B)}^{O}([x]_A) = [x]_A$，$\underline{(A+B)}^{O}([x]_B) = [x]_B$。因此，我们有 $[x]_A$，$[x]_B \subseteq \underline{(A+B)}^{O}(X)$，$x \in \underline{(A+B)}^{O}(\underline{(A+B)}^{O}(X))$。所以 $\underline{(A+B)}^{O}(X) = \underline{(A+B)}^{O}(\underline{(A+B)}^{O}(X))$。

(4b)根据(1)，可知 $\underline{(A+B)}^{O}(X) \subseteq \overline{(A+B)}^{O}(\underline{(A+B)}^{O}(X))$。若 $x \in \overline{(A+B)}^{O}(\underline{(A+B)}^{O}(X))$，则 $[x]_A \cap \underline{(A+B)}^{O}(X) \neq \varnothing$ 和 $[x]_B \cap \underline{(A+B)}^{O}(X) \neq \varnothing$，即存在 $y \in [x]_A$ 和 $z \in [x]_B$ 使得 $y \in \underline{(A+B)}^{O}(X)$ 和 $z \in \underline{(A+B)}^{O}(X)$。因此，$[y]_A \subseteq X$，$[z]_B \subseteq X$。但是 $[y]_A = [x]_A$，$[z]_B = [x]_B$。于是，我们有 $[x]_A \subseteq X$，$[x]_B \subseteq X$ 和 $x \in \underline{(A+B)}^{O}(X)$。所以，$\underline{(A+B)}^{O}(X) \supseteq \overline{(A+B)}^{O}(\underline{(A+B)}^{O}(X))$ 成立。因此，$\underline{(A+B)}^{O}(X) = \overline{(A+B)}^{O}(\underline{(A+B)}^{O}(X))$。

(5a)根据(1)可知，$\overline{(A+B)}^{O}(X) \subseteq \overline{(A+B)}^{O}(\overline{(A+B)}^{O}(X))$。若 $x \in \overline{(A+B)}^{O}(\overline{(A+B)}^{O}(X))$，则 $[x]_A \cap \overline{(A+B)}^{O}(X) \neq \varnothing$ 和 $[x]_B \cap \overline{(A+B)}^{O}(X) \neq \varnothing$。对某个 $y \in [x]_A$，$y \in \overline{(A+B)}^{O}(x)$，并且某个 $z \in [x]_B$，$z \in \overline{(A+B)}^{O}(x)$，得到 $[y]_A \cap X \neq \varnothing$ 且 $[z]_B \cap X \neq \varnothing$。但是 $[x]_A = [y]_A$ 和 $[x]_B = [z]_B$。这样 $[x]_A \cap X \neq \varnothing$，$[x]_B \cap X \neq \varnothing$。那就是说，$x \in \overline{(A+B)}^{O}(X)$ 成立，有 $\overline{(A+B)}^{O}(X) \supseteq \overline{(A+B)}^{O}(\overline{(A+B)}^{O}(X))$。因此，得到 $\overline{(A+B)}^{O}(X) = \overline{(A+B)}^{O}(\overline{(A+B)}^{O}(X))$。

(5b)根据(1),可知 $\overline{(A+B)}^{O}(X) \supseteq \overline{(A+B)}^{O}(\underline{(A+B)}^{O}(X))$。若 $x,y \in \overline{(A+B)}^{O}(X)$,则 $[x]_A \cap X \neq \varnothing$,$[y]_B \cap X \neq \varnothing$。这样,$[x]_P \subseteq \overline{(A+B)}^{O}(X)$ 且 $[y]_B \subseteq \overline{(A+B)}^{O}(X)$(因为如果 $x' \in [x]_A$,则 $[x']_P \cap X = [x]_A \cap X \neq \varnothing$,即 $x' \in \overline{(A+B)}^{O}(X)$。再根据 $x \in \overline{(A+B)}^{O}(\underline{(A+B)}^{O}(X))$,有 $\underline{(A+B)}^{O}(\overline{(A+B)}^{O}(X)) \supseteq \overline{(A+B)}^{O}(X)$。因此,得到 $\underline{(A+B)}^{O}(\overline{(A+B)}^{O}(X)) = \overline{(A+B)}^{O}(X)$。

(6)根据式(6-7),可知对 $\forall x \in U$,若 $[x]_A \subseteq X$,则 $x \in \underline{(A+B)}^{O}(X)$;若 $[X]_B \subseteq X$,则 $x \in \underline{(A+B)}^{O}(X)$。那就是 $\bar{A}(X) \subseteq \underline{(A+B)}^{O}(X)$ 和 $\underline{B}(X) \subseteq \underline{(A+B)}^{O}(X)$。另外,若存在 $y \in X$ 和 $y \in \underline{(A+B)}^{O}(X) - \bigcup_{x \in U}[x]_A - \bigcup_{x \in U}[x]_B = \varnothing$,则 $[y]_A = \varnothing$ 且 $[y]_B = \varnothing$。因此 $\underline{(A+B)}^{O}(X) = \underline{A}(X) \cup \underline{B}(X)$。

(7)根据式(6-8)和(6),可知 $\overline{(A+B)}^{O}(X) = \sim \underline{(A+B)}^{O}(\sim X) = \sim(\underline{A}(\sim X) \cup \underline{B}(\sim X)) = \sim(\sim \bar{A}(X) \cup \sim \bar{B}(X)) = \bar{A}(X) \cap \bar{B}(X)$。

(8)它们可由定义 6-1 直接得到。

证毕。

对于多个目标概念,乐观多粒度粗糙集有下面的性质。

定理 6-2　设 $S=(U,\mathrm{AT},f)$ 是一个完备信息系统,$A,B \subseteq \mathrm{AT}$ 是两个属性子集,$X,Y \subseteq U$,以下性质成立。

(1) $\underline{(A+B)}^{O}(X \cap Y) = (\underline{A}(X) \cap \underline{A}(Y)) \cup (\underline{B}(X) \cap \underline{B}(Y))$;

(2) $\overline{(A+B)}^{O}(X \cup Y) = (\bar{A}(X) \cup \bar{A}(Y)) \cap (\bar{B}(X) \cup \bar{B}(Y))$;

(3) $\underline{(A+B)}^{O}(X \cap Y) \subseteq \underline{(A+B)}^{O}(X) \cap \underline{(A+B)}^{O}(Y)$;

(4) $\overline{(A+B)}^{O}(X \cup Y) \supseteq \overline{(A+B)}^{O}(X) \cup \overline{(A+B)}^{O}(Y)$;

(5) $X \subseteq Y \Rightarrow \underline{(A+B)}^{O}(X) \subseteq \underline{(A+B)}^{O}(Y)$;

(6) $X \subseteq Y \Rightarrow \overline{(A+B)}^{O}(X) \subseteq \overline{(A+B)}^{O}(Y)$;

(7) $\underline{(A+B)}^{O}(X \cup Y) \supseteq \underline{(A+B)}^{O}(X) \cup \underline{(A+B)}^{O}(Y)$;

(8) $\overline{A+B}^{O}(X \cap Y) \subseteq \overline{A+B}^{O}(X) \cap \overline{A+B}^{O}(Y)$。

证明:若 $A=B$ $(A,B \subseteq \mathrm{AT})$,则式(6-7)退化到 $\underline{A}X = \{Y \in U/A \mid Y \subseteq X\}$ 和式(6-8)退化到 $\bar{P}X = \{Y \in U/A \mid Y \cap X \neq \varnothing\}$。显然,它们分别和 Pawlak 的下、上近似相同[11]。所以,(1)~(8)得证。

若 $A \neq B$ $(A,B \subseteq \mathrm{AT})$,可以证明如下。

(1) $\underline{(A+B)}^{O}(X \cap Y) = \underline{A}(X \cap Y) \cup \underline{B}(X \cap Y) = (\underline{A}(X) \cap \underline{A}(Y)) \cup (\underline{B}(X) \cap \underline{B}(Y))$。

(2) $\overline{(A+B)}^{O}(X \cup Y) = \bar{A}(X \cup Y) \cap \bar{B}(X \cup Y) = (\bar{A}(X) \cup \bar{A}(Y)) \cap (\bar{B}(X) \cup \bar{B}(Y))$。

(3) 由(1)可以得到

$$\begin{aligned}
&\underline{(A+B)}^{O}(X\cap Y)\\
&=(\underline{A}(X)\cap \underline{A}(Y))\cup(\underline{B}(X)\cap \underline{B}(Y))\\
&=((\underline{A}(X)\cap \underline{A}(Y))\cup \underline{B}(X))\cap((\underline{A}(X)\cap \underline{A}(Y))\cup \underline{B}(Y))\\
&=((\underline{A}(X)\cup \underline{B}(X))\cap(\underline{A}(Y)\cup \underline{B}(X))\cap((\underline{A}(X)\cup \underline{B}(Y))\cap(\underline{A}(Y)\cup \underline{B}(Y))\\
&=\underline{(A+B)}^{O}(X)\cap \underline{(A+B)}^{O}(Y)\cap((\underline{A}(Y)\cup \underline{B}(X))\cap(\underline{A}(X)\cup \underline{B}(Y)))\\
&\subseteq \underline{(A+B)}^{O}(X)\cap \underline{(A+B)}^{O}(Y)。
\end{aligned}$$

(4) 由(2)可以得到

$$\begin{aligned}
&\overline{(A+B)}^{O}(X\cup Y)\\
&=(\bar{A}(X)\cup \bar{A}(Y))\cap(\bar{B}(X)\cup \bar{B}(Y))\\
&=((\bar{A}(X)\cup \bar{A}(Y))\cap \bar{B}(X))\cup((\bar{A}(X)\cup \bar{A}(Y))\cap \bar{B}(Y))\\
&=((\bar{A}(X)\cap \bar{B}(X))\cup(\bar{A}(Y))\cap \bar{B}(X))\cup((\bar{A}(X)\cap \bar{B}(Y))\cup((\bar{A}(Y)\cap \bar{B}(Y))\\
&=\overline{(A+B)}^{O}(X)\cup \overline{(A+B)}^{O}(Y)\cup((\bar{A}(Y)\cap \bar{B}(X))\cup(\bar{A}(X)\cap \bar{B}(Y)))\\
&\supseteq \overline{(A+B)}^{O}(X)\cup \overline{(A+B)}^{O}(Y)。
\end{aligned}$$

(5) 若 $X\subseteq Y$，则 $X\cap Y=X$。由(3)可以断定

$$\begin{aligned}
&\underline{(A+B)}^{O}(X\cap Y)=\underline{(A+B)}^{O}(X)\subseteq \underline{(A+B)}^{O}(X)\cap \underline{(A+B)}^{O}(Y)\\
&\Rightarrow \underline{(A+B)}^{O}(X)=\underline{(A+B)}^{O}(X)\cap \underline{(A+B)}^{O}(Y)\\
&\Rightarrow \underline{(A+B)}^{O}(X)\subseteq \underline{(A+B)}^{O}(Y)。
\end{aligned}$$

(6) 若 $X\subseteq Y$，则 $X\cup Y=Y$。由(4)可以得到

$$\begin{aligned}
&\overline{(A+B)}^{O}(X\cup Y)=\overline{(A+B)}^{O}(Y)\supseteq \overline{(A+B)}^{O}(X)\cup \overline{(A+B)}^{O}(Y)\\
&\Rightarrow \overline{(A+B)}^{O}(Y)=\overline{(A+B)}^{O}(X)\cup \overline{(A+B)}^{O}(Y)\\
&\Rightarrow \overline{(A+B)}^{O}(X)\subseteq \overline{(A+B)}^{O}(Y)。
\end{aligned}$$

(7) 显然 $X\subseteq X\cup Y$ 且 $Y\subseteq X\cup Y$。可知 $\underline{A+B}(X)\subseteq \underline{A+B}(X\cup Y)$ 且 $\underline{A+B}(Y)\subseteq \underline{A+B}(X\cup Y)$。因此，$\underline{(A+B)}^{O}(X\cup Y)\subseteq \underline{(A+B)}^{O}(X)\cup \underline{(A+B)}^{O}(Y)$。

(8) 显然 $X\cap Y\subseteq X$ 和 $X\cap Y\subseteq Y$。可以得到 $\overline{A+B}(X)\supseteq \overline{A+B}(X\cap Y)$ 和 $\overline{A+B}(Y)\supseteq \overline{A+B}(X\cap Y)$。因此，$\overline{(A+B)}^{O}(X\cap Y)\subseteq \overline{(A+B)}^{O}(X)\cap \overline{(A+B)}^{O}(Y)$。

证毕。

根据以上分析，推广 Pawlak 粗糙集模型到多粒度粗糙集模型，其中目标概念的乐观多粒度上、下近似通过多个等价粒空间来表示。

定义 6-2　设 $S=(U,\mathrm{AT},f)$ 是一个完备信息系统，其中 $X\subseteq U$ 和 $A_1,A_2,\cdots,A_m\subseteq \mathrm{AT}$，$X$ 关于 $A_1,A_2,\cdots,A_m$ 的下、上近似分别定义为

$$\underline{\sum_{i=1}^{m}A_i}^{\mathrm{O}}(X)=\{x:[x]_{A_1}\subseteq X\wedge[x]_{A_2}\subseteq X\vee\cdots\vee[x]_{A_m}\subseteq X,x\in U\}\tag{6-9}$$

$$\overline{\sum_{i=1}^{m}A_i}^{\mathrm{O}}(X)=\sim\Big(\underline{\sum_{i=1}^{m}A_i}^{\mathrm{O}}(\sim X)\Big)\tag{6-10}$$

根据上面的定义，X 的悲观多粒度的边界域定义为

$$\mathrm{Bn}^{\mathrm{O}}_{\sum_{i=1}^{m}A_i^{\mathrm{P}}(X)}=\overline{\sum\nolimits_{i=1}^{m}A_i}^{\mathrm{O}}(X)-\underline{\sum\nolimits_{i=1}^{m}A_i}^{\mathrm{O}}(X)$$

为了能够将多粒度的方法应用于实际问题，这里给出如何用多个等价粒空间计算集合 X 的下近似的算法。

算法 6-1　设 $S=(U,\mathrm{AT},f)$ 是一个完备的信息系统，$X\subseteq U$ 和 $P=2^{\mathrm{AT}}$，其中 $P=\{A_1,A_2,\cdots,A_m\}$。该算法给出了由 P 表示的 X 下近似：$\underline{\sum_{i=1}^{m}A_i}^{\mathrm{O}}(X)=\{x\mid[x]_{A_i}\subseteq X,\exists i\leqslant m\}$。

应用下面的指针：

$i=1,2,\cdots,m$ 指向 U/A_i，$j=1,2,\cdots,|U/A_i|$，指向 $Y_i^j\in U/A_i$，和 L 记录下近似的计算过程。

对每个 i 和每个 j，检查是否是 $Y_i^j\cap X=Y_i^j$。若 $Y_i^j\cap X=Y_i^j$，则输入 Y_i^j 到 X 的下近似中：$L\leftarrow L\cup Y_i^j$。

(1) 计算 m 个划分：$\hat{A}_1,\hat{A}_2,\cdots,\hat{A}_m$；

(2) 设置 $i\leftarrow1$，$j\leftarrow1$，$L=\varnothing$；

(3) For $i=1$ to m Do

```
    For j=1 to |U| Do
      If Y_i^j ∩ X=Y_i^j Then
        Let L←L∪{u_j},
      Endif
    Endfor
    Set j←1,
  Endfor
```

(4) 用 A 表示 X 的下近似计算过程。输出集合 L。

计算 m 个划分的时间复杂度是 $O(m|U|^2)$。步骤(3)的时间复杂度也为 $O(m|U|^2)$。由于存在 $\sum_{i=1}^{m}|U/A_i|(\leqslant|U|\times|U|)$ 个交集需要计算 $Y_i^j\cap X$。因此，算法 6-1 的时间复杂度是 $O(m|U|^2)$。

该算法可以对许多属性并行模式计算相应的分类和交集。它的时间复杂度将是$O(|U|^2)$。和这个思想相似，也可以并行的计算上近似。

根据定义 6-2，可以得到如下的下、上近似的性质。

(1) $\underline{\sum_{i=1}^{m} A_i}^{O}(X) = \bigcup_{i=1}^{m} \underline{A_m}(X)$ ；

(2) $\overline{\sum_{i=1}^{m} A_i}^{O}(X) = \bigcap_{i=1}^{m} \overline{A_m}(X)$ ；

(3) $\underline{\sum_{i=1}^{m} A_i}^{O}(\sim X) = \sim \overline{\sum_{i=1}^{m} A_i}^{O}(X)$ ；

(4) $\overline{\sum_{i=1}^{m} A_i}^{O}(\sim X) = \sim \underline{\sum_{i=1}^{m} A_i}^{O}(X)$。

证明：若 $i=1$，显然成立。若 $i>1$，证明如下。

(1)由式(6-9)容易证明。

(2)根据(1)和式(6-10)，得到

$$\overline{\sum_{i=1}^{m} A_i}^{O}(\sim X) = \sim \underline{\sum_{i=1}^{m} A_i}^{O}(X) = \bigcup_{i=1}^{m} \underline{A_i}(\sim X)$$
$$= \sim \bigcup_{i=1}^{m} \overline{A_i}(\sim X) = \bigcup_{i=1}^{m} \overline{A_i}(X)$$

(3)根据式(6-10)易证。

(4) 在式(6-10)中设 $X=\sim X$，则 $\overline{\sum_{i=1}^{m} A_i}^{O}(\sim X) = \sim \underline{\sum_{i=1}^{m} A_i}^{O}(X)$。

证毕。

定理 6-3　设 $S=(U,\mathrm{AT},f)$ 是一个完备信息系统，其中 $X \subseteq U$ 和 $A_1, A_2, \cdots, A_m \subseteq \mathrm{AT}$ 以下性质成立。

(1) $\underline{\sum_{i=1}^{m} A_i}^{O}(\bigcap_{j=1}^{n} X_j) = \bigcup_{i=1}^{m}(\bigcap_{j=1}^{n} \underline{A_i}(X_j))$ ；

(2) $\overline{\sum_{i=1}^{m} A_i}^{O}(\bigcup_{j=1}^{n} X_j) = \bigcap_{i=1}^{m}(\bigcup_{j=1}^{n} \bar{A}_i(X_j))$ ；

(3) $\underline{\sum_{i=1}^{m} A_i}^{O}(\bigcap_{j=1}^{n} X_j) \subseteq \bigcap_{j=1}^{n}(\underline{\sum_{i=1}^{m} A_i}^{O}(X_j))$ ；

(4) $\overline{\sum_{i=1}^{m} A_i}^{O}(\bigcup_{j=1}^{n} X_j) \supseteq \bigcup_{j=1}^{n}(\overline{\sum_{i=1}^{m} A_i}^{O}(X_j))$ ；

(5) $\underline{\sum_{i=1}^{m} A_i}^{O}(\bigcup_{j=1}^{n} X_j) \supseteq \bigcup_{j=1}^{n}(\underline{\sum_{i=1}^{m} A_i}^{O}(X_j))$ ；

(6) $\overline{\sum_{i=1}^{m} A_i}^{O}(\bigcap_{j=1}^{n} X_j) \subseteq \bigcap_{j=1}^{n}(\overline{\sum_{i=1}^{m} A_i}^{O}(X_j))$。

证明：类似于定理 6-2，可以证明如下性质。

(1) $\underline{\sum_{i=1}^{m} A_i}^{O}(\bigcap_{j=1}^{n} X_j) = \bigcup_{i=1}^{m} \underline{A_i}(\bigcap_{j=1}^{n} X_j) = \bigcup_{i=1}^{m}(\bigcap_{j=1}^{n} \underline{A_i}(X_j))$；

(2) $\overline{\sum_{i=1}^{m} A_i}^{O}(\bigcup_{j=1}^{n} X_j) = \bigcap_{i=1}^{m} \overline{A_i}(\bigcup_{j=1}^{n} X_j) = \bigcap_{i=1}^{m}(\bigcup_{j=1}^{n} \bar{A}_i(X_j))$；

(3) $$\underline{\sum_{i=1}^{m} A_i}^{O}(\bigcap_{j=1}^{n} X_j) = \bigcup_{i=1}^{m}(\bigcap_{j=1}^{n} \underline{A_i}(X_j))$$
$$= \bigcap_{j=1}^{n}(\bigcup_{i=1}^{m} \underline{A_i}(X_j)) \cap \cdots$$

$$= \bigcap_{j=1}^{n}(\underline{\sum_{i=1}^{m} A_i}(X_j)) \cap \cdots$$
$$\subseteq \bigcap_{j=1}^{n}(\underline{\sum_{i=1}^{m} A_i}(X_j));$$

(4) $\overline{\sum_{i=1}^{m} A_i}^{O}(\bigcup_{j=1}^{n} X_j) = \bigcap_{i=1}^{m}(\bigcup_{j=1}^{n} \overline{A_i}(X_j))$
$$= \bigcup_{j=1}^{m}(\bigcap_{i=1}^{n} \overline{A_i}(X_j)) \cup \cdots$$
$$= \bigcup_{j=1}^{n}(\overline{\sum_{i=1}^{m} A_i}^{O}(X_j)) \cap \cdots$$
$$\supseteq \bigcup_{j=1}^{n}(\overline{\sum_{i=1}^{m} A_i}^{O}(X_j));$$

(5)由 $X_j \subseteq \bigcup_{j=1}^{n} X_j$ 可以推出 $\underline{\sum_{i=1}^{m} A_i}^{O}(X_j) \subseteq \underline{\sum_{i=1}^{m} A_i}^{O}(\bigcup_{j=1}^{n} X_j)$，因此得到 $\underline{\sum_{i=1}^{m} A_i}^{O}(\bigcup_{j=1}^{n} X_j) \supseteq \bigcup_{j=1}^{n}(\underline{\sum_{i=1}^{m} A_i}^{O}(X_j))$；

(6)由 $\bigcap_{j=1}^{n} X_j \subseteq X_j$ 可以推出 $\overline{\sum_{i=1}^{m} A_i}^{O}(X_j) \supseteq \overline{\sum_{i=1}^{m} A_i}^{O}(\bigcap_{j=1}^{n} X_j)$，因此得到 $\overline{\sum_{i=1}^{m} A_i}^{O}(\bigcap_{j=1}^{n} X_j) \subseteq \bigcap_{j=1}^{n}(\overline{\sum_{i=1}^{m} A_i}^{O}(X_j))$。

定理 6-4　设 $S=(U, AT, f)$ 是一个完备信息系统 $X_1 \subseteq X_2 \subseteq \cdots \subseteq X_n, X_i \subseteq U$，$A_1, A_2, \cdots, A_m \subseteq AT$。下面性质成立：

(1) $\underline{\sum_{i=1}^{m} A_i}^{O}(X_1) \subseteq \underline{\sum_{i=1}^{m} A_i}^{O}(X_2) \subseteq \cdots \subseteq \underline{\sum_{i=1}^{m} A_i}^{O}(X_n)$；

(2) $\overline{\sum_{i=1}^{m} A_i}^{O}(X_1) \subseteq \overline{\sum_{i=1}^{m} A_i}^{O}(X_2) \subseteq \cdots \subseteq \overline{\sum_{i=1}^{m} A_i}^{O}(X_n)$。

证明：假设 $1 \leqslant i \leqslant j \leqslant n$。则 $X_i \subseteq X_j$ 成立。

(1)显然 $X_i \cap X_j = X_i$。因此，由定理 6-2 中的(3)可推断出

$$\underline{\sum_{i=1}^{m} A_i}^{O}(X_i) = \underline{\sum_{i=1}^{m} A_i}^{O}(X_i \cap X_j) \subseteq \underline{\sum_{i=1}^{m} A_i}^{O}(X_i) \cap \underline{\sum_{i=1}^{m} A_i}^{O}(X_j)$$
$$\Rightarrow \underline{\sum_{i=1}^{m} A_i}^{O}(X_i) = \underline{\sum_{i=1}^{m} A_i}^{O}(X_i) \cap \underline{\sum_{i=1}^{m} A_i}^{O}(X_j)$$
$$\Rightarrow \underline{\sum_{i=1}^{m} A_i}^{O}(X_i) \subseteq \underline{\sum_{i=1}^{m} A_i}^{O}(X_j)$$

因此，得到

$$\underline{\sum_{i=1}^{m} A_i}^{O}(X_1) \subseteq \underline{\sum_{i=1}^{m} A_i}^{O}(X_2) \subseteq \cdots \subseteq \underline{\sum_{i=1}^{m} A_i}^{O}(X_n)$$

(2)显然，$X_i \cup X_j = X_j$，因此，由定理 6-3 中的(4)可推断出

$$\overline{\sum_{i=1}^{m} A_i}^{O}(X_j) \subseteq \overline{\sum_{i=1}^{m} A_i}^{O}(X_i \cup X_j) \supseteq \overline{\sum_{i=1}^{m} A_i}^{O}(X_i) \cup \overline{\sum_{i=1}^{m} A_i}^{O}(X_j)$$
$$\Rightarrow \overline{\sum_{i=1}^{m} A_i}^{O}(X_j) = \overline{\sum_{i=1}^{m} A_i}^{O}(X_i) \cup \overline{\sum_{i=1}^{m} A_i}^{O}(X_j)$$
$$\Rightarrow \overline{\sum_{i=1}^{m} A_i}^{O}(X_i) \subseteq \overline{\sum_{i=1}^{m} A_i}^{O}(X_j)$$

因此，得到

$$\overline{\sum_{i=1}^{m} A_i}^{O}(X_1) \subseteq \overline{\sum_{i=1}^{m} A_i}^{O}(X_2) \subseteq \cdots \subseteq \overline{\sum_{i=1}^{m} A_i}^{O}(X_n)$$

证毕。

6.2.3 多粒度粗糙集中的几个度量

一个集合的不确定性是由于区域边界的存在。一个集合的边界区域越大，该集合的近似精度就越小。类似于式(6-5)中的 $A(X)$，为了更确切的表达这个思想，引进如下度量。

定义 6-3 设 $S=(U,\mathrm{AT},f)$ 是一个完备的信息系统，$X \subseteq U$ 和 $A_1,A_2,\cdots,A_m \subseteq \mathrm{AT}$。由表示的 X 的近似精度定义为

$$\alpha \sum_{i=1}^{m} A_i(X) = \frac{\left|\underline{\sum_{i=1}^{m} A_i}^{O}(X)\right|}{\left|\overline{\sum_{i=1}^{m} A_i}^{O}(X)\right|}$$

其中 $X \neq \varnothing$，$|X|$ 表示集合 X 的基数。

定理 6-5 设 $S=(U,\mathrm{AT},f)$ 是一个完备信息系统，$X \subseteq U$，$P=\{A_1,A_2,\cdots,A_m\}$ 是 m 个属性。若 $A' \subseteq P$，则

$$\alpha \sum_{i=1}^{m} A_i(X) \geqslant \alpha \sum_{A_i \subseteq A'} A_i(X) \geqslant \alpha A_i(X),\ i<m$$

证明：由于 $A' \subseteq P$ 是 P 的一个子集，由定义 6-2 可以推断出

$$\bigcup_{i=1}^{m} \underline{A_i}(X) \supseteq \bigcup_{A_i \in A'} \underline{A_i}(X) \text{ 与 } \bigcap_{i=1}^{m} \overline{A_i}(X) \subseteq \bigcap_{A_i \in A'} \overline{A_i}(X)$$

那么，显然

$$\left|\bigcup_{i=1}^{m} \underline{A_i}(X)\right| \geqslant \left|\bigcup_{A_i \in A'} \underline{A_i}(X)\right| \text{ 与 } \left|\bigcap_{i=1}^{m} \overline{A_i}(X)\right| \leqslant \left|\bigcap_{A_i \in A'} \overline{A_i}(X)\right|$$

因此，得到

$$\begin{aligned}
\alpha \sum_{i=1}^{m} A_i(X) &= \frac{\left|\underline{\sum_{i=1}^{m} A_i}^{O}(X)\right|}{\left|\overline{\sum_{i=1}^{m} A_i}^{O}(X)\right|} = \frac{\left|\bigcup_{i=1}^{m} \underline{A_i}(X)\right|}{\left|\bigcap_{i=1}^{m} \overline{A_i}(X)\right|} \\
&\geqslant \frac{\left|\bigcup_{A_i \in A'} \underline{A_i}(X)\right|}{\left|\bigcap_{A_i \in A'} \overline{A_i}(X)\right|} = \frac{\left|\sum_{A_i \subseteq A'} \underline{A_i}(X)\right|}{\left|\sum_{A_i \subseteq A'} \overline{A_i}(X)\right|} \\
&= \alpha \sum_{A_i \subseteq A'} A_i(X)
\end{aligned}$$

类似地，有 $\alpha \sum_{A_i \subseteq A'} A_i(X) \geqslant \alpha A_i(X),\ i<m$。

因此，对任意的 $A' \subseteq P$，都有 $\alpha \sum_{i=1}^{m} A_i(X) \geqslant \alpha \sum_{A_i \subseteq A'} A_i(X) \geqslant \alpha A_i(X)$ 成立。

定理 6-5 表明随着粒空间的增加，放入下近似中对象越多，因此该乐观多粒度粗糙集的近似精度越大。值得注意的是，由多粒度表示的集合近似精度总比其中单一粒度表示的集合近似精度高，这更能准确地近似表达目标概念和满足用户需求。

特别地，若 $A_j \preceq A_k$，则 $\alpha_{A_i+A_j}(X) = \alpha_{A_i}(X)$。它可以通过下面的定理来刻画。

定理 6-6　设 $S=(U,AT,f)$ 是一个完备的信息系统，$X\subseteq U, A_1, A_2, \cdots, A_m \subseteq AT$，且有偏序关系 $A_1 \preceq A_2 \preceq \cdots \preceq A_m$，则有

(1) $\underline{\sum_{i=1}^{m} A_i}^{O}(X) = \underline{A_1}(X)$；

(2) $\overline{\sum_{i=1}^{m} A_i}^{O}(X) = \overline{A_1}(X)$。

证明：假设 $1\leqslant j\leqslant k\leqslant m$ 和 $A_j \preceq A_k$。由 $\preceq$ 的定义，对任意的 $[x]_{A_j}\in U/A_j$，则存在 $[x]_{A_k}\in U/A_k$ 使得 $[x]_{A_j}\supseteq [x]_{A_k}$。因此 $\underline{A_k}(X)\subseteq \underline{A_j}(X)$，即 $\underline{A_k+A_j}^{O}(X) = \underline{A_k}(X)\cup \underline{A_j}(X) = \underline{A_j}(X)$。由于 $A_1 \preceq A_2 \preceq \cdots \preceq A_m$，所以 $\underline{\sum_{i=1}^{m} A_i}^{O}(X) = \underline{A_1}(X)$。

类似地，也可以得到 $\overline{A_j}(X)\subseteq \overline{A_k}(X)$，即 $\overline{A_k+A_j}^{O}(X) = \overline{A_j}(X)\cap \overline{A_k}(X) = \overline{A_j}(X)$。因此，$\overline{\sum_{i=1}^{m} A_i}^{O}(X) = \overline{A_1}(X)$。

设 $S=(U,AT,f)$ 是一个完备信息系统，U/Q 由属性集 Q 导出的划分。且 $P=\{A_1, A_2, \cdots, A_m\}$。用粒度集 P 表示 U/Q 的近似质量(也称为依赖度)定义为

$$\gamma \sum_{i=1}^{m} A_i(Q) = \frac{\left\{ \left| \underline{\sum_{i=1}^{m} A_i}^{O}(Y) : Y\in U/Q \right| \right\}}{|U|} \tag{6-11}$$

推论 6-2　若 $P \preceq Q$，则 $\gamma \sum_{i=1}^{m} A_i(P) \leqslant \gamma \sum_{i=1}^{m} A_i(Q)$。

推论 6-3　设 $P=\{A_1, A_2, \cdots, A_m\}$。若 $A'\subseteq P$，则 $\gamma \sum_{i=1}^{m} A_i(Q) \geqslant \gamma \sum_{A_i\in A'} A_i(Q) \geqslant \gamma A_i(Q)$。

Gediga 和 Düntsch[12]引入了一个简单的统计量 $\pi(A,X) = \dfrac{|\underline{A}(X)|}{|X|}$ 用于评估关于 A 的近似的精确程度。显然，$\pi(A,X)\geqslant \alpha_A(X)$。接下来，在乐观多粒度粗糙集中可以推广这个统计量，表示为

$$\pi\left(\sum_{i=1}^{m} A_i, X\right) = \frac{\left| \underline{\sum_{i=1}^{m} A_i}^{O}(X) \right|}{|X|}$$

显然，$\pi\left(\sum_{i=1}^{m} A_i, X\right) \geqslant \alpha \sum_{i=1}^{m} A_i(X)$。

推论 6-4　设 $P=\{A_1, A_2, \cdots, A_m\}$。若 $A'\subseteq P$，则 $\pi\left(\sum_{i=1}^{m} A_i, X\right) \geqslant \pi\left(\sum_{A_i\subseteq A'} A_i, X\right) \geqslant \pi(A_i, X)$。

然而，若 $X\subseteq Y\subseteq U$，在一般情况下不等式 $\pi\left(\sum_{i=1}^{m} A_i, X\right) \leqslant \pi\left(\sum_{i=1}^{m} A_i, Y\right)$ 不一定成立。

对每一个 U/Q 中的类 X，X 关于 $\sum_{i=1}^{m} A_i$ 的近似精度能够用 X 在论域 U 中所占比率进行加权表示：

$$\gamma \sum_{i=1}^{m} A_i(Q) = \sum_{X\in U/Q} \frac{|X|}{|U|}\pi\left(\sum_{i=1}^{m} A_i, X\right) = \sum_{X\in U/Q} p(X)\pi\left(\sum_{i=1}^{m} A_i, X\right)$$

因此，$\gamma \sum_{i=1}^{m} A_i(Q)$ 是由 $\sum_{i=1}^{m} A_i$ 近似 Q 的加权平均近似精度。

由于多粒度粗糙集模型主要考虑如何用多等价关系来表示目标概念的下、上近似，所以考虑在一个完备决策信息系统中条件属性相对决策属性的重要性度量。

设 $S=(U,\mathrm{AT},f,D,g)$ 是一个完备决策信息系统，在乐观多粒度粗糙集模型中，根据下、上近似的定义，条件属性 $P\subseteq \mathrm{AT}$ 相对于决策属性 D 的重要度分为下近似的重要度和上近似重要度。

设 $S=(U,\mathrm{AT},f,D,g)$ 是一个完备决策信息系统，A 是 AT 的非空子集：$\varnothing\subset A\subseteq \mathrm{AT}$。给定条件属性 $a\in A$，$X\in \hat{D}$。首先，给出两个基本定义如下。

定义 6-4 若 $\underline{\sum_{i=1}^{|A|} A_i}^{O}(X)\supset \underline{\sum_{i=1,A_i\neq a}^{|A|} A_i}^{O}(X)(A_i\in A)$，则称 a 在 A 中关于 X 是下近似重要的；若 $\underline{\sum_{i=1}^{|A|} A_i}^{O}(X)=\underline{\sum_{i=1,A_i\neq a}^{|A|} A_i}^{O}(X)(A_i\in A)$，则称 a 在 A 中关于 X 不是下近似重要的，其中 $|A|$ 是属性集 A 的基数。

定义 6-5 若 $\overline{\sum_{i=1}^{|A|} A_i}^{O}(X)\supset \overline{\sum_{i=1,A_i\neq a}^{|A|} A_i}^{O}(X)(A_i\in A)$，则称 a 在 A 中关于 X 是上近似重要的；若 $\overline{\sum_{i=1}^{|A|} A_i}^{O}(X)=\overline{\sum_{i=1,A_i\neq a}^{|A|} A_i}^{O}(X)(A_i\in A)$，则称 a 在 A 中关于 X 不是上近似重要的，其中 $|A|$ 是属性集 A 的基数。

下面给出度量这两类属性重要性的具体度量方法。

在乐观多粒度粗糙集中，条件属性 $A\subseteq \mathrm{AT}$ 关于决策属性 D 的下近似重要度定义为

$$S^{A}(D)=\frac{\sum\left\{\left|\overline{\sum_{i=1,A_i\notin A}^{m} A_i}^{O}(X)\Big\backslash\overline{\sum_{i=1}^{m} A_i}^{O}(X)\right| : X\in U/D\right\}}{|U|} \tag{6-12}$$

其中属性集 $\mathrm{AT}=\{A_1,A_2,\cdots,A_m\}$。

条件属性关于决策属性 D 的上近似重要度定义为

$$S^{A}(D)=\frac{\sum\left\{\left|\overline{\sum_{i=1,A_i\notin A}^{m} A_i}^{O}(X)\Big\backslash\overline{\sum_{i=1}^{m} A_i}^{O}(X)\right| : X\in U/D\right\}}{|U|} \tag{6-13}$$

其中属性集 $\mathrm{AT}=\{A_1,A_2,\cdots,A_m\}$。

特别地，当 $A=\{a\}$，$S_a(D)$ 表示条件属性 $a\in \mathrm{AT}$ 关于决策属性 D 的下近似的重要度，$S^a(D)$ 表示条件属性 $a\in \mathrm{AT}$ 关于决策属性 D 的上近似重要度。

为了计算 A 中条件属性 a 关于 D 的重要度，需要计算 $|A|$ 个划分 $U/A_i(i\leqslant$

$|A|$)。计算每个划分的时间复杂度是 $O(|U|^2)$。因此,计算 $|A|$ 个划分的时间复杂度为 $O(|A||U|^2)$。因此,计算由 A 表示 $X \subseteq U/D$ 的下近似的时间复杂度为 $O(|A||U|^3)$。

从定义 6-5 可知:

(1) $S_A(D) \geqslant 0, S^A(D) \geqslant 0$;

(2)属性 A 关于 D 不是下近似重要的,当且仅当 $S_A(D) = 0$;

(3)属性 A 关于 D 不是上近似重要的,当且仅当 $S^A(D) = 0$。

例 6-3 (续例 6-1)计算条件属性关于决策属性 d 的重要度。通过计算,得到

$$S_L(d) = \frac{|\{1,2,8\} \backslash \{1,2\} + \{3,4,5\} \backslash \{3,4,5\}|}{8} = \frac{1}{8}$$

$$S_I(d) = \frac{|\{1,2,8\} \backslash \{1,2,8\} + \{3,4,5\} \backslash \{3,4,5\}|}{8} = 0$$

$$S_P(d) = \frac{|\{1,2,8\} \backslash \{8\} + \{3,4,5\} \backslash \{3,4,5\}|}{8} = \frac{2}{8}$$

和

$$S^L(d) = \frac{|\{1,2,6,7,8\} \backslash \{1,2,6,7,8\} + \{3,4,5,6,7,8\} \backslash \{3,4,5,6,7\}|}{8} = \frac{1}{8}$$

$$S^I(d) = \frac{|\{1,2,6,7,8\} \backslash \{1,2,6,7,8\} + \{3,4,5,6,7\} \backslash \{3,4,5,6,7\}|}{8} = 0$$

$$S^P(d) = \frac{|\{1,2,6,7,8\} \backslash \{1,2,6,7,8\} + \{1,2,3,4,5,6,7\} \backslash \{3,4,5,6,7\}|}{8} = \frac{2}{8}$$

由例 6-3 得到 $S_P(d) > S_L(d) > S_I(d)$ 和 $S^P(d) > S^L(d) > S^I(d)$。也就是说,条件属性 P 的下近似重要度和上近似重要度都是最大的,条件属性 I 的下近似重要度和上近似重要度都是最小的。事实上,由 $S_I(d) = S^I(d) = 0$ 可知,在表 6-1 中删去条件属性 I 不会改变所有决策类的乐观下近似和上近似。

6.2.4 特征选择

直觉上,有些属性在概念近似表示中意义不大,删除这些属性后并不影响目标概念的近似表示[13-15]。人们为了更简便地分析问题会删掉这些相对冗余的属性。

设 $S = (U, \mathrm{AT}, f, D, g)$ 是一个完备决策信息系统,$A \subseteq \mathrm{AT}$ 和由决策属性 D 导出的划分 $\hat{D} = \{X_1, X_2, \cdots, X_r\}$,则下近似分布函数和上近似分布函数分别定义如下:

$$\underline{D}_A = \left(\underline{\sum\nolimits_{A_i \in A} A_i}^{\,\mathrm{O}}(X_1), \underline{\sum\nolimits_{A_i \in A} A_i}^{\,\mathrm{O}}(X_2), \cdots, \underline{\sum\nolimits_{A_i \in A} A_i}^{\,\mathrm{O}}(X_r)\right)$$

$$\bar{D}_A = \left(\overline{\sum\nolimits_{A_i \in A} A_i}^{\,\mathrm{O}}(X_1), \overline{\sum\nolimits_{A_i \in A} A_i}^{\,\mathrm{O}}(X_2), \cdots, \overline{\sum\nolimits_{A_i \in A} A_i}^{\,\mathrm{O}}(X_r)\right)$$

定义 6-6 设 $S=(U,\mathrm{AT},f,D,g)$ 是一个完备的信息系统，A 是 AT 的一个非空子集。

(1) 如果 $\underline{D}_A=\underline{D}_{\mathrm{AT}}$，称 A 是 S 的下近似协调集。若 A 是下近似协调集，并且不存在 A 的子集是下近似协调集，则 A 称为 S 得一个下近似约简。

(2) 如果 $\underline{D}^A=\underline{D}^{\mathrm{AT}}$，称 A 是 S 的上近似协调集。若 A 是上近似协调集，并且不存在 A 的子集是上近似协调集，则 A 称为 S 的一个上近似约简。

(3) 若 A 既是下近似约简又是上近似约简，则 A 称为 S 的一个近似约简。

设 $S=(U,\mathrm{AT},f,D,g)$ 是一个完备决策信息系统。若 $U/\mathrm{AT}\leq \mathrm{U}/D$，则称 S 是协调的，否则 S 是不协调的[16]。

容易证明在协调决策信息系统中，上近似协调集一定是下近似协调集，然而，在一个非协调决策信息系统中这个性质不一定成立。显然，A 是一个下近似协调集，当且仅当 A 是一个上近似协调集。特别地，若 $U/D=\{x\}$，则 A 分别是 X 的下近似约简集、上近似约简集以及近似约简集。

设 $S=(U,\mathrm{AT},f,D,g)$ 是一个完备决策信息系统，其中 $U=\{x_1,x_2,\cdots,x_{|U|}\}$，$\mathrm{AT}=\{A_1,A_2,\cdots,A_{|\mathrm{AT}|}\}$ 和 $U/\{d\}=\{x_1,x_2,\cdots,x_{|U|}\}$。在基于多等价关系的乐观粗糙集模型中，所有下近似约简就是 AT 中的子集 $\mathrm{AT}_o:\mathrm{AT}_{o1},\mathrm{AT}_{o2},\cdots,\mathrm{AT}_{os}$，其满足：

(1) $\underline{d}_{\mathrm{AT}_o}=\underline{d}_{\mathrm{AT}}$；

(2)若 $\mathrm{AT}'\subset \mathrm{AT}_o$，则 $\underline{d}_{\mathrm{AT}'}\neq \underline{d}_{\mathrm{AT}}$。

例 6-4 (续例 6-1)计算完备决策信息系统的所有下近似约简，可得表 6-1 的约简结果，见表 6-2。

表 6-2 表 6-1 的乐观粗糙下近似约简

Project	Locus	Population density	Decision
x_1	common	big	Yes
x_2	bad	big	Yes
x_3	bad	small	No
x_4	bad	small	No
x_5	bad	small	No
x_6	bad	medium	Yes
x_7	common	medium	No
x_8	good	medium	Yes

设 A 为所有下近似约简的集合，B 为所有上近似约简的集合。显然，近似约简为 $C=A\cap B$。

设 $S=(U,\mathrm{AT},f,D,g)$ 是一个完备决策信息系统，$U/D=\{X_1,X_2,\cdots,X_r\}$。分

别用 $A(X)$ 表示 $X \in \hat{D}$ 的下近似约简集，用 $B(X)$ 表示 $X \in \hat{D}$ 的上近似约简集，用 $C(X)$ 表示 $X \in \hat{D}$ 的所有近似约简集。并且，称 $\mathrm{Core}(A(X))$ 是 X 的下近似约简的核，称 $\mathrm{Core}(B(X))$ 是 X 的上近似约简的核，称 $\mathrm{Core}(C(X))$ 是 X 的近似约简的核。

定理 6-7 设 $S=(U,AT,f,D,g)$ 是一个完备决策信息系统，$U/D=\{X_1,X_2,\cdots,X_r\}$，则 $A=\bigcap_{k=1}^{r}A(X_k)$ 和 $B=\bigcap_{k=1}^{r}B(X_k)$。

定理 6-8 设 $S=(U,AT,f,D,g)$ 是一个完备决策信息系统，$U/D=\{X_1,X_2,\cdots,X_r\}$，则 $\mathrm{Core}(A)=\bigcap_{k=1}^{r}\mathrm{Core}(A(X_k))$ 和 $\mathrm{Core}(B)=\bigcap_{k=1}^{r}\mathrm{Core}(B(X_k))$。

显然，有 $\mathrm{Core}(S)=\mathrm{Core}(A)\cap\mathrm{Core}(B)$。事实上，核是构造近似约简不可缺少的属性。例如，能从表 6-1 的信息系统发现核 $\mathrm{Core}(S)=$ {Locus, Population density}。若 Q 是约简后的条件属性集，d 是决策属性，则在乐观多粒度粗糙集中的产生的规则形式为

$$\bigvee_{q\in Q} x^q = m_q \Rightarrow x^d = m_d^o \vee x^d = m_d^1 \vee \cdots \vee x^d = m_d^k \tag{6-14}$$

其中 x^r 表示对象 x 在属性 r 下的取值。

不像 Pawlak 粗糙集理论的“AND”型规则[11,17]，这里的规则是“OR”型规则。也就是说，这些规则可以进一步分解为更多的决策规则。本质上，由于在多粒度粗糙集方法中，等价类之间不进行交运算，因此这类决策规则比 Pawlak 粗糙集理论得出的决策规则有更弱的约束，也就是可能有更好的泛化能力。

例 6-5 （续例 6-1)从表 6-1 中提取确定“OR”决策规则。从表 6-1 中可以找到一个近似约简{Locus, Population density}。而决策划分是 $U/\{\text{Decision}\}=\{X_1,X_2\}=\{\{x_1,x_2,x_6,x_8\},\{x_3,x_4,x_5,x_7\}\}$。通过计算，通过两个粒度 $L+P$ 的乐观粗糙近似的下近似为

$$\underline{L+P}^{O}(X_1)=\{x_1,x_2,x_8\},\underline{L+P}^{O}(X_2)=\{x_3,x_4,x_5\}$$

因此，可以获得两个确定的“OR”型决策规则为

(Locus=good) ∨ ((Population density=big)⇒(Decision=Yes)

(Population density=small)⇒(Decision=No)

相似地，利用乐观粗糙集的上近似，也可以从完备决策信息系统中提取不确定的决策规则。

本节基于“求同存异”策略，提出了乐观多粒度粗糙集，使得粗糙集的应用范围得到了进一步拓展。在乐观多粒度粗糙集模型中，集合的近似是通过多个等价关系导出的多个粒空间来定义的，这些粒空间可以根据用户需求和求解目标进行选择[18-19]。特别地，从使用的粒空间个数来看，Pawlak 粗糙集是乐观多粒度粗糙集的一个特殊情形。

6.3 悲观多粒度粗糙集

在诸如冲突分析、多方谈判等很多实际问题中,决策各方通常采用"求同排异"策略进行决策,是一种悲观或者保守的决策策略。基于"求同排异"策略,本节建立一个相应的多粒度数据建模方法,称为悲观多粒度粗糙集[20]。

6.3.1 悲观粗糙近似

在悲观多粒度粗糙集中,为方便研究,目标概念仍然通过多个等价粒空间来近似。然而,与乐观多粒度粗糙集不同的是,在多个独立的粒空间中,某个对象所在的信息粒只有都包含在目标概念中才能将其放入下近似。因此,这是一个"悲观"的决策策略。其上近似则定义为目标概念补集的下近似的补集。

定义 6-7 设 S 是一个信息系统,其中,$\forall X\subseteq U$。X 的悲观多粒度下、上近似分别定义为

$$\underline{\sum_{i=1}^{m}A_i}^{\mathrm{P}}(X)=\{x:[x]_{A_1}\subseteq X\wedge[x]_{A_2}\subseteq X\wedge\cdots\wedge[x]_{A_m}\subseteq X,x\in U\}\tag{6-15}$$

$$\overline{\sum_{i=1}^{m}A_i}^{\mathrm{P}}(X)=\sim\left(\underline{\sum_{i=1}^{m}A_i}^{\mathrm{P}}(\sim X)\right)$$

根据上面的定义,X 的悲观多粒度的边界域定义为

$$\mathrm{Bn}_{\sum_{i=1}^{m}A_i^{\mathrm{P}}(X)}=\overline{\sum\nolimits_{i=1}^{m}A_i}^{\mathrm{P}}(X)-\underline{\sum\nolimits_{i=1}^{m}A_i}^{\mathrm{P}}(X)\tag{6-16}$$

由式(6-15)和式(6-16)可知,相似于乐观多粒度粗糙集,悲观多粒度粗糙集中目标概念的下近似也是通过多个等价关系导出的等价类来表示的。然而,它所采用的近似策略则不同,只有在每个粒空间都满足条件要求的情况下,该对象才能被放入悲观多粒度的下近似中。悲观多粒度粗糙集的上近似由其补集的下近似来表示。如果是单一粒度,悲观多粒度粗糙集也能够退化为经典的粗糙集。对比两种多粒度粗糙集模型,其不同之处是它们采用了两种不同的多粒度近似策略。

定理 6-9 设 $S=(U,\mathrm{AT})$ 是一个信息系统,其中 $A_1,A_2,\cdots,A_m\subseteq\mathrm{AT}$,$\forall X\subseteq U$,则有

$$\begin{aligned}\overline{\sum\nolimits_{i=1}^{m}A_i}^{\mathrm{P}}(X)=\{x\in U:&[x]_{A_1}\cap X\neq\varnothing\vee[x]_{A_2}\cap X\neq\varnothing\\&\wedge\cdots\wedge[x]_{A_m}\cap X\neq\varnothing\}\end{aligned}$$

证明:由定义 6-7,得到

$$x \in \overline{\sum_{i=1}^{m} A_i}^{P}(X)$$

$$\Leftrightarrow x \notin \underline{\sum_{i=1}^{m} A_i}^{P}(\sim X)$$

$$\Leftrightarrow [x]_{A_1} \not\subseteq (\sim X) \vee [x]_{A_2} \not\subseteq (\sim X) \vee \cdots \vee [x]_{A_m} \not\subseteq (\sim X)$$

$$\Leftrightarrow [x]_{A_1} \cap X \neq \varnothing \vee [x]_{A_2} \cap X \neq \varnothing \vee \cdots \vee [x]_{A_m} \cap X \neq \varnothing$$

与乐观多粒度粗糙集的上近似不同的是，悲观多粒度粗糙集的上近似中每个对象都至少存在一个等价类与目标概念的交非空。

定理 6-10　设 $S=(U,AT)$ 是一个信息系统，其中，假设 $U/A_1 \leq U/A_2 \leq \cdots \leq U/A_m$，则有

$$\underline{\sum_{i=1}^{m} A_i}^{P}(X) = \underline{A_m}(X)$$

$$\overline{\sum_{i=1}^{m} A_i}^{P}(X) = \overline{A_m}(X)$$

证明：$\forall x \in \underline{\sum_{i=1}^{m} A_i}^{P}(X)$，则有 $[x]_{A_i} \subseteq X, i=1,2,\cdots,m$，因为 $[x]_{A_m} \subseteq X$，可以得到 $x \in \underline{A_m}(X)$。

$\forall\ \underline{A_m}(X)$，有 $[x]_{A_i} \subseteq X$。此外，由于 $U/A_1 \leq U/A_2 \leq \cdots \leq U/A_m$，那么得到 $[x]_{A_1} \subseteq [x]_{A_2} \subseteq \cdots \subseteq [x]_{A_m}$，因此 $[x]_{A_1} \subseteq [x]_{A_2} \subseteq \cdots \subseteq [x]_{A_m} \subseteq X$。根据悲观多粒度的下近似，可知 $x \in \underline{\sum_{i=1}^{m} A_i}^{P}(X)$。

根据以上的讨论，可知 $\underline{\sum_{i=1}^{m} A_i}^{P}(X) = \underline{A_m}(X)$。相似地，不难证明 $\overline{\sum_{i=1}^{m} A_i}^{P}(X) = \overline{A_m}(X)$。

由定理 6-10 可知，在多个划分中如果存在偏序关系，那么悲观多粒度粗糙集等价于由最粗等价关系导出的粗糙集。

定理 6-11　设 $S=(U,AT)$ 是一个信息系统，$\forall X,Y \subseteq U$，则下列性质成立：

(1) $\underline{\sum_{i=1}^{m} A_i}^{P}(X) \subseteq X \subseteq \overline{\sum_{i=1}^{m} A_i}^{P}(X)$；

(2) $\underline{\sum_{i=1}^{m} A_i}^{P}(\varnothing) = \overline{\sum_{i=1}^{m} A_i}^{P}(\varnothing) = \varnothing$，

$\underline{\sum_{i=1}^{m} A_i}^{P}(U) = \overline{\sum_{i=1}^{m} A_i}^{P}(U) = U$；

(3) $X \subseteq Y \Rightarrow \underline{\sum_{i=1}^{m} A_i}^{P}(X) \subseteq \underline{\sum_{i=1}^{m} A_i}^{P}(Y)$，

$\overline{\sum_{i=1}^{m} A_i}^{P}(X) \subseteq \overline{\sum_{i=1}^{m} A_i}^{P}(Y)$；

(4) $\underline{\sum_{i=1}^{m} A_i}^{P}(X) = \bigcap_{i=1}^{m} \underline{A_i}(X)$，

$\overline{\sum_{i=1}^{m} A_i}^{P}(X) = \bigcup_{i=1}^{m} \overline{A_i}(X)$；

(5) $\underline{\sum_{i=1}^{m} A_i}^{P}(\sim X) = \sim(\overline{\sum_{i=1}^{m} A_i}^{P}(X))$，

$\overline{\sum_{i=1}^{m}A_i}^{P}(\sim X)=\sim(\underline{\sum_{i=1}^{m}A_i}^{P}(X))$。

证明:(1) $\forall x\in\underline{\sum_{i=1}^{m}A_i}^{P}(X)$,则根据悲观多粒度下近似的定义,有 $[x]_{A_i}\subseteq X$, $i=1,2,\cdots,m$。由于等价关系是自反的,有 $x\in[x]_{A_i}$, $i=1,2,\cdots,m$,可以得到 $x\in X$,即 $\underline{\sum_{i=1}^{m}A_i}^{P}(X)\subseteq X$。

$\forall x\in X$,由于等价关系是自反的,有 $[x]_{A_i}\subseteq X$, $i=1,2,\cdots,m$,可以得到 $[x]_{A_i}\cap X\neq\varnothing$, $i=1,2,\cdots,m$。由定义 6-7 有 $x\in\overline{\sum_{i=1}^{m}A_i}^{P}(X)$ 成立,即 $X\subseteq\overline{\sum_{i=1}^{m}A_i}^{P}(X)$。

(2)因为空集是各个集合的真子集,所以 $\varnothing\subseteq\underline{\sum_{i=1}^{m}A_i}^{P}(\varnothing)$。此外,根据(1)的证明可知 $\underline{\sum_{i=1}^{m}A_i}^{P}(\varnothing)\subseteq\varnothing$。因此,$\underline{\sum_{i=1}^{m}A_i}^{P}(\varnothing)=\varnothing$ 成立。

因为空集是各个集合的真子集,所以 $\varnothing\subseteq\underline{\sum_{i=1}^{m}A_i}^{P}(\varnothing)$, $\forall x\notin\varnothing$,有 $x\in U$,由等价关系的自反性可知,$x\in[x]_{A_i}$, $i=1,2,\cdots,m$。因此,$[x]_{A_i}\cap\varnothing=\varnothing$, $i=1,2,\cdots,m$。从定理 6-11 可知 $X\notin\overline{\sum_{i=1}^{m}A_i}^{P}(\varnothing)$,可以得到 $\overline{\sum_{i=1}^{m}A_i}^{P}(\varnothing)\subseteq\varnothing$。因此,$\overline{\sum_{i=1}^{m}A_i}^{P}(\varnothing)=\varnothing$。

类似地,不难证明 $\underline{\sum_{i=1}^{m}A_i}^{P}(U)=\overline{\sum_{i=1}^{m}A_i}^{P}(U)=U$。

(3) $\forall x\in\underline{\sum_{i=1}^{m}A_i}^{P}(X)$,那么根据悲观多粒度下近似的定义,有 $[x]_{A_i}\subseteq X$, $i=1,2,\cdots,m$。由于 $X\subseteq Y$,有 $[x]_{A_i}\subseteq Y$, $i=1,2,\cdots,m$,可得 $x\in\underline{\sum_{i=1}^{m}A_i}^{P}(Y)$,即 $\underline{\sum_{i=1}^{m}A_i}^{P}(X)\subseteq\underline{\sum_{i=1}^{m}A_i}^{P}(Y)$。

类似地,不难证明 $\overline{\sum_{i=1}^{m}A_i}^{P}(X)\subseteq\overline{\sum_{i=1}^{m}A_i}^{P}(Y)$。

(4) $\forall x\in\underline{\sum_{i=1}^{m}A_i}^{P}(X)$,那么根据悲观多粒度下近似的定义,$[x]_{A_i}\subseteq X$, $i=1,2,\cdots,m$ 成立。此外,根据经典下近似的定义,可知 $x\subseteq\underline{A_i}(X)$, $i=1,2,\cdots,m$ 与 $x\in\bigcap_{i=1}^{m}\underline{A_i}^{P}(X)$ 成立,即 $\underline{\sum_{i=1}^{m}A_i}^{P}(X)=\bigcap_{i=1}^{m}\underline{A_i}(X)$。

$\forall x\in\bigcap_{i=1}^{m}\underline{A_i}(X)$,有 $[x]_{A_i}\subseteq X$, $i=1,2,\cdots,m$。根据悲观多粒度的下近似的定义,$x\in\underline{\sum_{i=1}^{m}A_i}^{P}(X)$ 显然成立,即 $\bigcap_{i=1}^{m}\underline{A_i}(X)=\underline{\sum_{i=1}^{m}A_i}^{P}(X)$。

根据以上的讨论,有 $\underline{\sum_{i=1}^{m}A_i}^{P}(X)=\bigcap_{i=1}^{m}\underline{A_i}(X)$。类似地,不难证明 $\overline{\sum_{i=1}^{m}A_i}^{P}(X)=\bigcup_{i=1}^{m}\overline{A_i}(X)$。

(5) $\forall x\in\underline{\sum_{i=1}^{m}A_i}^{P}(\sim X)$,那么根据悲观多粒度下近似的定义,有 $[x]_{A_i}\subseteq$

$(\sim X), i=1,2,\cdots,m$，可知 $[x]_{A_i}\cap X=\varnothing$。根据定理 6-9，可知 $x\notin\overline{\sum_{i=1}^m A_i}^{P}(X)$ 成立，即 $\underline{\sum_{i=1}^m A_i}^{P}(\sim X)=\sim(\overline{\sum_{i=1}^m A_i}^{P}(X))$。

$\forall x\in\overline{\sum_{i=1}^m A_i}^{P}(\sim X)$，由定理 6-9，得到 $[x]_{A_i}\cap X=\varnothing, i=1,2,\cdots,m$，即 $[x]_{A_i}\subseteq(\sim X), i=1,2,\cdots,m$。根据悲观多粒度下近似的定义，有 $x\in\underline{\sum_{i=1}^m A_i}^{P}(\sim X)$，即 $\sim\left(\overline{\sum_{i=1}^m A_i}^{P}(X)\right)=\underline{\sum_{i=1}^m A_i}^{P}(\sim X)$。

根据以上的讨论，有 $\underline{\sum_{i=1}^m A_i}^{P}(\sim X)=\sim\left(\overline{\sum_{i=1}^m A_i}^{P}(X)\right)$。类似地，可以证明 $\overline{\sum_{i=1}^m A_i}^{P}(\sim X)=\sim\left(\underline{\sum_{i=1}^m A_i}^{P}(X)\right)$。

定理 6-12　令 $S=(U,AT)$ 是一个信息系统，$X_1,X_2,\cdots,X_j\subseteq U$，则悲观多粒度粗糙集具有如下的性质：

(1) $\underline{\sum_{i=1}^m A_i}^{P}(\bigcap_{j=1}^n X_j)=\bigcap_{i=1}^m(\bigcap_{j=1}^n \underline{A_i}(X_j))$，

$\overline{\sum_{i=1}^m A_i}^{P}(\bigcup_{j=1}^n X_j)=\bigcup_{i=1}^m(\bigcup_{j=1}^n \overline{A_i}(X_j))$；

(2) $\underline{\sum_{i=1}^m A_i}^{P}(\bigcap_{j=1}^n X_j)=\bigcap_{j=1}^n\left(\underline{\sum_{i=1}^m A_i}^{P}(X_j)\right)$，

$\overline{\sum_{i=1}^m A_i}^{P}(\bigcup_{j=1}^n X_j)=\bigcup_{j=1}^n\left(\overline{\sum_{i=1}^m A_i}^{P}(X_j)\right)$；

(3) $\underline{\sum_{i=1}^m A_i}^{P}(\bigcup_{j=1}^n X_j)\supseteq\bigcup_{j=1}^n(\underline{\sum_{i=1}^m A_i}^{P}(X_j))$，

$\overline{\sum_{i=1}^m A_i}^{P}(\bigcap_{j=1}^n X_j)\subseteq\bigcap_{j=1}^n(\overline{\sum_{i=1}^m A_i}^{P}(X_j))$。

证明：(1) $\forall x\in\underline{\sum_{i=1}^m A_i}^{P}(\bigcap_{j=1}^n X_j)$，根据悲观多粒度下近似的定义有 $[x]_{A_i}\subseteq\bigcap_{j=1}^n X_j, i=1,2,\cdots,m$，因此 $[x]_{A_i}\subseteq X_j, i=1,2,\cdots,m, j=1,2,\cdots,n$。所以 $x\in\bigcap_{j=1}^n\underline{A_i}(X_j), i=1,2,\cdots,m$，即 $x\in\bigcap_{i=1}^m(\bigcap_{j=1}^n\underline{A_i}(X_j))$。

$\forall x\in\bigcap_{i=1}^m(\bigcap_{j=1}^n\underline{A_i}(X_j)), i=1,2,\cdots,m$，我们有 $x\in\bigcap_{j=1}^n\underline{A_i}(X_j)$。此外，由于 $x\in\bigcap_{j=1}^n\underline{A_i}(X_j)$，那么有 $x\in\underline{A_i}(X_j), j=1,2,\cdots,n$，因此 $[x]_{A_i}\subseteq X_j, i=1,2,\cdots,m, j=1,2,\cdots,n$。基于此，$[x]_{A_i}\subseteq\bigcap_{j=1}^n X_j, i=1,2,\cdots,m$ 成立，根据悲观多粒度下近似的定义有 $x\in\underline{\sum_{i=1}^m A_i}^{P}(\bigcap_{j=1}^n X_j)$。

根据以上讨论，可知 $\underline{\sum_{i=1}^m A_i}^{P}(\bigcap_{j=1}^n X_j)=\bigcap_{i=1}^m(\bigcap_{j=1}^n\underline{A_i}(X_j))$。类似地，不难证明 $\overline{\sum_{i=1}^m A_i}^{P}(\bigcup_{j=1}^n X_j)=\bigcup_{i=1}^m(\bigcup_{j=1}^n\overline{A_i}(X_j))$。

(2)根据定理 6-11 中的(4)的证明，可知 $\underline{\sum_{i=1}^m A_i}^{P}(\bigcap_{j=1}^n X_j)=\bigcap_{i=1}^m\underline{A_i}(\bigcap_{j=1}^n X_j)$。由 Pawlak 粗糙集的性质，有 $\bigcap_{i=1}^m\underline{A_i}(\bigcap_{j=1}^n X_j)=\bigcap_{j=1}^n\bigcap_{i=1}^m\underline{A_i}(X_j)$。由于 $\bigcap_{i=1}^m\underline{A_i}(X)$

$=\underline{\sum_{i=1}^{m}A_i}^{P}(X_j)$，则 $\underline{\sum_{i=1}^{m}A_i}^{P}(\bigcap_{j=1}^{n}X_j)=\bigcap_{i=1}^{m}\underline{A_i}(\bigcap_{j=1}^{n}X_j)=\bigcap_{j=1}^{n}\bigcap_{i=1}^{m}\underline{A_i}(X_j)$ $=\bigcap_{j=1}^{n}\left(\underline{\sum_{i=1}^{m}A_i}^{P}(X_j)\right)$。

相似地，容易证明 $\overline{\sum_{i=1}^{m}A_i}^{P}(\bigcup_{j=1}^{n}X_j)=\bigcup_{j=1}^{n}\left(\overline{\sum_{i=1}^{m}A_i}^{P}(X_j)\right)$。

(3) $\forall x\in\bigcup_{j=1}^{n}\left(\underline{\sum_{i=1}^{m}A_i}^{P}(X_j)\right)$，则存在 $X_k(k\in\{1,2,\cdots,n\})$ 使得 $x\in\underline{\sum_{i=1}^{m}A_i}^{P}(X_k)$。根据悲观多粒度下近似的定义，可知 $[x]_{A_i}\subseteq X_k, i=1,2,\cdots,m$ 成立，即 $[x]_{A_i}\subseteq\bigcup_{j=1}^{n}X_j, i=1,2,\cdots,m, x\in\underline{\sum_{i=1}^{m}A_i}^{P}(\bigcup_{j=1}^{n}X_j)$，由此可以得到 $\underline{\sum_{i=1}^{m}A_i}^{P}(\bigcup_{j=1}^{n}X_j)\supseteq\bigcup_{j=1}^{n}\left(\underline{\sum_{i=1}^{m}A_i}^{P}(X_j)\right)$。

类似地，不难证明 $\overline{\sum_{i=1}^{m}A_i}^{P}(\bigcap_{j=1}^{n}X_j)\subseteq\bigcap_{j=1}^{n}\left(\overline{\sum_{i=1}^{m}A_i}^{P}(X_j)\right)$。

定理 6-13　设 $S=(U,AT)$ 是一个信息系统，假设 $A=A_1\cup A_2\cup\cdots\cup A_m$，那么 $\forall x\in U$，有

(1) $\underline{\sum_{i=1}^{m}A_i}^{P}(X)\subseteq\underline{\sum_{i=1}^{m}A_i}^{O}(X)\subseteq\underline{A}(X)$；

(2) $\overline{\sum_{i=1}^{m}A_i}^{P}(X)\supseteq\overline{\sum_{i=1}^{m}A_i}^{O}(X)\supseteq\bar{A}(X)$。

证明：根据乐观粗糙集的性质，仅仅需要证明 $\underline{\sum_{i=1}^{m}A_i}^{P}(X)\subseteq\underline{\sum_{i=1}^{m}A_i}^{O}(X)$ 和 $\overline{\sum_{i=1}^{m}A_i}^{P}(X)\supseteq\overline{\sum_{i=1}^{m}A_i}^{O}(X)$。

$\forall x\in\underline{\sum_{i=1}^{m}A_i}^{P}(X)$，根据定义 6-7，得到 $[x]_{A_i}\subseteq X(\forall i\in\{1,2,\cdots,m\})$。那么根据乐观粗糙集的定义可知，$x\in\underline{\sum_{i=1}^{m}A_i}^{O}(X)$ 成立。

$\forall x\in\overline{\sum_{i=1}^{m}A_i}^{O}(X)$，根据乐观粗糙集的性质，有 $[x]_{A_i}\cap X\neq\varnothing, \forall i\in\{1,2,\cdots,m\}$ 成立，那么根据定义 6-7，$x\in\overline{\sum_{i=1}^{m}A_i}^{P}(X)$ 成立。

由上面的定理可知悲观多粒度的下近似比 Pawlak 粗糙集的下近似小，而悲观多粒度的上近似比 Pawlak 粗糙集的上近似大。此外，悲观多粒度下近似比乐观多粒度下近似小，而悲观上近似比乐观多粒度的上近似大。

6.3.2　粗糙成员函数

定义 6-8　设 $S=(U,AT)$ 是一个信息系统，$A\subseteq AT$，$\forall x\in U$，X 中 x 的成员函数记为 $\mu_X^A(x)$，可得

$$\mu_X^A(x)=\frac{|[x]_A\cap X|}{|[x]_A|}\tag{6-17}$$

在 Pawlak 粗糙集中，粗糙近似和成员函数有一种直接的关系，可得

$$\mu_X^A(x) = 1 \Leftrightarrow x \in \underline{A}(X)$$

$$0 < \mu_X^A(x) \leqslant 1 \Leftrightarrow x \in \bar{A}(X)$$

下面在多粒度粗糙集中定义新的粗糙成员函数。

定义 6-9　设 $S=(U,\mathrm{AT})$ 是一个信息系统，$A_2,\cdots,A_m \subseteq \mathrm{AT}$，$\forall x \in U$，$X$ 中 x 的最大和最小成员函数分别记为 $\eta_X^A(x)$ 和 $\theta_X^A(x)$，其中

$$\eta_X^{\sum_{i=1}^m A_i}(x) = \max\nolimits_{i=1}^m \mu_X^{A_i}(x) \tag{6-18}$$

$$\theta_X^{\sum_{i=1}^m A_i}(x) = \min\nolimits_{i=1}^m \mu_X^{A_i}(x) \tag{6-19}$$

定理 6-14　设 $S=(U,\mathrm{AT})$ 是一个信息系统，$A_1,A_2,\cdots,A_m \subseteq \mathrm{AT}$。$\forall x \in U$，有

(1) $\eta_X^{\sum_{i=1}^m A_i}(x) = 1 \Leftrightarrow x \in \overline{\sum_{i=1}^m A_i}^{\mathrm{O}}(X)$；

(2) $0 < \theta_X^{\sum_{i=1}^m A_i}(x) \leqslant 1 \Leftrightarrow x \in \overline{\sum_{i=1}^m A_i}^{\mathrm{O}}(X)$；

(3) $\theta_X^{\sum_{i=1}^m A_i}(x) = 1 \Leftrightarrow x \in \underline{\sum_{i=1}^m A_i}^{\mathrm{P}}(X)$；

(4) $0 < \eta_X^{\sum_{i=1}^m A_i}(x) \leqslant 1 \Leftrightarrow x \in \overline{\sum_{i=1}^m A_i}^{\mathrm{P}}(X)$。

证明：下面仅证明(1)，其他结论类似得证。

$$\begin{aligned}\eta_X^{\sum_{i=1}^m A_i}(x) = 1 &\Leftrightarrow \max\nolimits_{i=1}^m \mu_X^{A_i}(x) \\ &\Leftrightarrow \exists i \in \{1,2,\cdots,m\} \text{使得} [x]_{A_i} \subseteq X \\ &\Leftrightarrow x \in \sum_{i=1}^m A_i(X)\end{aligned}$$

证毕。

6.3.3　多粒度粗糙集中的规则

用粗糙集进行规则获取所获得的规则形式为“若… 则…”。给定一个决策信息系统 $S=(U,C \cup \{d\})$，$C=\{a_1,a_2,\cdots,a_m\}$，决策划分为 $U/\mathrm{IND}(\{d\})=\{X_1,X_2,\cdots,X_l\}$。利用本章给出的乐观/悲观多粒度粗糙集方法，可以获得形如下式的决策规则。

“OR”规则：

$$r_x^{\vee}: a_1(y)=a_1(x) \vee a_2(y)=a_2(x) \vee \cdots \vee a_m(y)=a_m(x) \rightarrow d(y)=d(x)$$

显然，“OR”规则 $r_x^{\vee}$ 不同于由 Pawlak 粗糙集模型诱导的规则，因为 $r_x^{\vee}$ 的条件部分是由逻辑 $\vee$（析取运算）连接。

一般来说，“OR”规则 $r_x^{\vee}$ 可被分解为下列分规则：

$$r_x^1: a_1(y)=a_1(x) \rightarrow d(y)=d(x)$$

$$r_x^2: a_2(y)=a_2(x) \rightarrow d(y)=d(x)$$

$$\cdots$$

$$r_x^m : a_m(y) = a_m(x) \rightarrow d(y) = d(x)$$

决策规则的不确定因子 $r_x^{\vee}$ 定义为

$$C(r_x^{\vee}) = \max_{i=1}^{m}(C(r_x^i)) \tag{6-20}$$

其中

$$C(r_x^i) = \frac{|[x]_{a_i} \cap [x]_d|}{|[x]_{a_i}|} \tag{6-21}$$

其中 $[x]_{a_i}$ 是根据条件属性 a_i 导出的 x 的等价类，$[x]_d$ 是由决策属性 d 导出的 x 的等价类，$|X|$ 是集合 X 的基数。

类似于 Pawlak 粗糙集理论中的决策规则，在多粒度粗糙集理论中，规则 $r_x^{\vee}$ 是确定的当且仅当 $C(r_x^{\vee}) = 1$；规则 $r_x^{\vee}$ 是不确定的当且仅当 $0 < C(r_x^{\vee}) < 1$。

定理 6-15 令 $S = (U, \mathrm{AT})$ 是一个决策系统，$A = \{a_1, a_2, \cdots, a_m\} \subseteq \mathrm{AT}$，那么 $\forall x \in U$，有

(1) $x \in \underline{\sum_{i=1}^{m} a_i}^{\mathrm{O}}([X]_d) \Leftrightarrow C(r_x^{\vee}) = 1$；

(2) $x \in \mathrm{Bn}^{\mathrm{P}}_{\sum_{i=1}^{m} a_i}([X]_d) \Leftrightarrow 0 < C(r_x^{\vee}) < 1$。

证明：对 $\forall x \in U$，有

$$x \in \underline{\sum_{i=1}^{m} a_i}^{\mathrm{O}}([X]_d) \Leftrightarrow \exists a_i \in A \text{ 使得 } [\mathrm{x}]_{a_i} \subseteq [\mathrm{x}]_d$$

$$\Leftrightarrow \exists a_i \in A \text{ 使得 } C(r_x^{\vee}) = \frac{|[x]_{a_i} \cap [x]_d|}{|[x]_{a_i}|} = 1$$

$$\Leftrightarrow C(r_x^{\vee}) = \max_{i=1}^{m}(C(r_x^i)) = 1$$

因此，定理 6-15 中(1)成立。类似于(1)的证明，(2)也容易得证。

根据以上的定理，可以得到结论：①乐观多粒度下近似的对象支持确定的“OR”规则；② 悲观多粒度的边界域支持可能的“OR”型规则。

为了获得更简洁的决策规则，在基于悲观多粒度粗糙集的数据建模中也需要进行特征选择。由于其特征选择策略同乐观多粒度粗糙集相似，这里不再赘述。

6.4 本章小结

本章将人类的多粒度认知能力引入到粗糙数据分析中，提出了一类基于多个粒空间的粗糙集模型，并对在此框架下的知识发现进行了尝试性研究。获得的主要结论如下：

(1)基于“求同存异”策略，提出了乐观多粒度粗糙集，获得的决策规则将是一种乐观的决策。

(2)基于“求同排异”策略,提出了悲观多粒度粗糙集,获得的决策规则将是一种悲观的决策。

在很多实际问题中,传统的基于粗糙集的数据建模与基于多粒度粗糙集的数据建模可以互为补充。当信息系统中属性之间存在不协调关系、粒空间之间相互独立、或者需要高效计算时,多粒度粗糙集将显示它的优越性;当粒空间之间可以进行相交运算时,传统的粗糙集将占主导地位。事实上,在一些实际应用中以上两种情况会同时发生时,单粒度粗糙集和多粒度粗糙集将可以组合在一起进行数据建模。值得一提的是,多粒度粗糙集为多源信息系统、分布式信息系统和多智能 Agent 等背景下的数据分析提供了崭新方法。

本章成果得到国家自然科学基金项目(No. 71031006、No. 60903110)、国家 973 计划前期研究专项(No. 2011CB311805)、山西省归国留学人员基金项目(No. 201008)的支持。

参 考 文 献

[1] Ziarko W. Variable precision rough sets model. Journal of Computer System Science, 1993, 46 (1): 39-59.

[2] Skowron A, Stepaniuk J. Tolerance approximation spaces. Fundamenta Informaticae, 1996, 27 (2-3): 245-253.

[3] Kryszkiewicz M. Rough set approach to incomplete information systems. Information Sciences, 1998, 112: 39-49.

[4] Kryszkiewicz M. Rules in incomplete information systems. Information Sciences, 1999, 113: 271-292.

[5] Dubois D. Prade H, Rough fuzzy sets and fuzzy rough sets. International Journal of General Systems, 1990,17:191-209.

[6] Ślezak D, Ziarko W. The investigation of the Bayesian rough set model. International Journal of Approximate Reasoning, 2005, 40:81-91.

[7] Wu W Z, Zhang W X. Constructive and axiomatic approaches of fuzzy approximation operators. Information Sciences, 2004, 159: 233-254.

[8] Wu W Z, Mi J S, Zhang W X. Generalized fuzzy rough sets. Information Sciences, 2003, 152: 263-282.

[9] Zadeh L A. Fuzzy sets and information granularity//Gupta N, Ragade R, Yager R. Advances in Fuzzy Set Theory and Application. Amsterdam: North-Holland, 1979: 111-127.

[10] Zadeh L A. Toward a theory of fuzzy information granulation and its centrality in human reasoning and fuzzy logic. Fuzzy Sets and Systems, 1997, 90(2): 111-127.

[11] Pawlak Z. Rough Sets: Theoretical Aspects of Reasoning about Data. Dordrecht: Kluwer Academic Publishers, 1991.

[12] Gediga G, Düntsch I. Rough approximation quality revisited. Artificial Intelligence, 2001, 132: 219-234.

[13] Mi J S, Wu W Z, Zhang W X. Approaches to knowledge reductions based on variable precision rough sets model. Information Sciences, 2004, 159: 255-272.

[14] Zeng A, Pan D, Zheng Q L, et al. Knowledge acquisition based on rough set theory and principal component analysis. IEEE Intelligent Systems, 2006, 21(2): 78-85.

[15] Zhang W X, Mi J S, Wu W Z. Approaches to knowledge reductions in inconsistent systems. International Journal of Intelligent Systems, 2003, 21(9): 989-1000.

[16] Leung L, Li D Y. Maximal consistent block techniques for rule acquisition in incomplete information systems. Information Sciences, 2003, 153: 85-106.

[17] 张文修，吴伟志，梁吉业，等. 粗糙集理论与方法. 北京:科学出版社，2001.

[18] Qian Y H, Liang J Y, Yao Y Y, et al. MGRS: a multigranulation rough set. Information Sciences, 2010, 180: 949-970.

[19] Qian Y H, Liang J Y, Dang C Y. Incomplete multigranulation rough set. IEEE Transactions on Systems, Man and Cybernetics-Part A, 2010, 40(2): 420-431.

[20] Qian Y H, Liang J Y, Wei W. Pessimistic rough decision//Second International Workshop on Rough Sets Theory, 2010: 440-449.

第7章 粒计算模型的特性分析与比较

张 铃 张燕平

安徽大学 计算机学院

7.1 引 言

近年来,粒计算引起人工智能界的重视,成为研究的热点。一般认为,粒计算的主要的理论和方法有模糊集理论、粗糙集理论、商空间理论和云模型、区间分析方法等。进一步分析这些理论,发现这些理论大多数是从研究如何表示不确定性的对象(或说模糊的对象)的问题提出的,唯有商空间理论是从问题求解的粒表示、粒变换而展开的。

由于现实世界的复杂性,严格地说我们对于各种事物与现象的观察与认知均是不完全的,可是当我们处在这种不确定、不完全的信息环境中,并没有觉得如坠云中,这是为什么?本章将讨论的各类粒计算模型在一定程度上可以回答这个问题。

上面讲过人们对于各种事物与现象的观察与认知均充满不确定性(uncertainty),比如误差(error)、畸变(deformation)与噪声(noise)等,通常称它们为一阶不确定性(the first-order uncertainty);又如模糊(fuzzy)、含糊(vague)与歧义性(ambiguity)等,通常称为二阶不确定性(the second-order uncertainty),即定义本身存在的不确定性。

一阶的不确定性,是"因果律缺失"的结果,如"丢硬币",丢之前我们不能确定到底是正面朝上还是反面朝上,就是说同一个丢硬币(因),不能唯一地确定其结果(果),但是当事件发生之后,其结果是确定性(不是下面朝上就是反面朝上)。而二阶的不确定性,一般是"排中律缺失"的结果,排中律是说两者取其一,也只取其一,如一个正常的人,其性别不是"男"就是"女"。在生活中排中律缺失的情况是经常发生的,如身体健康的描述,不能只限于"健康"和"不健康(有病)"两种情况,现代医学研究表明,那些器官没有检查出病,但易于疲劳,易于得病似乎是健康的人群,存在目前称为"亚健康"的情况,"亚健康"对"不健康(有病)"来说就是"模糊的"。这种不确定与一阶不确定不同,即使事件发生后,情况仍旧是不确定的。本章讨论二阶不确定性,特别是其中最重要的一种——模糊性问题。

用现代科学的方法研究和表示事物的模糊性,最早是 Zadeh 提出的模糊数学[1],他在文章中开宗明义提出要研究一类集合,它是具有连续的隶属程度的一类集合(A fuzzy set is a class of objects with a continuum of grades of membership),即他用隶属度函数来表示对象的模糊性(所谓一阶模糊集),且提出与其对应的模糊逻辑,文章中还将集合论中凸集分离定理成功地推广到模糊凸集上来。用隶属度函数表示模糊性是 Zadeh 的一大贡献,但却存在两个重要的缺陷:一是描述的成本过高,增加了后续的计算复杂性;二是模糊定义的主观性与模糊集客观的存在性之间的矛盾。用隶属度来表示不确定性的方法还有区间值模糊集、二阶模糊集、直觉模糊集等。

之后,Pawlak 提出了粗糙集(rough set)理论[2],它是用属性函数来定义等价关系,然后利用等价类来近似表示给定的集合,即所谓采用上、下近似来描述对象的不确定性和模糊性。上、下近似通常可以通过数据计算得到,解决了模糊集隶属度定义的主观性问题,但其适用的范围仅限于具有明显结构的离散数据,如信息表及其他类似情况。

20 世纪 80 年代末,我们提出商空间理论(quotient space theory)[3]。我们的理论是从下面的这样认识出发的:"人类智能的一个公认特点,就是人们能从不相同的粒度(granularity)上观察和分析同一问题,人们不仅在不同粒度的世界上进行问题求解,而且能够很快地从一个粒度世界跳到另一个粒度世界,往返自如,毫无困难。这种处理不同粒度世界的能力,正是人类问题求解的强有力的表现"。即人类能根据求解的问题,将问题用不同的粒度来抽象,以降低问题求解的复杂性,来实现求解复杂的不确定的问题。我们的理论正是为这种想法建立适当的数学模型。在该理论中引入的"粒度"(granule)概念,建立不同粒度世界之间的保真、保假原理,是描述不确定性和模糊性的有效模型,并由此模型导出以下重要结论:①模糊与清晰(crisp)是相对的,与所观察的粒度大小有关;②模糊性是观察粒度变粗的必然结果;③可以用商空间链(chains of quotient spaces)来表示事物的模糊性,且这种表示具有层次的结构,便于推理与进行粒计算。总之,事物与现象的清晰与否和所观察的粒度的粗细直接相关,因此对象的描述是确定还是不确定的,是一个相对的概念。比如我们说这把卷尺长3m,这个"3"显然是清晰的,既不会是 2,也不会是 4。如果我们从更细的角度去观察它,说这把尺子长3000mm左右,这就是一个模糊数字了,因为我们不能肯定它的准确数字。由于对客观世界的认知是无穷尽的,因此人们总是用模糊的概念去描述事物,这种描述从一定程度上看又是清晰的。如何表示这种既清晰又模糊的事物呢? 粒计算的相关模型尤其是商空间的模型是模糊性的一个非常有效的表示方法[3-6]。

20 世纪末,李德毅院士提出了用云模型来描述不确定性。云模型是一个以概率理论为基础研究定性定量转换的认知模型,一方面运用云发生器算法实现定性概念与定量数据之间的双向转换,建立模糊性与随机性的关联,刻画人类的认知过程;另一方面通过多重条件概率给出云模型及高阶云模型的数学表示,通过云滴分布刻画和研究不确定性问题,云模型理论强调原始数据的分布,云模型产生的云滴之间无次序性,一个云滴是定性概念在数量上的一次实现,云滴越多,越能反映这个定性概念的整体特征。

在人类认知过程中，人们对问题的分析及获取的知识表示都具有粒度性。自Zadeh在1979年发表论文"Fuzzy sets and information granularity"以来[7]，研究人员对信息粒度化的思想产生了浓厚的兴趣。Zadeh认为很多领域都存在信息粒的概念，只是在不同领域中的表现形式不同。自动机与系统论中的"分解与划分"、最优控制中的"不确定性"、区间分析里的"区间数运算"、以及DS证据理论中的"证据"都与信息粒密切相关。Hobbs在1985年直接用"粒度"(granularity)作为论文题目发表论文[8]，讨论了粒的分解和合并，以及如何得到不同大小的粒，并提出了产生不同大小粒的模型。Lin在1988年提出邻域系统并研究了邻域系统与关系数据库之间的关系[9]。1996年，他在加利福尼亚大学伯克利分校(UC Berkeley)访问时，向Zadeh提出进行"granular computing"的研究，Zadeh称之为"granular mathematics"，Lin改称为"granular computing"，并缩写成GrC。他发表了一系列关于粒计算与邻域系统的论文[10-16]，主要是研究二元关系(邻域系统、Rough集和信任函数)下的粒计算模型，论述基于邻域系统的粒计算在粒结构、粒表示和粒应用等方面的问题，讨论了粒计算中的模糊集和粗糙集方法，并将粒计算方法引入数据挖掘和机器发现。1997年，Zadeh进一步指出[17]，世上有3个基本概念构成人类认知的基础：粒化、组织及因果关系。其中，粒化是整体分解为部分，组织是部分结合为整体，而因果关系则涉及原因与结果间的联系。物体的粒化产生一系列的粒子，每个粒子即为一簇点(物体)，这些点难以区别，或相似、或接近、或以某种功能结合在一起。一般来说，粒化在本质上是分层次的，时间可粒化为年、月、日、小时、分、秒就是大家熟悉的例子。在Lin的研究基础上，Yao结合邻域系统对粒计算进行了详细的研究[18-20]，发表了一系列研究成果[21-26]，并将它应用于知识挖掘等领域，建立了概念之间的if-then规则与粒度集合之间的包含关系，提出利用由所有划分构成的格求解一致分类问题，为数据挖掘提供了新的方法和视角。结合粗糙集理论，Yao探讨了粒计算方法在机器学习、数据分析、数据挖掘、规则提取、智能数据处理和粒逻辑等方面的应用。Yao给出了粒计算的3种观点[26]：①从哲学角度看，粒计算是一种结构化的思想方法；②从应用角度看，粒计算是一个通用的结构化问题求解方法；③从计算角度看，粒计算是一个信息处理的典型方法。对粒计算与粗糙集理论的关系，苗夺谦等也进行了深入研究，认为粒计算是一种粒化的思维方式及方法论，可以看做是用一种独特的基于多层次与多视角的问题求解方法[27-28]。

可见，粒计算(granular computing)是当前计算智能研究领域中模拟人类思维和解决复杂问题的新方法。它覆盖了所有有关粒度的理论、方法和技术，是复杂问题求解、海量数据挖掘、模糊信息处理的有效工具。

粒计算的基本组成主要包括3部分：粒子、粒层和粒结构[29]。

1)粒子

粒子是构成粒计算模型的最基本元素[30-31],是粒计算模型的原语。一个粒可以被解释为许多小颗粒构成的一个大个体。现实生活中,粒子无处不在,如在地图上观察洲、国家、海洋、大陆;山脉等是一些粗的粒子(大的粒子),观察省、市、区等是一些中等的粒子,而观察街道、饭店、机场等是一些相对较小的粒子。一个粒子可以被同时看做由内部属性描述的个体元素的集合,以及由它的外部属性所描述的整体。一个粒子的存在仅仅在一个特定的环境中才有意义。一个粒子的元素可以是粒子,一个粒子也可以是另外一个粒子的元素。而衡量粒子"大小"的概念是粒度,一般来讲,对粒子进行"量化"时用粒度来反映粒化的程度[31]。

2)粒层

按照某个实际需求的粒化准则得到的所有粒子的全体构成一个粒层,是对问题空间的一种抽象化描述。根据某种关系或算子,问题空间产生相应的粒子。同一层的粒子内部往往具有相同的某种性质或功能。由于粒化的程度不同,导致同一问题空间会产生不同的粒层。粒层的内部结构是指在该粒层上的各个粒子组成的论域的结构,即粒子之间的相互关系。在问题求解中,选择最合适的粒层对于问题求解尤为关键,因为在不同粒层求解同一问题的复杂度往往不同。在高一级粒层上的粒子能够分解成为下一级粒层上的多个粒子(如增加一些属性),在低一级粒层上的多个粒子可以合并成高一级粒层上的粒子(如忽略一些属性)。粒计算模型的主要目标是能够在不同粒层上进行问题求解,且不同粒层上的解能够相互转化。这部分的具体实现,可以参考文献[3]。

3)粒结构

一个粒化准则对应一个粒层,不同的粒化准则对应多个粒层,它反映了人们从不同角度、不同侧面来观察问题、理解问题、求解问题。所有粒层之间的相互联系构成一个关系结构,称为粒结构[24]。粒结构给出了一个系统或者问题的结构化描述。通过系统思维、复杂系统理论和层次结构理论(技术)中得到的启发至少需要确定一个粒结构网[24]中 3 个层次的结构:粒子的内部结构、粒子集结构和粒子网的层次结构。粒子集的集体结构可以看做全部层次结构中一个层次或者一个粒度视图中的结构。它本身可以看做粒的内部连接网络。对于同一个系统或者同一个问题,许多解释和描述可能是同时存在的。所以,粒结构需要被模型化为多种层次结构,以及在一个层次结构中的不同层次。虽然一个粒子在某个粒层上被视为一个整体,但粒子内部元素(子粒子)的结构在问题求解时也很重要,因为它能提供粒子更为详细的特性。而在同一层上的粒子之间也具有某种特殊的结构,它们可能是相互独立,或者部分包含。如果同一粒层上的粒子之间的独立性越好,可能问题求解后合并起来越方便;反之,如果粒子之间的相关性越好,则问题求解后的合并工作相对越繁杂。粒子网的层次结构是对整个问题空间的概括,它的复杂性在一定程度上决定了问题求解的复杂程度。

7.2　不确定性表示方法

目前,表示不确定性的方法主要有:隶属度的方法、近似方法和结构的方法。下面简单叙述各种方法的主要精神。

7.2.1　隶属度的方法

Zadeh 在文献[1]中首先利用隶属度函数来表示模糊集,其定义如下。

定义 7-1　设 X 是一集合,用对应的隶属度函数来定义 X 上的一个模糊集 A,即 $\mu_A(x), x \in X, 0 \leqslant \mu_A(x) \leqslant 1$,简记为 $A(x)$。

引入隶属度的目的,就是要从数量上来比较模糊集的模糊程度(不确定程度)。这个定义就是后来被称为一型模糊集的定义,后来又被推广到更一般的情况。

定义 7-2　设 X 是一集合,定义 X 上的一个模糊集 A,其隶属度函数为 $\mu_A(x)=[a(x),b(x)]$,其中 $0 \leqslant a(x) \leqslant b(x) \leqslant 1$,即 $[a(x),b(x)]$ 是 $[0,1]$ 上的一个区间,简记为 $A(x)$,称之为区间值的模糊集。

Atanassov 在文献[32]中提出直觉模糊集(intuitionistic fuzzy set)的概念,其定义如下。

定义 7-3　直觉模糊集设 X 是一有限集合,X 上的一个直觉模糊集 A 定义为 $(\mu_A(x),\gamma_A(x))$,其中 $\mu_A(x): X \to [0,1], \gamma_A(x): X \to [0,1], 0 \leqslant \mu_A(x_i)+\gamma_A(x_i) \leqslant 1$。

其中 $\mu_A(x)$ 是 x 属于 A 的隶属度的阶(membership degree),$\gamma_A(x)$ 是 x 不属于 A 的隶属度的阶(non-membership degree)。

若令 $\eta_A(x)=1-\gamma_A(x)$,则 $\mu_A(x) \leqslant \eta_A(x)$,于是 $\bar{\mu}_A(x)=[\mu_A(x),\eta_A(x)]$ 就是一个区间值的模糊集,故可将它归入区间值模糊集进行讨论。

反之,任一模糊集 $\mu_A(x)$,令 $\gamma_A(x)=1-\mu_A(x)$,则得到一个特殊的直觉模糊集 $(\mu_A(x),1-\mu_A(x))$。故直觉模糊可以看成是一型模糊集的推广。

定义 7-4　设 X 是一集合,用对应的取值为模糊集的隶属度函数来定义 X 上的一个模糊集 A,即

$$\mu_A(x)=\lambda, \mu_\lambda(u), u \in U, x \in X$$

即对任一 $x \in X$,它属于 A 的隶属度不是简单的一个 0,1 之间的数值,而是一个模糊集 λ,称 A 为二型模糊集。

更仔细地表示:

假设主变量 x 有 N 个取值 $x_1, x_2, \cdots, x_N$,每个变量的主隶属度 u_i 有 M_i 个取值 $u_{i1}, u_{i2}, \cdots, u_{iM_i}$。令 A_e^j 表示二型模糊集 A 的第 j 个内嵌集,即

$$A_e^j \equiv \{(x_i,(u_i^j,f_{x_i}(u_i^j))),u_i^j \in \{u_{ik},k=1,2,\cdots,M_i\},i=1,2,\cdots,N\}$$

其中 $f_{x_i}(u_i^j)$ 是 u_i^j 的次隶属度。

A_e^j 也可表示为

$$A_e^j = \sum_{i=1}^{N}[f(u_i^j)/u_i^j]/x_i,u_i^j \in \{u_{ik},k=1,2,\cdots,M_i\}$$

这样 A 就可以表示为 A_e^j 的并，即 $A=\sum_{j=1}^{N}A_e^j$，其中 $n_A=\prod_{i=1}^{N}M_i$。

显然区间值模糊集是二型模糊集的特例。

Zadeh 在[7]中为了将 Shafer-Dempster[33-34]的证据理论推广到模糊集上来，他引入了信息粒(information granularity)的概念：信息粒是一个证据组成的簇，证据是由若干命题构成，命题是由下面的形式定义的，$g \triangleq x \text{ is } G \text{ is } \lambda$，其中 G 是 X 中的一个模糊集，λ 是[0,1]上的一个模糊集。

由上面的定义可以看出，Zadeh 是用一组二型模糊集来定义"信息粒"的。故也可将它归入二型模糊集的范围。

李德毅、刘玉超在文献[35]和[36]中提出云模型，定义如下。

设 U 是一个数值表示的定量论域，C 是 U 上的定性概念，若定量值 $x \in U$ 是概念 C 的一次随机实现，x 对 C 的确定度 $\mu(x) \in [0,1]$ 是有稳定倾向的随机数，$\mu:U \to [0,1]$，$\forall x \in U, x \to \mu(x)$，则 x 在论域 U 上的分布称为云，记为 $C(X)$。每个 x 称为一个云滴。

从定义上可以看出其与一般的随机变量的定义的差别在于：云模型中 $\mu(x)$ 是随机数，而在一般的定义中 $\mu(x)$ 是区间[0,1]中的一个数。与二型模糊集的定义比较，可以发现，二型模糊集与一型模糊集的差别正好与云模型与一般随机数的差别是一样的。于是也可以将云模型看成是二型的随机数，故它是二型模糊集的定义在随机数上的应用。

云模型是用语言值表示的某个定性概念与其定量表示之间的不确定性转换模型，用以反映自然语言中概念的不确定性，是从经典的概率理论给出模糊隶属解释。

云的数字特征运用期望值 Ex、熵 En、超熵 He 三个数值来表征。期望值 Ex 表示云滴在论域空间分布的期望，即最能够代表定性概念的点，或者说是这个概念量化最典型的样本。利用熵(方差)表达概念数值范围的模糊性，体现了定性概念亦此亦彼性的裕度；增加超熵这一数字特征反映云滴的离散程度。超熵的大小间接地反映了云滴厚度，超熵越大，云滴离散度越大，隶属度的随机性越大，云的厚度也越大。

总之，用隶属度函数来表示不确定性，其基本形式都是由概率论中的概率 $P(x)$，$x \in X$ 的形式演化而来的。

若用图形来表示，可以从图 7-1～图 7-4 中很容易看出它们之间的关系。

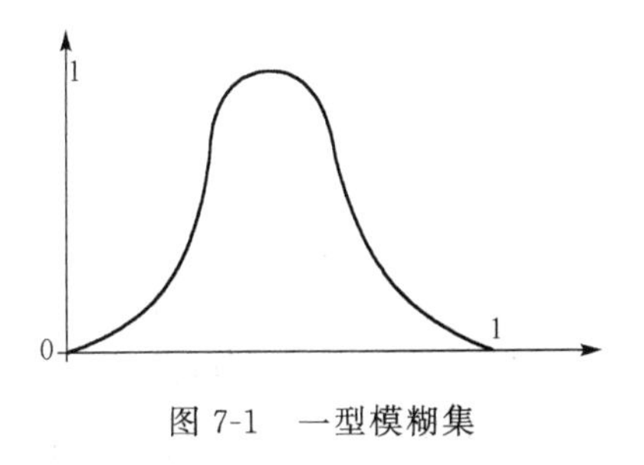

图 7-1　一型模糊集

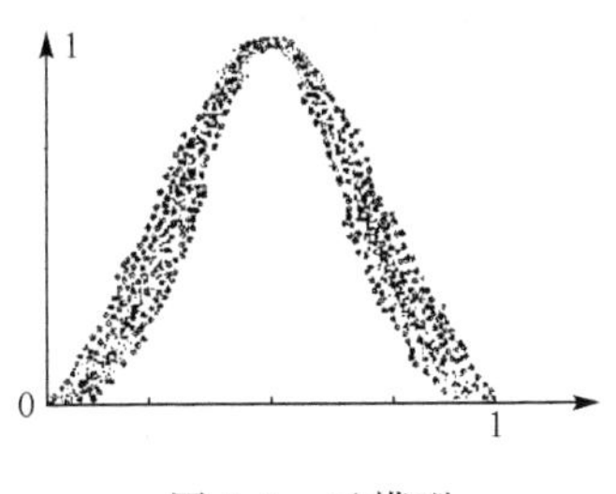

图 7-2　云模型

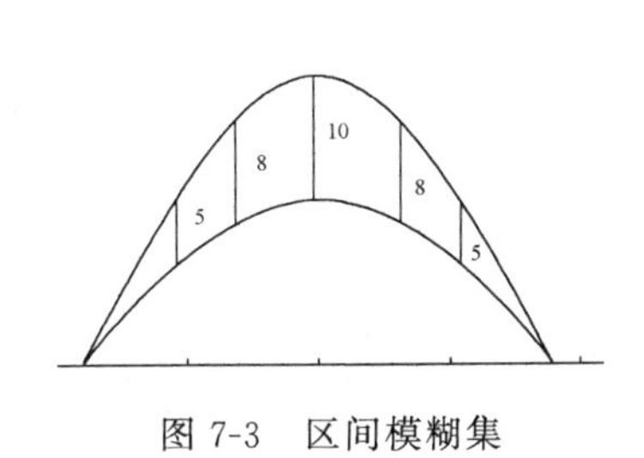

图 7-3　区间模糊集

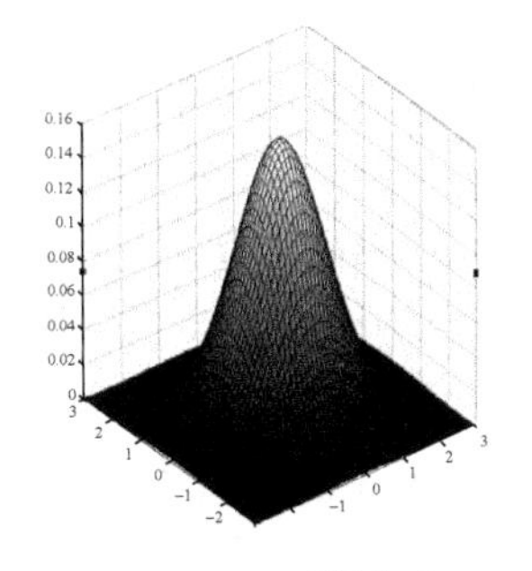

图 7-4　二型模糊集

7.2.2　粗糙集的表示方法

给定一个信息系统 (U,R)，现定义等价关系 R：$x \sim y \Leftrightarrow \forall a \in R, a(x)=a(y)$，记由等价关系 R 定义的商集为 U/R。

现任给 $A \subset U$，定义 $\underline{A}=\{x \mid x \subset A, x \in U/R\}$，$\bar{A}=\{x \mid x \cap A \neq \varphi, x \in U/R\}$ 分别称 $\underline{A}$，$\bar{A}$ 为 A 的下近似集和上近似集。

若 $A=\underline{A}$，A 是清晰集，当 $A \neq \underline{A}$ 时，A 是粗糙集，对粗糙集也可以用隶属度函数来表示，即

$$\mu_A(x)=\begin{cases}1, & x \in \underline{A} \\ \dfrac{|x \cap A|}{|x|}, & x \in \bar{A}/\underline{A}, x \in U/R \\ 0, & x \in (\bar{A})^{c}\end{cases}$$

其中，$|x|$ 表示 x 的测度，当 U 为有限时，为其集合的基数。

于是粗糙集中所谓的不可区别的集合，就可以用模糊数学中的隶属度函数来表示，即 U 中的集合可表示为 U/R 中的模糊集。而且在粗糙集中的隶属度函数完全是由信息的客观的数据决定的，这就克服了模糊数学中隶属度决定的主观性的缺点。

但在粗糙集理论中它的关心点不在于研究某个集合的模糊表示，而在于讨论各集合之间的近似等价、近似包含等宏观的性质。

7.2.3 商空间的表示方法

模糊数学、粗糙集理论、云模型、信息粒等，都是从如何表示不确定性出发，来建立其对应的粒计算的模型和理论，而商空间理论却是从如何建立人类可以从不同的粒度世界进行问题求解的能力出发，建立其对应的粒度计算模型和理论。我们从探讨粒世界之间的关系中，发现了这种方法与其他理论表示不确定性的方法之间的关系。为此，我们稍微深入地介绍一下有关的概念和性质。

为此先引入商空间理论中的几个概念。

商空间模型(不同粒度世界的描述)：以三元组 (X,f,T) 描述一个问题。其中，X 是论域，$f(\cdot)$ 表示论域上(元素)的属性，$f:X \rightarrow Y$，Y 可以是 n 维空间，也可以是一般的集合。T 是论域的结构，它表示论域中各元素之间的关系。

求解问题 (X,f,T) 就是对论域 X 及其相关的结构、属性进行分析与研究。当 X 很复杂时，人们常从比较“粗”的粒度来考察问题。所谓粒度，就是将论域中的子集当做新的元素进行研究，用数学的术语就是：给出 X 的一个等价关系 R，得到商集 $[X]$，然后对 $[X]$ 进行研究，即研究对应的问题 $([X],[f],[T])$，以及 $([X],[f],[T])$ 与 (X,f,T) 的关系。其中 $[T]$ 是由等价关系 R 与拓扑结构 T 在商集 $[X]$ 上产生的商拓扑，$[f]$ 是属性 f 在 $[X]$ 上产生的商属性。

当从不同的角度(粒度)考察同一问题，得出几个不同的粒度上的结果，如 $([X]_1, [f]_1,[T]_1)$，$([X]_2,[f]_2,[T]_2)$，…，问如何对所得的结果进行综合，然后给出对问题的新结论，即在不同粒度世界上如何进行推理？为此，建立了问题求解的保真、保假原理。

保假原理：若问题在商空间$([X],[T])$上无解，则在原空间(X,T)上对应的问题也一定无解。

保真原理：若问题在商空间 X_1 上有解，且 X_1 中每个元素是 X 中的连通集，则对应的问题在 X 中也有解。

利用这些原理通常可以大大加快问题求解的速度。

下面简单介绍如何用商空间链来表示事物的模糊性。

定义 7-5 设 X_1 是 X 的商空间，则记为 $X_1 < X$。若 $X_1 < X_2 < \cdots < X_n$，则称 $X_1, X_2, \cdots, X_n$ 构成一个(递阶)商空间链。

定义 7-6 设 $X_1 < X_2 < \cdots < X_n = X$ 是 X 的一个商空间链，对 $\forall x \in X$ 定义 $x = (x_1, x_2, \cdots, x_n)$，其中 x_i 是 x 在 X_i 中的等价类，称 $(x_1, x_2, \cdots, x_n)$ 是 x 在商空间链 $X_1 < X_2 < \cdots < X_n = X$ 上的坐标，简称为 x 的分层坐标。

利用元素的分层坐标，我们可以非常方便地在各种不同的粒度上表示事物的属性，这种表示可以充分描述事物的模糊性，并可进行各种不同粒度的运算与推理，充分体现出人类的智能的以下特点，即“人们能够从极不相同的粒度上观察和分析同一个问题，人们不仅能在不同粒度的世界上进行问题求解，而且能够很快地从一个粒度世界跳到另一个粒度世界，往返自如，毫无困难”[3]。

7.3　粒计算表示不确定性方法之间的关系

从上面的分析可以看出，目前各种粒计算的模型中描述不确定性的手段主要是两种：一是利用各种不同的隶属度函数来表示，二是用商空间链的分层坐标来表示。

下面分析用分层坐标表示事物的模糊性与传统的用隶属度函数表示事物的模糊性之间的关系。

7.3.1　隶属度函数表示方法与商空间链表示方法的关系

本节通过下面几个步骤来研究隶属度函数表示方法与商空间链表示方法之间的关系。首先，讨论商空间链与模糊等价关系之间的关系。其次，讨论如何利用模糊等价关系来定义模糊集，然后讨论如何建立模糊集对应的商空间，最后给出两种表示方法之间的关系。

先讨论模糊等价关系与商空间链之间的关系。在文献[6]中给出如下的结论。

定理 7-1　下面的断言是等价的：

(1)在 X 上给定一个模糊等价关系；

(2)在 X 的商空间上给定一个归一化的等腰距离；

(3)给定 X 的一个分层递阶结构。

并指出上述的三种提法中，分层递阶结构是最本质的，它的表示是唯一的，而其他的表示未必是唯一的。

现讨论用模糊等价关系来定义模糊集。

定义 7-7　给定两个模糊等价关系 R_1, R_2，称它们是同构的，若它们对应的分层递阶结构是相同的。

定义 7-8　在 X 上给定一个模糊等价关系 $R(x,y)$，对 X 中任一个集合 A，定义对应的模糊集$\underline{A}$，其对应的隶属度函数 $A(x)$ 为

$$A(x) = \sup\{R(x,y) \mid y \in A\} \tag{7-1}$$

定义 7-9　任给一个模糊子集，其隶属度函数为 $\mu_A(x)$，在 X 上定义等价关系 R：$x \sim y \Leftrightarrow \mu_A(x) = \mu_A(y)$，得对应于 R 的商空间 $[X]_A$。现在 $[X]_A$ 上定义序“$<$”，$[x]$

$\prec [y] \Leftrightarrow \mu_A(x) \leqslant \mu_A(y), x \in [x], y \in [y]$，得商空间（$[X]_A$，$\prec$），称（$[X]_A$，$\prec$）为模糊子集 $\underset{\sim}{A}$ 对应的全序商空间。

按定理 7-1 给定一个商空间链 $X = X_n > X_{n-1} > \cdots > X_1$，就存在一个对应的模糊等价关系 $R(x,y)$，再按定义 7-8 可以利用模糊等价关系 $R(x,y)$ 来定义模糊集，若我们取集合 $A \subset X$，得对应的隶属度函数 $\mu_A(x)$，按定义 7-9 得商空间（$[X]_A$，$\prec$），其对应的商空间是一个全序商空间。若将全序商空间上的元素按序从大到小排列，得（$a_n = A, a_{n-1}, \cdots, a_2$）。令 $y_i = \bigcup_{j \geqslant i} a_j$，下面证明（$y_1, y_2, \cdots, y_n$）正好是 A 在商空间链 $X = X_n > X_{n-1} > \cdots > X_1$ 上的分层坐标。

命题 7-1　在上面的记号下，则 $x \in y_i \Leftrightarrow \mu_{\underset{\sim}{A}}(x) \geqslant \lambda_i$。

证略。

命题 7-2　在上面的记号下，令 $y_i = \bigcup_{j \geqslant i} a_j$，则（$y_n, y_{n-1}, \cdots, y_1$）正好是 A 在商空间链 $X = X_n > X_{n-1} > \cdots > X_1$ 上的分层坐标。

证明　设 $\mu_A(x)$ 共取 n 个不同的值：$\lambda_n > \lambda_{n-1} > \cdots > \lambda_1$，对应的商空间（$[X]_A$，$\prec$）中的元素为 $a_n, a_{n-1}, \cdots, a_1$。不妨设 $R(x,y)$ 也取 n 个不同值。下面证明，y_i 正好是 A 在 X_i 中对应的等价类。设

$$x \in A_i \Leftrightarrow \exists\, y \in A, x_1 = x, x_2, \cdots, x_n = y, R(x_k, x_{k+1}) \geqslant \lambda_i, k = 1, \cdots, n-1$$

$$\Leftrightarrow d(x_k, y) \leqslant 1 - \lambda_i, k = 1, \cdots, n-1$$

由于 $d(x,y)$ 是等腰距离，所有 $d(x_k, y) \leqslant \max\{d(x_k, x_{k+1}), d(x_{k+1}, y)\}, k = 1, \cdots, n-1$，最后得

$$d(x,y) \leqslant 1 - \lambda_i$$

$$d(x,y) \leqslant 1 - \lambda_i \Leftrightarrow R(x,y) \geqslant \lambda_i \Leftrightarrow \mu_A(x) \geqslant \lambda_i \Leftrightarrow x \in y_i$$

得 $y_i = A_i$，正好是 A 在 X_i 中对应的等价类。

证毕。

这个命题说明，清晰集的分层坐标，正好是从不同的粒度上对它的观察，它再一次说明，所谓“模糊性”是观察粒度变粗的必然表现。反之，一个模糊集（按隶属度函数定义的）是从不同的隶属度上来观察事物，得到的结果正好是某集合的分层坐标表示，也就是说从结构上来分析，模糊集的隶属度函数表示方法并没有比从不同粒度上观察事物的方式得出更多的信息。而从不同粒度上的观察将对粒计算带来很大的方便。比如，地址的表示：中国、安徽、合肥、肥西路×号，这种分层坐标的表示，对检索大有好处，对推理同样也带来方便。这再次说明，商空间链的结构的模型是对模糊事物进行粒计算的最有效的模型之一。

7.3.2　粗糙集的表示方法与商空间链表示方法之间的关系

定义 7-4 给出了二型模糊集的概念，一型模糊集和二型模糊集的概念关系，简单

地说就是：一型模糊集其隶属度函数对应的是[0,1]中的数值，而二型模糊集隶属度函数对应的是一个模糊集，故二型的模糊集[37]是模糊集的模糊集，依此还可以定义 n 型模糊集等。当二型模糊集取值为[0,1]区间中的小区间时，所定义的模糊集称为区间值模糊集。但一直无人问津，直到 1995 年 Mendel[38]对二型模糊集进行了深入的研究才渐渐引起人们的注意，近年来 Mendel[38-40]又对二型的模糊集进行了深入研究，但也仅在理论上进行了一些研究，对二型模糊集计算的复杂性问题仍未找到适当的解决方法。这里只是用区间型模糊集的概念说明它与粗糙集理论中的上、下近似的关系。

定义 7-10　设 X 是一论域，定义 $\tilde{A}$ 是 X 中的一个区间型模糊集，它由下面的隶属度函数定义：$\mu_{\tilde{A}}(x):X\rightarrow I[0,1]$，其中 $I[0,1]$ 表示区间 $[0,1]$ 中所有小区间的集合。即 $\mu_{\tilde{A}}(x)$ 的值是一个[0,1]内的小区间。这样的模糊集，可以用两个一型的模糊集来表示。

设 X 是有限集合，令 $\mu_{\tilde{A}}(x_i)=I_i=[a_i,b_i]\subset[0,1]$，令 $\mu_{\bar{A}}(x_i)=b_i,\mu_{\underline{A}}(x_i)=a_i$，于是一个区间型的模糊集可以用两个一型的模糊集来表示。

给定一个信息表 (X,C,D)，设 $C=\{a_1,a_2,\cdots,a_n\}$，令 $B_i=\bigcup_{j\leqslant i}a_j$，给定 $A\subset X$，令 $\bar{A}_i,\underline{A}_i$ 分别是 A 在 X/B_i 上的上、下近似。得 $(\bar{A}_1,\bar{A}_2,\cdots,\bar{A}_n),(\underline{A}_1,\underline{A}_2,\cdots,\underline{A}_n)$。

显然 $X/B_1,X/B_2,\cdots,X/B_n$ 构成一个商空间链，于是 $(\bar{A}_1,\bar{A}_2,\cdots,\bar{A}_n),(\underline{A}_1,\underline{A}_2,\cdots,\underline{A}_n)$ 分别可以看成是集合 A 在该商空间链中的某种分层坐标。

命题 7-3　按上面的定义，设 $A\subset X$，则 A 在 $X/B_1,X/B_2,\cdots.,X/B_n$ 商空间链上的分层坐标 $(A_1,A_2,\cdots,A_n)=(\bar{A}_1,\bar{A}_2,\cdots,\bar{A}_n)$。

证明　因为 A_i 是 A 在 X/B_i 上的投影 $\Leftrightarrow\forall x\in A_i,\exists x_0\in A,x_0\in x\Leftrightarrow x\in\bar{A}_i$。

证毕。

定义 7-11　设 $A\subset X$，则 A 的补集 A^c 在 $X/B_1,X/B_2,\cdots,X/B_n$ 商空间链上的分层坐标记为 $(A_1^c,A_2^c,\cdots,A_n^c)$。

命题 7-4　按上面的定义，设 $A\subset X$，则 A 在 $X/B_1,X/B_2,\cdots,X/B_n$ 商空间链上的下近似集合链 $(\underline{A}_1,\underline{A}_2,\cdots,\underline{A}_n)=(A_1^c,A_2^c,\cdots,A_n^c)^c$，即 A 的下近似集合链等于 A 的补集的分层坐标的补。

证明　在 X 上引入以 X_i 的元素为开集簇产生的拓扑记为 T_i，显然，A 在 T_i 拓扑下的内核为 $\underline{A}_i$，闭包为 $\bar{A}_i$，所以在这个拓扑下 $(A^0)^c=(A^c)^-\Rightarrow A^0=((A^0)^c)^c=((A^c)^-)^c$。即 $A_i^0=\underline{A}_i=((A^c)^-)_i^c=(A_i^c)^c$。其中集合的上标"0"、"－"、"c"分别表示该集合的"内核"、"闭包"和"补"。

最后得：A 的下近似集合链等于 A 的补集的分层坐标的补。

证毕。

由上面分析可知，一个集合的上近似集合链，等于该集合在商空间链上的分层坐标。而一个集合的下近似集合链等于其补集的分层坐标的补。

一个集合的上、下近似集合序列，恰好对应于用商空间链表示的一个模糊集和一个模糊集合的补，也相当于对应一个区间型模糊集。

这样，就把由模糊数学中用隶属度函数定义的模糊集，由粗糙集中用上、下近似表示的模糊集以及二型的区间型的模糊集，统一地用商空间链的分层坐标表示出来。这充分体现出“模糊是粒度变粗的必然结果”，以及“模糊与清晰是相对的”的思想。

若用隶属度函数来表示粗糙集，则有

$$\mu_A(x)=\begin{cases}1, & x\in \underline{A}\\ \dfrac{|x\cap A|}{|x|}, & x\in \bar{A}/\underline{A}\\ 0, & x\in (\bar{A})^c\end{cases}$$

$\forall\ 0\leqslant\alpha\leqslant 1$，令 $A_\alpha=\{x\,|\,\mu_A(x)\geqslant\alpha\}$，则 $(A_1,A_{\alpha1},\cdots,A_0)$ 可以看成 A 的分层坐标。

7.3.3　云模型与二型模糊之间的关系

二型模糊集(type-2 fuzzy set))按定义为 $\mu_A(x)=\lambda,\mu_\lambda(u),u\in U,x\in X$，也可以把它看成是定义在 $X\times U$ 上的一型模糊集，这样就可以用解决一型模糊集的方法对它进行研究，但是因为这时定义域的基数增大了，计算的复杂性也跟着增加，故也不是解决复杂性的一个有效办法。

而云模型按定义：若 x 对 C 的确定度，理解为概率分布记为 $P_{C(X)}(x)$，则得 $P_{C(X)}(x)=\{\mu(x)(u)\,|\,u\in[0,1]\}$，若从形式上将 $P_{C(X)}(x)$ 、μ 看成是隶属度函数，则云模型相当于二型模糊集。也就是二型模糊集是模糊集的模糊集，而云模型是随机数的随机数。这种方法对模糊性的描述能力是提高了，但其复杂性却大大增加了。正因为其计算复杂性太高，故长期以来对二型模糊集的研究无人问津。1995 年，Mendel[36-38]对二型模糊集进行了深入地研究，给出一些理论上的描述，对其发展起到推动的作用，但对复杂性问题仍未很好解决，这是发展二型模糊集的瓶颈问题。

我们以为对一些复杂的对象，不宜用复杂再复杂的描述方法来描述它，因为这样虽然可以提高描述的能力，但同时大大增加描述的复杂性，这样一来经常是得不偿失的选择。

云模型沿用概率论的方法，对于分布函数复杂性的问题，采取对特定的分布函数类型进行深入研究的方法，如设分布函数为高斯分布函数，这样表示的复杂性问题就大大降低，可以用两个数值参数来表示(在云模型中对高斯模型采用三个参数来表示)。下面简单地分析一下各种表示方法的复杂性，设 $|X|=n,|U|=m$，则一般的概率表示其复杂性为 $O(n)$，而云模型的表示复杂性为 $O(nm)$，而用特定的分布函数来表示其复杂性为 3。这就大大降低了表示的复杂性。

但特定函数的表示方法在另一方面却降低了模型的表现能力。为解决这个问题，在概率论中利用高斯混合分布代替高斯分布，并证明对一般的连续分布函数都可以用有限的高斯混合分布来逼近。其次，概率论建立了中心极限定理，证明了“如果决定某一随机变量结果是由大量微小的、独立的随机因素之和，并且每因素的单独作用相对均匀的小，没有一种因素可起压倒一切的主导作用，则这个随机变量一般近似于高斯分布”。这就使利用高斯分布有了坚实的数学理论基础和依据。

从这里我们是否得到一个启发：对研究二型模糊集也可用特定的隶属度函数的方法来克服计算复杂性过大的问题，很值得我们思考。

云模型提出定量的数据与定概念之间的变换，称为云变换，这为云模型的应用开辟了空间。

7.4　问题求解方法的比较

从上面的分析可以看到，粒计算的各种理论和方法基本上有两大类型，一是基于函数的推理，即将概念、对象化成某种函数，将概念之间的推理、演绎化成对应的函数之间的运算。另一种类型是利用空间中的结构的不同粒度之间的关系，再利用保真、保假原理和商逼近原理进行问题求解。这两个方法和框架各有优、缺点，相辅相成。下面举两个简单的问题求解例子，说明商空间方法与其他粒计算方法在问题求解中的同异。

例 7-1　称球游戏。

设有 n 个球，其中有一个球重量与其他球不一样，称之为坏球，其他的球的重量均相同。现设有一个无砝码的天平，请用这个无砝码的天平，经最少次数称球后，将坏球找出。

求解这个问题有很多的方法，下面用商空间的分层坐标法来求解这个问题，可以看到用商空间的分层坐标法非常精妙。

“进行一次称球”无非是将球分成三份，一份放在天平的左边，一份放在右边，一份放在桌上，然后进行称球。按商空间的观点，就是将 X 划分成具有三个元素的商空间，这三个可记为$\{0,1,2\}$。进行一系列的称球，就是对 X 构造一系列的商空间，若在称球过程中对每个球按下面的方法进行标号：当第 i 次称球时，该球是在左边，则令 $d_i=1$；若放在右边，令 $d_i=2$；若不放在天平上，令 $d_i=0$。于是，进行 n 次称球之后，每个球上都有对应的标号 $d=(d_1,d_2,\cdots,d_n)$。即每个球都标上一个 n 位的三进制数，这个三进制数就是在我们构造的商空间列中的分层坐标。

下面进一步分析看这样标号法与称球的结果什么关系。

设经过 n 次称球后，判定分层坐标为 $d=(d_1,d_2,\cdots,d_n)$ 的球是坏球。

若坏球较轻，则当 $d_i = 1$ 时，坏球在左边，故第 i 次称的结果一定是“<”；同理当 $d_i = 2$ 时，坏球在右边，第 i 次称的结果一定是“>”；当 $d_i = 0$ 时，坏球不上秤，故第 i 次称的结果是“＝”。若对称球的结果也用三进制表示，即当第 i 次为“<”时，令 $e_i = 1$；当为“>”时，令 $e_i = 2$；当“＝”时，令 $e_i = 0$。故称 n 次后将结果记为 $e = (e_1, e_2, \cdots, e_n)$，这是称球结果对应的(商空间的)分层坐标。

按上面分析，当坏球是较轻时，$d = e$(这样整齐的结果，不能不使我们心花怒放)。

为叙述方便，给定 $e = (e_1, e_2, \cdots, e_n)$。

定义

$$e'_i = \begin{cases} 1, e_i = 2 \\ 0, e_i = 0 \\ 2, e_i = 1 \end{cases}$$

称 $e' = (e'_1, e'_2, \cdots, e'_n)$ 为 e 的对称数(显然 e 也是 e' 的对称数，即 e 与 e' 互为对称)。

若坏球较重，当 $d_i = 1$，坏球放在左边，故第 i 次称的结果应是“>”(即 $e_i = 2$)；同理 $d_i = 2$ 时，$e_i = 1$；当 $d_i = 0$ 时，$e_i = 0$，即得 $d = e'$。

综上讨论得如下命题。

用上面讲的分层坐标进行标号法，若经过 n 次称球后，判定标号 $d = (d_1, d_2, \cdots, d_n)$ 的球是坏球。则当坏球是较轻时 $d = e$；当坏球是重时，$d = e'$。若 $d = (0, 0, \cdots, 0)$ 时，则无法制定坏球是轻是重。其中，e 是称球的结果的分层坐标(下面就称为“e 是经 n 次称球后的结果”)。

上面的命题只是说“若判定 d 标号球是坏球”，则有上述结果。那么，我们接下去就要讨论，如何称法可以唯一地将坏球判定出来。

设经 n 次称球后结果是 e，那么有两种可能。若 $e = (0, 0, \cdots, 0)$，则可唯一判定 $d = (0, 0, \cdots, 0)$ 的标号球是坏球；若 $e \neq 0$，则当坏球较轻，则 $d = e$ 标号的球是坏球；当坏球是重，则 $d = e'$ 是坏球。故号码 e 与 e'，若同时都用来标号时就不能唯一地判定坏球。换句话说，互为对称的两个数至多只能取其中一个用来作分层坐标的标号。除 $e = 0$，$e' = e = 0$ 外，其他的 e 有 $e \neq e'$。

上面讲过，n 位三进制整数共有 $3n$ 个。其中，共有 $(3n-1)/2$ 对对称数和一个自对称数($e = 0$)，若每对对称数取一个用来标号，于是可以用来标号的数最多共有 $(3n-1)/2 + 1 = (3n+1)/2$ 个。

又因为第一次称时，天平左右两边的球的数目要相同，也就是说在标号中 $d_1 = 1$ 的个数与 $d_1 = 2$ 的个数要相同。另一方面三进制中 $d_1 = 1$，$d_1 = 2$ 的数(n 位)共有 $2 \times (3n-1)$ 个。它们构成 $3n-1$ 对对称数。于是只能从它们之中取出 $3n-1$ 个数来标号。而 $3n-1$ 是奇数，又要求 $d_1 = 1$ 的标号与 $d_1 = 2$ 的标号相等。于是，$d_1 = 1$，$d_1 = 2$ 的标号数的总和小于等于 $(3n-1)-1$，最后得

要能从 n 次称球结果中，唯一判定出坏球，则用做标号的 n 位三进制数至多只有 $(3n-1)/2$。

下面给出具体取出 $(3n-1)/2$ 个数用来标号的方法。

先取标号的步骤如下。

(1)令 S_n 为所有 n 位三进制数，现按 $d=(d_1,d_2,\cdots,d_n)$ 的第一位数 $d_1=0,1,2$ 分成三组 $S0_n,S1_n,S2_n$。

(2)从 $S1_n$ 中取 $\{3n-1\ /2\}$($\{x\}$表示为不小于 x 的最小整数)个数，然后在 $S2_n$ 中将已取出的数的对称数删去，其余留下。

(3)对 $S0_n$，令 $d^1=(d_2,\cdots,d_n)$(即将三进制表示中第一位数删去)。按 $d_2=1$，$d_2=2$，$d_2=0$ 分成三类，然后类似第二步进行取数，以此类推，直到取完为止。

下面以 $n=3$ 情况说明具体先取过程。

将 S_3 分成三组 $S0_3,S1_3,S2_3$ 并按大小排列得

$S0_3$		$S1_3$		$S2_3$	
	(000)√		(100)√		(200)×
	(001)√		(101)√		(201)√
	(002)×		(102)×		(202)×
	(010)√		(110)√		(210)√
	(011)√		(111)√		(211)√
	(012)×		(112)√		(212)√
	(020)×		(120)×		(220)×
	(021)√		(121)×		(221)×
	(022)×		(122)×		(222)×

先在 $S1_3$ 中取(100)，将 $S2_3$ 中(200)删去。然后在 $S2_3$ 中取(201)，将 $S1_3$ 中(102)删去。再在 $S1_3$ 中取(101)，将 $S2_3$ 中(202)删去，…，$S1_3$，$S2_3$ 取好后，对 $S0$ 进行选取，在 $S1_2$ 类中取(010)，将 $S2_2$ 类中的(020)删去，…，然后在 $S1_1$ 类中取好后，最后取(000)。

共选取14个数，且要求 $S1_3$ 与 $S2_3$ 中先取的个数要相等，于是在 $S1_3$ 中也只能取4个。最后取出13个数为

[0=(000)，1=(001)，2=(010)，3=(011)，4=(021)，5=(100)，6=(101)，7=(110)，8=(111)，9=(201)，10=(210)，11=(211)，12=(212)]

设经三次称量后，结果是(＜，＝＞)即 $e=(102)$，请判定哪个球是坏球。

按上面的讨论，马上可以得出 $d=(201)=e'$ 是坏球而且较重。

其对应的称球过程如下。

第一次：取 $d_1=1$ 的球放在左边，$d_1=2$ 的球放在右边，即 $(5,6,7,8\mid 9,10,11,12)$，称的结果为 $e_1=1$，即左边轻，得1,2,3,4,5号球是好球。其中 $(A\mid B)$ 表示将属于 A 的球放在左边，将属于 B 的球放在右边，A，B 是标号的集合。

第二次：将 $d=(1,1,*)$，$d=(2,1,*)$ 的球放在左边，因为没有 $d=(1,2,*)$ 或$(2,2,*)$ 的球，故右边放 5 个好球，即 0～4 号球，即 $(7,8,10,11,12\mid 0,1,2,3,4)$，称的结果为 $e_2=0$，即两边一样重，得坏球在 5,6,9 号球中。

第三次：在 5,6,9 号球中，$d_3=1$ 的球放在左边，右边放两个限球，即 $(6,9\mid 0,1)$，称的结果为 $e_3=2$，即右边轻，故得坏球是 9 号球。

现在将所得的结果写成一条定理。

定理 7-2 设 N 是 n 位三进制的一个数组，满足：①每对对称数至多只有一个含在 N 中。②在 N 中 $d_1=1$ 的标号的个数等于 $d_1=2$ 标号的个数。若用 N 中的数作为称球过程的标号，设经 n 次称球的结果是 $e=(e_1,e_2,\cdots,e_n)$，则有：若 $e=(0,0,\cdots,0)$，则 $d=(0,0,\cdots,0)$ 是坏球；若 $e\in N$，则 $d=e$ 是坏球且坏球轻；若 $e'\in N$，则 $d=e'$ 是坏球且坏球重。

球的标号虽然已经明确表明称球的过程，但因其中有判别的过程，故也不是第 i 次将所有 $d_1=1$ 的球放在左边，$d_1=2$ 的球放在右边。下面将称球的过程和步骤总结如下。

第一步：第一次 $d_1=1$ 的球放在左边，$d_1=2$ 的球放在右边，$d_1=0$ 的球不上秤。

一般地，设已称过 m 次($1<m<n$ 的结果为 $e=(e_1,e_2,\cdots,e_m)$。则第 $m+1$ 次称球只对 d 的前 m 位等于 $(e_1,e_2,\cdots,e_m)$ 或 $(e'_1,e'_2,\cdots,e'_m)$)的球进行称球(因为其他的球都是好球)。在这些球中 $d_{m+1}=1$ 的球放在左边，$d_{m+1}=2$ 的球放在右边。其余不上秤，进行第 $m+1$ 次称球。必要时，在某一边加上几个好球，使两边球数相同。

上面的证明法与其他的称方法不同，其关键在于巧妙地运用商空间的分层坐标的表示方法，用两个不同的商空间列，分别表示称球过程和称球的结果，然后分析之间的关系，得出很完美的结果。这个方法给我们一个启迪：若一个过程每步至多有 k 种可能性，整个过程只有 n 步，那么这种过程的所有情况都可以用一个 n 位 k 进制数来描述。过程是一个动的变化的东西。上面提供用 n 位 k 进制数来描述过程，将动的过程转化成"静"的"数"——商空间的分层坐标。这是从全局观点出发，分析称球的整个过程，将称球的过程用商空间列表示出来，然后用商空间的分层坐标表示它，再从中找出坏球的方法。在分析中，并没有刻意研究如何去找到坏球的办法，而将所有可能的称球过程，用商空间的分层坐标表示出来，然后讨论这些表示中，哪些表示能唯一确定出坏球来，接着确定这样的分层坐标个数最多有多少个，于是我们不但求到了称球的方法而且求到最优的称球方法(指用最少的称球次数，判别出坏球来)。这种从全局的观点出发的好处在于，它能全面地考察问题，有机地整体地分析问题，故其最后的结果非常完整、对称、美妙。

对于像上述称球类似的问题，目前尚不知道如何用模糊数学的方法、粗糙集方法或云模型进行求解。若有读者知道，希望进行交流。

例 7-2　再举一个是 Zadeh 在其模糊集理论的开山文章中的一个精彩的结论，即模糊凸集的分离问题。先引入几个定义。

定义 7-12　设 $X = R^n$，A 是 X 上的模糊集，其对应的隶属度函数为 $\mu_A(x)$，若 $\forall 0 \leqslant \alpha \leqslant 1, A_\alpha = \{x \mid \mu_A(x) \geqslant \alpha\}$ 是 X 上的凸集，则称 A 是模糊凸集。

定义 7-13　设 A,B 是 $X = R^n$ 上的两个凸模糊集，令 $M = \inf\{\alpha \mid A_\alpha, B_\alpha$ 超平面可分$\}$，称 $D = 1 - M$ 为模糊集 A,B 的分离度。

令 $C = \sup\{A \cap B\} = \sup_x \min(\mu_A(x), \mu_B(x))$。下面是 Zadeh 在模糊集的开山文章中得到的结果。

定理 7-3　(Zadeh)设 A,B 是 X 上的两个凸模糊集，则其分离度为 $1-C$。其中 $C = \sup\{A \cap B\} = \sup_x \min(\mu_A(x), \mu_B(x))$。

Zadeh 在文献[1]中花了不少和篇幅，证明了此定理。下面我们从商空间的理论方法出发，利用商逼近的方法来证明此定理，即将问题化成在粗粒度空间上对应的问题进行求解，然后利用商逼近原理求出定理来。

证明　任取 $\alpha > C, \forall x_0 \in A_\alpha$，有 $\mu_A(x_0) \geqslant \alpha > C$，若 $x_0 \in B_\alpha$，有 $\mu_B(x_0) \geqslant \alpha > C$，得 $\min(\mu_A(x_0), \mu_B(x_0)) \geqslant \alpha > C = \sup_x\{\min(\mu_A(x), \mu_B(x))$，矛盾，得 $\forall \alpha > C, A_\alpha \cap B_\alpha = \varnothing$，由欧氏空间的凸集的分离定理得，$A_\alpha, B_\alpha$ 是超平面可分。

再证 $\forall \alpha < C$，有 $A_\alpha \cap B_\alpha \neq \varnothing$ 成立即可。由 C 的定义得，存在 $x_0 \in X, \varepsilon > 0$，$\alpha < C - \varepsilon < C$ 及 $C \geqslant \min(\mu_A(x_0), \mu_B(x_0)) > C - \varepsilon > \alpha$，得 $\mu_A(x_0) > C - \varepsilon > \alpha$，$\mu_B(x_0)) > C - \varepsilon > \alpha$，得 $x_0 \in A_\alpha \cap B_\alpha$，得 $A_\alpha \cap B_\alpha \neq \varnothing$。得 $C = \inf\{\alpha \mid A_\alpha \cap B_\alpha = \varnothing\}$。即分离度 $D = 1 - C$。

证毕。

从上面的证明可以看出，利用从不同粒度中进行问题求解，然后用商逼近原理来求得原问题的解，往往能大大降低求解的复杂性。

7.5　本章小结

本章简单评述了几种不同的粒计算模型，特别论述了各种模型对不确定性表示方法的异同，指出目前的粒计算中对不确定性的表示方法，基本上分为两大类：一是用隶属度函数(或是隶属度函数的某种变形)来表示对象的不确定性；另一种是用结构的粒度(商空间列的分层坐标)来表示对象的不确定性。两种方法各有优、缺点，可依据具体情况选取不同的表示方法。

最后提出，是否可用概率论中集中研究特殊隶属度函数的性质，代替研究一般的隶属度函数的方法，以降低表示的复杂性，从而克服二型模糊集计算中的瓶颈问题。

本章得到“973”项目(No. 2007CB11003)，国家自然科学基金项目(No. 61073117、No. 61175046)，安徽省自然科学基金项目(No. 11040606M145)的资助。

参 考 文 献

[1] Zadeh L A,Fuzzy Sets. Information and Control,1965,8:338-353.

[2] Pawlak Z. Rough sets. International Journal of Computer and Information Sciences, 1982, 11(5):32.

[3] 张铃,张钹. 问题求解理论及应用——商空间粒度计算理论及应用. 北京,清华大学出版社,2007.

[4] 张铃,张钹. 模糊商空间理论. 软件学报,2003,14(4): 770-776.

[5] Zhang L, Zhang B. The theory and application of tolerance relations. International Journal of Granular Computing, Rough Sets and Intelligent Systems, 2009,1(2):179-189.

[6] Zhang L, Zhang B. Fuzzy tolerance quotient spaces and fuzzy subsets. Science China, Information Sciences, 2010,53(4):704-714.

[7] Zadeh L A. Fuzzy sets and information granulation. Advances in Fuzzy Set Theory and Applications. Amsterdam: North-Holland Publishing, 1979.

[8] Hobbs J R. Granularity. Proceedings of the Ninth International Joint Conference on Artificial Intelligence, Los Angeles, CA, 1985.

[9] Lin T Y. Neighborhood systems and relational database. Proceedings of CSC'88, New York,1988.

[10] Lin T Y. Granular Computing on Binary Relations I:Data Mining and Neighborhood Systems, II: Rough Set Representations and Belief Functions, Rough Sets in Knowledge Discovery. New York: Physica-Verlag,1998:107-140.

[11] Lin T Y. Data mining: granular computing approach methodologies for knowledge discovery and data mining. Proceedings of PA KDD'99, London,1999.

[12] Lin T Y. Granular computing: fuzzy logic and rough sets//Computing with Words in Information Intelligent Systems. New York:Physica-Verlag, 1999.

[13] Lin T Y. Data mining and machine oriented modeling: a granular computing approach. Journal of Applied Intelligence, 2000,13 (2):113-124.

[14] Lin T Y. Granular computing: structures, representations, applications and future directions. The Proceedings of 9th International Conference, RSFD GrC 2003,Beijing,2003.

[15] Lin T Y. Granular computing rough set perspective. The Newsletter of the IEEE Computational Intelligence Society, 2005,2 (4) :1543 - 4281.

[16] Lin T Y. Granular computing: a problem solving paradigm. The Proceedings of the 2005 IEEE International Conference on Fuzzy Systems. London,2005.

[17] Zadeh L A. Towards a theory of fuzzy information granulation and its centrality in human reasoning and fuzzy logic. Fuzzy Sets and Systems, 1997,19: 111-127.

[18] Yao Y Y. Relational interpretations of neighborhood operators and rough set approximation operators. Information Sciences, 1998, 111:239-259.

[19] Yao Y Y. Rough sets, neighborhood systems, and granular computing. Proceedings of the 1999 IEEE Canadian Conference on Electrical and Computer Engineering,Sydney,1999.

[20] Yao Y Y. Granular computing using neighborhood systems, advances in soft computing: engineering design and manufacturing. The 3rd Online World Conference on Soft Computing (WSC3), London, 1999.

[21] Yao Y Y. A partition model of granular computing. LNCS Transactions on Rough Sets, 2004 (1): 232- 253.

[22] Yao Y Y. Stratified rough set s and granular computing. Proceedings of the 18th International Conference of the North American Fuzzy Information Processing Society, New York, 1999.

[23] Yao Y Y. Information granulation and rough set approximation. International Journal of Intelligent Systems, 2001,16 (1): 87-104.

[24] Yao Y Y. Granular computing for data mining. Proceedings of SPIE Conference on Data Mining, Intrusion Detection, Information Assurance, and Data Networks Security, Kissimmee, USA, 2006.

[25] Chen Y H, Yao Y Y. Multiview intelligent data analysis based on granular computing. Proceedings of 2006 IEEE International Conference on Granular Computing, Shanghai, 2006.

[26] Yao Y Y. Three perspectives of granular computing. Journal of Nanchang Institute of Technology, 2006, 25 (2) : 16-21.

[27] 苗夺谦,刘财辉,王睿智. 粒计算中的不确定性分析//苗夺谦. 不确定性与粒计算. 北京:科学出版社,2011.

[28] 苗夺谦,范世栋. 知识的粒度计算及其应用. 系统工程理论与实践,2002(1):48-56.

[29] 王国胤,张清华,胡军. 粒计算研究综述. 智能系统学报,2007,2(6):18.

[30] 陈万里. 基于商空间理论和粗糙集理论的粒计算模型研究. 安徽: 安徽大学,2005.

[31] 郑征. 相容粒度空间模型及其应用研究. 北京: 中国科学院研究生院, 2006.

[32] Atanassov K. Intuitionistic fuzzy sets. Fuzzy Sets Syst, 1986, 20: 87-96.

[33] Shafer G. A Mathematical Theory of Evidence. Princeton: Princeton University Press, 1976.

[34] Demster A P. Upper and lower probabilities induced by a multivalued mapping. Ann Math Statist, 1967, 38: 325-329.

[35] 刘玉超,李德毅. 基于云模型的粒计算//苗夺谦. 不确定性与粒计算. 北京:科学出版社,2011.

[36] 李德毅,孟海军,史雪梅. 隶属云和隶属云发生器. 计算机研究与发展,1995,32(6):16-21.

[37] Zadeh L A. The concept of a linguistic variable and its application to approximate reasoning - 1. Informat Sci, 1975(8): 199-249.

[38] Mendel J M. Type-2 fuzzy sets: some questions and answers. IEEE Connect Newslett IEEE Neural Networks Soc, 2003(1): 10-13.

[39] Mendel J M, John R L. Advances in type-2 fuzzy systems made simple. IEEE Trans on Fuzzy Systems, 2002, 10: 117-127.

[40] Mendel J M, John R I, Liu F. Interval type fuzzy logic systems made simple. IEEE Trans On Fuzzy Systems, 2006, 14: 808-821.

第8章　云计算环境下层次粗糙集模型约简算法

苗夺谦　钱　进

同济大学　计算机科学与技术系

粒计算(granular computing,GrC)[1-11]是近十年人工智能领域的一个新的研究热点。它以姚一豫教授提出的粒计算三元论[3](多视角、多层次粒结构和粒计算三角形)为基本研究框架,阐述哲学、方法论和计算模式三个侧面,用来指导人们进行结构化问题求解和机器问题求解。粒计算是一种粒化的思维方式及方法论,是一种新的信息处理模式,而这种模式是粒化及分层思想在机器问题求解中的具体实现。目前,粒计算的三个主要模型为粗糙集模型[12-16]、模糊集模型[1,17]和商空间模型[10]。

粗糙集模型是粒计算的主要模型之一,它利用等价类来描述粒,利用不同等价关系划分论域所得到的块表示不同的概念粒度。目前,经典粗糙集模型已经在机器学习、数据挖掘、电力系统等方面得到了广泛的应用。尽管如此,经典粗糙集模型仍然存在两个问题。一方面,经典粗糙集及其扩展理论大多数是从多角度(属性)、单层次(单层属性值域)进行问题求解,而没有体现从多角度、多层次进行问题求解的粒计算思想。于是,不少学者[18-22]在粒计算思想指导下开始注重这方面的研究。Hong 等学者[19]利用概念层次树来表示属性值域,并构建了一种获取不同层次的确定性和可能性规则的学习算法。Feng 和 Miao 等学者[21]将多维数据模型和粗糙集技术相结合,提出了挖掘不同层次决策规则的方法。Wu 和 Leung 等学者[22]引入多尺度信息表,在不同粒度下挖掘层次决策规则。

另一方面,经典粗糙集模型是假设数据集能够一次性装入内存中,当遇到大规模数据集时,在单台计算机上所实现的约简算法[23-31]就显得无能为力。对于大数据集,通过抽样技术可以获得较小的样本数据,从而进行知识约简,但是样本数据并不能保证代表整个数据集或满足假设空间。传统的并行属性约简算法[32]主要用来计算最小属性约简,也只能处理小数据集。文献[33]提出了并行约简概念,将大规模数据划分为若干个子决策表,然后分别对各个子决策表计算正区域个数,选择一个最优候选属性,重复这个过程,从而获取约简。然而,对于不一致决策表,该方法并不能保证对各个子决策表计算正区域与对整个决策表计算正区域是等价的,因为在各个子决策表上计算等价类时并不交换信息,而且它也无法计算较大的子决策表。

云计算(cloud computing)是近几年新提出的一种商业计算模型，是分布式计算、并行计算和网格计算的发展。云计算先行者之一的 Google 公司提出了一个具有海量数据存储和访问能力的大型分布式文件系统 GFS(Google File System)[34]，同时提供了一种处理海量数据的并行编程模式 MapReduce[35]，这为海量数据挖掘提供了一个可行的解决方案。云计算技术已经初步应用于机器学习领域[36-37]，但至今还没有真正应用到知识约简算法中。

为此，我们从人的认知出发，分析了先验知识在粒计算中的重要性，以粗糙集理论为背景，从不同层次、不同角度来构建层次粗糙集模型，分析了不同概念层次结构下的粒间关系，提出了一种云计算环境下层次粗糙集模型约简算法，从而解决了面向大规模数据集知识约简中存在的问题。

8.1　层次粗糙集模型

8.1.1　引言

众所周知，人类经常需要在不同粒层之间进行切换来处理问题，但粒计算却是人工智能领域中的一种新模型和新方法。Zadeh[1] 在 1979 年首次引入信息粒度化的概念，并于 1996 年提出词计算理论，认为人类的认知可以概括为信息粒度化、信息组织和因果推理等这些能力；Pawlak[12-13] 于 1982 年提出粗糙集理论，可以利用它有效地表示不确定或不精确的知识，并进行推理；Hobbs[38] 于 1985 年提出粒度理论，指出在不同粒度上概念化世界的能力和在不同粒度世界转换的能力是人类智能的基础；Mccalla[39] 等于 1992 年指出，人的感知得益于人可以在不同的粒度层次上分析问题，并在不同粒层间转换；Love[40] 于 2000 年也注意到人可以在多个抽象层次上频繁地使用和获取知识；姚一豫[3] 于 2010 年提出用粒三角形来理解粒计算。由此可见，粒计算作为一种思维方式，反映了人类在不同粒度上感知世界及在问题求解中改变粒度层次的能力。

从人解决问题的过程来看，人之所以能够在多粒度层次上求解问题并能往返自如，是与人的认知有关的，正是人的认知导致了人与机器在问题求解中的巨大差异。人类在问题求解过程中，首先，会下意识地使用与问题相关的先验知识，将问题分解成不同的层次，这样可以很容易地在多个层次上求解；其次，利用所拥有的先验知识将问题重新组织为一个“好”的问题表示，挖掘问题中潜在存在的某种层次结构，从而快速有效地求解问题；最后，人脑的问题求解机制是在人的记忆中搜索以前存储的与待求解问题相关的答案，从而表明人是依赖先验知识进行问题求解的。为此，有必要在粒计算思想指导下探讨如何组织先验知识，挖掘问题中潜在存在的层次结构。

8.1.2 概念层次

人脑中一般储存很多方面的领域知识，但在具体的问题求解过程中，只有一小部分知识与待求解的问题相关。在求解问题时，只需提取出这部分相关的先验知识，然后根据问题求解的需要，将这些知识重新组织为层次嵌套结构[41-42]。

下面为先验知识提供一种嵌套的层次组织方式。将与待求解问题相关的单角度、多层次的先验知识组织为一个概念层次，将与待求解问题相关的多角度、多层次的先验知识组织为一个概念格。概念是人类思维的基本单位，它对人们理解世界起着非常重要的作用，而且不同的概念结构将会提供不同质量的知识。人们对自己熟悉领域的概念有着很强的概念聚类能力，不仅能将每个概念与许多其他概念建立关联，而且能清楚地理解概念间的层次结构。

目前，所提出的知识发现算法都是从原始数据中挖掘潜在的有价值的具体知识，而不能挖掘出更泛化、支持度更高的一般性知识。在现实世界中，数据通常可以被抽象到不同的概念层次上。将数据从较低层次抽象到更高层次上，不仅更加容易存储和表示数据，而且能够挖掘出一般性知识。因此，非常有必要在更高的抽象层上进行知识发现。

由于概念层次在知识表示和推理方面扮演着重要的角色，下面具体探讨概念层次。为了简化，本节约定用树形结构表示概念层次(concept hierarchy)，因此称之为概念层次树(concept hierarchy tree)。

在一个概念层次树中，每个结点表示一个概念，边表示概念间的偏序关系。概念层次以简洁的形式表示知识。正如 Pedrycz 指出粒计算是信息处理的金字塔，概念层次树也有着类似金字塔的形式，如较低层有多个结点，这些结点表示较具体的概念；较高层有较少的结点，这些结点表示较抽象的概念。换句话说，粒度化过程就是将数据如何从较低层次抽象到更高层次的转换过程。自 1993 年以来，Han 等学者[42-46]将概念层次作为重要的背景知识正式应用于数据挖掘。

在一些应用中，不同抽象程度的属性取值之间具有内在的偏序关系，呈现一定的层次性。例如，属性“时间”，其取值为日、月、季、年，这些值之间具有偏序关系、存在一定的层次嵌套结构。通过概念提升，很容易把分类数据提升为更泛化的抽象概念。再比如“学历”属性，可以组织为如图 8-1 所示的概念层次树。

在概念层次树中，属性值间的偏序关系反映了属性值(概念)间确定的泛化—特化关系。其中叶节点是给定决策表中的实际属性值，每个内节点是由它的子节点抽象概括得到的属性值。在决策表中，各属性的每个属性值确定一个等价类，因此每个叶节点确定一个等价类，每个内节点确定的等价类由它子节点等价类的合并而得，且父节点与子节点间是超概念与子概念的关系。在概念层次树中，我们约定根节点所在的层

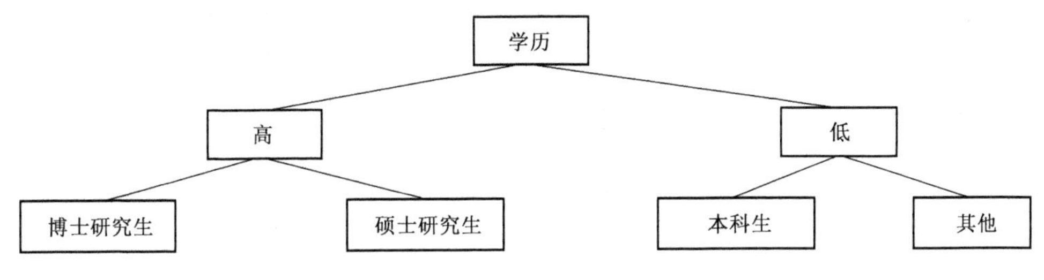

图 8-1　“学历”的概念层次树

次为 0 层，自上向下层标号逐层递增，直到叶节点为止，叶节点所在的层次称为概念树的层次或树的深度。

由于树形结构是有层次的，因此将属性值域粒度化为树形结构后，可以在多个抽象层次上处理数据。另外，在概念层次树中，每个高层（较抽象层）节点是由多个低层（较具体层）节点抽象得到的，当各属性沿着各自的概念层次树向上爬升时，属性值的数目就大大减少，相应的数据表的规模也大大减小，因此可以将一个大的、具体的数据集转化为一个小的、概括的数据集。

概念层次树的构建可以通过对属性值域粒度化来完成，当然在粒度化过程中要结合领域知识或者听取专家的指导意见。另外，有些学者[47-48]对此问题也已有研究。Zhang[48]提出的隐结构模型与概念层次树类似，隐结构模型也具有在多个层次上分析数据的能力，因此可以借鉴隐结构的构建方法来构造概念层次树。属性值域粒度化的过程也可以看成是属性值聚类的过程，因此有学者提出通过聚类方法构建概念层次树[49]。在属性值域粒度化过程中，可能会丢失一些细节信息，但粒度化后的数据更有意义，更容易解释，数据量也大大减少了，这样更有利于把握数据的全局，而不至于陷入一些不必要的细节中。在粒度化后的数据上进行数据处理，与在大的、未粒度化的数据上的数据处理相比，所需操作更少，提取的知识更有效。下文仅介绍基于云模型的概念层次树及概念提升相关知识[11,50-52]。

8.1.3　基于云模型的概念提取及概念提升

在许多应用中，出现一些数值型的属性。由于数据分布较分散，而且数据量通常很大，如果直接在原始数据上操作不仅计算复杂性高，而且很难提取出有价值的信息，而在较高的抽象层上进行挖掘，可能获得更具有普遍意义的知识。例如属性“年龄”，假设限定人的年龄为 0～100 间的整数，相对而言，该属性取值个数较多，它们很难反映数据的全局特征。传统的离散化方法，如等距离区间法和等频率区间法，可以将数值离散化为区间，比如将属性“年龄”的取值粒度化为：青少年（0～20）、青年（21～35）、中年（36～50）、老年（51～100），从而构建概念层次树。但这些离散化方法都没有考虑实际的数据分布情况，也无法反映从实际数据中抽取的定性概念的不确定性，其主要存在以下问题：首先，概念层次树中不同概念对应的数值区间界限分明，无法展现概念中所存在的模糊性；其次，概念树的树形结构无法反映一个属性值或概念同时隶属于多个上层概念的情况；再次，概念树是静态定义的，而在认知过程中概念具有相对性，不同应用场合所建立的概念树应该是不同的。因此，需要一种新的概念树来表示概念间的层次结构。

1. 基于云模型的概念提取

为了表示概念间的层次，可以用云模型来构造具有不确定性的泛化概念树。云模型[50]是李德毅院士提出的一种定性定量转换模型，该模型用语言值表示某个定性概念与其定量表示之间的不确定性，已经在智能控制、模糊评测等多个领域得到应用。云模型是集成概率论和模糊集合论两种理论，通过特定构造算法，统一刻画概念的随机性、模糊性及其关联性。它是定性概念与定量数值之间转换的不确定性模型，不但能够从语言值表达的定性信息中获得定量数据的范围和分布规律，也能够把精确数值有效转换为恰当的定性语言值。云模型不需要先验知识，它可以从大量的原始数据中分析其统计规律，实现从定量值向定性概念的转化。

定义 8-1[11]（云模型）　设 U 是一个用数值表示的定量论域，C 是 U 上的定性概念，若定量值 $x\in U$ 是定性概念 C 的一次随机实现，x 对 C 的确定度 $\mu(x)\in[0,1]$ 是有稳定倾向的随机数，$\mu:U\to[0,1]$，$\forall x\in U$，$x\to\mu(x)$，则 x 在论域 U 上的分布称为云，记为 $C(X)$。每一个 x 称为一个云滴。

定义中的论域 U 可以是一维的，也可以是多维的。云模型具有以下性质：

(1)对于任意一个 $x\in U$，x 到区间[0, 1]上的映射是一对多的变换，与模糊集不同，x 对 C 的确定度是一个概率分布，而不是一个固定的数值。

(2)云模型产生的云滴之间无次序性，一个云滴是定性概念在数量上的一次实现，云滴越多，越能反映这个定性概念的整体特征，云滴形成的“高斯云分布”具有尖峰肥尾特性。

(3)云滴出现的概率越大，云滴的确定度越大，则云滴对概念的贡献大。为了更好地理解云，可以借助(x, μ)的联合分布表达定性概念 C。

云模型是利用语言值来表示定性概念与其定量表示之间的不确定性转换模型，用以反映自然语言中概念的不确定性，是从经典的概率理论给出模糊隶属度的解释。云模型用期望 Ex(expected value)、熵 En(entropy)和超熵 He(hyper entropy)三个数字特征来反映定性概念整体特征。期望 Ex 是论域空间中最能代表这个定性概念的数值，熵 En 反映了在论域中可被概念接受的数域范围，超熵 He 是熵不确定性的度量，即熵的熵。

如图 8-2 所示，横坐标是人的年龄，纵坐标是每个年龄对“青年”这一概念的隶属度。

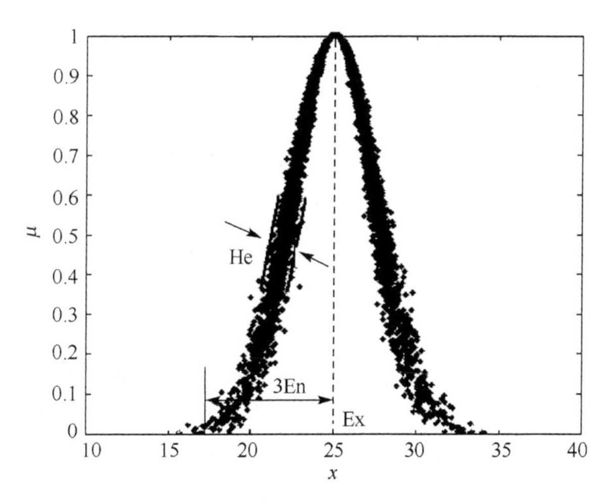

图 8-2　用云模型刻画“青年”的概念

如何将数值型数据转换为定性概念,则可以使用逆向云发生器算法。它是根据一定数量的数据样本的分布特征,将其转换为以数字特征表示的定性概念,是从外延到内涵的过程。下面,仅介绍根据一阶绝对中心矩和方差计算的逆向云发生器算法。

算法 8-1[11]　RCG1(x_i)

输入:输入 N 个样本点 $x_i, i=1,\cdots,N$。

输出:反映定性概念的数字特征(Ex,En,He)。

算法步骤:

(1)根据 x_i 计算定量数据的样本均值 $\bar{X}=\frac{1}{N}\sum_{i=1}^{N}x_i$,一阶样本绝对中心矩 $\frac{1}{N}\sum_{i=1}^{N}|x_i-\bar{X}|$,样本方差(二阶中心距):$c_2=\frac{1}{N-1}\sum_{i=1}^{N}(x_i-\bar{X})^2$;

(2)计算期望 $\mathrm{Ex}=\bar{X}$,熵 $\mathrm{En}=\sqrt{\frac{\pi}{2}}\times\frac{1}{N}\sum_{i=1}^{N}|x_i-\bar{X}|$,超熵 $\mathrm{He}=\sqrt{c_2-\mathrm{En}^2}$。

通过逆向云发生器算法,可以得到一系列云模型表示的原子概念。

2. 基于云变换的概念提升

基于云模型的粒计算方法一方面可以通过逆向云发生器将一类数据样本抽象成概念作为基本信息粒,通过概念的内涵代替概念的外延进行推理计算,更符合人类的逻辑思维。另一方面针对不同类的混合数据样本,利用高斯混合模型的思想,构建云变换算法,从数据分布出发,抽取出不同粒度的概念,同时,构建云综合算法对距离相近的概念进行合并,实现概念粒度爬升,从而形成人类认知推理中的可变粒计算。

所谓云变换(cloud transform),就是从某一论域的实际数据分布中恢复其概念描述的过程,是从一个定量描述到定性描述的转换过程。具体来说,给定论域上的语言变量,总可以将其视为由一系列云模型表示的原子概念组成。从数据挖掘的角度看,云变换是从某个粗粒度概念的某一属性的实际数据分布中抽取更细粒度概念。高频率出现的数据值对定性概念的贡献大于低频率出现的数据值。因此,可以将数据频率分布中的局部极大值点视为概念的中心,即云模型的期望。而后在原分布中减去该定性概念对应的数值部分,再寻找局部极大值点,重复上述过程,直到剩余的数据出现频率低于预先设定的阈值。

云变换实现连续数据的离散化,充分考虑了实际数据的分布,可以更好地从连续数据分布中提取定性概念。在泛化概念树中,同一层次的各个概念之间的区分不是硬性的,允许一定的交叠;概念抽取层次也是不确定的,既可以从底层逐层抽取概念,也可以直接跃层抽取上层概念。云变换方法根据属性域中数据值的分布情况,自动生成一系列由云模型表示的基本概念,实现对论域的软划分。在知识发现过程中,可以将这些基本概念作为泛化概念树的叶结点,进行概念提升。概念提升的主要策略[51]如下:

(1)用户预先指定跃升的概念粒度,即根据用户指定的概念个数进行概念跃升。

(2)自动跃升,即不预先指定要跃升的概念粒度,而是根据泛化概念树的具体情况以及人类认知心理学的相关特点,挖掘过程自动将概念跃升到合适的概念粒度。

(3)人机交互式地跃升,即用户根据挖掘的结果多次干预并具体指导概念的跃升,整个挖掘过程中,概念的粒度交互式地跃升,直至达到用户满意的概念层次。

通过云变换和云综合,可以将较低层次的概念合并为一个较高层次的综合概念,从而构建一个概念层次树[52]。如何构建概念层次树是一个复杂的过程,需根据属性取值并结合领域知识来构建。下文不涉及概念层次树的构建问题,假定各属性的概念层次树均已给出,如图 8-3 所示。

8.1.4 层次粗糙集模型

将经典粗糙集中的每个属性扩展为一棵概念层次树,得到一个粗糙集的扩展模型——层次粗糙集模型。该模型能有效地实现从多角度、多层次上分析和处理问题,是一个具体的、可操作的粒计算模型。

当决策表中各属性的概念层次树给定后,就可以根据问题求解的需要来选择任意的属性层次,每一组选定的各属性概念层次唯一确定一个决策表(该决策表可看做是给定决策表的一个概要表),随着各属性概念层次选择的不同,可以得到具有不同抽象程度的决策表,因而在这些决策表上提取的知识也就具有不同的抽象程度。可以证明所有这些具有不同抽象程度的决策表形成了一个格,而且经典粗糙集的所有概念及运算在格中每一层的每个决策表上完全适用。

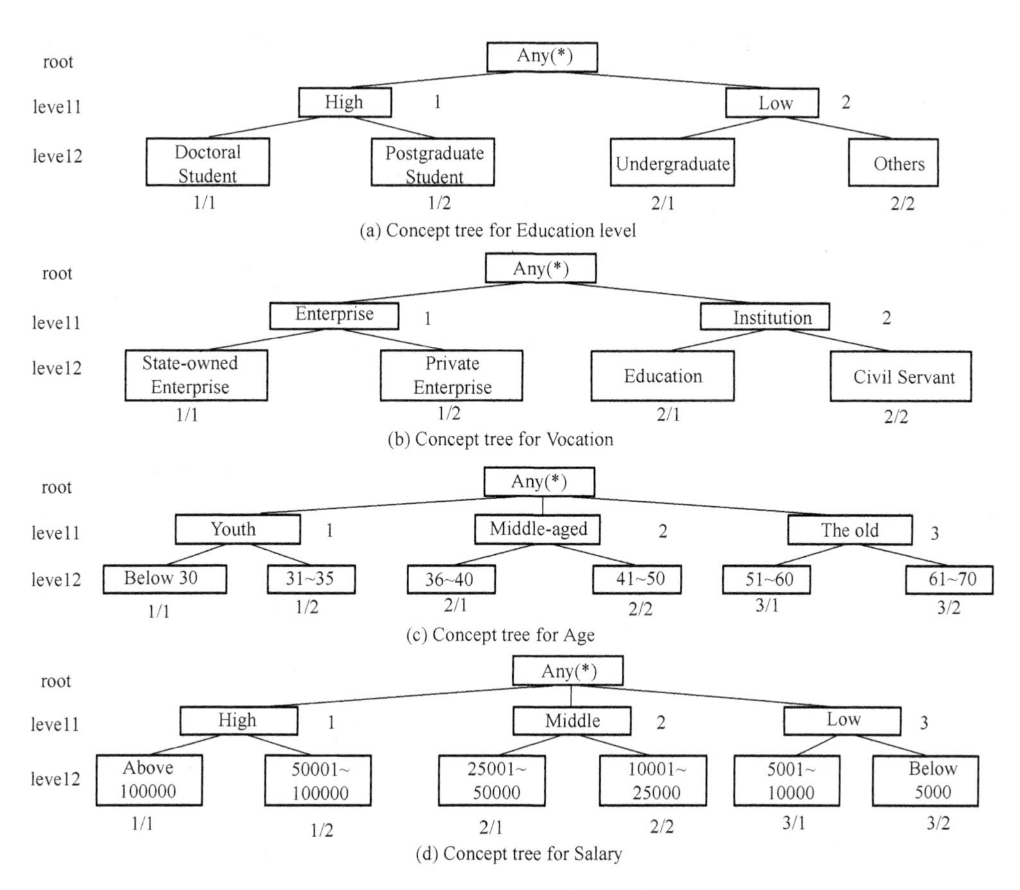

图 8-3　各属性的概念层次树

1. *层次决策表*

定义 8-2(决策表)　四元组 $S=(U, At=C\cup D, \{V_a \mid a\in At\}, \{I_a \mid a\in At\})$是一个决策表，其中 $U=\{x_1, x_2, \cdots, x_n\}$表示对象的非空有限集合，称为论域；$C=\{c_1, c_2, \cdots, c_m\}$表示条件属性的非空有限集，D 表示决策属性的非空有限集，$C\cap D=\varnothing$；V_a 是属性 $a\in At$ 的值域；$I_a: U\rightarrow V_a$ 是一个信息函数，它为每个对象赋予一个信息值。每一个属性子集 $A\subseteq C\cup D$ 决定了一个二元不可区分关系 IND(A)：

$$\mathrm{IND}(A)=\{(x,y)\in U\times U \mid \forall a\in A, I_a(x)=I_a(y)\}$$

关系 IND(A)构成了 U 的一个划分，用 $U/\mathrm{IND}(A)$表示，简记为 U/A。U/A 中的任何元素 $[x]_A=\{y \mid \forall a\in A, I_a(x)=I_a(y)\}$称为等价类。

定义 8-3[21](层次决策表)　令 $S=(U, At=C\cup D, \{V_a \mid a\in At\}, \{I_a \mid a\in At\})$是一个决策表，则 $S_H=(U, At=C\cup D, V_H, H_{At}, I_H)$是由 S 导出的层次决策表，其中 $H_{At}=\{H_a \mid a\in At\}$，$H_a(a\in At)$是属性 a 的概念层次树，其中根节点

为属性 a 的名称，可代表任意值(*)，叶节点为 a 的可观测到的值或在原始层决策表中的值，内节点为属性 a 不同粒度下的属性值。$V_H = \bigcup_{a \in A} V_a^{\text{range}}$，$V_a^{\text{range}}$ 表示属性 a 在不同抽象层次的所有取值。

从定义 8-3 可以看出，层次决策表是在原始决策表基础上将每个属性扩展成了一棵概念层次树，因而每个属性的值域也相应地得到了扩充。

假设各属性的概念层次树均已给定，当各属性沿各自的概念层次树爬升到不同抽象层时，这些属性的值域就发生了变化，相应的决策表的论域也发生了变化，信息函数也发生了变化，决策表也发生了变化。决策表的各属性值域的一组抽象层次组合唯一确定一个决策表，因此可以用各属性值域的抽象层次来标记一个决策表。

对给定的决策表 $S = (U, \text{At} = C \cup D, \{V_a \mid a \in \text{At}\}, \{I_a \mid a \in \text{At}\})$，其中 $C = \{c_1, c_2, \cdots, c_m\}$ 为条件属性集，当其条件属性值域均处于各自概念树的叶节点层时，记对应的决策表为 $S_{\underbrace{l(c_1)l(c_2)\cdots l(c_m)}_{m}l(d)} = \left(U_{\underbrace{l(c_1)l(c_2)\cdots l(c_m)}_{m}l(d)}, \text{At} = C \cup D, V^{\underbrace{l(c_1)l(c_2)\cdots l(c_m)}_{m}l(d)}, I^{\underbrace{l(c_1)l(c_2)\cdots l(c_m)}_{m}l(d)} \right)$，称为原始决策表，$U_{\underbrace{l(c_1)l(c_2)\cdots l(c_m)}_{m}l(d)}$ 表示原始决策表的论域，C 为条件属性集，D 为决策属性，$V^{\underbrace{l(c_1)l(c_2)\cdots l(c_m)}_{m}l(d)}$ 表示原始决策表的值域，$I^{\underbrace{l(c_1)l(c_2)\cdots l(c_m)}_{m}l(d)}$ 表示原始决策表的信息函数。类似地，对概念提升后得到的决策表，给出如下记号：$S_{k_1k_2\cdots k_mk_d} = (U_{k_1k_2\cdots k_mk_d}, \text{At} = C \cup D, V^{k_1k_2\cdots k_mk_d}, I^{k_1k_2\cdots k_mk_d})$，称为第 $(k_1, k_2, \cdots, k_m, k_d)$ 个决策表，$U_{k_1k_2\cdots k_mk_d}$ 表示第 $(k_1, k_2, \cdots, k_m, k_d)$ 个决策表的值域，即属性 c_1 取其概念层次树的第 k_1 层值域，c_2 取其概念层次树的第 k_2 层值域，…，c_m 取其概念层次树的第 k_m 层值域，决策属性 D 取其概念层次树的第 k_d 层值域。$V^{k_1k_2\cdots k_mk_d}$ 表示第 $(k_1, k_2, \cdots, k_m, k_d)$ 个决策表的值域，$I^{k_1k_2\cdots k_mk_d}$ 表示第 $(k_1, k_2, \cdots, k_m, k_d)$ 个决策表的信息函数。

例 8-1 给出一个决策表如表 8-1 所示，各属性的概念层次树如图 8-3 所示，则第(1,1,2,1)个决策表如表 8-2 所示。

表 8-1 原始数据集

U	Age	Education level	Occupation	Salary
1	Below 30	Postgraduate Student	State-owned Enterprise	10001～25000
2	Below 30	Others	Civil Servant	5001～10000
3	31～35	Postgraduate Student	State-owned Enterprise	10001～25000
4	36～40	Postgraduate Student	Private Enterprise	25001～50000
5	41～50	Undergraduate	Education	25001～50000
6	51～60	Others	Private Enterprise	Below 5000
7	41～50	Doctoral Student	State-owned Enterprise	25001～50000
8	36～40	Postgraduate Student	Private Enterprise	10001～25000
9	61～70	Postgraduate Student	State-owned Enterprise	Above 100000
10	41～50	Undergraduate	Education	50001～100000

表 8-2　第(1,1,2,1)个决策表

U	Age	Education level	Occupation	Salary
{1,3}	Youth	High	State-owned Enterprise	Middle
2	Youth	Low	Civil Servant	Low
{4,8}	Middle-aged	High	Private Enterprise	Middle
5	Middle-aged	Low	Education	Middle
6	The old	Low	Private Enterprise	Low
7	Middle-aged	High	State-owned Enterprise	Middle
9	The old	High	State-owned Enterprise	High
10	Middle-aged	Low	Education	High

对于表 8-1 和表 8-2,很难看出两个表之间的关系,而且当获取其他决策表时,需要再次扫描各个属性的概念层次树,从而进行不同层次决策表之间的切换。因此,对原始决策表进行编码,从而轻松获取不同层次决策表。

2. *层次编码决策表*

在概念层次树中,每层可以用数字进行标识。通常,根节点的层号标为 0,而其他节点的层号由父节点的层号加 1 构成。在这种情况下,可以使用整数编码模式对每层上的概念进行编码[53]。对于层 k 上概念 v,从根节点开始遍历直至到概念 v 所在的节点,其对应的编码字符串为"$*/l_1/l_2/\cdots/l_k$",l_i 为层 i 上概念所对应数字,"/"为分隔符。当一个概念向上提升到根节点时,意味着该属性只有一个值,这时该属性在决策中没有意义。因此,我们顶多把概念提升到第 1 层。在不引起混淆的情况下,可将"$l_1/l_2/\cdots/l_k$"记为 $l_1l_2\cdots l_k$。例如,在图 8-3(a)中,属性 Education level 概念层次树中叶节点 Postgraduate Student 就可以编码为 1/2 或者 12。当进行概念提升时,只需要将后面的用"*"表示,或直接截取掉,比如属性 Education level 向上进行概念提升,概念层次树中内节点 High 就可以编码为 1* 或 1。这样,可以很容易看出内节点 High 和叶节点 Postgraduate Student 之间的关系。

例 8-2　利用编码技术对原始决策表进行编码,其编码决策表及其对应的不同层次编码决策表如图 8-4 所示。

3. *相关性质*

对于层次粗糙集模型,可以得到以下相关性质。

性质 8-1　给定第$(i_1,i_2,\cdots,i_m,i_d)$个决策表和第$(j_1,j_2,\cdots,j_m,j_d)$个决策表,记它们的正区域分别为 $POS_{(i_1,i_2,\cdots,i_m,i_d)}$ 和 $POS_{(j_1,j_2,\cdots,j_m,j_d)}$,如果 $i_p\leqslant j_p\ (p=1,2,\cdots,m)$ 和 $i_d=j_d$,则 $|POS_{(i_1,i_2,\cdots,i_m,i_d)}|\leqslant|POS_{(j_1,j_2,\cdots,j_m,j_d)}|$。

性质 8-1 表明当决策属性的粒度层不变,各个条件属性的粒度层提升时,其正区

(1112)-决策表

U	c_1	c_2	c_3	d
{1,3}	1*	1*	1*	22
2	1*	2*	2*	31
{4,7}	2*	1*	1*	21
5	2*	2*	2*	21
6	3*	2*	1*	32
8	2*	1*	1*	22
9	3*	1*	1*	11
10	2*	2*	2*	12

(1122)-决策表

U	c_1	c_2	c_3	d
{1,3}	1*	1*	11	22
2	1*	2*	22	31
4	2*	1*	12	21
5	2*	2*	21	21
6	3*	2*	12	32
7	2*	1*	11	21
8	2*	1*	12	22
9	3*	1*	11	11
10	2*	2*	21	12

(2212)-决策表

U	c_1	c_2	c_3	d
1	12	11	1*	22
2	11	22	2*	31
3	12	12	1*	22
4	21	12	1*	21
5	22	21	2*	21
6	31	22	1*	32
7	22	11	1*	21
8	21	12	1*	22
9	32	12	1*	11
10	22	21	2*	12

(2222)-决策表

U	c_1	c_2	c_3	d
1	12	11	11	22
2	11	22	22	31
3	12	12	11	22
4	21	12	12	21
5	22	21	21	21
6	31	22	12	32
7	22	11	11	21
8	21	12	12	22
9	32	12	11	11
10	22	21	21	12

(1111)-决策表

U	c_1	c_2	c_3	d
{1,3}	1*	1*	1*	2*
2	1*	2*	2*	3*
{4,7,8}	2*	1*	1*	2*
5	2*	2*	2*	2*
6	3*	2*	1*	3*
9	3*	1*	1*	1*
10	2*	2*	2*	1*

(1121)-决策表

U	c_1	c_2	c_3	d
{1,3}	1*	1*	11	2*
2	1*	2*	22	3*
{4,8}	2*	1*	12	2*
5	2*	2*	21	2*
6	3*	2*	12	3*
7	2*	1*	11	2*
9	3*	1*	11	1*
10	2*	2*	21	1*

(2211)-决策表

U	c_1	c_2	c_3	d
1	12	11	1*	2*
2	11	22	2*	3*
3	12	12	1*	2*
{4,8}	21	12	1*	2*
5	22	21	2*	2*
6	31	22	1*	3*
7	22	11	1*	2*
9	32	12	1*	1*
10	22	21	2*	1*

图 8-4　不同层次编码决策表

域个数变少。更一般地，可以得到$|\mathrm{POS}_{(1,1,\cdots,1,i_d)}| \leqslant \cdots \leqslant |\mathrm{POS}_{(i_1,i_2,\cdots,i_m,i_d)}| \leqslant \cdots \leqslant |\mathrm{POS}_{(l(c_1),l(c_2),\cdots,l(c_m),i_d)}|$。从图 8-4 可以看出，$|\mathrm{POS}_{(1,1,2,2)}| = 6$，$|\mathrm{POS}_{(1,1,1,2)}| = 5$，则$|\mathrm{POS}_{(1,1,1,2)}| \leqslant |\mathrm{POS}_{(1,1,2,2)}|$。

性质 8-2　给定第$(i_1,i_2,\cdots,i_m,i_d)$个决策表和第$(j_1,j_2,\cdots,j_m,j_d)$个决策表，记它们的正区域分别为$\mathrm{POS}_{(i_1,i_2,\cdots,i_m,i_d)}$和$\mathrm{POS}_{(j_1,j_2,\cdots,j_m,j_d)}$，如果$i_p = j_p\ (p=1,2,\cdots,m)$和$i_d \leqslant j_d$，则$|\mathrm{POS}_{(i_1,i_2,\cdots,i_m,i_d)}| \geqslant |\mathrm{POS}_{(j_1,j_2,\cdots,j_m,j_d)}|$。

性质 8-2 表明当各个条件属性的粒度层不变，决策属性的粒度层提升时，其正区域个数变大。更一般地，可以得到$|\mathrm{POS}_{(i_1,i_2,\cdots,i_m,1)}| \geqslant \cdots \geqslant |\mathrm{POS}_{(i_1,i_2,\cdots,i_m,i_d)}| \geqslant \cdots \geqslant |\mathrm{POS}_{(i_1,i_2,\cdots,i_m,l(d))}|$。从图 8-4 可以看出，$|\mathrm{POS}_{(1,1,2,2)}| = 5$，$|\mathrm{POS}_{(1,1,2,1)}| = 8$，则$|\mathrm{POS}_{(1,1,2,1)}| \geqslant |\mathrm{POS}_{(1,1,2,2)}|$。

8.2　云计算技术

8.2.1　云计算介绍

随着互联网时代信息与数据的快速增长,科学、工程和商业计算领域需要处理大规模、海量的数据,对计算能力的需求远远超出自身 IT 架构的计算能力,这时就需要不断加大系统硬件投入来实现系统的可扩展性。另外,由于传统并行编程模型应用的局限性,客观上要求一种容易学习、使用、部署的新的并行编程框架。在这种情况下,为了节省成本和实现系统的可扩展性,"云计算"的概念被提了出来。云计算(cloud computing)是近几年新提出的一种商业计算模型,是分布式计算、并行计算和网格计算的发展。

云计算的基本思想是通过构建大规模的基于集群系统的数据中心,将集群中的资源(例如硬件、开发平台等)以虚拟化的形式向用户提供资源池。这些虚拟资源可以按需进行动态部署和配置,优化资源的利用率。总之,云计算是在并行分布式计算技术基础上的更高层次的"集中式"计算处理模式。因此,存储管理、数据管理、虚拟化技术、大规模并行任务调度,以及面向数据密集型计算的并行编程模型等技术构成了支撑云计算的关键技术。

云计算实际上是一种处理大规模密集型数据的并行分布式计算技术。按理说,云计算的终端用户应该无需关心分布式并行处理系统方面的细节,就可以直接享受云计算的各种服务。

8.2.2　MapReduce 技术

为了解决海量数据的存储和计算问题,Google 公司提出了分布式文件系统 GFS (Google File System)和并行编程模式 MapReduce,这为海量数据挖掘提供了基础设施,同时也给数据挖掘研究提出了新的挑战。MapReduce 是一个简单易用的软件框架,可以把任务分发到机器集群中各台计算机节点上,并以一种高容错的方式并行处理大量的数据集,实现 Hadoop 的并行任务处理功能。MapReduce 框架是由一个单独运行在主节点上的 JobTracker 和运行在集群中从节点上的 TaskTracker 共同组成的。JobTracker 调度任务给 TaskTracker,而 TaskTracker 执行任务时,会返回进度报告。当客户提交一个作业后,JobTracker 接收所提交的作业和配置信息,并将配置信息等分发给从节点,同时调度任务并监控 TaskTracker 的执行。JobTracker 记录进度的进行状况,如果某个 TaskTracker 上的任务执行失败,那么 JobTracker 会把这个任务分配给另一台 TaskTracker,直到任务执行完成。

MapReduce 是一种处理海量数据的并行编程模式，其运行模型如图 8-5 所示，图中有 m 个 Map 操作和 2 个 Reduce 操作。用户不必关注 MapReduce 如何进行数据分割、负载均衡、容错处理等细节，只需要将实际应用问题分解成若干可并行操作的子问题，设计相应的 Map 和 Reduce 两个函数，就能将自己的应用程序运行在分布式系统上。其形式如下：

$$\text{Map}:\langle \text{in\_key}, \text{in\_value}\rangle \longrightarrow \langle \text{key}_i, \text{value}_i\rangle \mid i=1,\cdots,m\}$$

$$\text{Reduce}:(\text{key}, [\text{value}_1, \cdots, \text{value}_k]) \longrightarrow \langle \text{final\_key}, \text{final\_value}\rangle$$

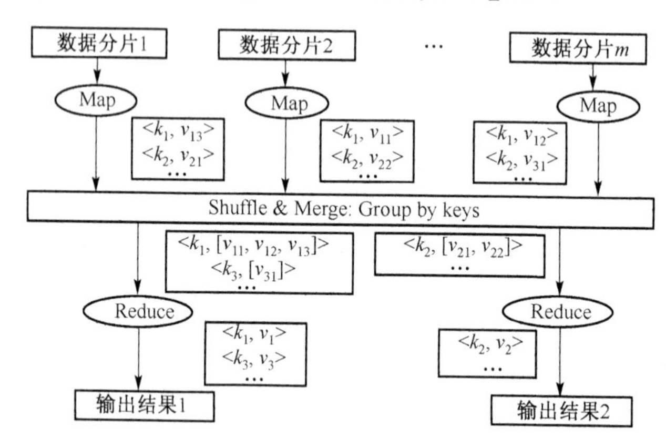

图 8-5　MapReduce 运行模型

Map 和 Reduce 的输入参数和输出结果根据应用的不同而有所不同。Map 函数接收一组输入键值对〈in_key, in_value〉，指明了 Map 需要处理的原始数据是哪些，然后通过某种计算，产生一组中间结果键值对〈key, value〉，这是经过 Map 操作后所产生的中间结果，写入本地磁盘中。在进行 Reduce 操作之前，系统已经将所有 Map 产生的中间结果进行归类处理，使得相同 key 对应的一系列 value 能够集结在一起提供给一个 Reduce 进行归并处理。Reduce 函数对具有相同 key 的一组 value 值进行归并处理，最终形成〈final_key, final_value〉。这样，一个 Reduce 处理了相同 key，所有 Reduce 的结果并在一起就是最终结果。使用 MapReduce 编程模型，设计合适的〈key, value〉键值对，就可以实现面向海量数据的知识约简算法。

8.3　云计算环境下层次粗糙集模型约简算法

8.3.1　云计算环境下知识约简算法中的并行性分析

传统的知识约简算法是先将所有数据集一次性装入到内存中，把条件属性值相同的若干个对象划分为一个等价类，然后根据属性测度公式来计算各个候选属性集的重要性，从而确定最佳候选属性集，重复上述过程，直到获得一个约简。然而，这些算法只能将小规模数据集装入内存中，无法处理海量数据。下面，着重分析云计算环境下知识约简算法中数据和任务的并行性[54]。

在一个 MapReduce 编程框架中，用户着重研究算法中可并行化操作，编写 Map 函数和 Reduce 函数来实现大规模数据并行处理。在云计算环境下知识约简算法中，主要利用 MapReduce 技术对海量数据进行分解，然后编写 Map 函数来完成不同数据块中等价类计算，Reduce 函数来计算同一个等价类中候选属性的重要性。图 8-6 显示了云计算环境下知识约简算法中并行操作策略。图 8-6(a)先在每个任务中将大规模数据划分为多个数据分片，并行计算候选属性集导出的等价类，然后根据各个任务中所计算得到的正区域(边界域)对象个数、信息熵或不可辨识的对象对个数确定最佳候选属性；图 8-6(b)先将大规模数据划分为多个数据分片，然后对每个数据分片并行计算不同的候选属性集导出的等价类(任务并行)，然后统计各个任务中正区域(边界域)对象个数、信息熵或不可辨识的对象对个数来确定最佳候选属性；图 8-6(c)是指当知识约简算法面对高维数据集时，任务并行方式将产生大规模的〈key, value〉键值对，这时可以在图 8-6(b)基础上再以数据并行方式计算候选属性集的重要性，最终确定最佳候选属性。这里所给出的云计算环境下层次粗糙集模型约简算法采用数据和任务同时并行方式。

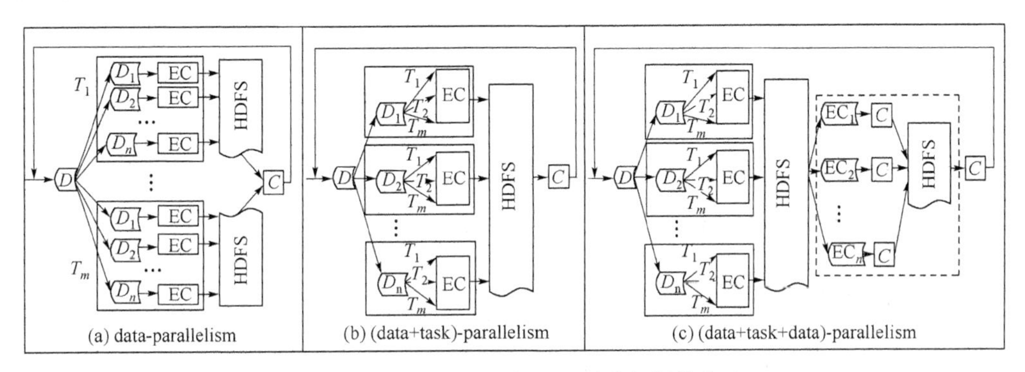

图 8-6　云计算环境下知识约简并行操作策略

8.3.2　云计算环境下计算层次编码决策表算法

众所周知，不同对象中概念是可以同时进行编码的，因此可以采用并行方式对不同的对象中各个概念进行处理。给定一个决策表 S 和概念层次树 CHT，利用 MapReduce技术编写计算编码决策表的 Map 和 Reduce 函数，其伪代码描述如算法 8-2 和算法 8-3。算法8-2主要使用概念层次树将不同数据分片中对象转化为对应的编码字符串，算法 8-3 则将相同对象的条件属性编码串进行汇总，不同决策属性的对象编码字符串只输出一个。

算法 8-2　Map(key, value)。

输入:条件属性集 C,决策属性 D,一个数据分片 ds,概念层次树 CHT。

输出:〈ConStr, DecStr〉。

```
//ConStr 表示条件属性编码字符串,DecStr 表示决策属性编码字符串
1. ConStr= " ";
2. For each object x ∈ ds do
3.     For each attribute a ∈ C do
4.        Scan CHT and compute es(x,a);
5.        ConStr= ConStr +  es(x,a) + " ";
       //es(x,a)表示对象 x 在属性 a 的概念层次树上对应的编码字符串
6.     Scan CHT and compute es(x,D),assign es(x,D) to DecStr;
       //es(x,D)表示对象 x 在属性 D 的概念层次树上对应的编码字符串
7.     EmitIntermediate 〈ConStr, DecStr〉
```

算法 8-3　Reduce(string ConStr, list[DecStr1,DecStr2,…])。

输入:〈ConStr, list[DecStr1,DecStr2,…]〉。

输出:〈ConStr,DecStr〉。

```
1. DiffDecStrList = ∅ ;
2. For any DecStr ∈ list[DecStr1,DecStr2,…] do
3.     if DecStr ∉ DiffDecStrList
4.       add DecStr into DiffDecStrList;
5. For any DecStr ∈ DiffDecStrList do
6.     Emit 〈ConStr, DecStr〉
```

通过算法 8-2 和算法 8-3,就可以将原始决策表转化为编码决策表了,便于其他不同层次决策表进行约简操作。

8.3.3　云计算环境下层次粗糙集模型约简算法的研究

在云计算环境下层次粗糙集模型约简算法中,主要利用 MapReduce 技术对海量数据进行分解,然后编写 Map 函数来完成不同数据块中等价类计算, Reduce 方法来计算同一个等价类中正区域对象的个数、信息熵或不可辨识的对象对个数。图 8-7 给出了云计算环境下层次粗糙集模型约简算法框架流程,即先将大规模数据划分为多个数据分片(数据并行),然后对每个数据分片并行计算不同的候选属性集导出的等价类和候选属性的重要性(任务并行),最后统计各个任务中候选属性的重要性来确定最佳候选属性。

为了计算属性重要性,这里先给出几种属性重要性测度定义。

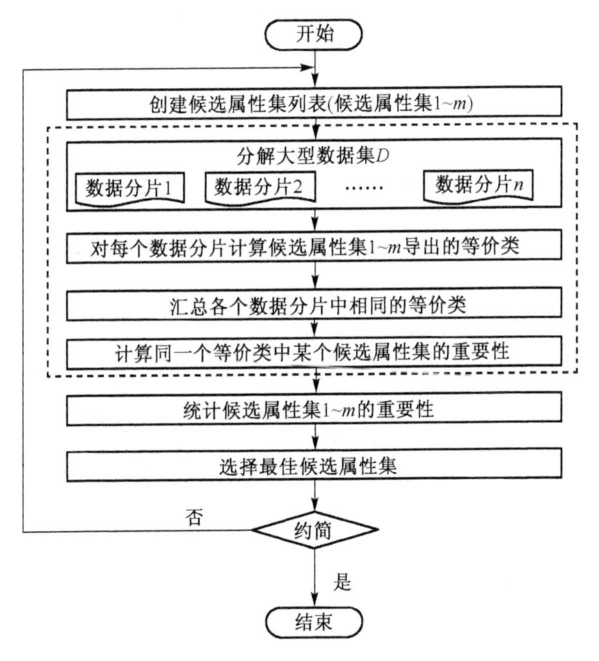

图 8-7　云计算环境下层次粗糙集模型约简算法框架

定义 8-4　在决策表 S 中，$\forall A \subseteq C$，正区域 $\mathrm{POS}(D \mid A)$ 和边界域 $\mathrm{BND}(D \mid A)$ 定义为

$$\mathrm{POS}(D \mid A) = \bigcup_{1 \leqslant i \leqslant k} \underline{\mathrm{apr}}_A(D_i),$$

$$\mathrm{BND}(D \mid A) = \bigcup_{1 \leqslant i \leqslant k} (\overline{\mathrm{apr}}_A(D_i) - \underline{\mathrm{apr}}_A(D_i)) = U - \mathrm{POS}(D \mid A)$$

定义 8-5　在决策表 S 中，$A \subseteq C$，$\forall c \in C - A$，在正区域下属性 c 重要性定义为

$$\mathrm{Sig}_P(c, A, D) = |\mathrm{POS}(D \mid A \cup c)| - |\mathrm{POS}(D \mid A)|$$

定义 8-6　在决策表 S 中，$A \subseteq C$，$\forall c \in C - A$，在边界域下属性 c 重要性定义为

$$\mathrm{Sig}_B(c, A, D) = |\mathrm{BND}(D \mid A)| - |\mathrm{BND}(D \mid A \cup c)|$$

定义 8-7[25-26] 在决策表中，$A \subseteq C$，A、D 在 U 上导出的划分分别为 $U/A = \{A_1, A_2, \cdots, A_r\}$，$U/D = \{D_1, D_2, \cdots, D_k\}$，则 A、D 在 U 的子集组成的 σ-代数上定义的概率分布为

$$[U/A; p] = \begin{bmatrix} A_1 & A_2 & \cdots & A_r \\ p(A_1) & p(A_2) & \cdots & p(A_r) \end{bmatrix}$$

$$[U/D; p] = \begin{bmatrix} D_1 & D_2 & \cdots & D_k \\ p(D_1) & p(D_2) & \cdots & p(D_k) \end{bmatrix}$$

其中 $p(A_i) = \dfrac{|A_i|}{|U|}$ $(i=1,\cdots,r)$，$p(D_j) = \dfrac{|D_j|}{|U|}$ $(j=1,\cdots,k)$，$|X|$表示集合 X 的基数。

定义 8-8[25-26] 设$U/A=\{A_1,A_2,\cdots,A_r\}$,$U/D=\{D_1,D_2,\cdots,D_k\}$,定义知识(属性集合)$A$的熵$H(A)$为

$$H(A)=-\sum_{i=1}^{r}p(A_i)\log_2 p(A_i)$$

知识(属性集合)D相对于知识(属性集合)A的条件熵$H(D|A)$定义为

$$H(D\mid A)=-\sum_{i=1}^{r}p(A_i)\sum_{j=1}^{k}p(D_j\mid A_i)\log_2 p(D_j\mid A_i)$$

其中,$p(D_j\mid A_i)=\dfrac{|D_j\cap A_i|}{|A_i|}$ $(i=1,\cdots,r;j=1,\cdots,k)$。

定义 8-9　在决策表S中,$A\subseteq C$,$\forall c\in C-A$,在信息熵下属性c重要性定义为

$$\mathrm{Sig}_H(c,A,D)=H(D\mid A)-H(D\mid A\cup c)$$

定义 8-10[29]　在决策表S中,$A\subseteq C$,属性集A不能辨识的对象对总数为

$$\mathrm{NDIS}(D\mid A)=\sum_{1\leqslant p\leqslant r}\sum_{1\leqslant i<j\leqslant k}n_p^i n_p^j$$

其中,n_p^i表示A_p中决策属性映射值为i的对象个数$(p=1,\cdots,r;i=1,\cdots,k)$。

定义 8-11　在决策表S中,$A\subseteq C$,$\forall c\in C-A$,在相对不可辨识关系下属性c重要性定义为

$$\mathrm{Sig}_{\mathrm{NDIS}}(c,A,D)=\mathrm{NDIS}(D\mid A)-\mathrm{NDIS}(D\mid A\cup c)$$

说明:定义 8-5 和定义 8-6 计算公式不同,对于小数据集来说,计算效率差不多,但对云计算环境下高维数据集来说,计算效率相差很大,为方便后面讨论,在此列出。

令$\Delta=\{P,B,H,\mathrm{NDIS}\}$,将定义 8-5、8-6、8-9 和 8-11 中所定义的属性c重要性统一表示为$\mathrm{Sig}_\Delta(c,A,D)$,$\mathrm{CC}_\Delta(\cdot\mid\cdot)$表示$P,B,H,\mathrm{NDIS}$下的分类能力。

下面给出一个属性集是否是约简的判断准则。

定理 8-1　在决策表S中,$A\subseteq C$,A是C相对于决策属性D的一个约简的充分必要条件为:

(1) $\mathrm{CC}_\Delta(D\mid A)=\mathrm{CC}_\Delta(D\mid C)$;

(2) $\forall a\in A,\mathrm{CC}_\Delta(D\mid[A-\{a\}])<\mathrm{CC}_\Delta(D\mid A)$。

在上述属性重要性定义中,最密集的、最重要的工作就是等价类和属性重要性两大计算。下面,阐述如何利用 MapReduce 技术编写 Map 函数来实现等价类并行计算和 Reduce 函数来实现属性重要性并行计算。

1. 云计算环境下的等价类计算算法

众所周知,经典粗糙集算法大多数都需要计算等价类,而不同等价类是可以并行计算的。因此,可以利用 MapReduce 并行编程技术处理大规模数据。算法 8-4 主要用来完成各个数据分片中等价类计算。

算法 8-4　Map (key, value)。

输入:已选属性集 A，候选属性 $c \in C-A$，决策属性 D，一个数据分片 ds,不同属性所取的层次数 $l'_b(b \in \{c_1, c_2, \cdots, c_m, d\})$。

输出:〈 等价类,〈决策属性值, 1〉〉。

```
//A_EquivalenceClass 和 Ac_EquivalenceClass 为属性集 A 和 A∪c 导出的等价类
1.  A_EquivalenceClass= ∅, Ac_EquivalenceClass = ∅;
2.  For each object x∈ds do
3.    For each attribute a in A do
4.      A_EquivalenceClass= A_EquivalenceClass+ es(x, a).substr(1,
        l'a)+ " ";
5.    For each attribute c in C- A do
6.    { Ac_EquivalenceClass = "c";
7.      Ac_EquivalenceClass = Ac_EquivalenceClass + es(x, c).substr(1,
        l'c) + " ";
8.      Ac_EquivalenceClass= Ac_EquivalenceClass+ A_EquivalenceClass;
9.      EmitIntermediate〈Ac_EquivalenceClass,〈es(x, d).substr(1, l'd),
        1〉〉}
```

通过算法 8-4,可以很容易计算出各个数据分片中的等价类。

2. 云计算环境下的属性重要性计算算法

众所周知,一个属性在整个决策表中的重要性体现在各个等价类上,即各个等价类中属性重要性累加之和,因此可以直接计算同一个等价类中属性重要性。算法 8-5 主要计算同一个等价类中属性重要性。

算法 8-5　Reduce(string Ac_EquivalenceClass, pairs[〈d1, n1〉,〈d2, n2〉,…])。

输入:等价类 Ac_EquivalenceClass 及对应的决策值列表 pairs。

输出:〈c, Sig_Δ^c〉。

```
//Ac_EquivalenceClass 是由属性集 A∪c 导出的等价类, Sig^c_Δ 是该等价类中属性
  c 的重要性
1. For each pair〈d, n〉∈ pairs [〈d1, n1〉,〈d2, n2〉,…] do
2.   Compute the frequencies of the decision value (n^1_p, n^2_p, …, n^k_p);
3. Compute SigΔ(c, A, D);
4. Emit〈c, Sig^c_Δ〉。
```

3. 云计算环境下的层次粗糙集模型约简算法

利用算法 8-4 和 8-5,可以计算出不同属性的重要性。根据各个候选属性集的重要性,确定最佳候选属性集,重复上述过程,直到获得一个约简。算法 8-6 描述了云计算环境下层次粗糙集模型约简算法。

算法 8-6　云计算环境下层次粗糙集模型约简算法。

输入:一个层次决策表 S。

输出:一个约简 Red。

(1)Red= $\varnothing$;

(2) 计算 $CC_\Delta(D \mid C)$;

(3)启动一个 Job,执行算法 8-4 中 Map 函数和算法 8-5 的 Reduce 函数,根据计算出的 Sig_Δ^c ($c \in C-Red$),选择 $c_l = \{c \mid \underset{c \in C-Red}{Best}(Sig_\Delta^c)\}$ (若这样的 c_l 不唯一,则任选其一),Red=Red $\cup$ { c_l };

(4)重复步骤(3), 直到 $CC_\Delta(D \mid Red) = CC_\Delta(D \mid C)$;

(5)启动一个 Job,执行算法 8-4 中 Map 函数和算法 8-5 的 Reduce 函数,从 Red 的尾部开始从后往前对每个属性 c 进行判断是否可省,若 $CC_\Delta(D \mid Red) = CC_\Delta(D \mid [Red - \{c\}])$,则说明 c 是可省的,Red = Red $- \{c\}$;

(6)输出 Red。

8.4　实验与分析

本节主要从运行时间、加速比(speedup)和可扩展性(scaleup)三个方面对所提出的云计算环境下层次粗糙集模型约简算法性能进行评价。

8.4.1　理论分析

下面,先从理论上分析加速比 Speedup[55]。设 T_1 表示单节点运行时间, T_m 表示多节点运行时间,其加速比记为 Speedup= $\frac{T_1}{T_m}$。具体地,有

$$T_1(D) = T_{pp}(D) + T_{sp}(D)$$

$$T_m(D,N) = \frac{T_{pp}(D)}{N} + T_{sp}(D) + T_{cp}(D,N)$$

$$T_{cp}(D,N) = (N-1)\left(c\frac{D}{SN} + c'\right)$$

其中, $T_{pp}(D)$ 是对数据集 D 的并行处理时间, $T_{sp}(D)$ 是对数据集 D 的串行处理时间,N 表示节点个数, $T_{cp}(D,N)$ 表示 N 节点下对数据集 D 的通信处理时间,S 表示单个数据块的大小,c 表示对每个数据分片的传输时间, c' 表示节点间建立通话连接的通信时间。于是,有

$$\begin{aligned} \text{Speedup} &= \frac{T_1(D)}{T_m(D,N)} \\ &= \frac{T_{pp}(D) + T_{sp}(D)}{\frac{T_{pp}(D)}{N} + T_{sp}(D) + (N-1)\left(c\frac{D}{SN} + c'\right)} \end{aligned}$$

$$<\frac{T_{pp}(D)+T_{sp}(D)}{\frac{T_{pp}(D)}{N}+\frac{T_{sp}(D)}{N}}=N$$

说明：云计算环境下知识约简算法很难达到理想的加速比 N。除了通信开销以外，由于知识约简算法中计算各个候选属性的重要性是串行过程，当处理海量高维数据集时，串行时间将会很长，其加速比显著降低。

8.4.2 实验结果

本节主要从运行时间、加速比(speedup)和可扩展性(scaleup)三个方面对所提出的云计算环境下知识约简算法的性能进行评价。为了考察本章所提出的算法，选用 UCI 机器学习数据库(http://www.ics.uci.edu/～mlearn/MLRepository.html)中 gisette 和 mushroom 两个数据集，实验复制 gisette 数据集(对象数 6000，条件属性数 5000)17 次，构成 DS1 数据集(对象数 102 000，条件属性数 5000)，复制 mushroom 数据集(对象数 8124，条件属性数 22)5000 次，构成 DS3 数据集(对象数 40 620 000，条件属性数 22)，和三个人工数据集 DS2、DS4 和 DS5 来测试算法性能，其中 DS4 和 DS5 各个属性概念层次树深度为 3，表 8-3 列出不同数据集的特性。利用开源云计算平台 Hadoop 0.20.2[56] 和 Java 1.6.0_20 在 17 台普通计算机(Intel Pentium 双核 2.6GHz CPU, 2GB 内存)构建的云计算环境中进行实验，其中 1 台为主节点，16 台为从节点。

表 8-3　不同数据集特性

数据集	对象数	条件属性数	决策属性值个数	备注
DS1	102 000	5 000	2	单层决策表
DS2	100 000	10 000	10	单层决策表
DS3	40 620 000	22	2	单层决策表
DS4	40 000 000	30	5×5×5=125	3 层决策表
DS5	40 000 000	50	9×9×9=729	3 层决策表

8.4.3 实验分析

1. 运行时间

对 DS1 和 DS2 数据集在 8 个从节点下进行测试，运行时间如图 8-8。从图 8-8 可以看出，POS 算法是随着属性个数增加，其单次运行时间不断增长，而 BND 算法运行时间相对比较平稳。这是因为 POS 算法随着属性个数增加，在 Reduce 阶段生成了巨大的〈key, value〉，造成串行计算时间过长，而 BND 算法随着属性个数增加运行时间先增加后减少，其串行计算效率较高。因此，下面着重讨论 BND、NDIS 和 Info 三种算法，其在 DS3、DS4 和 DS5 上运行时间如图 8-9。

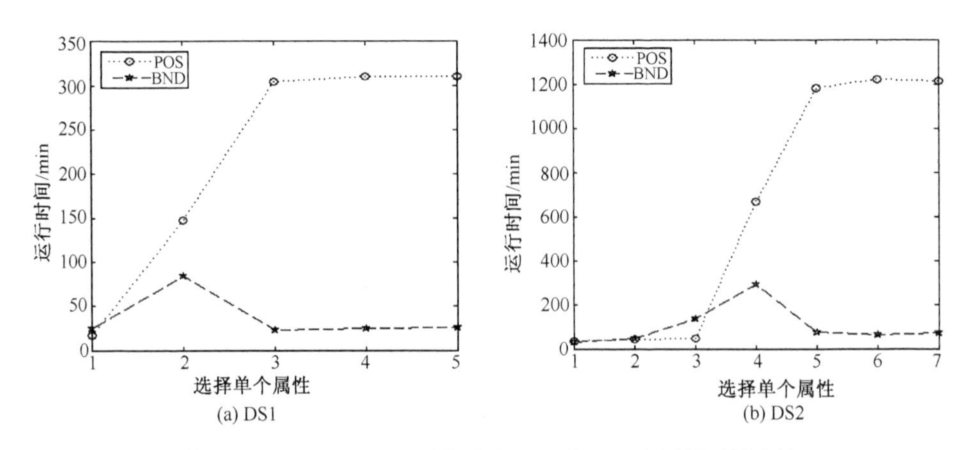

图 8-8　POS 和 BND 两种算法在 DS1 和 DS2 上运行时间比较

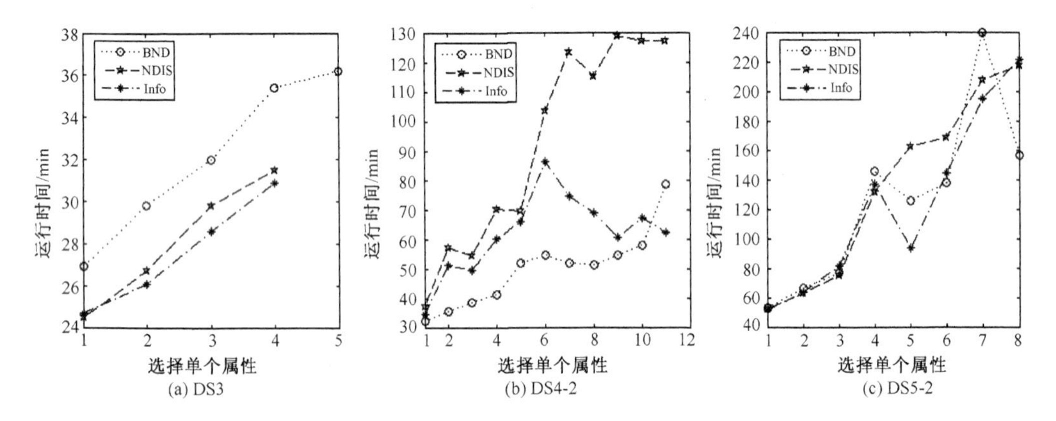

图 8-9　BND、NDIS 和 Info 算法选择单个属性的运行时间

对 DS4 和 DS5 两个层次决策表,分别对第 1 层决策表、第 2 层决策表和第 3 层决策表(原始决策表)进行了约简,运行时间如图 8-10 所示。

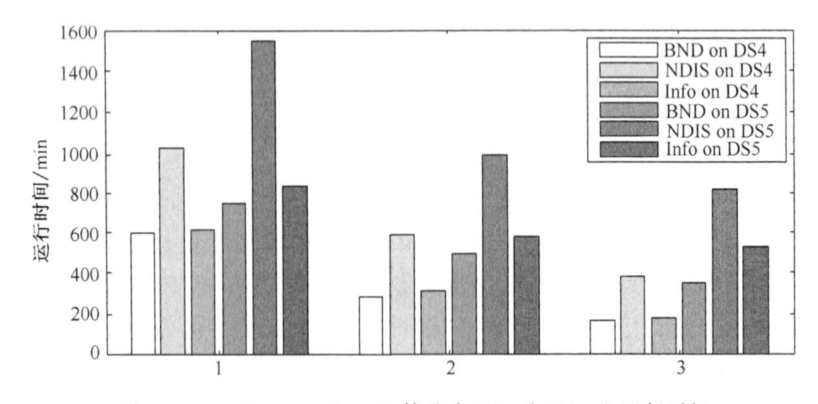

图 8-10　BND、NDIS 和 Info 算法在 DS4 和 DS5 上运行时间

2. 加速比

加速比是指将数据集规模固定，不断增大计算机节点数时并行算法的性能。为了测定加速比，保持 DS4 和 DS5 的第 2 层决策表大小不变，成倍增加计算机节点数至 16 台。一个理想的并行算法加速比是线性的，即当计算机节点数增加至 m 时，其加速比为 m。然而，由于存在计算机间通信开销、任务启动、任务调度和故障处理等时间，其实际加速比低于理想的加速比。图 8-11 显示了 3 种算法在 DS4-2 和 DS5-2 上的加速比。

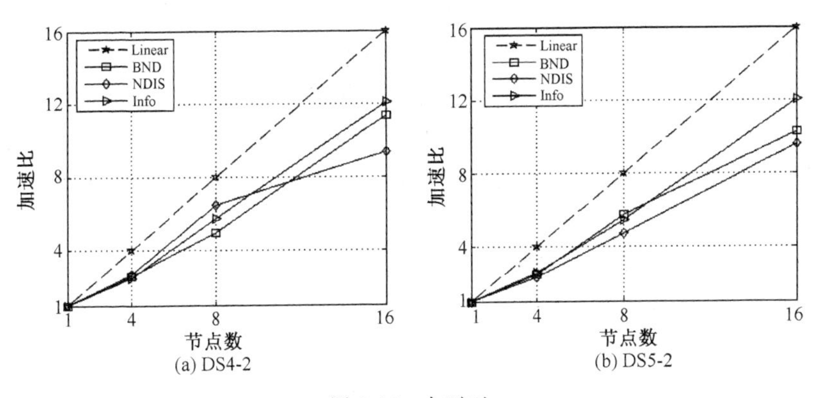

图 8-11　加速比

3. 可扩展性

可扩展性是指按与计算机节点数成比例地增大数据集规模时并行算法的性能。为了测定可扩展性，实验复制 1、2 和 4 倍的 DS4 和 DS5 的第 2 层决策表(DS4-2，DS5-2)，分别在 4、8 和 16 节点下运行。图 8-12 显示了 3 种算法在 DS4-2 和 DS5-2 上不同节点上的可扩展性结果。

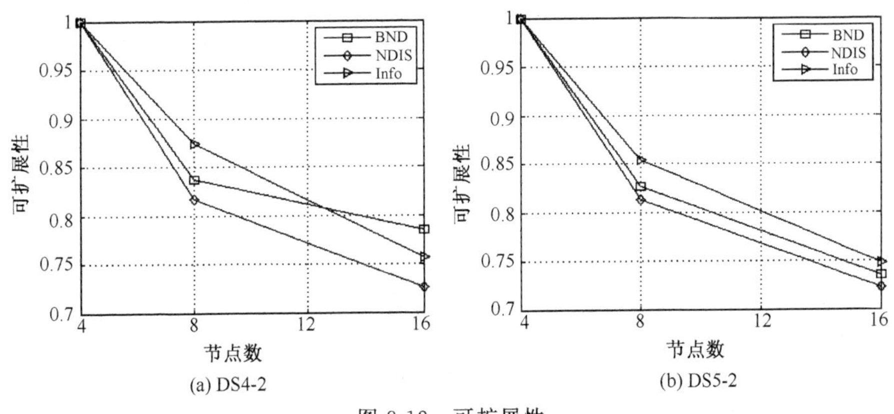

图 8-12　可扩展性

8.5 本章小结

粒计算是人工智能领域新兴起的一个研究方向，是一种新的信息处理方法。粒结构是以多角度、多层次为特质的。现有的粒计算模型虽然考虑到了粒度层次的特征，但至今尚缺乏可操作的粒计算方法。粗糙集作为粒计算的主要模型之一，现有文献也仅限于多角度、单层次的研究，即从每个角度来看，缺乏有效的多层次的操作。同时，经典的粗糙集模型仅仅处理小数据集，当遇到大规模数据集时就显得无能为力。

针对粒计算领域存在的上述问题，本章从人的认知出发，以先验知识为指导，引入概念层次树，以粗糙集理论为背景，面向大规模数据集，首先构建了层次编码决策表，然后分析了数据任务并行策略，提出了云计算环境下层次粗糙集模型约简算法框架模型，讨论并实现了知识约简算法中可并行化操作，并利用云计算开源平台 Hadoop 在普通计算机的集群上进行实验。实验结果表明所提出的云计算环境下知识约简算法可以处理大规模数据集。

本章的研究工作得到国家自然科学基金项目（No. 60970061、No. 61075056、No. 61103067）的资助，在此表示感谢。

参考文献

[1] Zadeh L A. Fuzzy sets and information granularity//Gupta M, Ragade R, Yager R. Advances in Fuzzy Set Theory and Applications. Amsterdam: North-Holland Publishing, 1979: 3-18.

[2] Bargiela A, Pedrycz W. Toward a theory of granular computing for human centered information processing. IEEE Transactions on Fuzzy Systems, 2008, 16(2):320-330.

[3] 姚一豫. 粒计算三元论//张燕平，罗斌，姚一豫，等. 商空间与粒计算——结构化问题求解理论与方法. 北京：科学出版社，2010：115-143.

[4] 苗夺谦，王国胤，刘清，等. 粒计算：过去、现在与展望. 北京：科学出版社，2007.

[5] Yao Y Y. Granular computing for Web intelligence and brain informatics. Proceedings of the IEEE/WIC/ACM International Conference on Web Intelligence, 2007: xxxi-xxiv.

[6] Yao Y Y. The art of granular computing. Proceedings of the International Conference on Rough Sets and Emerging Intelligent Systems Paradigms, 2007, LNAI 4585: 101-112.

[7] Pedrycz W. Granular computing: An introduction. Proceedings of Joint 9th IFSA World Congress and 20th NAFIPS International Conference, 2001, 3:1349-1354.

[8] Yao Y Y. Novel Developments in Granular Computing: Applications for Advanced Human Reasoning and Soft Computation. Hershey: IGI Global, 2010.

[9] Yao Y Y. Stratified rough sets and granular Computing//Dave R N, Sudkamp T. Proceedings of the 18th International Conference of the North American Fuzzy Information Processing Society. New York: IEEE Press, 1999: 800-804.

[10] 张铃，张钹. 问题求解的理论及应用. 第2版. 北京：清华大学出版社，2007.

[11] 苗夺谦，李德毅，姚一豫，等. 不确定性与粒计算. 北京：科学出版社，2011.

[12] Pawlak Z. Rough sets. International Journal of Information and Computer Sciences，1982(11)：341-356.

[13] Pawlak Z. Rough Sets—Theoretical Aspects of Reasoning about Data. Dordrecht：Kluwer Academic Publishers，1991.

[14] 苗夺谦，李道国. 粗糙集理论、算法及应用. 北京：清华大学出版社，2008.

[15] 张文修，吴伟志. 粗糙集理论及方法. 北京：科学出版社，2003.

[16] 王国胤. 粗糙集理论及知识获取. 西安：西安交通大学出版社，2001.

[17] Zadeh L A. Fuzzy logic = computing with words. IEEE Transactions on Fuzzy Systems，1996(4)：103-111.

[18] Ziarko W. Acquisition of hierarchy-structured probabilistic decision tables and rules from data. Expert Systems，2003，20(5)：305-310.

[19] Hong T P，Lin C E，Lin J H，et al. Learning cross-level certain and possible rules by rough sets. Expert Systems with Applications，2008，34(3)：1698-1706.

[20] Tsumoto S. Automated extraction of hierarchical decision rules from clinical databases using rough set model. Expert Systems with Applications，2003，24(2)：189-197.

[21] Feng Q R，Miao D Q，Cheng Y. Hierarchical decision rules mining. Expert Systems with Applications，2010，37：2081-2091.

[22] Wu W Z，Leung Y. Theory and applications of granular labelled partitions in multi-scale decision tables. Information Sciences，2011，181(18)：3878-3897.

[23] 徐章艳，刘作鹏，杨炳儒，等. 一个复杂度为 $\max(O(|C\|U|), O(|C|^2|U/C|)$ 的快速属性约简算法. 计算机学报，2006，29(3)：391-399.

[24] 刘勇，熊蓉，褚健. Hash快速属性约简算法. 计算机学报，2009，32(8)：1493-1499.

[25] 苗夺谦，胡桂荣. 知识约简的一种启发式算法. 计算机研究与发展，1999，36(6)：681-684.

[26] 王国胤，于洪，杨大春. 基于条件信息熵的决策表约简. 计算机学报，2002，25(7)：759-766).

[27] Qian Y H，Liang J Y，Pedrycz W，et al. Positive approximation：An accelerator for attribute reduction in rough set theory. Artificial Intelligence，2010，174：597-618.

[28] Skowron A，Rauszer C. The discernibility matrices and functions in information systems//Slowiński R. Intelligent Decision Support Handbook of Applications and Advances of the Rough Set Theory. Dordrecht：Kluwer Academic Publishers，1992：311-362.

[29] Qian J，Miao D Q，Zhang Z H，et al. Hybrid approaches to attribute reduction based on indiscernibility and discernibility relation. International Journal of Approximate reasoning，2011，52(2)：212-230.

[30] Hu Q H，Pedrycz W，Yu D R，et al. Selecting discrete and continuous features based on neighborhood decision error minimization. IEEE Transactions on Systems，Man，and Cybernetics - Part B：Cybernetics，2010，40(1)：137-150.

[31] 杨明. 一种基于改进差别矩阵的属性约简增量式更新算法. 计算机学报，2007，30(5)：815-822.

[32] 王立宏，吴耿锋. 基于并行协同进化的属性约简. 计算机学报，2003，26(5)：630-635.

[33] Deng D Y, Yan D X, Wang J Y. Parallel reducts based on attribute significance//Yu J. RSKT 2010, LNAI 6401,2010:336-343.

[34] Ghemawat S, Gobioff H, Leung S T. The Google file system. SIGOPS-Operating Systems Review, 2003, 37(5):29-43.

[35] Dean J, Ghemawat S. MapReduce: simplified data processing on large clusters. Communications of the ACM, 2008, 51(1):107-113.

[36] Chu C T, Kim S, Lin Y A, et. al. MapReduce for machine learning on multicore. Proceedings of NIPS, 2006.

[37] Yang Y, Chen Z, Liang Z, et al. Attribute reduction for massive data based on rough set theory and MapReduce. Proc of RSKT 2010, LNAI 6401: 672-678.

[38] Hobbs J R. Granularity. Proceedings of the Ninth International Joint Conference on Artificial Intelligence, 1985.

[39] Mccalla G, Greer J, Barrie B, et al. Granularity hierarchies. Computers and Mathematics with Applications: Special Issue on Semantic Networks, USA,1992.

[40] Love B C. Learning at different levels of abstraction. Proceedings of the Cognitive Science Society, USA, 2000: 800-805.

[41] Yu T, Yan T. Incorporating prior domain knowedge into inductive machine learning. http://www. forecasters. org/pdfs/DomainKnowledge. pdf.

[42] Chow P K O, Yeung D S. A multidimensional knowledge structure. Expert Systems with Applications, 1995, 9(2): 177-187.

[43] Han J W, Cai Y D, Cercone N. Knowledge discovery in databases: An attribute-oriented approach. Proceedings of the 18th International Conference on of VLDB, Vancouver, Canada: Morgan Kaufmann, 1992: 547-559.

[44] Han J W, Cai Y D, Cercone N. Data-driven discovery of quantitative rules in relational databases. IEEE Transactions on Knowledge and Data Engineering, 1993,5(1): 29-40.

[45] Han J W. Mining knowledge at multiple concept levels. Proceedings of the 1995 International Conference on Information and Knowledge Management, 1995: 19-24.

[46] Han J W, Fu Y. Mining multiple-level association rules in large database. IEEE Transaction on Knowledge and Data Engineering, 1999, 11(5):798-805.

[47] de Mingo L F, Arroyo F. Hierarchical knowledge representation: Symbolic conceptual trees and universal approximation. International Journal of Intelligent Control and Systems, 2007, 12(2): 142-149.

[48] Zhang N L, Yuan S H. Latent structure models and diagnosis in tranditional Chinese medicine. Technical report HKUST-CS04-12. http://www. cs. ust. hk/～lzhang/tcm/zhangYuan 04. pdf.

[49] Jonyer I, Cook D J, Holder L B. Graph-based hierarchical conceptual clustering. Journal of Machine Learning Research, 2001(2):19-43.

[50] 李德毅,杜鹢. 不确定性人工智能. 北京:国防工业出版社,2005.

[51] 孟晖,王树良,李德毅. 基于云变换的概念提取及概念层次构建方法. 吉林大学学报(工学版),2010,40(3):782-787.

[52] 代劲,何中市. 基于云模型的决策表规则约简. 计算机科学,2010,37(6):265-267.

[53] Lu Y J. Concept Hierarchy in Data Mining: Specification, Generation and Implementation. Master Degree Dissertation. Canada:Simon Fraser University,1997.

[54] 钱进,苗夺谦,张泽华. 云计算环境下知识约简算法. 计算机学报,2011,34(12):2332-2343.

[55] Han L X, Liew C S, Hemert J V, et al. A generic parallel processing model for facilitating data mining and integration. Parallel Computing,2011(37):157-171.

[56] Hadoop. http://lucene.apache.org/hadoop.

第9章　基于粒计算的聚类分析

丁世飞[1,2]　朱　红[1]　许新征[1]　陈　伟[1]

1. 中国矿业大学　计算机科学与技术学院

2. 中国科学院计算技术研究所　智能信息处理重点实验室

9.1　引　言

将物理或抽象对象的集合分组成为由类似对象组成的多个类的过程被称为聚类(clustering)。由聚类所生成的簇是一组数据对象的集合,同一个簇中的对象彼此相似,不同簇中的对象相异[1]。聚类是模式识别、数据挖掘、机器学习等研究方向的重要研究内容之一,在识别数据的内在结构方面具有极其重要的作用。聚类的重要性、应用的多领域性以及与其他研究方向的交叉特性使得它长期以来一直是研究热点。传统的聚类分析是一种硬划分,它把每个待识别的对象严格地划分到某类中,具有"非此即彼"的性质。然而随着 Internet 及各种信息系统的迅猛发展,产生了海量、高维、分布式、动态等复杂数据,这些数据往往具有不完备性、不可靠性、不精确性、不一致性等特点,传统的聚类方法很难满足这些数据的聚类需求。

粒度是描述模糊不确定对象的工具。粒度计算是信息处理的一种新的概念和计算范式,覆盖了所有与粒度相关的理论、方法、技术和工具,主要用于不确定、不完整的模糊海量信息的智能处理。粗略地讲,一方面它是模糊信息粒度理论、粗糙集理论、商空间理论、区间计算等的超集,另一方面又是粒度属性的子集。具体地讲,凡是在分析问题和求解问题中,应用了分组、分类和聚类手段的一切理论与方法均属于粒度计算范畴[2]。学者们研究发现,粒度和聚类具有天然的相通性,从粒度的角度看,聚类就是在一个统一的粒度下分析和处理问题。把粒计算的思想运用到聚类算法中,会得到较理想的结果。

粒度计算的兴起将聚类分析拓展到了软计算领域,实用价值进一步提高,理论意义更加贴近现实。通过粒度的变换,聚类可以在不同层次、不同角度进行,使得"亦此亦彼"的聚类有了研究的理论基础和实践方法,弥补了传统聚类的不足。模糊聚类、基于粗糙集的聚类、基于商空间的聚类等粒聚类的研究蓬勃发展,而且相互渗透、相互完善,和神经网络、进化计算等软计算相结合,在许多领域有着广泛的应用,如对传统聚类算法的改进[3-4],图像处理[5],生物学中的进化计算[6],Web 页面文本聚类[7-9]等。粒聚类的研究正向统一的模型迈进。

9.2　粒度计算与聚类分析的关系

粒是指一个论域通过不分明关系、相似关系、邻近关系或功能关系等所形成的子集、类或者簇。粒度是对粒的度量，所以粒计算也称粒度计算。从哲学的角度看，Yager和 Filev 指出“人类已经形成了世界就是一个粒度的观点”以及“人们感知、测量、概念化、推理的对象都是粒度”，在人类的活动中，粒度无处不在[2,10]。粒具有双重身份，可以是其他粒的一部分，也可以是多个更小粒组成的整体。粒存在于特定的层次中，它们是该层次上研究的主体。粒计算是从人类认知规律、人类解决问题的过程中得到启发，基于多层次、多视角的结构化思想，利用粒度的概念设计算法来解决问题。可以说粒计算是人们看待客观世界的一种世界观和方法论，也是人类求解问题的基础。Yao 给出了粒计算的 3 种观点：粒计算是一种结构化的思想方法；是一个通用的结构化问题求解方法；是一个信息处理的典型方法。可见粒计算是研究基于多层次、多角度粒结构的思维方式、问题求解方法、信息处理模式及其相关理论、技术和工具的学科。多层次和多角度是粒计算的核心内容。

粒度与聚类之间存在着本质的联系。聚类的粒本质许多学者做了研究[11-14]。粒度就是对问题的不同角度、不同层次进行细化的度量，也就是说给定一个粒度准则，将原来“粗粒度”的大对象细分成若干个“细粒度”的小对象（分类），或者把若干个“细粒度”的小对象合并成一个“粗粒度”的大对象（聚类），进行研究。所以本质来讲，聚类的过程就是粒度的划分过程，聚类的所有方法可以用于粒度的划分。

所有的聚类算法统一在粒度的思想下。决定聚类结果的主要因素有两个：一是相似度函数，二是相似度阈值。通过改变它们，可以使得聚类的处理对象变换到不同的粒度空间，由于粒度的变换可以将复杂的问题简单化，即可将对象简化成若干个保留重要特征和性能的点，以便于分析，因此可以通过聚类的方法来改变处理对象粒度的粗细，以便于问题的求解。

可以用粒度描述聚类的粗细。给出相似度函数来衡量样本间的相似度，再通过具体的相似度阈值，把样本对象聚为若干类，类内对象相似，类间对象相异。聚类的实质[11]就是在样本点之间定义一种等价关系，一个等价关系定义了一个划分，这个划分把样本点化成若干子集，一个子集就对应着聚类形成的一个类，每个子集中的任意两个样本点性质相近，在当前给定的阈值下是没有区别的。和由大到小的一系列阈值相对应，会形成由粗到细的一簇等价关系。采用较大的阈值时，展现在我们面前的是样本点集比较“粗”的轮廓，一些细枝末节被忽略掉了；而采用较小的阈值时，就能够比较精细地刻画样本点之间一些细微差别。进一步说，这一簇粗细不等的等价关系之间又存在一种奇妙的关系——“细”等价关系继承了“粗”等价关系的部分性质，用数学语言来说，这一簇等价关系形成一个偏序格结构[11]。聚类的过程中，粒度的粗细是在不断变化的，聚类分析是以"最优"相似度函数为基础，在所有可能的粒度中，求出一个"最优"粒度。

把一个问题粒化后进行分析，使用一个三元组 (X,F,Γ)[12]来对问题进行形式化描述，其中，X 表示问题的论域，也就是所要考虑的元素集合，F 是属性函数，定义为 $F: X\rightarrow Y$，Y 表述基本元素的属性集合，Γ 表示论域的结构，定义为论域中各个元素之间的关系。对于复杂困难的问题，先抽象出一个较模糊的简单的模型，形成一个较"粗"的粒度空间，把性质相近的样本元素看成一个整体，组成一个新元素，根据等价关系对应的等价类的划分把论域变为 $[X]$，从而把原问题转换成新的层次上的问题 $([X],[F],[\Gamma])$。

设 R 为一切等价关系的全体[13]，R_1,R_2 是其中的两个等价关系，对于论域中的任意两个元素 x,y，如果存在 $xR_1y\Rightarrow xR_2y$，就说明 R_1 比 R_2 细，即给定两个等价关系对应两个不同的划分，若其中一个划分的集合均包含于另一个划分的集合中，就说明后者的集合比前者"大"，前者细分后者，记作 $R_2<R_1$。根据这个定理可以得到一个等价关系序列，$R_n<R_{n-1}<\cdots<R_2<R_1<R_0$。$R_n$ 是最"大"(粗)的关系，R_0 是最"小"(细)的关系，由此可以得到一棵 n 层的树。所有的叶子节点构成论域 X，代表着最细的划分，往上的每一层都是对论域的一个划分，根节点把所有元素放在一个大的集合中，是最粗的划分。聚类的结果往往用谱系图来表示，选取的相似度阈值越大，样本点间的差异越模糊，划分的簇就越少，反之，样本点间差异刻画的越精细，得到的聚类簇数越多，这也和一棵树状结构相对应。由此看出，这就是粒度和聚类相通的原因。

为了有效地自动聚类，不仅需要定性的描述聚类中的粒度原理，更需要寻求合适的粒度来做定量分析，首先给出了两个很有价值的等价划分[14]。

论域 X 上的两个等价关系 R_1,R_2：

(1)定义这两个等价关系的"和" $R_1\oplus R_2$，它能被 R_1 和 R_2 细分，但中间还存在着这样的等价关系 R'，使得 R' 也能被 R_1 和 R_2 细分，并且满足 R' 也能被 R 细分，由此看来，$R_1\oplus R_2$ 是能被 R_1 和 R_2 细分的最细划分。

(2)定义这两个等价关系的"积" $R_1\otimes R_2$，它能细分 R_1 和 R_2，但中间还存着这样的等价关系 R'，使得 R' 也能细分 R_1 和 R_2，并且满足 R' 也能将 R 细分，所以，R 是能细分 R_1 和 R_2 的最粗的划分。

基于粒度计算的聚类原理本质思想是：对一个具体问题进行聚类分析，首先根据需要初始化一个等价关系 R_0，把问题空间划分成若干个子集，此时的粒度为 Δ_0，得到商空间 S_0；在 S_0 上分析问题，得到结论 A_0，如满足需要，聚类粒度合适，问题解决，否则的话：

(1)若粒度空间偏粗，则以当前结论 A_0 为指导，取一偏细等价关系 R'_0，使 $R_1=$

$R_0 \otimes R'_0$，以 R_1 为等价关系进行划分，得出新的粒度 Δ_1 和结论 A_1，如果还是粗，则继续取细粒度划分，重复以上过程，每重复一次粒度就更细。

(2)若粒度空间偏细，则以当前结论 A_0 为指导，取一偏粗等价关系 R'_0，使 $R_1 = R_0 \oplus R'_0$，以 R_1 为等价关系进行划分，如果还是偏细，继续如上操作。

根据具体问题，细化和粗化可以混合使用，最终可得到合适的粒度，取得满意的近似解。

由于聚类分析本身隐含着粒度的思想，因此将聚类与粒度原理相结合的应用研究近年来引起了国内外的广泛关注。国际上，Bargiela 和 Pedrycz 在粒度计算方法学、信息粒化算法、聚类意义下的粒度世界描述等方面做了系统研究[15-17]。Xie 等[18]提出了一种基于粒度分析原理的模糊聚类算法(3M algorithm)。Su 等[19]将粒度分析原理与聚类算法相结合，提出了一种基于信息粒度的知识获取模型。卜东波等[11]探讨了聚类中的粒度原理，并提出一种有效非均匀粒度分类方法。张讲社等[20]提出了基于视觉模拟展现原理的聚类算法，算法中隐含着重要的粒度选择思想。安秋生等[21]提出了基于信息粒度与粗糙集的聚类算法。基于粒度计算的聚类和蚁群、神经网络等结合的研究也是当今的热点。

基于粒度计算的聚类分析(粒聚类)[22-23]是指在粒的思想下，借助于粒度计算的基本方法，比如模糊集理论、粗糙集理论、商空间理论拓展聚类分析的研究范围与方法，寻求最佳聚类的“粒”，达到理想的聚类结果，更好地解决问题。在粒聚类过程中还可以使用神经网络、进化算法、粒子群算法、免疫机制、支持向量机等来实现。

粒聚类有很多优点[24-25]：

(1)当实际问题包含不完备、不确定、不精确或者含糊的信息时，虽然无法得到问题的精确解，但是可以采用较粗的粒度聚类，得到问题的近似解。

(2)当面临高维海量数据时，可以先选用较粗的粒度聚类，对数据进行预处理。

(3)当获得问题的精确解需要付出高昂的代价，或者没有必要寻找问题最精确的解时，可以考虑采用较粗的粒度聚类，以较低的代价得到问题有效的近似解。

(4)当问题过于复杂时，为了更好地理解问题，而不是淹没在问题不必要的细节中，可以采用粒度计算对问题进行抽象和简化，然后进行聚类分析。

(5)采用粒聚类求解问题时，可以通过改变信息粒度的大小，来隐藏或者揭示问题的一些细节，从而有利于问题的求解。另外，从细节空间到粒度空间的转换，可以帮助我们将 NP-难问题转换成在多项式时间内可解的问题。

(6)基于粒的各种聚类方法之间易于相互融和，同时结合神经网络、进化计算等软计算改善算法性能。

(7)选择合适的聚类起始粒度，可以减少运算量，提高聚类正确性。

(8)可以消除聚类结果和先验知识之间的主客观不协调性。

9.3　粒聚类的基本方法

9.3.1　模糊聚类分析

由于现实的聚类往往伴随着模糊性，所以用模糊数学的方法进行聚类分析显得更自然，更符合客观实际。1965 年 Zadeh 创立模糊集合论[26]，Ruspini 在 1969 年为聚类分析[27]引入了模糊划分的概念。模糊聚类是将模糊集的概念应用到传统聚类分析中，数据集的对象在分组中的隶属用隶属函数来确定。模糊聚类的优点在于能适应那些分离性不是很好的数据和类，允许数据性质的模糊性，为数据结构的描述提供了详细的信息。由于模糊聚类表达了样本类属的模糊性，更能客观地反映现实世界，所以成为聚类分析研究的主流之一。

比较典型的模糊聚类方法有：基于划分的模糊聚类方法，基于相似性关系和模糊关系的方法（包括聚合法和分裂法），基于模糊等价关系的传递闭包方法以及在此之上的基于模糊图论的最大树方法，基于数据集的凸分解、动态规划和辨识关系等方法。

基于划分的模糊聚类方法（也称基于目标函数的方法）设计简单、解决问题的范围广，最终还可以转化为优化问题而借助经典数学的非线性规划理论求解，且易于计算机实现。有两种比较成功的思路来实现这种算法，一是在 C 均值算法的目标函数中引入隶属度函数的权重指数，二是在 C 均值算法目标函数中引入信息熵。

1. 引入隶属度函数的权重指数

在基于目标函数的聚类算法中模糊 C 均值算法（FCM）应用最广泛。模糊 C 均值算法源于硬 C 均值算法，Dunn 把类内平方误差和函数 J_1 扩展到类内加权平均误差和函数 J_2，Bezdek 又引入了一个参数 m，把 J_2 推广到一个加权目标函数的无限簇 J_m，并给出了交替优化算法 AO，形成了 FCM 算法，进而又演化出 FGFEM，PFCM，PCM。J_m 与 $\mathbf{R}^s$ 的希尔伯特空间结构有密切关系，人们可以有更多的数学理论来研究它。引入隶属度函数的权重指数的模糊聚类目标函数为

$$\begin{cases} J_m = \sum_{i=1}^{c}\sum_{k=1}^{n} (\mu_{ik})^m \cdot D(x_k, p_i) + \zeta \\ \text{s. t. } f(\mu_{ik}) \in C \end{cases} \tag{9-1}$$

数据集合 $X = \{x_1, x_2, \cdots, x_n\}, x_k \in \mathbf{R}^s$；$n$ 是数据项数。隶属度矩阵 $\boldsymbol{U} = [\mu_{ik}]_{c\times n}$；聚类中心集合 $P = \{p_1, p_2, \cdots, p_c\}, p_i \in \mathbf{R}^s$；$\zeta$ 为惩罚项；$f(\mu_{ik}) \in C$ 为约束条件；m 为加权指数。模糊聚类的目标函数由参量集 $\{U, D(\cdot), P, m, X\}$ 确定。

2. 引入信息熵

在 C 均值算法的目标函数中引入熵的概念，可以得到最大熵意义下的模糊聚类算法。极大熵算法 EMC 的目标函数为

$$J = \sum_{i=1}^{c}\sum_{k=1}^{n}\mu_{ik}d_{ik} + \lambda^{-1}\sum_{i=1}^{c}\sum_{k=1}^{n}\mu_{ik}\log\mu_{ik} \tag{9-2}$$

近年来模糊聚类又有新的发展。2010 年，Pedrycz 等提出了一个有知识引导的模糊聚类方法(fuzzy clustering with viewpoints)[28]，其中领域知识以“Viewpoints”的形式表示。Viewpoints 或者以一个普通数字的形式表示(认为人们分析数据的角度有很大差别)，或者通过信息粒表示(反映了一个更宽松的途径来表达对数据的观点)。实验表明使用 Viewpoints 的聚类增强了模糊模型和决策机制，因为结果结构反映了模型环境的偏好和要求。

谱聚类算法已成功地应用于模式识别和计算机视觉领域。模糊谱聚类算法是当前研究的热点。Korenblum 和 Shalloway 通过引入的不确定性最小化的原则，将谱聚类扩展到模糊聚类。然而，这带来了一个具有挑战性的非凸全局优化问题，解决该问题的穷举技术不大可能扩展到包含比 $O(10^2)$ 个对象更多的数据集。White 等开发了一个有效的用于模糊谱聚类的不确定性最小化方法(efficient uncertainty minimization for fuzzy spectral clustering)[29]，他们使用多几何结构来表述不确定性的最小化，可以处理更大的数据集。不确定性最小化可以被应用到现有的多种多样的硬谱聚类方法中，从而把它们转化成模糊聚类。

无监督谱聚类方法的性能通常受到它们不确定参数的影响。Celikyilmaz 提出了一个新的软链接谱聚类算法(soft-link spectral clustering)[30]，该算法使用一般谱聚类方法的基础结构，基于模糊 K-最近邻方法来聚类。它通过识别相似函数学习参数(特别是模糊 K-最近邻算法的模糊化参数)的最上和最下边界，构建了一个图的软权值矩阵。该算法允许在学习阶段通过改变这些学习参数来干扰图的拉普拉斯变换。

由于谱聚类很难在高斯核相似性测度中选择合适的尺度参数，Zhao 等根据由模糊 C 均值聚类算法得到的原型和分块矩阵，提出了一个用于谱聚类的模糊相似性度量方法(fuzzy similarity measure for spectral clustering，FSSC)[31]。此外，他们将 K 近邻稀疏法引入 FSSC 中并将稀疏 FSSC 应用于纹理图像分割。2012 年，Mirkin 等提出了一个用于模糊聚类的附加谱方法(additive spectral method for fuzzy clustering)[32]。该方法运行在一个聚类模型上，是一个方阵的谱分解的扩展。通过逐个提取簇进行计算，使得谱方法很自然。簇的迭代提取也允许我们对步骤制订若干停止规则。这适用于几个不同标准化的关系数据类型。通过与几个经典的近期的技术进行对比，表明本方法具有竞争力。

9.3.2 粗糙集聚类分析

给定 X 上的一个划分，等价于在 X 上给定一个等价关系 R，Pawlak[33] 称之为在论域上给定了一个知识基(X,R)。然后讨论一个一般的概念 x（X 中的一个子集），如何用知识基中的知识来表示，就是用知识基中的集合的并来表示。对那些无法用(X,R)中的集合的并来表示的集合，他借用拓扑中的内核和闭包的概念，引入下近似 $R_{-}(x)$（相当 x 的内核 ）和上近似 $R^{-}(x)$（相当于 x 的闭包），当 $R_{-}(x) \neq R^{-}(x)$时，就称为粗糙集。从而创立了"粗糙集理论"。

粗糙集在聚类分析中的应用主要有以下两个方面。

1)数据预处理

粗糙集能很好地解决其中的数据多样、数据冗余、噪声数据和不确定性、大规模数据等问题。所以在进行聚类之前利用粗糙集原始表进行数据补齐、数据离散化、属性约简、对不一致数据进行逻辑推理，减少在聚类过程中的冗余数据，提高了算法效率。许多论文就是将粗糙集作为数据预处理的方法或者用粗糙集的一些概念得到某些参数，为下一步的聚类算法提供一个依据，如利用基于粗糙集聚类方法实现了数据的约简[34]。Herawan 等提出基于粗糙集的最大依赖属性(maximum dependency attributes，MDA)[35] 方法，考虑到数据中属性的依赖，能够在聚类过程中处理不确定性。MDA 技术与双聚类、总粗糙度(total roughness，TR)和最小粗糙度(min-min roughness，MMR)技术相比具有较高的准确度和较低的计算复杂度。

2)利用粗糙集的概念和性质进行聚类

刘少辉[36] 等将 Rough 集理论应用于知识发现中的聚类分析，给出了局部不可区分关系、个体之间的局部不可区分度和总不可区分度、类之间的不可区分度、聚类结果的综合近似精度等定义，在此基础上提出的层次聚类算法能够自动调整参数，以寻求更优的聚类结果。

2010 年，Malyszko 等提出了一个新的基于粒度多层次粗糙熵进化阈值的算法(multilevel rough entropy threshold，MRET)[37]，运行在一个多层次的域中。该算法把基于熵的阈值和粗糙集结合了起来，适用于图像分割领域，可以把输入图像划分成明显的不相交的同质区域。与基于分割的 K 均值聚类相比，基于分割的 MRET 算法表现更好，具有较高的质量。MRET 算法适合具体的分割任务，可以在有特定的空间数据中寻找解决方法。2011 年，Malyszko 又提出了一个粗糙熵层次凝聚聚类算法(rough entropy hierarchical agglomerative clustering)[38]，用于图像分割。该算法将一个新的粗糙熵框架应用于层次聚类设置中。在簇合并的过程中，合并的质量是基于粗糙熵来评估的。结合粗糙熵度量作为簇质量的评价，考虑到了不确定性、模糊性和不精确性。

2011 年,Yanto 等提出了一种使用可变精度粗糙集模型的聚类技术[39],用于对非数值属性构成的数据对象进行聚类,并且可以处理含有噪声的数据。2011 年,Chen 等提出了一个基于决策论的区间集聚类算法(interval set clustering)[40]。在该算法中上下近似是分层的,并且由外层近似和内层近似构成。外层上近似中对象的不确定性是通过不同簇间对象的分配描述的。相应地,内层上近似中对象的不确定性是由对象的局部一致因子来表示的。另外,通过在聚类评价中利用基于决策论的粗糙簇质量指标可以改良区间集聚类,以得到具有最佳聚类数目和最优参数值的令人满意的聚类结果。

9.3.3　商空间聚类分析

我国学者张钹院士和张铃教授在研究问题求解时,独立地提出了商空间理论,并在聚类分析中引入了商空间粒度的概念[41]。2006 年,张铃和张钹研究了在粒度计算概念(如商空间理论框架)下的聚类[42]。从粒度计算的角度,所有类型的聚类都可以通过商空间中的层次结构表示。从这些层次结构中,可以得到聚类的一些新特点。这提供了一个新的方法来进一步研究聚类。

因研究目的不同,对同一对象(X, f, T)可以构造不同的商集$[X]$。由此,选择合适的粒度就成为构造合理的$[X]$、$[T]$的关键。粒度的确定过程是一个不断分析比较的动态过程,这个过程称为粒度分析。由此可见,基于商空间的粒度分析过程实质上就是基于商空间的聚类过程。对一个具体的聚类问题,首先要有一个初始的等价关系,得到初步的聚类结果,如果满足需要,则聚类结束;否则进行粒度分析。这时分两种情况:若粒度偏粗,用合并法得到新的等价关系 R_1 及相应的粒度,得到新的划分;若粒度偏细,用分解法得到新的等价关系 R_2 及相应的粒度,也可得到新的划分。在新的划分上继续进行粒度分析。两种方法混合使用直到结果满足需求[43]。

基于覆盖算法的聚类[44]是根据张铃教授提出的多前项网络的交叉覆盖算法[45]而提出的,该算法应用范围广,可以有效地处理大规模的分类问题,对数据的聚类方面也有较好的效果。严莉莉[43]等提出一种基于商空间粒度的覆盖聚类算法,运用粒度分析的方法对样本实现最优聚类,并与划分法中的 k_2 均值法、基于密度的 DBSCAN 法作了比较,证明了算法的有效性和可行性。

9.4　基于融合的粒度模型的聚类分析

模糊集、粗糙集、商空间是粒度计算的三种主要模型,对它们的比较分析,有益于深刻理解它们之间的联系与区别,有益于找到它们的融合点,构建统一粒聚类模型。

9.4.1 模糊集与粗糙集的结合

模糊集和粗糙集理论都能够处理不确定和不精确的问题。然而它们的侧重点不同,模糊集合论中的对象 x 的隶属度一般是主观指定的。粗糙集理论通过元素的不同属性值来描述元素之间的关系,并用元素按不同属性进行的分类来表示不同的概念粒度,反映知识的模糊性是比较客观的。模糊集合论与粗糙集理论有很强的互补性,这两个理论优化、整合去处理知识的不确定性和不完全性已显示出更强的功能[46-47]。例如,阴影集(shadowed sets)是在模糊集合的框架体系上发展起来的,但处理信息的方法却类似于粗糙集,在一些领域的应用显示出了优势。还有许多的模糊粗糙集混合模型解决了一些单一模型无法解决的实际问题。这说明,理论的融合是求解复杂问题的一种有效途径。

2010 年,Mitra 等提出了一个应用阴影集框架的等分聚类的新方法:阴影 C 均值算法(Shadowed C-means)[48]。该算法集成了模糊集和粗糙集方法,同常规模糊聚类相比,产生的阴影分区的核心和排斥区域可以使计算量减少。与粗糙聚类不同,该算法中阈值参数的选择是全自动的。针对各种有效性指标,簇的数目已经被优化。观察发现,阴影聚类可以有效处理簇间的重叠以及类边界中模型的不确定性。该算法对于异常点具有健壮性,在合成的和真实的数据集上与相关的等分方法进行对比,实验结果证明了该算法的优越性。

2010 年,Xue 等借助一些标记的样本和模糊粗糙 C 均值聚类,提出了一个模糊粗糙半监督异常检测(fuzzy rough semi-supervised outlier detection, FRSSOD)方法[49]。该方法引入了一个目标函数,来最小化聚类结果的误差平方、相对已知标记点的偏离量以及异常点的数量。通过使用模糊粗糙 C 均值聚类,每个簇由一个中心、一个明确的下近似和一个模糊边界表示,并且只有那些位于边界的点才可能进一步讨论它们作为异常点被再分配的可能性。因此,该方法可以得到更好的聚类结果,对异常检测有更高的准确性。实验结果表明,该算法保持或改善了检测精度,并且减少了误报率以及要被讨论的候选异常点的数量。

基因表达数据的主要工作之一是找到协同调控的基因组,该基因组的集体表达和样本类别有很强的关联。2011 年,Maji 提出了一个新的聚类算法称为模糊粗糙监督属性聚类(fuzzy-rough supervised attribute clustering, FRSAC)[50],来发现这样的基因组。该算法基于模糊粗糙集理论,直接把样本类别的信息包含在基因聚类的过程中。引入了一个新的基于模糊粗糙集的度量方法,结合样本的类别信息来度量基因间的相似性,以消除基因间的冗余。基于样本类别,类簇被逐渐优化。通过与已有的监督的、非监督的基因选择和聚类算法进行对比,FRSAC 算法的有效性得到了证明。

2011 年，Zhou 等在描述粗糙模糊聚类时引入了阴影集的概念[51]，提出了一个自动选择阈值参数的技术，该参数决定了基于粗糙集聚类的近似区域。使用该技术来聚类，可以避免对象间全局关系知识的缺乏，这种缺乏是由粗糙 C 均值聚类中个别绝对距离或者粗糙模糊 C 均值聚类中个别隶属度引起的。随后，每个簇的相关近似区域就可以被发现并进行描述了。通过集成粒度计算的一些技术，包括模糊集、粗糙集和阴影集，结果可以产生信息粒的有效描述(包括它们的重叠区域、离群点和边界区域)，这些信息粒是在聚类过程得到的。在合成的和真实的数据集上的对比实验结果说明了该算法的有效性。

9.4.2 模糊商空间

2003 年提出的模糊商空间理论[52]，将精确粒度下的商空间理论和方法推广到模糊粒度计算中，很快被应用于聚类分析[53-54]。一般可从三个方面推广商空间理论成为模糊商空间理论：一是在论域上引入模糊集；二是在结构上引入模糊拓扑结构；三是引入模糊等价关系。

当等价关系 R 的值 λ 取[0,1]之间时，可以将模糊概念引入等价关系，对应商空间，称之为 X 的 λ 商空间。λ 商空间簇在集合的包含关系下构成一个有序链，即对 X 的分层递阶结构。所以，给定 X 上的一个模糊等价关系就对应一个 X 上的分层递阶结构。

张铃、毛军军从商空间理论和信息粒度原理角度出发，引入分层递阶结构，论述聚类分析的本质以及 Fuzzy 聚类分析这种软统计方法[55]。随后，张铃等又讨论了模糊商空间粒度计算和分层递阶结构的关系，用不同粒度的商空间模型来表示聚类的结构，据此提出了基于 Gaussian 型函数的模糊聚类算法(G-FCluster 算法)[53]，该算法用距离表示信息粒度，不需要讨论参数的选择，这是对基于商空间的模糊聚类分析的一种改进方法。

2008 年，Tan 等提出了一个基于商空间的模糊粒度聚类(fuzzy granules clustering based on quotient space)算法[56]。该算法使用了度量空间和 F-statics 方法。在该算法中，信息粒是通过商空间距离表示的，并且可以通过不同的粒度得到不同的聚类结果。同时，该算法通过 F-statics 从不同粒度聚类结果中选择最优的聚类模式，充分利用了聚类的准确性。该算法对于事先很难估计聚类性能的情况尤其有效。

通过使用模糊数学的方法定量地确定样本之间的模糊关系，模糊聚类分析可以客观、准确地反映现实世界。2009 年，Lu 等结合商空间理论、层次结构和模糊综合评价的思想，提出了一个新的基于商空间的模糊聚类分析模型[57]。该模型使用了粒度理论来归一化属性。该方法不仅减少了属性的维数，而且通过把属性从低层映射到高层，考虑到了重要属性的所有影响。此外，他们还提出了一个新的公式用来构造相似矩阵。为了减少确定聚类数目的盲目性，他们在聚类过程中引入了阈值，可以通过调节粒度尽快获得聚类结果。实验表明，该模型可以有效地处理高维数据的分类问题，并且聚类结果也比较理想。

9.5　多粒度聚类若干问题的研究

多层次和多角度是粒计算的核心内容，而聚类的过程，就是在众多可能的粒度中，求出一个问题求解的“最优”粒度。在认知和处理现实世界的问题时，人们往往能从极不相同的粒度上观察和分析同一问题，但聚类算法却不能这样往返自如，还存在许多仍待研究的问题。我们就以下几个方面做些探讨。

9.5.1　多粒度聚类中粒子的转换问题

聚类分析是以“最优”相似度函数为基础，在所有可能的粒度中，求出一个“最优”粒度。在聚类算法的迭代过程中，每次产生的聚类结果我们可以认为是大大小小的不同的粒子，在众多粒子中的转换是我们面临的问题。聚类融合方法将不同算法或者同一算法下使用不同参数得到的结果（聚类成员）进行合并，从而得到比单一算法更为优越的结果。可见对聚类成员的合并是所以聚类融合算法的重要步骤。

以 K 均值为代表的快速聚类算法复杂度低，其运行效率远高于传统层次聚类算法，然而如果聚类结果不是解决问题需要的合适粒度，则要再次重新运行聚类算法，直到找到解决问题的合适粒度。对于高维海量数据来说，算法的优势被削弱了。而且对于边界难以区分的数据、分布非球形的数据以及在处理高维数据时，该方法的效果并不理想。层次聚类适用于任意形状和任意属性的数据集，但效率太低。可以采用聚类融合的方法将二者的优点结合，从而更快地找到合适的粒度。首先采用经典的 K 均值方法产生聚类成员，然后对它们进行层次聚类，找到合适的粒度。这里以层次聚类为例，提出可以在多粒度之间进行转换的聚类算法。

层次聚类过程中，一旦一组对象被合并或者分裂，下一步的处理将在新生成类上进行，已做处理不能撤销，类之间也不能交换对象。这样的话，如果某一步在做出分裂或合并的决定处理得不恰当，那么可能导致最终的低质量的聚类效果。针对这个问题，在模糊集合思想上提出了一种模糊加权改进层次聚类算法[58]。

1. 对象属于第一层类的确定

例如，在二维平面上有 n 个点（$a_1(x_1, y_1)$，$a_2(x_2, y_2)$，$\cdots a_n(x_n, y_n)$），确定其聚类情况。

确定对象属于某个第一层类的方法和传统类似，例如用传统方法确定出有 t 个点 $a_1(x_1,y_1)$，$a_2(x_2,y_2)$，$a_3(x_3,y_3)$，…，$a_t(x_t,y_t)$ 属于类 F_j。然后计算这个类的类中心。类中心 $O_j(m,n)$ 可以表示为

$$m=\frac{x_1+x_2+x_3+\cdots+x_t}{t}$$
$$n=\frac{y_1+y_2+y_3+\cdots+y_t}{t} \tag{9-3}$$

然后计算这个类中每个点距离这个类中心的距离为

$$d_i=|O_j-a_i|=\sqrt{(x_i-m)^2+(y_i-n)^2} \tag{9-4}$$

记最远距离 $d_{\max}=\max(d_1,d_2,d_3,\cdots,d_t)$

定义 9-1　模糊可靠度：

$$B_{ij}=\frac{d_{\max}-d_i}{d_{\max}}+\frac{1}{2} \tag{9-5}$$

B_{ij} 表示类 F_j 中每个点属于这个类的可能性(加 $\frac{1}{2}$ 是为了避免可靠度为 0，使以后计算方便)。

这样当第一次聚类的时候，除了确定哪些点属于这个类以外，还确定了这些点属于这个类的模糊可靠度。

2. 对象属于第二层类的确定及对象合并后再分裂的确定

定义 9-2　可靠度累加方法：

$$B_{ik}=B_{ij}\times B_{jk} \tag{9-6}$$

其中，B_{ij} 表示 a_i 点属于 F_j 的可靠度，B_{jk} 表示类 F_j 属于类 S_k，那么 B_{ik} 表示 a_i 属于类 S_k 的可靠度。这样由定义 9-2 可以得到点 a_i 属于类 S_k 的可靠度。

定义 9-3　阈值的设定：

$$L=p\cdot(0.5)^e \tag{9-7}$$

其中，L 是人为设置的一个阈值，e 是聚类的层数，p 是一个经验系数，是一个大于 1 的数。

我们定义这个阈值的目的就是来监督可靠度的。用传统方法再次聚类得到第二层聚类结果，但是把它作为预聚类结果。然后计算每个点属于预聚类的可靠度，当可靠度不小于这个阈值 L 的时候就按预备聚类结果来处理对象的归属；当可靠度小于这个阈值 L 的时候就要重新计算这个点离其他类中心的距离，来确它到底应该归属于哪一类。这样，就可以解决对象合并后的再分裂的问题了。

以后的再次聚类方法和这次的完全相同。

3. 加权

而实际情况一般是越往上层，这层的可靠度在总可靠度中起的决定性就越大，例如第二层到第三层的可靠度在总的可靠度中起的决定性要大于第一层到第二层得可靠度。为了体现这个现象我们在可靠度累加计算过程中给每个可靠度加权。

定义 9-4 可靠度加权累加：

$$B_{ik} = q_1 \times B_{ij} \times q_2 B_{jk} \tag{9-8}$$

其中 q_1，q_2 当是人为的数值，但为使加权前后可靠度不变，权值相乘必须等于 1（要进一步讨论的话，其实权值是和类间距有关系的一个值，具体情况以后再讨论）。

这样在可靠度累加计算时，可以采用这种加权累加方法，使聚类结果更合理。

4. 改进后的算法步骤描述

算法 9-1 模糊加权改进层次聚类算法。

输入：数据集。

输出：聚类结果。

(1)根据传统方法进行第一次分类，然后确定每个类的中心（据式(9-3)）以及包括对象的可靠度（据式(9-5)）。

(2)依据传统方法对结果再次分类，再次计算类中心和包括的对象的属于预定类的可靠度（据式(9-6)），比较可靠度和阈值（据式(9-8)）的大小，小于阈值的对象要重新计算来确定类的归属。

(3)重复(2)，直到所有对象都在一个类中或者达到用户定义的希望得到的类的数目为止。

5. 实验验证

我们通过实验验证了上述算法的可行性和有效性。为了便于判断实验结果，实验 9-1 所用数据是人为生成的数据两个三行三列的等距矩阵。其聚类结果应该是分为两类，并且为矩形。

用最小距离凝聚的层次聚类来处理数据，过程和结果如图 9-1。

由图 9-1 可以看到，两个矩阵相邻两个角上的两点距离最近，按最小距离凝聚的层次聚类方法，第一次聚类两点就会分在同一类，再次聚类的话这两点必然还在一类，最终导致了如图所示的结果，而实际上这两点最终应该分在两个不同的类。

用模糊加权层次聚类来处理，过程和结果如图 9-2 所示。

由图 9-2 可以看到，两个矩阵相邻两个角上的两点第一次聚类是分在了一个类中。但是第二次聚类时，这个类和其他任何类合并，都会发现有个点距离要合并成的

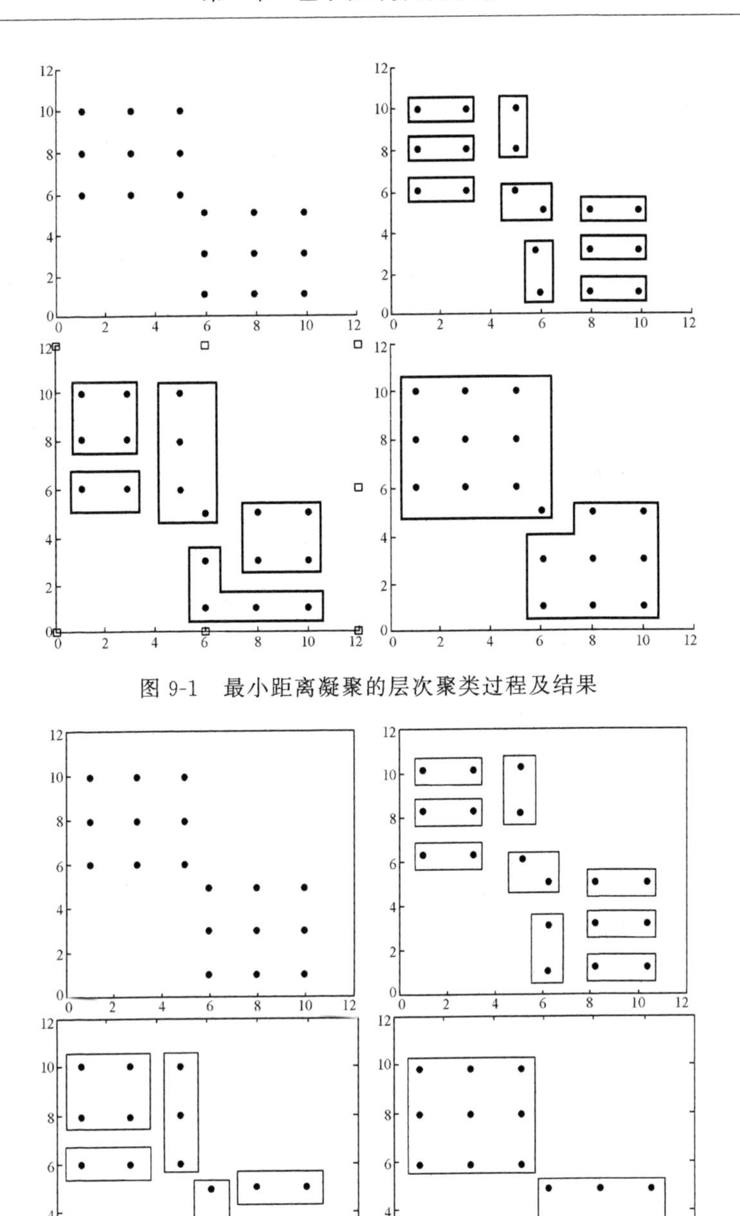

图 9-1　最小距离凝聚的层次聚类过程及结果

图 9-2　模糊加权层次聚类过程及结果

这个类的类中心很远,即这个点属于要合并成的这个类的可靠度很低,所以重新确定这个点属于哪个类,这样就可能使原来的两个点处于不同的类中了。

为了使实验更有说服力,实验 9-2 选取专门用于测试分类、聚类算法的国际通用的 UCI 数据库中的 IRIS 数据集。IRIS 数据集包含 150 个样本数据,分别取自三种不同的鸢尾属植物 setosa、versicolor 和 virginica 的花朵样本。实验对比结果如表 9-1 所示。

表 9-1　两种层次聚类算法的实验对比结果

聚类方法	聚错样本数	运行时间/s	平均准确率/%
最小距离凝聚的层次聚类	51	0.138	66
模糊加权层次聚类方法	19	4.85	87

通过实验结果表明,模糊加权层次聚类确实能有效解决对象的合并后再分裂的问题,使聚类结果的准确率大幅提高。

9.5.2　约简集粒度的精准性

聚类之前,往往对数据集的属性进行约简,其实质就是对属性集粒化,找到合适的属性子集,在此基础上对数据聚类。因此,约简集粒度的精准性问题直接影响聚类结果。

例如,有时会遇到划分个数最小的属性有多个的情况,基于 Pawlak 属性重要度的约简算法采用的是任选其一的做法。但在实际情况中,这样做会影响最后产生的约简属性集的准确度。信息熵是信息论中的一个概念,它度量了信息源提供的平均信息量的大小并随着知识粗糙性的增加而单调下降,即熵值越小不确定性越小。从信息熵的角度考虑属性约简,可以获得高效的约简算法,已有不少学者对此进行了研究,如王国胤等基于条件信息熵提出决策表的约简算法,吴尚智等通过在决策表中添加某个属性引起的互信息变化的大小来反映该属性的重要性并求相对约简的方法等[59-60]。这里则采用了信息熵作为属性重要度的一个评判标准来解决在选择属性时属性频率相同的情况,从而提高约简精确度[61]。

由知识系统的属性约简和属性重要度的定义,下面给出基于属性重要度的改进约简算法。

算法 9-2　改进的基于属性重要度的启发式约简算法。

输入:信息系统 $S=(U,C,V,f)$。

输出:属性集合 C 的约简 $\mathrm{RED}(C)$。

(1)设 $R=\varnothing$;

(2) $\forall a \in C$, 如果 $\mathrm{IND}(C\backslash\{a\}) \neq \mathrm{IND}(C)$, 则 $R \Leftarrow R \cup \{a\}$;

(3) $\mathrm{CORE}(C)=R$;

(4)令 $B=\mathrm{CORE}(C)$, 如果 $\mathrm{IND}(B)=\mathrm{IND}(C)$, 输出 $B \in \mathrm{RED}(C)$, 算法结束, 否则转(5);

(5) $\forall a_i \in C \backslash B$，计算属性重要度 $\text{sig}(a_i, B; C)$，求得 $a_m = \arg \max\limits_{\forall a_i \in C \backslash B} \text{sig}(a_i, B; C)$，其中 arg 表示取使重要度达到最大的参数。

如果满足 $\max\limits_{\forall a_i \in C \backslash B} \text{sig}(a_i, B; C)$ 的属性有多个，则选取划分个数最小的属性 a_j，即 a_j 满足 $\min |U/\text{IND}(a_m)|$，然后，令 $B \Leftarrow B \cup \{a_j\}$；若 $j \geqslant 2$，则计算属性 a_j 的信息熵 $H(a_j)$，选择熵值小的属性并入到 B 中；输出 $B \in \text{RED}(C)$，算法结束。

9.5.3　多粒度快速聚类算法

降低聚类的时间复杂度，提高聚类效率，一直是聚类算法改进的目标之一。将并行计算引入聚类算法可以有效地提高聚类效率。不同角度、不同层次对论域划分得到的大大小小的粒子集合，如果有些满足伯恩施坦准则，则可以对它们并行处理。研究聚类算法中的并行计算问题具有重要意义。

1. 并行计算中的粒度思想

人类智能的一个公认特点，就是人们能从极不相同的粒度上观察和分析同一问题，目的是选取适当的粒度以降低求解的复杂性。并行计算亦是如此。随着数据量的日益增加，数据挖掘处理海量数据的能力成了一个不可忽视的问题，并行数据挖掘这一结合并行计算和数据挖掘的技术在许多领域得到了广泛的应用。高性能是大规模并行计算机(MPC)一直努力追求的目标，随着各类多核微处理器进入主流市场并日渐成熟，并行编程显得尤为重要，不改变编程习惯，仅指望编译器来完成串行代码到并行代码的转化是不现实的。设计者应当致力于开发应用问题的并行度，基本的策略是计算粒度的细化[62-64]。因为许多程序段在粗粒度上是不可并行的，但如果进一步划分，便可以满足并行的条件。

P1 和 P2 两个程序能并行执行的伯恩斯坦准则：P1 的输入变量集与 P2 的输出变量集不相交，反之亦然，它们的输出变量集也不相交。不满足伯恩斯坦准则的两段程序如果想并行处理，必须采用锁、消息传递等同步机制才能进行。然而这些并行机制往往要在足够细的程序计算粒度上进行，如何选择计算粒度是程序人员必须考虑的问题。

在并行计算中，用粒度思想对程序进行划分，目的是尽可能地找出程序的并行粒子，以提高程序的效率。并行度是指在某个时刻同时工作的任务(线程，进程)的数量，并行度越高，说明同时运行的任务数越多，如果相应的核数合适，可以提高整体的计算能力，充分发挥并行程序的效率[65]。对整个待执行的程序的粒化是通过并行等价关系来划分的，划分后得到大大小小的并行粒子，最大的粒就是整个程序，最小的粒就是每条语句。并行粒子的粗细是用并行度来度量的，同时执行的线程数越多，并行度越高，并行粒子越细，反之越粗。并行计算时，要依据并行条件将程序划分成大小不同的并行等价粒，在某段程序上可能采用较粗的粒度就可以并行，但在某些程序段上可以并行的粒度必须划分得很细才能得以进行，所以，依据并行等价关系划分的程序粒子是不均匀的，程序的执行在不同时间段的不同粒度上进行转换，以能正确实现并行为准则。细粒度并行是实现高性能的基本策略，可充分挖掘应用问题中潜在的并行性，提高算法的并行度。然而，随着计算粒度的细化，总的通信量将增大，开销随之增加。但是，细粒度具有足够的并行性，容易通过重叠通信与计算的技术来隐藏通信延迟，从而减小细粒度所带来的通信开销的增加对性能的负面影响。

采用多线程计算以实现细粒度并行是一种常用的方法。只要问题本身具有足够的并行性，多线程计算中的多个轻载进程能够保证计算具有足够细的粒度，从而提高计算的实际并行度，并充分利用 MPC 丰富的硬件资源。多线程计算可通过线程的切换，来覆盖通信延迟。对于其中的线程的切换开销，可通过在大规模并行系统中采用专用的多线程处理器的办法予以解决。

2. *细粒度并行 AP 聚类算法 FGPAP(fine granularity parallel AP clustering)*

1)基本思想

Affinity Propagation (AP) 聚类算法[66]是 Frey 和 Dueck 于 2007 年提出的一种基于近邻信息传播的聚类算法，许多学者对它做了研究和改进[67-68]。算法中，任意两个数据点 i 和 j 之间的相似度 $s(i,j)=-\|x_i-x_j\|^2$ 被存储在 $N\times N$ 的矩阵中(N 为数据点的个数)。与 K 均值算法不同，$s(i,j)$ 与 $s(j,i)$ 可以取不同的值。在聚类之前，每个点将被赋予一个先验值 $p(i)=s(i,i)$ 表示数据点 i 被选为聚类中心的倾向性，称为偏向参数。算法开始时，所有的数据点都被视为潜在的聚类中心，所以 $p(i)$ 取相同的值，它的大小直接影响最后聚类的个数。AP 算法中传递两种类型的消息，可靠性(responsibility)和有效性(availability)信息。

$r(i,k)$ 表示从点 i 发送到候选聚类中心 k 的消息，反映 k 点作为 i 点的聚类中心的可靠性度量，发送时要考虑其他潜在聚类中心发给 i 的有效性信息 $a(i,k')$。$a(i,k)$ 则是从候选聚类中心 k 发送到 i 的消息，反映 i 点选择 k 作为其聚类中心的有效性度量，发送时要考虑其他数据点发给 k 的可靠性信息 $r(i',k)$。$r(i,k)$ 与 $a(i,k)$ 的计算公式为

$$r(i,k)\leftarrow s(i,k)-\max_{k'\text{ s.t. }k'\neq k}\{a(i,k')+s(i,k')\} \tag{9-9}$$

$$a(i,k)\leftarrow \min\left\{0,r(k,k)+\sum_{i'\text{ s.t. }i'\notin\{i,k\}}\max\{0,r(i',k)\}\right\} \tag{9-10}$$

$$r(k,k)\leftarrow p(k)-\max\{a(k,k')+s(k,k')\} \tag{9-11}$$

$$a(k,k)\leftarrow \sum_{i'\text{ s.t. }i'\notin\{i,k\}}\max\{0,r(i',k)\} \tag{9-12}$$

AP 聚类过程中容易产生振荡，所以每次计算 R 与 A，都由当前迭代过程中更新

的值与上一步迭代结果加权得到，lam 称为阻尼因子，R_{old} 与 A_{old} 为上次 R 与 A 的迭代结果。

$$R = (1 - \text{lam}) \times R + \text{lam} \times R_{old} \tag{9-13}$$

$$A = (1 - \text{lam}) \times A + \text{lam} \times A_{old} \tag{9-14}$$

算法本身通过三层循环来实现：最外层循环主要用于判断聚类迭代终止条件；第二层循环在迭代循环内部，包含计算 R 与计算 A；最内层循环是计算 R 过程中的循环计算 $r(i,k)$（当 $k=k'$ 时），和计算 A 过程中的循环计算 $a(k,k)$。细粒度并行 AP 聚类算法将程序的结构按并行性等价关系划分为 3 个层次的粒度 G_1,G_2,G_3，分别对应主程序，外层循环和内层循环，其中 $G_3<G_2<G_1$，G_3 最细，G_1 最粗。

主程序对各参数初始化。由于各数据对的相似度计算之间没有数据通信，所以可以在 G_3 细粒度上采用多线程并发执行。在迭代内部的 G_2 粒度上，R 和 A 的计算可不可以并发计算呢？由式(9-9)、式(9-10)可以看出，它们的计算依赖于对方的数据输出，也就是如果并发计算，必须解决同步问题。第 t 次的 R 计算要用到第 $t-1$ 次的 R 与 A，第 t 次的 A 计算要用到第 $t-1$ 次的 A 和第 t 次的 R。采用具有两个缓冲区的生产者-消费者模型来解决它们并行计算中的消息传递，同样可以在较细的 G_2 粒度上采用两个线程并行计算。计算 R 与计算 A 可以看做两个可以并行的进程，各自有自己的缓冲区 B_r 和 B_a。计算 R 线程既是 B_r 的生产者，又是 B_a 的消费者，同样计算 A 线程既是 B_a 的生产者，又是 B_r 的消费者。第 t 次迭代，R 进程消费 B_a 的 $t-1$ 次迭代结果，产生 B_r 的 t 次迭代结果，A 进程消费 B_r 的 $t-1$ 次迭代结果，产生 B_a 的 t 次迭代结果。

在计算 R 的内部，G_3 粒度上，当 $k=k'$ 时，需要循环计算 $r(i,k)$，各 $r(i,k)$ 之间没有信息通信，符合伯恩斯坦准则，也可以采用多线程并发执行。同理，在计算 A 的内部，G_3 粒度上，$a(k,k)$ 也可以并发计算。

2）FGPAP 算法流程及分析

算法 9-3　FGPAP 算法。

输入：数据集。

输出：聚类中心及结果。

步骤 1：对数据集预处理。

步骤 2：并行 AP 聚类。

(1)初始化：多线程将 N 个点分组并行计算相似度值，放在矩阵 S 中；$s(k,k)$ 赋相同的值；主线程将 $s(k,k)$ 赋给参数 p，给 $r(i,k)$、$a(i,k)$ 赋初始值，放在矩阵 R 和 A 中，给 lam 赋初始值。

(2)线程 1、线程 2 并行计算 R 与 A。

线程 1 计算 R：

①$R_{old}=R$；

②从 B_a 缓冲区取出 A 的 $t-1$ 次运行结果；

③依据式(9-9)计算 R；

④$k=k'$时多个线程依据式(9-11)并行计算 $r(k,k)$，放入 R 中；

⑤$R=(1-\text{lam})\times R+\text{lam}\times R_{old}$；

⑥将 R 作为 t 次迭代结果放入 B_r 缓冲区。

线程 2 计算 A：

①$A_{old}=A$；

②从 B_r 缓冲区取出 R 的 t 次迭代结果；

③依据式(9-10)计算 A；

④依据式(9-12)多线程并行计算 $a(k,k)$，放入 A 中；

⑤$A=(1-\text{lam})\times A+\text{lam}\times A_{old}$；

⑥将 A 作为 t 次迭代结果放入 B_a 缓冲区。

(3)主线程判断下列条件是否满足：

①超过最大迭代次数；

②信息量的改变低于某一阈值；

③选择的类中心保持稳定。

满足其中之一则迭代结束，转向(4)，否则转向(2)。

(4)输出聚类结果。

FGPAP 算法涉及的参数列举如下(属性约简算法部分不再分析)：n 为数据点的数目；d 为每个数据点的维数；t 为迭代次数；p 为并行算法中线程的个数(线程个数可变，为计算方便这里假设线程个数不变)；T_i 为线程执行每次操作所需的平均时间；T_c 为节点间每次通信所需的平均时间。

对于串行 AP 算法，所需的操作次数主要包括：计算数据相似度所需的操作次数 n^2d；初始化 $r(i,k)$、$a(i,k)$、$s(i,k)$ 所需操作 $2n^2+n$ 次，循环计算 A 与 R 所需操作 $2n^2t$ 次，因此算法所需总时间 $T_s=(n^2d+2n^2+n+2n^2t)\ T_i$。同样，对于 FGPAP 算法，所需的操作次数主要包括：计算数据相似度所需的操作次数 n^2d/p，初始化 $r(i,k)$、$a(i,k)$、$s(i,k)$ 所需操作 $(2n^2+n)/p$ 次，循环计算 A 与 R 所需操作 $2n^2t/(p/2)$ 次。每次迭代所需的通信次数主要包括：A 与 R 的信息交换 $2n^2$ 次，因此算法所需总时间 $T_p=(n^2d+2n^2+n+4n^2t)/p\ T_i+2n^2T_c$。

FGPAP 算法的加速比为

$$S_p=\frac{T_s}{T_p}=\frac{(n^2d+2n^2+n+2n^2t)T_i}{(n^2d+2n^2+n+4n^2t)/pT_i+2n^2T_c}\tag{9-15}$$

所以当聚类数据量巨大，n^2 远大于 T_c 时，FGPAP 算法优势明显。

9.6　基于多粒度聚类的问题求解应用举例：粗糙 RBF 神经网络的学习算法

9.6.1　粗糙 RBF 神经网络的学习算法[69]

在粗糙 RBF 神经网络中，待确定的参数主要包括：输入层神经元个数、RBF 单元的中心和宽度，以及隐层神经元和输出层神经元之间的连接权值。先对数据集的属性约简，找到问题求解的合适的属性粒度，作为输入层神经元个数；再对数据集进行 AP 聚类，通过参数调整，得到不同粒度的聚类结果，从而确定不同粒度上的 RBF 单元相关参数，直到找到满意的问题求解方法。

一般来说，输入层神经元的个数与数据集的条件属性个数相等，但是此时数据集的条件属性可能具有冗余性。为此，本节先利用粗糙集理论中的属性约简算法对数据集进行约简，去除数据集中的冗余属性，以消减后的数据集的条件属性个数作为粗糙 RBF 神经网络的输入神经元的个数。

隐层中 RBF 单元的个数及其中心直接影响 RBF 神经网络的性能。传统的确定 RBF 单元相关参数的方法主要有随机选取法和聚类分析法等。在随机选取法中，任意指定数据集中的若干样本作为 RBF 单元的中心，按照经验公式指定其宽度。在聚类分析方法中，最常用的就是 K 均值聚类算法。该方法需事先指定聚类的个数，然后通过算法不断调整聚类中心，直到聚类中心不再变化为止。聚类算法结束后，根据聚类中心的位置计算其类内宽度，并作为 RBF 单元的中心和宽度。上述两类方法的主要缺点是需要人为指定 RBF 单元的个数，面向不同的数据集时需要不断的尝试。为解决这一问题，我们提出利用无需任何先验信息即可完成数据集自动聚类的 AP 聚类算法，自动计算 RBF 单元的个数及其中心，实现面向不同数据集时 RBF 单元个数和中心的自动确定。

隐层神经元和输出层神经元之间的连接权值一般采用最小二乘法来确定。

算法 9-4　粗糙 RBF 神经网络的学习算法。

(1)属性约简。利用基于差别矩阵的属性约简算法对数据集进行属性约简，去除数据集中的冗余属性。

(2)AP 聚类。利用 AP 聚类算法对约简后的数据集进行聚类，根据聚类结果计算类中心的宽度。然后，将类中心和宽度传递给 RBF 单元。

(3)对每一个输入样本，计算隐层中 RBF 单元的输出。

(4)根据期望输出和 RBF 单元的输出，利用最小二乘法调整 RBF 单元和输出层神经元之间的连接权值。

(5)判断是否满足算法终止条件。若达到，算法结束；否则，转步骤(3)。

9.6.2 粗糙 RBF 神经网络的可用性与可靠性实验

为进一步验证算法的可用性和可靠性，我们对 UCI 中的几个用于分类的数据集进行了实验，并和其他算法进行了比较。

实验中使用的数据集主要包括：Iris 数据集、Wine 数据集、Zoo 数据集和 Crx 数据集等，它们的基本特征如表 9-2 所示。

首先，利用属性约简算法对数据集进行属性约简，约简前后条件属性的个数如表 9-3所示。

表 9-2　四个数据集的基本特征

数据集	类别	样本个数	条件属性个数
Iris	3	150	4
Wine	3	178	13
Crx	2	690	15
Zoo	7	214	16

表 9-3　约简前后条件属性的个数

数据集	条件属性个数	
	约简前	约简后
Iris	4	3
Wine	13	2
Crx	15	5
Zoo	16	6

从表 9-3 可以看出，除了 Iris 数据集外，其他三个数据集的条件属性个数在约简前后变化比较大。这也表明，在这三个数据集中，存在较多的冗余属性，它们对最终的分类结果没有贡献，可以作为冗余属性将其去除，而不会影响数据集的分类。

然后，利用 AP 聚类算法对约简后的数据集进行聚类分析。在 AP 聚类算法中，阻尼系数 lam 取默认值 0.5；参考度 p 的值取为三个，分别为初始相似度矩阵 S 的中值 median(S)，median(S)/2 和 median(S)×2，以此获取不同数量的聚类个数，并用来分析参考度 p 的变化对最终分类结果的影响。不同的参考度 p 对应的聚类结果如表 9-4 所示。从表 9-4 可以看出，不管是否经过属性约简，随着 p 值的增大(p 为负值)，聚类的个数都跟着增加。当 p 的值较大时(如 p 等于 median(S)和median(S)/2 时)，先约简后 AP 聚类较直接 AP 聚类得到的聚类个数要少些；当 p 的值较小时(如 p 等于 median(S)×2 时)，先约简后 AP 聚类较直接 AP 聚类得到的聚类个数稍微多一些，但相差不大。这些也表明，随着 p 值的增大，约简后的数据集中的冗余属性被去除后，聚类的结果更精确。此外，从算法的执行时间和迭代次数可以看出，随着 p 值的增大，先约简后 AP 聚类算法的执行时间先多于后少于直接 AP 聚类。这表明，当算法需要更多的聚类个数时，经过约简后的数据集更容易快速形成聚类结果，主要是因为此时数据集中的冗余属性已经别去除。

表 9-4 不同的参考度 *p* 对应的聚类结果

数据集	类别	聚类中心个数					
		直接 AP 聚类			先约简后 AP 聚类		
		P=median(S)/2	P=median(S)	P=2median(S)	P=median(S)/2	P=median(S)	P=2median(S)
Iris	3	11	9	4	10	7	5
Wine	3	28	14	7	15	9	7
Crx	2	68	44	26	59	40	28
Zoo	7	17	9	7	11	8	8
数据集	类别	时间/s					
		直接 AP 聚类			先约简后 AP 聚类		
		P=median(S)/2	P=median(S)	P=2median(S)	P=median(S)/2	P=median(S)	P=2median(S)
Iris	3	5.625	5.125	4.609	4.797	5.172	5.391
Wine	3	5.750	6.656	4.250	4.813	4.437	4.422
Crx	2	31.266	14.594	15.547	15.547	35.922	18.516
Zoo	7	15.750	7.094	7.002	9.235	9.062	8.782
数据集	类别	迭代次数					
		直接 AP 聚类			先约简后 AP 聚类		
		P=median(S)/2	P=median(S)	P=2median(S)	P=median(S)/2	P=median(S)	P=2median(S)
Iris	3	181	154	138	152	158	178
Wine	3	169	220	135	157	140	141
Crx	2	184	170	164	176	432	217
Zoo	7	578	253	235	427	341	337

为直观说明 AP 聚类算法的执行过程，给出图 9-3 和图 9-4 来描述在不同条件下 AP 聚类算法的迭代过程。

从图 9-3 和图 9-4 可以看出，不管是否有经过属性约简，当 p 取(median(S))时，AP 聚类算法的适应值(网络相似度)最好。对比图 9-3 和图 9-4 可以发现，经过属性约简后的 AP 聚类算法的收敛性更好。特别是在 Wine 数据集上，AP 聚类算法在该数据集上适应值只能达到－50 左右，但是经过属性约简后的 AP 聚类算法在该数据集上适应值可以接近 0。这也说明，属性约简对 AP 聚类算法是有帮助的。

最后，根据 AP 聚类算法得到的 RBF 单元的中心和宽度，计算隐层 RBF 单元的输出；再根据和隐层 RBF 单元的输出和隐层和输出层神经元之间的连接权值，计算 RBF 网络的输出；结合训练样本的期望输出，利用最小二乘法调整隐层和输出层神经元之间的连接权值，直至满足网络训练精度为止。在本实验中，将每一个数据集均分后分别作为训练数据集和测试数据集。利用测试数据集对训练好的网络进行测试和泛化实验，结果如表 9-5 所示。

表 9-5 分类精度比较

方法	分类精度/%			
	Iris	Wine	Crx	Zoo
AP with AR				
P=media(s)/2	96.00	93.26	87.83	88.24
P=media(s)	96.00	93.26	88.98	88.24
P=media(s)×2	93.33	94.38	88.12	94.12
AP without AR				
P=media(s)/2	96.00	89.89	87.29	86.27
P=media(s)	96.00	91.01	88.41	88.24
P=media(s)×2	94.67	93.26	87.83	92.17
K-means without AR	86.67	86.52	86.97	84.31
K-means with AR	93.33	88.76	86.38	82.35

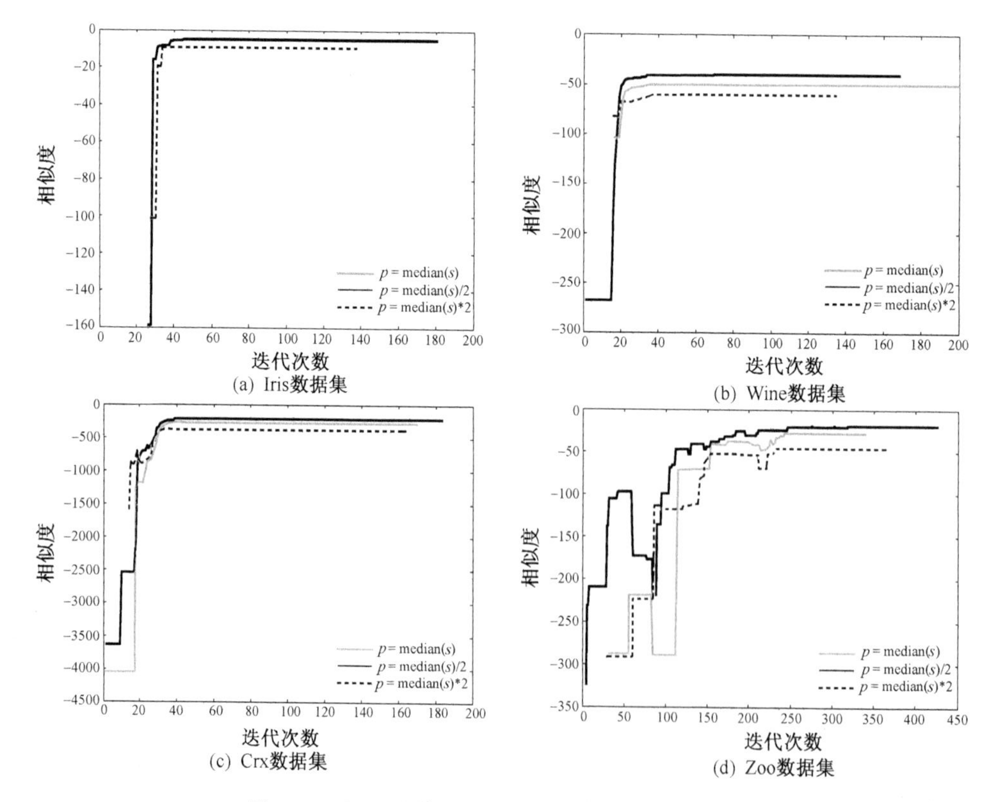

图 9-3 不经过属性约简直接 AP 聚类的迭代过程

从表 9-5 可以看出，不管是否使用属性约简算法，AP 聚类确定隐层 RBF 单元的中心和宽度的泛化结果都要比 K 均值聚类算法好。进一步可以看出，经过属性约简

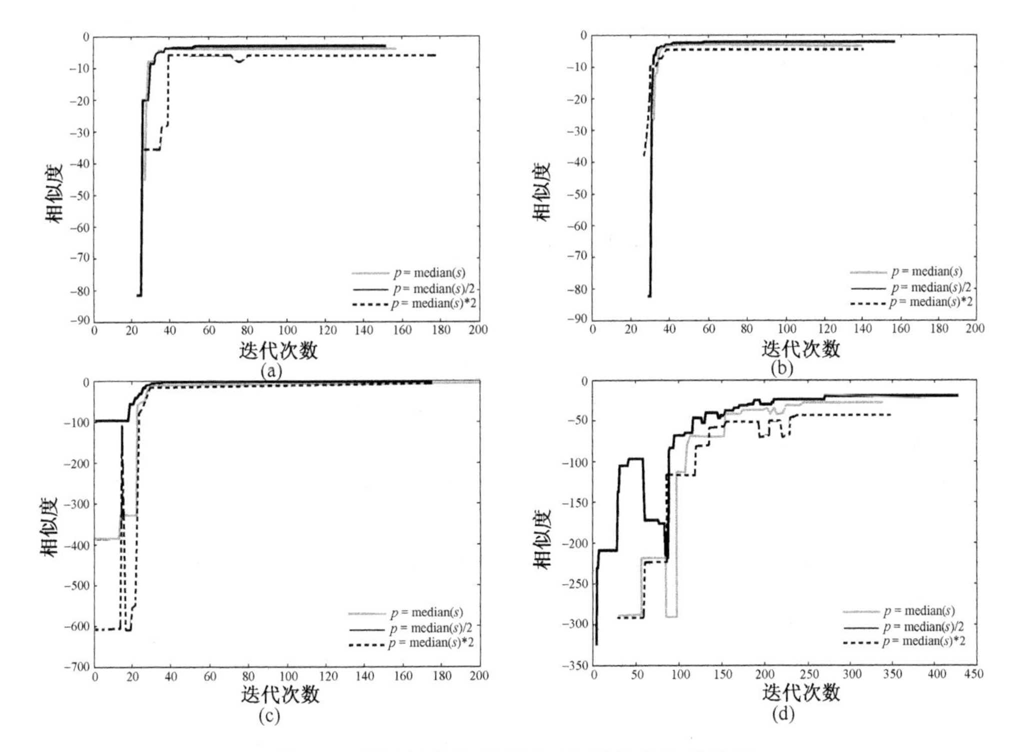

图 9-4　经过属性约简直接 AP 聚类的迭代过程

后，各种方法的泛化结果都达到或基本持平没有属性约简时的泛化结果。这也进一步表明了属性约简算法可以消除数据集中的冗余属性和噪声，对提高 RBF 神经网络的性能有一定的帮助。

9.7　本章小结

聚类是模式识别、数据挖掘、机器学习等研究方向的重要研究内容之一，应用范围广泛，和许多其他研究方向有交叉领域。然而面对具有不完备性、不可靠性、不精确性、不一致性等特点的海量、高维、分布式、动态的复杂数据，传统的聚类分析已不能满足需求。

粒度是描述模糊不确定对象的工具，粒计算是研究基于多层次粒结构的思维方式、问题求解方法、信息处理模式及其相关理论、技术和工具的学科，计算主要用于不确定、不完整的模糊海量信息的智能处理。粒聚类是指在粒的思想下，借助于粒度计算的基本方法，比如模糊集理论、粗糙集理论、商空间理论拓展聚类分析的研究范围与方法，寻求最佳聚类的“粒”，达到理想的聚类结果。

没有任何一种聚类技术可以普遍适用于揭示各种多维数据集所呈现出来的多种

多样的结构。模糊集、粗糙集、商空间是粒度计算的三种主要模型，各有优缺点，它们之间相互融合相互渗透，相互完善，找到它们的融合点，构建统一粒聚类模型是今后研究的趋势。

本章成果得到国家自然科学基金项目（No. 41074003、No. 60975039、No. 51104157）、教育部博士学科点专项科研基金（No. 20110095120008）、中国科学院智能信息处理重点实验室开放基金项目（No. IIP2010-1）的支持。

参考文献

[1]Han J W, Kamber M. Data Mining: Concepts and Techniques. 2 Edition. Massachusetts: Morgan Kaufmann Publishers, 2006.

[2]Yao Y Y. Granular computing: basic issues and possible solutions. Proc of the 5th Joint Conf on Information Sciences, 2000:186-189.

[3]白亮，梁吉业，曹付元. 基于粗糙集的改进 K-MODES 聚类算法. 计算机科学，2009，36(1)：162-176.

[4]殷钢，苗夺谦，段其国. 一种新的粗糙 Leader 聚类算法. 计算机科学，2009，36(5)：203-205.

[5]刘岩，岳应娟，李言俊. 基于粗糙集的图像聚类分割算法研究. 红外与激光工程，2004，33(3)：300-302.

[6]郝晓丽，谢克朋. 基于动态粒度的并行人工免疫聚类算法. 计算机工程，2007，33(23)：194-196.

[7]钟茂生. WEB 页面的模糊聚类. 华东交通大学学报，2004，21(5)：59-62.

[8] Zheng S Z, Zhao X L, Zhang B Q. Web document clustering research based on granular computing. 2009 Second International Symposium on Electronic Commerce and Security, 2009:446-450.

[9] Zhang X, Yin Y X, Xu M Z. Research of text clustering based on fuzzy granular computing. 2009 Second IEEE International Conference on Computer Science and Informational Tecnology, 2009:288-291.

[10] Zadeh L A. Fuzzy logic=computing with words. IEEE Trans on Fuzzy Systems, 1996, 1(2): 103-111.

[11]卜东波，白硕，李国杰. 聚类/分类中的粒度原理. 计算机学报，2002，25(8)：810-815.

[12]张钹，张铃. 问题的求解理论及应用. 北京：清华大学出版社，2007.

[13]陈洁，张燕平，张铃，等. 基于信息粒度的聚类分析及其应用. 中国图像图形学报，2007，12(1)：87-91.

[14]王伦文. 聚类的粒度分析. 计算机工程与应用，2006，42(5)：29-31.

[15] Bargiela A, Pedrycz W. Granular Computing: An Introduce. Boston, MA: Kluwer Academic Publishers, 2003.

[16] Bargiela A, Pedrycz W. Recursive information granulation: aggregation and interpation issues. IEEE Transactions on Systems, Man and Cybernetics, Part B: Cybernetics, 2003, 33(1): 96-112.

[17] Pedrycz W, Keun K C. Boosting of granular models. Fuzzy Sets and Systems, 2006, 157(22): 2934-2953.

[18]Xie Y, Raghavan V V, Dhatric P, et al. A new fuzzy clustering algorithm for optimally finding granular prototypes. International Journal of Approximate Reasoning, 2005,40(1-2) : 109-124.

[19] Su C T, Chen L S, Yih Y. Knowledge acquisition through information granulation for imbalanced data. Expert Systems with Applications, 2006, 31(3): 531-541.

[20] 张讲社,梁怡,徐宗本. 基于视觉系统的聚类算法. 计算机学报, 2001,24(5):496-501.

[21] 安秋生, 沈钧毅, 王国胤. 基于信息粒度与 Rough 集的聚类方法研究. 模式识别与人工智能, 2003, 16(4): 412-417.

[22]Zhu H, Ding S F, Xu L, et al. Research and development of granularity clustering. Communications in Computer and Information Science,2011, 159(5):253-258.

[23]Ding S F, Xu L, Zhu H, et al. Research and progress of cluster algorithms based on granular computing. International Journal of Digital Content Technology and its Applications, 2010, 4 (5): 96-104.

[24] 贺玲,吴玲达,蔡益朝. 数据挖掘中的聚类算法综述. 计算机应用研究, 2007, 24(1):10-13.

[25] 张丽娟,李舟军,陈火旺. 粒度计算及其在数据挖掘中的应用. 计算机科学, 2005,32(12):178-180.

[26] Zadeh L A. Fuzzy sets. Information and Control, 1965, 8(3):338-353.

[27] Ruspini E H. A new approach to clustering. Information and Control,1969,15(1):22-32.

[28] Pedrycz W, Loia V, Senatore S. Fuzzy clustering with viewpoints. IEEE Transactions on Fuzzy Systems, 2010, 18(2): 274-284.

[29] White B S, Shalloway D. Efficient uncertainty minimization for fuzzy spectral clustering. Physical Review E, 2009, 80(5): 056705.

[30] Celikyilmaz A. Soft-link spectral clustering for Information extraction. 2009 IEEE Third International Conference On Semantic Computing (ICSC 2009), 2009:434-441.

[31] Zhao F, Liu H Q, Jiao L C. Spectral clustering with fuzzy similarity measure. Digital Signal Processing, 2011, 21(6): 701-709.

[32] Mirkin B, Nascimento S. Additive spectral method for fuzzy cluster analysis of similarity data including community structure and affinity matrices. Information Sciences, 2012, 183(1): 16-34.

[33] Pawlak Z. Rough sets. International Journal of Information and Computer Sciences,1982,11 (5):145-172.

[34] 杨涛, 李龙澍. 一种基于粗糙集聚类的数据约简算法. 系统仿真学报,2004,16(10).

[35] Herawan T, Deris M M, Abawajy J H. A rough set approach for selecting clustering attribute. Knowledge-Based Systems, 2010, 23(3): 220-231.

[36] 刘少辉,胡斐,贾自艳,等. 一种基于 Rough 集的层次聚类算法. 计算机研究与发展, 2004, 41 (4):552-557.

[37] Malyszko D, Stepaniuk J. Adaptive multilevel rough entropy evolutionary thresholding. Information Sciences, 2010, 180(7): 1138-1158.

[38] Malyszko D, Stepaniuk J. Rough entropy hierarchical agglomerative clustering in image seg-

mentation. Transactions on Rough Sets XIII, 2011, 6499: 89-103.

[39] Yanto I T R, Herawan T, Deris M M. Data clustering using variable precision rough set. Intelligent Data Analysis, 2011, 15(4): 465-482.

[40] Chen M, Miao D Q. Interval set clustering. Expert Systems with Applications, 2011, 38(4): 2923-2932.

[41] 张钹,张铃.问题求解理论与应用.北京:清华大学出版社,1990.

[42] Zhang L, Zhang B. Quotient space based cluster analysis. Proceedings of Foundations and Novel Approaches in Data Mining, 2006:259-269.

[43] 严莉莉,张燕平,胡必云.一种基于商空间粒度的覆盖聚类算法.计算机应用研究,2008,25(1):47-49.

[44] 赵姝,张燕平,张铃,等.覆盖聚类算法.安徽大学学报:自然科学版,2005,29(2):28232.

[45] 张铃,张钹,殷海风.多层前向网络的交叉覆盖设计算法.软件学报,1999,10(7):737-742.

[46] 李道国,苗夺谦,张东星,等.粒度计算研究综述.计算机科学,2005,32(9):1-12.

[47] 王国胤,姚一豫,于洪.粗糙集理论与应用研究综述.计算机学报,2009,32(7):1229-1246.

[48] Mitra S, Pedrycz W, Barman B. Shadowed c-means: Integrating fuzzy and rough clustering. Pattern Recognition, 2010, 43(4): 1282-1291.

[49] Xue Z X, Shang Y L, Feng A F. Semi-supervised outlier detection based on fuzzy rough C-means clustering. Mathematics and Computers in Simulation, 2010, 80(9): 1911-1921.

[50] Maji P. Fuzzy-rough supervised attribute clustering algorithm and classification of microarray data. IEEE Transactions on Systems Man and Cybernetics Part B:Cybernetics, 2011, 41(1): 222-233.

[51] Zhou J, Pedrycz W, Miao D Q. Shadowed sets in the characterization of rough-fuzzy clustering. Pattern Recognition, 2011, 44(8): 1738-1749.

[52] 张铃,张钹.模糊商空间理论(模糊粒度计算方法).软件学报,2003,14(4):770-776.

[53] 徐峰,张铃,王伦文.基于商空间理论的模糊粒度计算方法.模式识别与人工智能,2004,17(4):425-429.

[54] Tang X Q, Zhu P, Cheng J X. Cluster analysis based on fuzzy quotient space. Journal of Software, 2008, 19(4):861-868.

[55] 毛军军,张铃,许义生.基于商空间与信息粒度的Fuzzy聚类分析.运筹与管理,2004,13(4):25-29.

[56] Tan X X, Yu Y Q, Zhang X Y, et al. Fuzzy granules clustering analysis based on quotient space. Proceedings of The International Conference Information Computing and Automation, 2008, 1-3:111-115.

[57] Lu B, Zhao X M, Jin R R. Fuzzy clustering based on quotient space and its application in CRM. 2009 International Forum on Information Technology and Applications, 2009,1:495-498.

[58] 李剑英,丁世飞,徐丽.一种模糊加权的改进层次聚类算法研究.微电子学与计算机,2011,28(9):210-213.

[59] 王国胤,于洪,杨大春.基于条件信息熵的决策表约简.计算机学报,2002,25(7):759-766.

[60] 吴尚智，苟平章. 粗糙集和信息熵的属性约简算法及应用. 计算机工程，2011，37(7):56-61.

[61] Ding S F, Xu L, Zhu H, et al. A fuzzy kernel clustering algorithm based on improved rough set attribute reduction. International Journal of Advancements in Computing Technology, 2011, 3 (6):199-206.

[62] 洪功冰. 细粒度并行与多线程计算. 计算机研究与发展，1996，33(6):473-480.

[63] 夏飞，窦勇，徐佳庆，等. 基于 FPGA 的存储优化的细粒度并行 Zuker 算法加速器研究. 计算机研究与发展，2011，48(4):709-719.

[64] Yu L, Liu Z Y. Study on fine-grained synchronization in many-core architecture//10th ACIS International Conference on Software Engineering, Artificial Intelligences, Networking and Parallel/Distributed Computing, Washington: IEEE Press, 2009:524-529.

[65] 英特尔亚太研发有限公司，北京并行科技有限公司. 释放多核潜能：英特尔 Parallel Studio 并行开发指南. 北京：清华大学出版社，2010.

[66] Frey B J, Dueck D. Clustering by passing messages between data points. Science, 2007, 315 (5814): 972-976.

[67] 董俊，王锁萍，熊范纶. 可变相似性度量的近邻传播聚类. 电子与信息学报，2010，32(3): 509-514.

[68] Zhao Z Q, Gao J. A matrix modular neural network based on task decompositionwith subspace division by adaptive affinity propagation clustering. Applied Mathematical Modelling, 2010, 34 (3):3884-3895.

[69] Xu X Z, Ding S F, Shi Z Z, et al. Optimizing radial basis function neural network based on rough set and AP clustering algorithm. Journal of Zhejiang University (SCIENCE A), 2012, 13 (2):131-138.

第 10 章　并行约简与 F-粗糙集

邓大勇　陈　林

浙江师范大学　数理与信息工程学院

从增量式数据、海量数据或动态数据中挖掘出人们感兴趣的知识，是数据挖掘研究的一个热点，也是一个难点。粗糙集理论与应用的研究者们也试图利用粗糙集理论的方法对增量式数据、海量数据或动态数据进行挖掘或约简，取得了较为丰富的研究成果，主要包括动态约简[1-2]、多决策表约简[3-6]和并行约简[7-16]。

并行约简[7-16]的目的是为了求取稳定而且泛化能力强的条件属性的约简（或称为特征选择），以适应增量式数据、海量数据或动态数据。它从粗糙集理论最基本的属性约简定义出发，从一个大数据集（或增量式数据、动态数据）中选择若干个小的数据子集（可能包含原来的大数据集），得到的约简是保持所有数据子集正区域的最小条件属性子集。

这些数据子集代表整个大数据集的各种子模式，并行约简能够使得各个数据子集保持正区域，所以它具有比一般的约简更能适应数据的动态变化、具有更强的泛化能力，而且约简本身也更稳定。

F-粗糙集模型[14]的目的是为了给并行约简建立粗糙集理论基础。它研究信息子表簇或决策子表簇中概念的上、下近似、边界区域、负区域等，是数据子集簇中的粗糙集模型。F-粗糙集模型是对 Pawlak 粗糙集模型的扩展，能够研究事物的变化和发展。

并行约简和 F-粗糙集模型将粗糙集和属性约简理论从单个决策表或单个信息表推广到多个。它的思想更符合客观实际，也更符合人类的思维习惯。人类总是从不同的角度、不同的方面看待事物、学习知识，不同的人或者不同时候的同一个人对同一个事物或同一个问题的看法也不一样。并行约简或 F-粗糙集模型的多个子表可以反映出这些异同。每一个子表都是对客观事物的一种局部认识，多个子表综合起来就可以反映事物的整体和全局。并行约简和 F-粗糙集的思想充分考虑整体和局部，从整体和局部中抽象出事物的本质属性。

并行约简的思想符合人们的哲学思想。它满足“普遍性和特殊性”相互关系的哲学原理，也满足中国古典哲学思想“道生一，一生二，二生三，三生万物”。一个大数据表在一定程度上是“普遍性”或“一”，而每一个子表就是“特殊性”或“二”、“三”，所有的子表综合在一起就成为“万物”。

并行约简和 F-粗糙集模型真正体现计算粒度的层次性，能够进行分布式并行计算，体现云计算的本质。并行约简和 F-粗糙集模型至少从两个粒度层次上考察数据，第一，从整个决策子表簇或信息子表簇考察数据，在这个粒度层次上，每个子表是子表簇中的元素；第二，在每个子表中考察数据，子表中的每个数据元素是考察的最小单元；当然，还有可能分解成一些中间粒度层次，比如，每个子表中的等价类或相容类作为一个粒度层次等。并行约简和 F-粗糙集模型拓展了粗糙集理论的分类思想，更符合人类认识事物的方式，从方法论、认识论和哲学等方面拓展了粗糙集理论。

动态约简[1-2]旨在动态数据、增量式数据或海量数据中寻找稳定的约简，也就是说，为了得到泛化能力强而且适应数据动态变化的约简。然而动态约简的方法需要求出所有子决策系统的所有约简，所以其时间复杂度很大，人们已经证明它是一个 NP 完全问题，而且动态约简不具有完备性，这是因为若干个子系统约简的交集极有可能为空。也许正是由于这两个缺陷，对动态约简的研究近年来几乎陷入停顿状态，国内外鲜有相关的研究成果。

多决策表约简[3-6]主要是利用传统的粗糙集模型或粗糙集约简方法对多个决策表进行约简，试图得到全局约简或全局规则（所谓的全局约简或全局规则就是将多个决策表合并成一个决策表后的单个决策表的约简或规则），它利用一些启发式规则降低计算复杂度。从本质上来说，多决策表约简还是利用单个决策表中的粗糙集模型或方法去处理多决策表中的数据。

并行约简不仅克服了动态约简计算复杂性高以及不完备的缺陷，克服了多决策表约简缺乏整体意义上粗糙集理论支持的缺陷，而且在一定的程度上克服了 Pawlak 约简对数据过分拟合的缺陷，具有广泛的适应性。并行约简是动态约简和 Pawlak 约简的推广；并行约简的方法具有完备性、时间复杂度低和容易推广等优点；在研究并行约简算法的过程中，可以比较容易利用已有的成果，得到并行约简的高效算法；并行约简和 F-粗糙集的思想方法可以比较容易地与其他粗糙集方法、数据挖掘模型等相结合，也容易将各种启发式信息应用于并行约简的求取。

随着信息时代的到来，数据呈现级数型增长，计算机所要处理的数据来越来越大，各行各业的应用软件都面临着“信息爆炸”的考验，许多软件都需要重新设计。尤其是在数据挖掘领域，数据的增长速度更是惊人，然而单台计算机性能的提升已经跟不上数据增长的速度，人们开始利用多台计算机并行计算来缓解数据增长带来的压力，这就是近年来云计算兴起的原因。其实云计算本质上是一种并行性分布式计算，在这种计算模式中，许多原有的算法已经不再适用，而且也不适用于动态增长的数据。

并行约简和 F-粗糙集模型能够很好地解决这两个问题。算法框架稍加改变，并行约简就可以利用已有的约简结果，只需计算新加入的数据即可，这样就避免了许多重复计算的步骤，大大节约了计算时间，尤其是在处理海量数据时，这种优势更加明显。其次,并行约简的算法框架本身无需任何调整就可以用来做并行计算,在真正实现时,各台机器之间基本上是独立运行的,即使偶尔需要交换数据其数据量也非常小,所以十分易于实现。应该说,并行约简算法在现实软件设计和数据处理中的应用前景十分广泛。

10.1　粗糙集基本知识

本节简单介绍粗糙集相关的基本知识,包括:上、下近似,约简,属性重要度以及动态约简等[8-20]。

$IS=(U,A)$ 是一个信息系统,其中 U 是论域,A 是论域 U 上的条件属性集。对于每个属性 $a\in A$ 都对应着一个函数 $a:U\rightarrow V_a$,V_a 称为属性 a 的值域,U 中每个元素称为个体、对象或行。

对于每一个属性子集 $B\subseteq A$ 和任何个体 $x\in U$ 都对应着一个如下的信息函数:

$$\mathrm{Inf}_B(x)=\{(a,a(x)):a\in B\}$$

B-不分明关系(或称为不可区分关系)是一个等价关系,定义为

$$\mathrm{IND}(B)=\{(x,y):\mathrm{Inf}_B(x)=\mathrm{Inf}_B(y)\}$$

任何满足关系 $\mathrm{IND}(B)$ 的两个元素 x,y 都不能由属性子集 B 区分,$[x]_B$ 表示由 x 引导的 $\mathrm{IND}(B)$ 等价类。

对于信息系统 $IS=(U,A)$、属性子集 $B\subseteq A$ 和论域子集 $X\subseteq U$,有

$$\underline{B}(X)=\underline{B}(\mathrm{IS},X)=\{x\in U:[x]_B\subseteq X\}$$

$$\bar{B}(X)=\bar{B}(\mathrm{IS},X)=\{x\in U:[x]_B\cap X\neq\varnothing\}$$

$\underline{B}(X)$和 $\bar{B}(X)$分别称为 B 一下近似和 B 一上近似。B 一下近似也称为正区域,记为 $\mathrm{POS}_B(X)$。序偶 $(\underline{B}(X),\bar{B}(X))$ 称为粗糙集,$\mathrm{BND}(X)=\bar{B}(X)-\underline{B}(X)$ 称为边界域,$\mathrm{NEG}(X)=U-\bar{B}(X)$ 称为负区域,如图 10-1 所示。

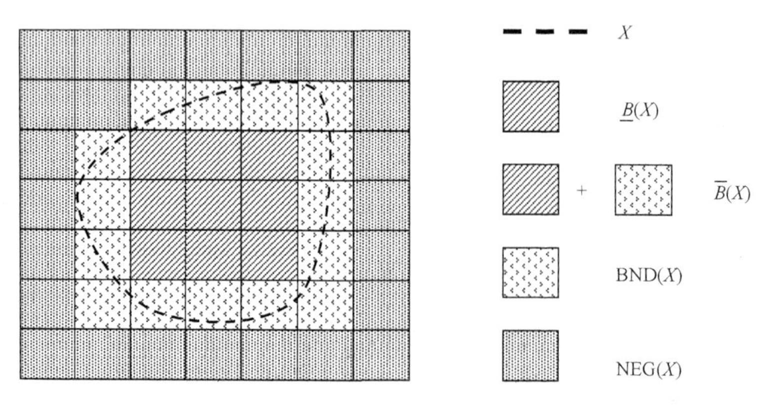

图 10-1　集合 X 在 IS 中的上下近似、边界域、负区域的示意图

在决策系统 $\mathrm{DS}=(U,A,d)$ 中，$\{d\}\cap A=\varnothing$，决策属性 d 将论域 U 划分为块，$U/\{d\}=\{Y_1,Y_2,\cdots,Y_p\}$，其中 $Y_i(i=1,2,\cdots,p)$ 是等价类。决策系统 $\mathrm{DS}=(U,A,d)$ 的正区域定义为

$$\mathrm{POS}_A(d)=\bigcup_{Y_i\in U/\{d\}}\mathrm{POS}_A(Y_i)$$

有时候决策系统 $\mathrm{DS}=(U,A,d)$ 的正区域 $\mathrm{POS}_A(d)$ 也记为 $\mathrm{POS}_A(\mathrm{DS},d)$ 或 $\mathrm{POS}(\mathrm{DS},A,\mathrm{d})$。

定义 10-1[18-19]　给定一个决策系统 $\mathrm{DS}=(U,A,d)$，$B\subseteq A$ 称为决策系统 DS 的约简，当且仅当 B 满足下面两个条件：

(1) $\mathrm{POS}_B(d)=\mathrm{POS}_A(d)$；

(2)对任意 $S\subset B$，都有 $\mathrm{POS}_S(d)\neq\mathrm{POS}_A(d)$。

决策系统 DS 约简的集合记为 RED(DS) 或者 RED(DS,d)。

定义 10-2[18-19]　决策系统 DS 的属性核定义为 $\bigcap\mathrm{RED}(DS)$。

定义 10-3[18-19]　在决策系统 $\mathrm{DS}=(U,A,d)$ 中，称决策属性 d 以程度 $h(0\leqslant h\leqslant 1)$ 依赖条件属性集 A，其中，

$$h=\gamma(A,d)=\frac{\mathrm{POS}_A(d)}{|U|}$$

符号 $|\cdot|$ 表示集合的势。

定义 10-4[18-19]　给定一个决策系统 $\mathrm{DS}=(U,A,d)$，$B\subseteq A$ 称为决策系统 DS 的约简，当且仅当 B 满足下面两个条件：

(1) $\gamma(B,d)=\gamma(A,d)$；

(2)对任意 $S\subset B$，都有 $\gamma(S,d)\neq\gamma(A,d)$。

定义 10-5[18-19]　在决策系统 $\mathrm{DS}=(U,A,d)$ 中，条件属性 $a\in A$ 的属性重要度定义为

$$\sigma(a)=\frac{\gamma(A,d)-\gamma(A-\{a\},d)}{\gamma(A,d)}=1-\frac{\gamma(A-\{a\},d)}{\gamma(A,d)}$$

定义 10-6[1]　设 $\mathrm{DS}=(U,A,d)$ 是一个决策系统，则任何 $\mathrm{DT}=(U',A,d)(U'\subseteq U)$ 是 DS 的决策子系统，$P(\mathrm{DS})$ 表示 DS 的幂集。对于一个决策子系统簇 $F\subseteq P(\mathrm{DS})$，$\mathrm{DR}(\mathrm{DS},F)$ 表示下面集合：

$$\mathrm{RED}(\mathrm{DS})\cap\bigcap_{\mathrm{DT}\in F}\mathrm{RED}(\mathrm{DT})$$

$\mathrm{DR}(\mathrm{DS},F)$ 中的每个元素称为 DS 的 F-动态约简。

定义 10-7[1]　$\mathrm{DS}=(U,A,d)$ 是一个决策系统，$F\subseteq P(\mathrm{DS})$，$\mathrm{GDR}(\mathrm{DS},F)$ 表示如下集合：

$$\bigcap_{\mathrm{DT}\in F}\mathrm{RED}(\mathrm{DT})$$

$\mathrm{GDR}(\mathrm{DS},F)$ 中的任何元素都称为决策系统 DS 的 F-一般动态约简。

定义 10-8[2]　$\mathrm{DS}=(U,A,d)$ 是一个决策系统，$F\subseteq P(\mathrm{DS})$，所有的 (F,ε)-动态约简被定义为

$$\mathrm{GDR}_{\varepsilon}(\mathrm{DS},F)=\{B\subseteq A:\frac{|\{\mathrm{DT}\in F:B\in \mathrm{RED}(\mathrm{DT},d)\}|}{|F|}\geqslant 1-\varepsilon\}$$

其中 $\varepsilon\geqslant 0$。如果 $B\in \mathrm{RED}(\mathrm{DT},d)$，那么参数 $\frac{|\{\mathrm{DT}\in F:B\in \mathrm{RED}(\mathrm{DT},d)\}|}{|F|}$ 称为一般动态约简 B 相对于 F 的稳定系数。

定义 10-9[20]　对于给定的决策系统 $\mathrm{DS}=(U,A,d)$，它的差别矩阵(Hu 差别矩阵)定义为

$$\boldsymbol{M}(\mathrm{DS})=[m(x,y)]_{x,y\in U}$$

其中

$$m(x,y)=\begin{cases}\{a\in A:a(x)\neq a(y)\}, & d(x)\neq d(y),x\in U,y\in U\\ \varnothing, & \text{否则}\end{cases}$$

相应的差别函数定义为

$$f(\mathrm{DS})=\wedge\ (\vee\ m(x,y)),m(x,y)\neq\varnothing$$

在决策系统 $\mathrm{DS}=(U,A,d)$ 中，$B\subseteq A$，函数 $\partial_B:U\to P(V_d)$（$P(V_d)$ 是 V_d 的幂集）定义为

$$\partial_B(x)=\{d(y):y\in[x]_B\}$$

如果对所有的 $x\in U$，都有 $|\partial_A(x)|=1$，那么决策系统 $\mathrm{DS}=(U,A,d)$ 是一致的，否则是不一致的。

10.2　F-粗糙集

F-粗糙集[14]和其他任何粗糙集模型不同，它是关于信息系统簇或者决策系统簇的粗糙集模型，这个粗糙集模型适合研究并行计算，也适合研究事物的动态变化。

在定义正区域、负区域、边界线区域和上、下近似之前，我们先定义在某种情形下的概念。众所周知，一个概念在不同的情形下的意义是不一样的，比如，我们说一个人是好人，这个“好人”的概念在不同的情形下，由不同的人说出来的意义是不一样的。下面用 $\mathrm{FIS}=\{\mathrm{IS}_i\}(i=1,2,\cdots,n)$ 表示与决策系统簇 F 相对应的信息系统簇，其中 $\mathrm{IS}_i=(U_i,A)$，而 $\mathrm{DT}_i=(U_i,A,d)$。

定义 10-10[14]　假设 X 是一个概念，N 是一种情形，$X\mid N$ 表示在情形 N 下的概念 X。在一个信息系统簇 $\mathrm{FIS}=\{\mathrm{IS}_1,\mathrm{IS}_2,\cdots,\mathrm{IS}_n\}$ 中，$\mathrm{IS}\in\mathrm{FIS}$，$X\mid\mathrm{IS}=X\cap\mathrm{IS}$，$X\mid\mathrm{FIS}=\{X\mid\mathrm{IS}_1,X\mid\mathrm{IS}_2,\cdots,X\mid\mathrm{IS}_n\}$。如果不引起混淆，$X\mid N$ 可以缩写为 X。

例 10-1　设 $F=\{\mathrm{DT}_1,\mathrm{DT}_2\}$，如表 10-1、表 10-2 所示，$a$、$b$、$c$ 是条件属性，d 是

决策属性。对于概念 $X=\{x:d(x)=0\}$ 在 DT_1 和 DT_2 中的意义是不一样的。

$$X \mid DT_1=\{x:d(x)=0\}\cap DT_1=\{x_1,x_3\}$$

$$X \mid DT_2=\{x:d(x)=0\}\cap DT_2=\{y_1,y_4,y_5\}$$

$$X \mid F=\{X \mid DT_1, X \mid DT_2\}=\{\{x_1,x_3\},\{y_1,y_4,y_5\}\}$$

表 10-1 决策子系统 DT_1

U_1	a	b	c	d
x_1	0	1	0	0
x_2	1	1	0	1
x_3	0	1	0	0
x_4	1	1	0	1

表 10-2 决策子系统 DT_2

U_1	a	b	c	d
y_1	0	1	0	0
y_2	1	1	0	1
y_3	1	1	0	1
y_4	0	1	0	0
y_5	1	2	0	0
y_6	1	2	0	1

假设 X 是信息系统簇 FIS 中的一个概念，那么 X 关于属性子集 $B\subseteq A$ 的上近似、下近似、边界线区域、负区域的定义分别如下：

$$\bar{B}(\text{FIS},X)=\{\bar{B}(\text{IS}_i,X):\text{IS}_i\in\text{FIS}\}=\{\{x\in U_i:[x]_B\cap X\neq\varnothing,X\subseteq\text{IS}_i\}\}$$

$$\underline{B}(\text{FIS},X)=\{\underline{B}(\text{IS}_i,X):\text{IS}_i\in\text{FIS}\}=\{\{x\in U_i:[x]_B\subseteq X,X\subseteq\text{IS}_i\}\}$$

$$\text{BND}(\text{FIS},X)=\{\text{BND}(\text{IS}_i,X):\text{IS}_i\in\text{FIS}\}=\{\bar{B}(\text{IS}_i,X)-\underline{B}(\text{IS}_i,X):X\subseteq\text{IS}_i\}$$

$$\text{NEG}(\text{FIS},X)=\{\text{NEG}(\text{IS}_i,X):\text{IS}_i\in\text{FIS}\}=\{U_i-\bar{B}(\text{IS}_i,X):X\subseteq\text{IS}_i\}$$

概念 X 关于信息系统簇 FIS 的上下近似、边界线区域、负区域分别是 FIS 中的信息子系统关于概念 X 的上下近似、边界线区域、负区域组成的集合。序偶 $(\underline{B}(\text{FIS},X),\bar{B}(\text{FIS},X))$ 称为 F-粗糙集。如果 $\underline{B}(\text{FIS},X)=\bar{B}(\text{FIS},X)$ 则称序偶 $(\underline{B}(\text{FIS},X),\bar{B}(\text{FIS},X))$ 是精确的。

概念 X 关于信息系统簇 FIS 的下近似通常也称为概念 X 关于信息系统簇 FIS 的正区域。对于元素 $x\in U$，不能简单地称它是属于正区域、负区域或边界线区域，因为 $x\in U$ 对于不同的 U_i（或 $\text{IS}_i(i=1,2,\cdots,n)$）所在的区域不同，它可能既在正区域，也在负区域或边界线区域。我们只能说，对于元素 $x\in U$，它在某个信息子系统 IS_i 中属于正区域、负区域或边界线区域。

例如，设信息系统簇 FIS＝{IS_1,IS_2,IS_3,IS_4}，X 是一个概念，则 X 在 FIS 中的上下近似、边界线区域和负区域如图 10-2 所示。

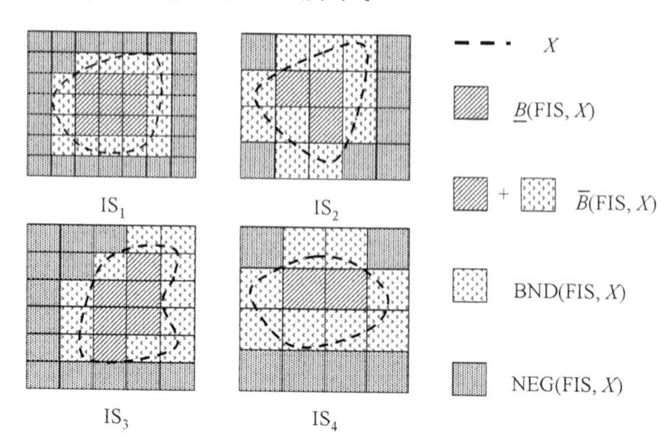

图 10-2　概念 X 在 FIS 中的上下近似、边界线区域、负区域

F-粗糙集模型的基本概念被定义后，Pawlak 粗糙集和其他粗糙集几乎所有的概念、所有的知识都可以迁移到 F-粗糙集模型中，这就是说，F-粗糙集模型具有非常好的适应性和可扩展性。

定义 10-11[14]　设 DS $=(U,A,d)$ 是一个决策系统，P(DS) 是 DS 的幂集，$F\subseteq P(\mathrm{DS})$，则 F-正区域定义为

$$\mathrm{POS}(F,A,d)=\{\mathrm{POS}(\mathrm{DT},A,d):\mathrm{DT}\in F\}$$

F-粗糙集模型是信息系统簇或决策系统簇中的粗糙集模型，它适合研究事物的动态变化与发展，具有很多潜在的理论和实际意义。因为它包含多个信息系统或决策系统，所以它能很好地进行分布式并行计算；也因为它包含多个信息系统或决策系统，所以它适合研究事物的动态变化与发展；也因为它包含多个信息系统或决策系统，所以它能全面反映出事物的整体和局部，具有很好的应用前景。例如，在指纹识别中，如果仅采集一个标准的指纹，那么很可能因为个体受伤、指纹上有污渍等原因导致指纹识别失败，但如果对一些重点对象，事先不仅仅采集标准的指纹，而且采集特殊情况下的指纹，不同情况下的指纹都是一个数据子集，在具有多种指纹数据的条件下，指纹识别的成功率将会大大提高。

10.3　并行约简定义与性质

粗糙集理论最重要的应用之一是属性约简，和 F-粗糙集模型相对应的是并行约简，并行约简是在若干个信息子系统或决策子系统中寻找稳定的、泛化能力强的条件属性约简[7-16]，它的相关定义如下。

定义 10-12　设 $DS=(U,A,d)$ 是一个决策系统，$P(DS)$ 是 DS 的幂集，$F\subseteq P(DS)$，则 $B\subseteq A$ 称为 F-并行约简当且仅当 $B\subseteq A$ 满足下面条件：

(1) $POS(F,B,d)=POS(F,A,d)$；

(2)对任意 $S\subset B$，都有 $POS(F,S,d)\neq POS(F,A,d)$。

F-并行约简也可以等价地定义如下。

定义 10-13　设 $DS=(U,A,d)$ 是一个决策系统，$P(DS)$ 是 DS 的幂集，$F\subseteq P(DS)$，则 $B\subseteq A$ 称为 F-并行约简当且仅当 $B\subseteq A$ 满足下面条件：

(1)对于任何的决策子系统 $DT\in F$，都有 $POS(DT,B,d)=POS(DT,A,d)$；

(2)对任意 $S\subset B$，至少存在一个决策子系统 $DT\in F$ 使得 $POS(DT,S,d)\neq POS(DT,A,d)$。

定义 10-14　设 $DS=(U,A,d)$ 是一个决策系统，$P(DS)$ 是 DS 的幂集，$F\subseteq P(DS)$，则 $B\subseteq A$ 称为 F-并行约简当且仅当 $B\subseteq A$ 满足下面条件：

(1)对于任何的决策子系统 $DT\in F$，都有 $\gamma(B,d)=\gamma(A,d)$；

(2)对任意 $S\subset B$，至少存在一个决策子系统 $DT\in F$ 使得 $\gamma(S,d)\neq\gamma(A,d)$。

定义 10-15　$DS=(U,A,d)$ 是一个决策系统，$P(DS)$ 是 DS 的幂集，$F\subseteq P(DS)$，PRED 是 F 的所有并行约简组成的集合，则 F-并行约简的核被定义为

$$PCORE=\bigcap PRED$$

例 10-2　设 $F=\{DT_1,DT_2\}$，如表 10.1、表 10.2 所示，a、b、c 是条件属性，d 是决策属性，则 $POS(DT_1,A,d)=\{x_1,x_2,x_3,x_4\}$，$POS(DT_2,A,d)=\{y_1,y_2,y_3,y_4\}$，$POS(F,A,d)=\{POS(DT_1,A,d),POS(DT_2,A,d)\}=\{\{x_1,x_2,x_3,x_4\},\{y_1,y_2,y_3,y_4\}\}$，$F$-并行约简为 $\{a,b\}$，F-并行约简的核也为 $\{a,b\}$。

F-并行约简的简单性质：

性质 10-1　设 RED 是决策子系统 $DT\in F$ 的一个约简，则存在一个 F-并行约简使得 RED$\subseteq$PRED。

性质 10-2　设 RED 是一个 F-一般动态约简，则 RED 是一个 F-并行约简。

性质 10-3　任意一个决策子系统 $DT\in F$ 的属性核都包含在 F-并行约简的属性核中。

这 3 个性质可以从并行约简、动态约简和属性核的定义中直接得出。

10.4　并行约简算法

几乎所有粗糙集理论的约简方法都可以用到并行约简算法中，下面主要介绍与属性重要度相关的并行约简算法。

10.4.1 基于属性重要度矩阵的并行约简算法

1. 属性重要度矩阵

定义 10-16[12] $DS=(U,A,d)$ 是一个决策系统，$P(DS)$ 是 DS 的幂集，$F\subseteq P(DS)$，$B\subseteq A$，B 关于 F 的 $n\times m$ 属性重要度矩阵定义为

$$\boldsymbol{M}(B,F)=\begin{bmatrix}\sigma_{11} & \sigma_{12} & \cdots & \sigma_{1m}\\ \sigma_{21} & \sigma_{22} & \cdots & \sigma_{2m}\\ \vdots & \vdots & \ddots & \vdots\\ \sigma_{n1} & \sigma_{n2} & \cdots & \sigma_{nm}\end{bmatrix}$$

其中，$\sigma_{ij}=\sigma(a_j,U_i)=\gamma_i(B,d)-\gamma_i(B-\{a_j\},d)$，$a_j\in B$，$DT_i=(U_i,A,d)\in F$，$\gamma_i(B,d)=\dfrac{|POS(DT_i,B,d)|}{|U_i|}$，$n$ 代表 F 中子决策子表的个数，m 代表 B 中条件属性的个数。

矩阵，$\boldsymbol{M}(B,F)$ 中的每一行反映 B 中不同属性在同一决策子表中的属性重要度，矩阵 $\boldsymbol{M}(B,F)$ 中的每一列反映出了 B 中同一属性在不同决策子表中的属性重要度。

定义 10-17[12] $DS=(U,A,d)$ 是一个决策系统，$P(DS)$ 是 DS 的幂集，$F\subseteq P(DS)$，$B\subseteq A$，B 关于 F 的 $n\times m$ 改进属性重要度矩阵定义为

$$\boldsymbol{M}'(B,F)=\begin{bmatrix}\sigma'_{11} & \sigma'_{12} & \cdots & \sigma'_{1m}\\ \sigma'_{21} & \sigma'_{22} & \cdots & \sigma'_{2m}\\ \vdots & \vdots & \ddots & \vdots\\ \sigma'_{n1} & \sigma'_{n2} & \cdots & \sigma'_{nm}\end{bmatrix}$$

其中，$\sigma'_{ij}=\sigma'(a_j,U_i)=\gamma_i(B\cup\{a_j\},d)-\gamma_i(B,d)$，$a_j\in A$，$DT_i=(U_i,A,d)\in F$，$\gamma_i(B,d)=\dfrac{|POS(DT_i,B,d)|}{|U_i|}$，$n$ 代表 F 中子决策子表的个数，m 代表 B 中条件属性的个数。如果 $a_j\in B$，那么 σ'_{ij} 等于 0。

命题 10-1[12] $DS=(U,A,d)$ 是一个决策系统，$P(DS)$ 是 DS 的幂集，$F\subseteq P(DS)$，$\boldsymbol{M}(A,F)$ 中任意大于 0 的元素所对应的属性是其对应子表的核属性，也是 F-并行约简的核属性。

命题 10-2[12] $DS=(U,A,d)$ 是一个决策系统，$P(DS)$ 是 DS 的幂集，$F\subseteq P(DS)$，$B\subseteq A$，$\boldsymbol{M}(B,F)$ 中任意大于 0 的元素所对应的属性相对 B 来说是不可约去的。

命题 10-3[12] $DS=(U,A,d)$ 是一个决策系统，$P(DS)$ 是 DS 的幂集，$F\subseteq P(DS)$，$B\subseteq A$，$\boldsymbol{M}'(B,F)$ 中任意大于 0 的元素所对应的属性加入 B 中都可以使得相应决策子表的正区域增加，从而使得 F-正区域增加。

2. 基于属性重要度矩阵的并行约简算法

算法的基本思想为，首先根据决策子表簇F的条件属性集合A建立属性重要度矩阵$\boldsymbol{M}(A,F)$，由$\boldsymbol{M}(A,F)$中不为0的元素找到F-并行约简的属性核B，再建立B的改进属性重要度矩阵$\boldsymbol{M}'(B,F)$，将$\boldsymbol{M}'(B,F)$中属性重要度不为0的元素最多的列所对应的条件属性加入B中，重复这个步骤直到$\boldsymbol{M}'(B,F)$变成零矩阵为止，此时的B就是F-并行约简。算法的具体步骤如下。

算法 10-1　基于属性重要度矩阵的并行约简算法(PRMAS)[12]。

输入：$F \subseteq P(\mathrm{DS})$。

输出：F的一个并行约简。

(1)建立属性重要度矩阵$\boldsymbol{M}(A,F)$；

(2) $B=\bigcup_{j=1}^{m}\{a_j : \exists \sigma_{kj}(\sigma_{kj} \in \boldsymbol{M}(A,F) \wedge \sigma_{kj} \neq 0)\}$；　//$B$是$F$中所有决策子表的核属性，也是$F$-并行约简的属性核；

(3)计算$\boldsymbol{M}'(B,F)$；

(4)重复进行如下步骤，直到$\boldsymbol{M}'(B,F)$为零矩阵。

①For $j=1$ to m do $t_j=0$;//m为B中条件属性的个数，t_j为$\boldsymbol{M}'(B,F)$中第j列中不为0元素的个数；

②For $j=1$ to m do

　For $k=1$ to n do

　　If $\sigma'_{kj} \neq 0$ then $t_j=t_j+1$；//计算$\boldsymbol{M}'(B,F)$每一列中属性重要度不为0的元素个数；

③ $B=B \cup \{a_j : \exists t_j(t_j \neq 0 \wedge \forall t_p(t_j \geqslant t_p))\}$ //将$\boldsymbol{M}'(B,F)$中属性重要度不为0的元素个数最多的列所对应的属性加入到并行约简中；

④计算$\boldsymbol{M}'(B,F)$；

(5)输出并行约简B。

下面来估计上述算法的时间复杂度，整个算法的时间主要是花在建立矩阵以及改进矩阵，假定用文献[21]算法计算属性重要度，它所估计的时间复杂度为$O(|B||U|\log|U|)$，其中$|U|$代表子表中数据的个数，$|B|$代表条件属性的个数，那么构建一个属性重要度矩阵的时间复杂度为$O(nm|B||U'|\log|U'|)$，其中$|U'|$代表F中最大子表的数据个数，n代表子表的个数，m代表条件属性的个数。在算法中建立的矩阵一直在被改进，在最坏的情况下，改进的矩阵的个数为$|A|$，因此时间复杂度为$O(nm|B||A||U'|\log|U'|)$。在获取并行约简的过程中，$|B|$也在变化，可以取它的最大值$|A|$（等于m）。因此，在最坏的情况下，上述算法的时间复杂度为$O(nm^3|U'|\log|U'|)$。

10.4.2 基于属性重要度矩阵的并行约简算法的优化

基于属性重要度矩阵的并行约简算法(PRMAS)能够比较好地求取并行约简,下面的算法对其进行优化,得到新的优化算法(简称 OPRMAS)。算法基本思想与 PRMAS 相同,只是给每个决策子表一个加权值 $\omega_k \in [0,1]$,并且在得到 F-并行约简的属性核之后,在改进的属性重要度矩阵 $\boldsymbol{M}'(B,F)$ 中寻找属性重要度加权和最大的属性加入到 F-并行约简中。算法具体步骤如下。

算法 10-2 基于属性重要度矩阵并行约简算法的优化算法(OPRMAS)[16]。

输入:$F \subseteq P(\mathrm{DS})$。

输出:F 的一个并行约简。

(1)建立属性重要度矩阵 $\boldsymbol{M}(A,F)$,并对每个子表赋权值 $\omega_k(1 \leqslant k \leqslant n)$,其中 $\omega_k \in [0,1]$。

(2) $B = \bigcup_{j=1}^{m} \{a_j : \exists \sigma_{kj}(\sigma_{kj} \in \boldsymbol{M}(A,F) \wedge \sigma_{kj} \neq 0)\}$;// B 是 F-并行约简的属性核。

(3)计算 $\boldsymbol{M}'(B,F)$。

(4)重复进行如下步骤,直到 $\boldsymbol{M}'(B,F)$ 为零矩阵。

①For $j = 1$ to m do $s_j = 0$ //初始化,s_j 为 j 列元素的加权和;

②For $j = 1$ to m do

  For $k = 1$ to n do

    $s_j = s_j + \omega_k * \sigma'_{kj}$ //计算每一列元素的加权和;

③$B = B \cup \{a_j : \exists s_j(s_j \neq 0 \wedge \forall s_p(s_j \geqslant s_p))\}$ //找到加权和 s_j 最大的列所对应的属性加入到并行约简 B 中;

④计算 $\boldsymbol{M}'(B,F)$。

(5)输出并行约简 B。

算法 OPRMAS 在最坏情况下的时间复杂度与算法 PRMAS 所估计的时间复杂度一样都为 $O(nm^3 \mid U' \mid \log \mid U' \mid)$,其中 n 代表决策子表的个数,m 代表条件属性的个数,$\mid U' \mid$ 代表 F 中最大的子表的数据个数。在算法 10-2 中每个子表的权值 $\omega_k(1 \leqslant k \leqslant n)$ 表示数据的新旧、数据量的大小以及数据的重要性等,该权值还可以反映子表中数据的性质以及数据的分布特点等,所赋权值的大小可根据实际情况主观判定,但一般情况下,我们认为每个子表的权重是一样的。通过这样的优化,在实际求取并行约简的过程中,时间复杂度比算法 PRMAS 低,并且求得的并行约简的长度也较 PRMAS 短。

10.4.3 基于 F-属性重要度的并行约简算法

算法 PRMAS 和 OPRMAS 都可以很好地求得 F-并行约简,但是需要建立属性重要度矩阵,而且没有把决策子表簇 F 看成一个整体,下面介绍一种针对决策

子表簇 F 的属性重要度，称为 F-属性重要度，并通过 F-属性重要度求取 F-并行约简。

1. F-属性重要度

定义 10-18[14] 给定一个决策子系统簇 F，$\mathrm{DT}_i=(U_i,A,d)\in F(i=1,2,\cdots,n)$，定义 F 中 d 依赖于 A 的程度为

$$h=\gamma(F,A,d)=\frac{\sum_{\mathrm{DT}\in F}|\mathrm{POS}(\mathrm{DT},A,d)|}{\sum_{i=1}^{n}|U_i|}$$

定义 10-19[14] 给定一个决策子系统簇 F，$\mathrm{DT}_i=(U_i,A,d)\in F(i=1,2,\cdots,n)$，定义 F 中属性 $a\in B$ 或 $a\in A-B$ 相对于 B 的重要度分别为

$$\sigma(B,a)=\frac{\gamma(F,B,d)-\gamma(F,B-\{a\},d)}{\gamma(F,B,d)}=1-\frac{\gamma(F,B-\{a\},d)}{\gamma(F,B,d)}$$

或

$$\sigma'(B,a)=\frac{\gamma(F,B\cup\{a\},d)-\gamma(F,B,d)}{\gamma(F,B,d)}=\frac{\gamma(F,B\cup\{a\},d)}{\gamma(F,B,d)}-1$$

上述公式中 $\gamma(F,B,d)$ 可能为 0，这是因为决策子系统簇 F 中的正域可能为空，因此在实际情况中，可以重新定义决策子系统簇中的属性重要度。

定义 10-20[14] 给定一个决策子系统簇 F，$\mathrm{DT}_i=(U_i,A,d)\in F(i=1,2,\cdots,n)$，定义 F 中属性 $a\in B$ 或 $a\in A-B$ 相对于 B 的重要度分别为

$$\sigma(B,a)=\gamma(F,B,d)-\gamma(F,B-\{a\},d)$$

或

$$\sigma'(B,a)=\gamma(F,B\cup\{a\},d)-\gamma(F,B,d)$$

定义 10-19 和定义 10-20 是对决策系统中属性重要度定义的扩展，如果 F 中只含有一个元素，那么 F-属性重要度为就为该决策系统的属性重要度。F-属性重要度有下列性质[14]。

命题 10-4 给定一个决策子系统簇 F，$a\in B\subseteq A$，若 $\sigma(B,a)>0$，则属性 a 不可以被约简。

$\sigma(B,a)>0$ 表明若属性 a 被约简，但至少有一个决策子系统不能保持正域不变。

命题 10-5 给定一个决策子系统簇 F，$a\in B\subseteq A$，若 $\sigma(B,a)=0$ 或 $\sigma'(B,a)=0$，则属性 a 可以被约简。

$\sigma(F,a)=0$ 或 $\sigma'(B,a)=0$ 表明若属性 a 被约简，F 所有决策子系统都能保持正域不变。

命题 10-6 给定一个决策子系统簇 F，$a\in A$，若 $\sigma(A,a)>0$，则属性 a 为 F-并行约简的核属性。

2. 基于 F-属性重要度的并行约简

F-属性重要度的并行约简算法(PRAS)的基本思想为，通过决策子表簇 F 中 A 中各元素的 F-属性重要度找到 F-并行约简的属性核，然后再通过 F-属性重要度找到并行约简中的其他属性。算法的具体步骤如下：

算法 10-3　基于 F-属性重要度的并行约简算法(PRAS)[14]。

输入：$F \subseteq P(\mathrm{DS})$ 。

输出：F 的一个并行约简。

(1) $B = \varnothing$。

(2)对于任意 $a \in A$，如果 $\sigma(A,a) > 0$，那么 $B = B \cup \{a\}$　// B 是 F-并行约简的属性核。

(3) $E = A - B$。

(4)重复进行如下步骤，直到 $E = \varnothing$。

①对任意 $a \in E$，计算 $\sigma'(B,a)$ // $\sigma'(B,a) = \gamma(F,B \cup \{a\},D) - \gamma(F,B,D)$ ；

②对任意 $a \in E$，如果 $\sigma'(B,a) = 0$，那么 $E = E - \{a\}$ ；

③选择 F-属性重要度非零且最大的元素 $a \in E$，$B = B \cup \{a\}$，$E = E - \{a\}$ //添加属性集 E 中 F-属性重要度非零且最大的属性到并行约简 B 中。

(5)输出并行约简 B。

下面来估计上述算法的时间复杂度，与算法 PRMAS 和算法 OPRMAS 一样，假定用文献[14]算法计算属性重要度，它所估计的时间复杂度为 $O(|B\|U|\log|U|)$，其中 $|U|$ 代表决策子表中数据的个数，$|B|$ 代表条件属性的个数。而上述算法的时间主要是花在计算 F-属性重要度上。对于一个条件属性，计算它的 F-属性重要度的时间复杂度为 $O(|B|\sum_{U\in F}|U|\sum_{U\in F}\log|U|)$。在最坏的情况下，首先应该计算 $|A|$ 次 F-属性重要度，其次是 $|A|-1,\cdots,1$，总共计算了 $|A|+(|A|-1)+\cdots+1 = \frac{1}{2}|A|(|A|-1) = \frac{1}{2}m(m-1)$ 次 F-属性重要度。在获得并行约简的过程中，$|B|$ 也在变化，可以取它的最大值 $|A|$（等于 m）。因此上述算法的时间复杂度为 $O\left(\frac{1}{2}m(m-1)|B|\sum_{U\in F}|U|\sum_{U\in F}\log|U|\right) = O\left(m^3\sum_{U\in F}|U|\sum_{U\in F}\log|U|\right)$，该算法的时间复杂度稍低于算法 PRMAS 和 OPRMAS。

10.4.4　(F,ε)-并行约简

定义 10-21[11]　$\mathrm{DS} = (U,A,d)$ 是一个决策系统，$F \subseteq P(\mathrm{DS})$，$B \subseteq A$ 称为 DS 的 (F,ε)-并行约简，当且仅当它满足下面两个条件：

(1) $\dfrac{|\{DT \in F: POS_B(DT,d) = POS_A(DT,d)\}|}{|F|} \geqslant 1-\varepsilon$；

(2)对任意 $S \subset B$ 都不满足条件(1)。

所有 DS 的 (F,ε)-并行约简记为 $GPR_\varepsilon(DS,F)$。如果 $\varepsilon = 0$，那么 DS 的 (F,ε)-并行约简就是 DS 的 F-并行约简。

定义 10-22[11]　$DS=(U,A,d)$ 是一个决策系统，$F \subseteq P(DS)$，$B \subseteq A$ 称为 DS 的 (F,k)-并行约简，当且仅当它满足下面两个条件：

(1) $|\{DT \in F: POS_B(DT,d) = POS_A(DT,d)\}| \geqslant k$；

(2)对任意 $S \subset B$ 都不满足条件 (1)；其中 k ($\leqslant |F|$)为大于 0 的自然数。

当 $k=|F|$ 时，(F,k)-并行约简即为 F-并行约简。(F,k)-并行约简是 (F,ε)-并行约简的另一种形式，可以根据 k 确定 ε 的值，反过来，也可以根据 ε 的值确定 k 值。(F,ε)-并行约简和 (F,k)-并行约简的条件限制比 F-并行约简的限制宽松一些，(F,ε)-并行约简和 (F,k)-并行约简并不需要 F 所有的决策子系统都保持正区域，而是允许少量决策子系统不保持正区域。

10.5　决策系统的分解

对于并行约简和动态约简来说，对于给定的一个决策系统 $DS=(U,A,d)$ 应该划分多少个决策子系统以及如何划分？这两个问题我们必须面对。本节将试图回答这个问题。

在将决策系统 $DS=(U,A,d)$ 进行分解之前，先看看如下两个基本命题。

命题 10-7　在一个一致的决策系统 $DS=(U,A,d)$ 中，$DT_1, DT_2 \in F \subseteq P(DS)$，如果 $DT_1 \subseteq DT_2$，那么决策子系统 DT_2 的约简能够保持决策子系统 DT_1 的正区域；而且对于决策子系统 DT_1 的任何约简 $B_1 \subseteq A$ 都存在一个决策子系统 DT_2 的约简 $B_2 \subseteq A$ 使得 $B_1 \subseteq B_2 \subseteq A$。

命题 10-8　在一个决策系统 $DS=(U,A,d)$ 中，如果 $B_1 \subseteq B_2 \subseteq A$，那么 $POS_{B_1}(d) \subseteq POS_{B_2}(d) \subseteq U$。

对于动态约简来说，一些研究者[1-2]试图回答如何将决策系统进行分解这个问题，但是他们研究的基本假设为 $P(DS)$ 中的元素满足独立同分布，我们知道 $P(DS)$ 中存在大量相互包含的元素，它们之间的关系满足命题 10-7 和命题 10-8 的前提条件，也就是说，这些元素之间并不独立，所以，$P(DS)$ 中的元素满足独立同分布这个假设是错误的，这就导致了这些研究者的结论不可靠。

下面给出一个将决策系统 $DS=(U,A,d)$ 进行分解的算法，并从理论上证明其正确性。分解算法的基本思想为：首先在决策系统 $DS=(U,A,d)$ 中取出其中最大的一致部分 $DT_0=(U_0,A,d)(U_0 \subseteq U)$，再将这些不一致部分按照条件属性的等价类划

分为 $DT_j=(U_j,A,d)(j=1,2,\cdots,k,k\leqslant|U/A|)$，其中，$U_j\in(U-U_0)/A$，最后将每个 U_j 按照决策属性 d 划分为几个一致部分 $DT_{i_j}=(U_{i_j},A,d)$，其中 $U_{i_j}\in U_j/\{d\},1\leqslant i_j\leqslant|U_j/\{d\}|,1\leqslant j\leqslant k$。最后将 DT_0 分别与这些 DT_{i_j} 合并成一致的决策子系统。算法步骤如下：

算法 10-4　决策系统 $DS=(U,A,d)$ 分解算法(DSDA 算法)[13]。

输入：决策系统 $DS=(U,A,d)$。

输出：决策系统 $DS=(U,A,d)$ 的一致子系统簇。

算法步骤：

(1)取决策系统 DS 最大一致部分 $DT_0=(U_0,A,d)(U_0\subseteq U)$。

(2)将决策系统 DS 不一致部分按条件属性 A 划分为 $DT_j=(U_j,A,d)(j=1,2,\cdots,k,k\leqslant|U/A|)$。

(3)将每一个 DT_j 按决策属性 d 划分为几个一致部分 $DT_{i_j}=(U_{i_j},A,d)$，其中 $U_{i_j}\in U_j/\{d\},1\leqslant i_j\leqslant|U_j/\{d\}|,1\leqslant j\leqslant k$。

(4)将这些一致部分合并成一致决策子系统 $DT_{(i_1,i_2,\cdots,i_k)}=(U_0\cup U_{i_1}\cup U_{i_2}\cup\cdots\cup U_{i_k},A,d)$，其中 $U_{i_j}\in U_j/\{d\}(j=1,2,\cdots,k)$ 是由 $DT_j=(U_j,A,d)(j=1,2,\cdots,k,k\leqslant|U/A|)$ 根据决策属性划分为一致的决策子系统 $DT_{i_j}=(U_{i_j},A,d)(j=1,2,\cdots,k,k\leqslant|U/A|),1\leqslant i_j\leqslant|U_j/\{d\}|$。

(5)输出每一个一致的决策子系统 $DT_{(i_1,i_2,\cdots,i_k)}=(U_0\cup U_{i_1}\cup U_{i_2}\cup\cdots\cup U_{i_k},A,d)$。

这个算法将不一致决策系统分解成一致的决策子系统，很显然这些一致的决策子系统 $DT_{(i_1,i_2,\cdots,i_k)}=(U_0\cup U_{i_1}\cup U_{i_2}\cup\cdots\cup U_{i_k},A,d)$ 的个数为 $\prod_{j=1}^{k}|U_j/\{d\}|$，也等于 $\prod_{[x]_A\in U/A}\partial([x]_A)$。所以这个分解算法只有在不一致个数比较少的决策系统中才实用，否则会因为 $\prod_{[x]_A\in U/A}\partial([x]_A)$ 太大，导致一致决策子系统过多，计算复杂性增加。

定理 10-1[13]　$DS=(U,A,d)$ 是一个决策系统，$P(DS)$ 是 DS 的幂集，$F=\{DT_{(i_1,i_2,\cdots,i_k)}\}\subseteq P(DS)$，则 F-并行约简等于 DS 从 Hu 差别矩阵的差别函数得到的约简。

证明：假设 $\boldsymbol{M}(DT_{(i_1,i_2,\cdots,i_k)})$ 是一致决策子系统 $DT_{(i_1,i_2,\cdots,i_k)}=(U_0\cup U_{i_1}\cup U_{i_2}\cup\cdots\cup U_{i_k},A,d)$ 的 Hu 差别矩阵，$\boldsymbol{M}(DS)$ 是决策系统 DS 的 Hu 差别矩阵，则 $\boldsymbol{M}(DT_{(i_1,i_2,\cdots,i_k)})$ 中的每个元素一定可以在 $\boldsymbol{M}(DS)$ 找到，反过来，$\boldsymbol{M}(DS)$ 中的每个元素，一定可以在某个 $\boldsymbol{M}(DT_{(i_1,i_2,\cdots,i_k)})$ 中找到。这就是说，由所有的 $\boldsymbol{M}(DT_{(i_1,i_2,\cdots,i_k)})$ 中的元素组成的差别矩阵等价于 $\boldsymbol{M}(DS)$。又因为在一致决策系统中由差别矩阵差别函数的方法等到的约简等于由正区域方法得到的约简。而所有的 $\boldsymbol{M}(DT_{(i_1,i_2,\cdots,i_k)})$ 中元素组成的差别矩阵差别函数得到的约简就是 F-并行约简，所以，F-并行约简等于 DS 从 Hu 的差别矩阵差别函数得到的约简。

定理 10-2[13]　DS $=(U,A,d)$ 是一个决策系统，DS 从 Hu 的差别矩阵差别函数得到的约简可以保持 DS 中任何决策子系统的正区域。

证明：分两种情况证明。

(1)设 DT 是 DS 的一个一致决策子系统。则存在某个 DS 分解的一致决策子系统 $DT_{(i_1,i_2,\cdots,i_k)}=(U_0\cup U_{i_1}\cup U_{i_2}\cup\cdots\cup U_{i_k},A,d)$，使得 $DT\subseteq DT_{(i_1,i_2,\cdots,i_k)}$，根据定理 10-1，DS 从 Hu 的差别矩阵差别函数得到的约简可以保持 $DT_{(i_1,i_2,\cdots,i_k)}$ 的正区域，从而也可以保持 DT 的正区域。

(2)设 DT 是 DS 的一个不一致决策子系统。DT 可以用算法 10-4 分解成若干个一致的决策子系统，对于每个子系统都存在由 DS 分解的一致决策子系统 $DT_{(i_1,i_2,\cdots,i_k)}=(U_0\cup U_{i_1}\cup U_{i_2}\cup\cdots\cup U_{i_k},A,d)$ 包含它，根据定理 10-1，由 $M(\mathrm{DS})$ 得到的约简可以保持每个 $DT_{(i_1,i_2,\cdots,i_k)}=(U_0\cup U_{i_1}\cup U_{i_2}\cup\cdots\cup U_{i_k},A,d)$ 的正区域，也能保持 DT 分解的一致决策子系统的正区域，从而也可以保持 DT 的正区域。

定理 10-3[13]　在一致的决策系统 DS 中，它的 Pawlak 约简就是最稳定的约简。

证明：因为一致的决策系统 DS 的 Pawlak 约简可以保持它的任何子系统的正区域，所以它是最稳定的约简。

从上面 3 个定理我们知道 F-并行约简可以由 DS 的 Hu 差别矩阵差别函数的方法得到，而且可以由一致的决策子系统簇的约简逼近不一致的决策子系统的约简，但是因为差别矩阵差别函数的方法本身的时间复杂度过高，人们往往用这个方法进行理论上的研究，实际应用中只是应用于一些数据规模比较小的领域。所以，我们这种不一致决策系统分解的方法具有比较强的理论意义，在实际应用中，尚需要对算法进行改进和提高。此外，通过不一致决策系统的分解，可以用一致决策系统簇中正区域求取约简的方法逼近差别矩阵差别函数的方法，反过来也可以用差别矩阵差别函数求取约简的方法逼近正区域的方法，这种分解方法在差别矩阵差别函数求取约简的方法和正区域求取约简的方法之间建立了等价关系。

例 10-3　DS $=(U,A,d)$ 是一个决策系统，如表 10-3 所示，其中 $A=\{a,b,c\}$ 是条件属性集合，d 是决策属性。

表 10-3 中，x_1 与 x_2 矛盾，x_3 与 x_4 矛盾，只有 x_5 不矛盾。根据算法 10-1，可以将表 10-1分解成 $F=\{DT_1,DT_2,DT_3,DT_4\}$，分别对应着表 10-4、表 10-5、表 10-6、表 10-7。

表 10-3　决策系统 DS

U	a	b	c	d
x_1	1	1	1	0
x_2	1	1	1	1
x_3	0	1	1	0
x_4	0	1	1	1
x_5	0	0	0	2

表 10-4 决策子系统 DT_1

U_1	a	b	c	d
x_2	1	1	1	1
x_3	0	1	1	0
x_5	0	0	0	2

表 10-5 决策子系统 DT_2

U_2	a	b	c	d
x_1	1	1	1	0
x_3	0	1	1	0
x_5	0	0	0	2

表 10-6 决策子系统 DT_3

U_3	a	b	c	d
x_1	1	1	1	0
x_4	0	1	1	1
x_5	0	0	0	2

表 10-7 决策子系统 DT_4

U_4	a	b	c	d
x_2	1	1	1	1
x_4	0	1	1	1
x_5	0	0	0	2

容易得到 F-并行约简为$\{a,b\}$，$\{a,c\}$，F-并行约简的核为$\{a\}$，与 Hu 差别矩阵差别函数的方法从 DS 中得到的结果一致。

10.6 本章小结

并行约简和 F-粗糙集的研究目前处于发展阶段。并行约简和 F-粗糙集几乎可以利用粗糙集理论的所有成果，扩展到粗糙集理论能够到达的任何地方。具体而言，并行约简和 F-粗糙集未来的研究主要有以下几个方面[7]：

(1)并行约简和 F-粗糙集的性质研究。在已有的各种约简基础上，深入研究并行约简的性质，为各种数据情况下并行约简的算法奠定理论基础。在各种粗糙集模型的基础上，研究 F-粗糙集的性质，为 F-粗糙集的应用打下理论基础。

(2)并行约简的算法研究。并行约简的算法研究是并行约简研究的重点，研究高效稳定泛化能力强的并行约简，是并行约简的研究核心。

(3)并行约简与 F-粗糙集的逻辑研究。将一般的 Rough 逻辑与并行约简的思想相结合。

(4)并行约简与F-粗糙集的公理化研究。寻找并行约简和F-粗糙集的最小公理也是并行约简和F-粗糙集的研究方向之一。

(5)并行约简、F-粗糙集与各种粗糙集模型相结合。并行约简、F-粗糙集可以和各种粗糙集模型,包括可变精度粗糙集模型、概率粗糙集模型、粗糙模糊集模型、模糊粗糙集模型、决策粗糙集模型等各种粗糙集模型相结合,在这些模型中推广并行约简和F-粗糙集的思想与算法。

(6)并行约简、F-粗糙集与其他数据挖掘机器学习算法结合。和传统的粗糙集一样,并行约简、F-粗糙集的思想可以和各种数据挖掘机器学习的方法相结合,包括遗传算法、SVM、神经网络等。

(7)大决策系统的分解成决策子表方法的研究。如何选取部分数据组成若干个决策子表,选取多少个决策子表进行并行约简,是并行约简与动态约简研究的难点。

(8)并行约简和F-粗糙集的应用研究。将并行约简的方法推广到实际应用中去,是并行约简理论研究的生命源泉。并行约简和F-粗糙集适合研究动态的、变化的数据,利用并行约简和F-粗糙集的思想可以研究诸如概念漂移、模式识别等注重过程的研究领域。

(9)从纯数学角度对并行约简和F-粗糙集进行研究。包括群、环、域、理想等数学概念与并行约简、F-粗糙集相结合,也许并行约简和F-粗糙集能够成为云计算的理论基础。

(10)并行约简、F-粗糙集与其他不确定性理论、粒计算理论相结合。包括模糊集、云模型、商空间、证据理论等不确定性理论、粒计算理论与并行约简、F-粗糙集相结合,也许并行约简、F-粗糙集能为其他不确定性理论、粒计算理论提供新的方法和新启迪。

本章的研究成果得到北京交通大学黄厚宽教授、南昌大学刘清教授、浙江师范大学王基一教授的建议和帮助,对在讨论中给予启发的同志们,在此致以深深的谢意!

参 考 文 献

[1] Bazan G J. A comparison of dynamic non-dynamic rough set methods for extracting laws from decision tables// Polkowski L, Skowron A. Rough Sets in Knowledge Discovery 1: Methodology and Applications. Heidelberg:Physica-Verlag, 1998: 321-365.

[2] Bazan G J. Nguyen H S, Nguyen S H, et al. Rough set algorithms in classification problem// Polkowski L, Tsumoto S, Lin T Y. Rough Set Methods and Applications. Heidelberg: Physica-Verlag,2000:49-88.

[3] Inuiguchi M, Miyajima T. Variable precision rough set approach to multiple decision tables, The Tenth International Conference on Rough Sets, Fuzzy Sets, Data Mining, and Granular Computing (RSFDGrC2005), Part 1, 2005, LNAI 3641:304-313.

[4] Inuiguchi M. A multi-agent rough set model toward group decision analysis. Kansei Engineering International Journal, 2006, 6(3):33-40.

[5] Inuiguchi M, Miyajima T. Rough set based rule induction from two decision tables. European Journal of Operational Research, 2007(181):1540-1553.

[6] Inuiguchi M. Three approaches to rule induction from multiple decision tables. The Twelfth Czech Japan Seminar on Data Analysis and Decision Making under Uncertainty, 2009:41-50.

[7] 邓大勇，王基一. 并行约简的现状与发展. 中国人工智能学会通讯,2011,1(5):16-18.

[8] Deng D Y, Wang J Y, Li X J. Parallel reducts in a series of decision subsystems. Proceedings of the Second International Joint Conference on Computational Sciences and Optimization (CSO2009), Sanya,Hainan,China, 2009:337-380.

[9] Deng D Y. Comparison of parallel reducts and dynamic reducts in theory. Computer Science, 2009,36(8A):176-178.

[10] Deng D Y. Parallel reducts and its properties. Proceedings of 2009 IEEE International Conference on Granular Computing, 2009:121-125.

[11] Deng D Y . (F,ε)-Parallel reducts in a series of decision subsystems. Proceedings of the Third International Joint Conference on Computational Sciences and Optimization(CSO2010), 2010: 372-376.

[12] Deng D Y, Yan D X , Wang J Y. Parallel reducts based on attribute significance. LNAI6401: 336-343.

[13] Deng D Y, Yan D X, Wang J Y, et al. Parallel reducts and decision system decomposition. Proceedings of the Fourth Joint Conference on Computational Sciences and Optimization (CSO2011),2011:799-803.

[14] Deng D Y, Yan D X, Chen L. Attribute significance for F-parallel reducts. Proceedings of 2011 IEEE International Conference on Granular Computing(GrC2011),2011:156-161.

[15] Deng D Y, Yan D X, Chen L. Parallel reduction based on condition attributes. Proceedings of 2011 IEEE International Conference on Granular Computing(GrC2011),2011:162-166.

[16] 陈林,邓大勇,闫电勋. 基于属性重要度并行约简算法的优化. 南京大学学报(自然科学), 2012,48(4):1-7.

[17] 邓大勇. 决策系统中约简的不一致分析. 浙江师范大学学报(自然科学版), 2010, 33(4): 431-436.

[18] Pawlak Z. Rough Sets-Theoretical Aspect of Reasoning about Data. Dordrecht:Kluwer Academic Publishers, 1991.

[19] 王国胤. Rough 集理论与知识获取. 西安:西安交通大学出版社, 2001.

[20] Hu X, Cercone N. Learning in relational databases: a rough set approach. Computational Intelligence, 1995,11(2),323-337.

[21] 刘少辉,盛秋戬,史忠植,一种新的快速计算正区域的方法. 计算机研究与发展,2003,40(5): 637-642.

第 11 章　单调性分类学习

胡清华[1,2]　潘巍巍[2]

1. 天津大学　计算机科学与技术学院

2. 哈尔滨工业大学　能源科学与工程学院

11.1　引　　言

在分类学习中存在一类特殊的任务，分类函数需要将对象分配到一组有序的决策类中，同时特征与决策之间还应该满足单调性约束条件：特征占优的对象应该获得更好的决策。在论文评审中，审稿专家需要根据论文的质量做出“录用”、“修改”和“拒稿”的决策；在基金评阅中，同行专家需要根据申请书的创新性、可行性以及研究团队的实力给出“优先资助”、“资助”和“不予资助”的选择；在高校教师的职称评定中需要根据教师的教学质量、科研项目以及学术成果等情况将教师评定为教授、副教授、讲师和助教等；在大学排名、公司评级以至国家信誉分级中，评级组织需要根据被评定对象的状况将他们分为不同的等级。类似的任务比比皆是。

在这些任务中，人们自然希望考核指标更优秀的对象能够获得更高的评级，否则将认为决策是不一致的、不公平的。此时，决策一致性的约束条件可表示为

$$x_1 \geqslant x_2 \rightarrow f(x_1) \geqslant f(x_2)$$

此类任务在机器学习与数据挖掘领域称为单调性分类（monotonic classification 或 ordinal classification with monotonicity constraints），而在粗糙集领域则被称为有序决策问题。事实上机器学习领域中的有序分类是一类更宽泛的学习任务，它只是强调决策类别之间存在序结构，而没有要求特征与决策之间满足单调性约束。

单调性分类在最近十余年里引起了决策分析领域的关注，尤其是近些年随着信息技术在企业管理领域的推广，一些行业存储了大量的历史决策记录，如银行收集的公司或个人信用记录，企业收集的营销数据以及政府部门进行的社会调查分析。决策者希望通过分析这些数据获得科学决策的依据、建立智能决策系统，提高决策的科学性和客观性，政府部门则希望通过分析大量的社会调查数据了解影响某一社会现象的潜在因素，从而制定有效的政策。开发快速有效的学习算法，从历史数据中提炼单调性决策函数，建立科学的决策模型成为该领域的一个重要研究课题。

传统的分类学习算法没有考虑属性值上的序结构，即使给定一个单调一致的数

据，其学习的决策模型也可能是不单调的。因此，有必要为单调性分类任务开发专门的学习算法。1989 年，Ben-David 提出了有序学习模型（OLM）[1-2]。1995 年，他又提出在经典的决策树算法中引入序信息使得设计的算法具有一定的单调性保持能力，同时不显著降低学习模型的泛化能力。2000—2009 年，研究者又分别提出了不同的方法构造单调性决策树[3-7]。这些方法都致力于从训练数据中提取单调的决策规则。

1999 年前后，Greco、Matarazzo、Slowinski 等将 Pawlak 粗糙集模型中的等价关系替换为优势关系（dominance relation），提出了优势关系粗糙集，并将其用于分析单调性分类任务，给出了一个单调性分类分析的形式化框架。此后这一模型被不断扩展，形成了一大类单调性分类学习的模型和算法。但此类模型对噪声信息十分敏感，学习的规则易受到个别野点样本的干扰。

2010 年，Hu、Yu 和 Guo 等提出了排序信息熵的概念[8]，将序信息引入 Shannon 熵。排序熵既继承了 Shannon 熵的鲁棒性，又能反映数据之间的单调一致性，为构造鲁棒的单调分类学习算法提供了基础。

本章将系统介绍优势关系粗糙集、模糊偏好关系粗糙集以及排序熵模型，并给出单调性决策树的构造算法。由于篇幅所限，其他单调性分类学习算法请见参考文献[9]，在此不做深入讨论。

11.2 基于优势关系粗糙集的单调性分类分析

优势关系粗糙集是 1999 年由 Greco、Matarazzo、Slowinski 等基于 Pawlak 的经典粗糙集模型发展而来的[10]，该模型采用优势关系，而不是等价关系建立对象之间的粒化结构，进而采用粗糙近似进行推理[11-13]。下面介绍优势关系粗糙集模型中的基本定义。

定义 11-1 设数据集 $\mathrm{DT}=\langle U,\ C,\ D\rangle$，$U$ 为样本集，C 是描述样本的特征，$D=\{d_1,d_2,\cdots,d_q\}$ 为决策类别集。样本 $x_i\in U$ 在特征 $a\in C$ 和决策 D 上的取值记为 $v(x_i,a)$ 和 $v(x_i,D)$。在特征与决策集上的序关系记为“$\leqslant$”和“$\geqslant$”。定义在特征 a 和决策 D 上样本 x_j 不差于 x_i 记为 $v(x_i,a)\leqslant v(x_j,a)$ 和 $v(x_i,D)\leqslant v(x_j,D)$，简化为 $x_i\leqslant_a x_j$ 和 $x_i\leqslant_D x_j$。同理，x_j 不好于 x_i 记为 $x_i\geqslant_a x_j$ 和 $x_i\geqslant_D x_j$。

给定特征子集 $B\subseteq C$，如果 $\forall a\in B$，都有 $v(x_i,a)\leqslant v(x_j,a)$，则称 $x_i\leqslant_B x_j$。给定 $\mathrm{DT}=\langle U,\ C,\ D\rangle$，$B\subseteq C$，定义如下集合：

(1) $[x_i]_B^{\leqslant}=\{x_j\in U\mid x_i\leqslant_B x_j\}$；

(2) $[x_i]_D^{\leqslant}=\{x_j\in U\mid x_i\leqslant_D x_j\}$。

可得到如下性质：

(1)如果 $A\subseteq B\subseteq C$，有 $[x_i]_A^{\leqslant}\supseteq[x_i]_B^{\leqslant}$；

(2)如果 $x_i \leqslant_B x_j$，有 $x_j \in [x_i]_A^{\leqslant}$ 和 $[x_i]_B^{\leqslant} \subseteq [x_j]_B^{\leqslant}$；

(3) $[x_i]_B^{\leqslant} = \bigcup \{[x_j]_B^{\leqslant} \mid x_j \in [x_i]_B^{\leqslant}\}$；

(4) $\bigcup \{[x_i]_B^{\leqslant} \mid x_i \in U\} = U$。

设决策集 D 的最小和最大元素为 $d_{\min}$ 和 $d_{\max}$，$d_i^{\leqslant} = \{x_j \in U \mid d_i \leqslant v(x_j, D)\}$，那么 $d_{\min}^{\leqslant} = U$，$d_{\max}^{\leqslant} = d_{\max}$。

定义 11-2　设数据集 $\mathrm{DT} = \langle U, C, D\rangle$，特征集 $B \subseteq C$。单调约束条件是指样本 $x_i, x_j \in U: x_i \geqslant_B x_j \Rightarrow x_i \geqslant_D x_j$ 或者 $x_i \leqslant_B x_j \Rightarrow x_i \leqslant_D x_j$。

单调约束可以理解为样本 x_i 在特征上取值不比 x_j 差，那么 x_i 的决策也不应比 x_j 差。

定义 11-3　给定 $\mathrm{DT} = \langle U, C, D\rangle$，$B \subseteq C$。$\forall x_i, x_j \in U$，$\forall a \in B$，如果 $v(x_i, a) = v(x_j, a)$，有 $v(x_i, D) = v(x_j, D)$，则说 DT 在 B 上是分类一致的。

数据集分类一致是指数据中任意特征值完全相同的样本都被分为同一的决策类，此时不存在不一致的边界区域。

定义 11-4　给定 $\mathrm{DT} = \langle U, C, D\rangle$，$B \subseteq C$。$\forall x_i, x_j \in U$，如果 $x_i \leqslant_B x_j \Rightarrow x_i \leqslant_D x_j$，则说 DT 在 B 上是单调一致的。

可以证明，如果数据集在 B 上是单调一致的，那么一定是一致的[4]。

现实中，由于噪声样本的存在，数据集很少是一致的，或者是单调一致的。从单调分类的角度，要求从不单调一致的样本中提取有用的决策规则。

定义 11-5　给定 $\mathrm{DT} = \langle U, C, D\rangle$，$C$ 是特征集，D 是有序决策集。$B \subseteq C$，定义如下集合。假定 $d_i \in D$。那么 $d_i^{\leqslant}$ 的上近似和下近似分别为 $\underline{R_B^{\leqslant}} d_i^{\leqslant} = \{x_j \in U \mid [x_j]_B^{\leqslant} \subseteq d_i^{\leqslant}\}$ 和 $\overline{R_B^{\leqslant}} d_i^{\leqslant} = \{x_j \in U \mid [x_j]_B^{\geqslant} \cap d_i^{\leqslant} \neq \varnothing\}$。

2001 年，Greco 又在中在 DRSA 基础上提出了 VC-DRSA 方法[14]，提出原因是由于现实世界中不单调样本导致下近似太小，该方法对下近似定义放宽。随后 Giove 和 Greco 根据 VC-DRSA 提出决策树算法[15]，值得一提的是，该决策树不单调。考虑到有些特征与决策存在单调约束关系，有些特征不存在，Greco 又把 DRSA 扩展为多特征多标准决策分析模型(MA&C sorting problems)[16]。

国内在此领域研究较少。2004 年，安利平教授提出多准则分级决策的扩展粗糙集方法[17]，并且 2008 年出版专著《基于粗集理论的多特征决策分析》，总结了这一领域近些年的研究成果[18]。

接下来分析噪声对单调一致性的影响，再引出随机单调约束(stochastic monotonicity constraint)概念和有序信息熵的概念。

对于单调分类问题，在该领域的研究思路是首先训练单调分类器学习模型，得到单调规则或函数，再应用到实际中。2009 年 Ben-David、Sterling 和 Tran 首次系统比较了该领域多种单调分类器方法[9]，分析了考虑单调性约束和不考虑单调性约束两类方法应用于单调分类问题时泛化性能上的差异。实验前他们认为单调分类器应该比不考虑单调约束的分类器精度更高,然而实验结果得出了与预期完全相反的结论:将单调性加入到学习算法中不仅没有提高决策精度,反而使得学习算法的泛化能力降低。作者将这一问题最后归结为数据存在噪声:多标准决策分析的数据来源于人的实际决策,这些决策往往是有噪声的和不一致信息的。

在 Ben-David 的实验中,引入序信息降低模型预测能力的本质原因是单调分类器提取的序单调性结构对噪声引起的噪声信息十分敏感。这里介绍一个例子,来说明噪声对 DRSA 单调分类器的影响。

例 11-1 表 11-1 是一个实验数据,10 个样本包含三类,D 代表类别,A 代表特征集。可以看出,随着特征的增加,类别值也增加。但样本 x_1 和样本 x_9 的类别被错误记录了。

表 11-1 实验数据描述

U	x_1	x_2	x_3	x_4	x_5	x_6	x_7	x_8	x_9
A	1.25	1.80	1.72	2.50	3.10	2.68	3.71	4.05	3.85
D	3	1	1	2	2	2	3	3	1

这里假设样本存在错误标记情况,x_1 和 x_{10} 被错误标记类别号,x_1 属于类别 3,x_{10} 属于类别 1。由于 $d_1^{\leqslant}=\{x_1,\cdots,x_9\}$,$d_2^{\leqslant}=\{x_1,x_4,x_5,x_6,x_7,x_8\}$,$d_3^{\leqslant}=\{x_1,x_7,x_8\}$,有 $\underline{R^{\leqslant}}d_1^{\leqslant}=\{x_1,\cdots,x_9\}$,$\overline{R^{\leqslant}}d_1^{\leqslant}=\{x_1,\cdots,x_9\}$;$\underline{R^{\leqslant}}d_2^{\leqslant}=\varnothing$,$\overline{R^{\leqslant}}d_2^{\leqslant}=\{x_1,\cdots,x_9\}$;$\underline{R^{\leqslant}}d_3^{\leqslant}=\varnothing$,$\overline{R^{\leqslant}}d_3^{\leqslant}=\{x_1,\cdots,x_9\}$。所以 $\underline{R_B^{\leqslant}}d_2^{\leqslant}=\underline{R_B^{\leqslant}}d_3^{\leqslant}=\{x_1,\cdots,x_9\}$。即类别 2 和类别 3 下近似为 $\varnothing$。采用优势关系粗糙集学习决策模型时会将全部的样本都归于决策边界,特征与决策的依赖度为零。事实上,此特征还能较好地预测决策。由此看来由于多标准决策建模用到了序单调性,使得学习问题对噪声引起的不一致变得十分敏感。

以上分析不难发现,当前单调分类建模遇到的首要困难是噪声引起的不一致性带来的建模不确定性,无论是有序决策树,单调决策树还是优势关系粗糙集方法都无法有效处理真实数据中存在的不确定性,所获得模型的决策精度难以满足应用需求。根本问题是这些学习算法的优化目标不能容忍数据中的不一致性。很多学者通过改变类标号将训练数据单调化,再训练分类器。这种方法可能改变分类本质,不是最优的解决方法。

11.3 基于模糊偏好粗糙集的单调性分类分析

经典的优势关系不能反映对象之间占优的程度,不能精细刻画样本之间的序结构。本节将引入模糊偏好关系和基于模糊偏好关系的模糊粗糙集解决这一问题。

模糊偏好关系广泛应用于决策分析。在决策分析中,存在两类偏好关系。第一类为乘法偏好关系(multiplicative preference relations)。乘法偏好关系通常由一个关系矩阵进行描述。给定对象集 U,$R \in U \times U$ 是一个偏好关系 $(r_{ij})_{n\times n}$,r_{ij} 是 x_i 偏好于 x_j 的程度。即 x_i 以 r_{ij} 倍好于 x_j。一般而言,$r_{ij} \in \{1,2,\cdots,9\}$。在此定义下,通常假设 R 的值乘法互反的(multiplicative reciprocal),也就是说 $r_{ij} \cdot r_{ji} = 1, \forall i,j \in \{1,2,\cdots,n\}$。

第二类为模糊偏好关系(fuzzy preference relations)。模糊偏好关系 R 是笛卡儿积 $U \times U$ 的模糊子集 $\mu_R: U \times U \to [0,1]$。如果 U 是有穷集,模糊偏好关系也可用一个 $n \times n$ 的关系矩阵来描述 $(r_{ij})_{n\times n}$。此时 r_{ij} 被解释为 x_i 比 x_j 偏好的程度。$r_{ij} = 1/2$ 表明 x_i 不比 x_j 占优;$r_{ij} > 1/2$ 表明 x_i 比 x_j 占优,$r_{ij} = 1$ 意味着 x_i 绝对比 x_j 占优。反之 $r_{ij} < 1/2$ 表明 x_j 优于 x_i。在此定义下,模糊偏好矩阵常常被假设为加性互反的,即 $r_{ij} + r_{ji} = 1, \forall i,j \in \{1,2,\cdots,n\}$。

在决策分析中,优势结构或者偏好结构常常是由一组有序离散值或者实数值描述的对象。如年龄可以用,老、中、青这样的模糊集来描述,也可以用具体的数字来刻画。在决策分析中必须从对象的属性取值中提取对象之间的模糊偏好关系。

例 11-2　设需要评价 10 篇论文,每个论文由两个条件属性"创新性 a_1"和"写作质量 a_2"以及一个决策属性描述,决策属性的值为录用、修改后录用和退稿,分别由 3、2 和 1 表示,如表 11-2 所示。用户的任务是通过分析数据建立偏好决策的模型,分析条件属性对决策的分类能力。

表 11-2　有序决策系统实例

U	x_1	x_2	x_3	x_4	x_5	x_6	x_7	x_8	x_9	x_{10}
a_1	0.09	0.10	0.25	0.32	0.41	0.50	0.63	0.68	0.79	0.83
a_2	0.10	0.15	0.32	0.39	0.57	0.62	0.70	0.76	0.82	0.90
D	1	1	1	2	2	2	2	3	3	3

给定若干由数值属性描述的对象 $U = \{x_1, \cdots, x_m\}$,本节采用如下公式计算对象之间的模糊偏好关系:

$$r_{ij}^{>} = \frac{1}{1+\mathrm{e}^{-k(x_i - x_j)}} \quad 和 \quad r_{ij}^{<} = \frac{1}{1+\mathrm{e}^{k(x_i - x_j)}}$$

其中,k 是一个大于零的常数;$r_{ij}^{>}$ 表示对象 x_i 比 x_j 大的程度;$r_{ij}^{<}$ 表示对象 x_i 比 x_j 小的程度。

事实上,$\frac{1}{1+\mathrm{e}^{-kx}}$ 是 BP 神经网络中经常被使用的传递函数 logsig。当 $k=1$ 时,该函数在区间[-5,5]上的曲线如图 11-1 所示。

$k=10$ 时,例 11-2 中由属性 a_1 和属性 a_2 计算的 10 个样本之间的模糊偏好关系分别在表 11-3 和表 11-4 给出。此时得到的 r_{ij} 表示 x_i 小于 x_j 的程度。

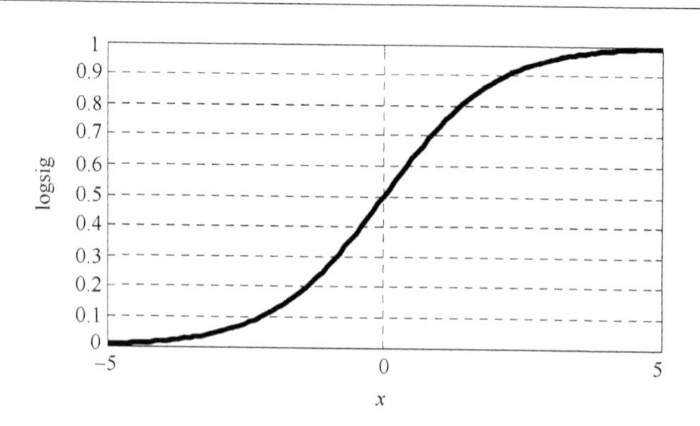

图 11-1 logsig 函数在区间[−5, 5]上的曲线

表 11-3 由属性 a_1 计算得到的模糊偏好关系

	x_1	x_2	x_3	x_4	x_5	x_6	x_7	x_8	x_9	x_{10}
x_1	0.50	0.53	0.83	0.91	0.96	0.98	1.00	1.00	1.00	1.00
x_2	0.48	0.50	0.82	0.90	0.96	0.98	1.00	1.00	1.00	1.00
x_3	0.17	0.18	0.50	0.67	0.83	0.92	0.98	0.99	1.00	1.00
x_4	0.09	0.10	0.33	0.50	0.71	0.86	0.96	0.97	0.99	0.99
x_5	0.04	0.04	0.17	0.29	0.50	0.71	0.90	0.94	0.98	0.99
x_6	0.02	0.02	0.08	0.14	0.29	0.50	0.79	0.86	0.95	0.96
x_7	0.00	0.01	0.02	0.04	0.10	0.21	0.50	0.62	0.83	0.88
x_8	0.00	0.00	0.01	0.03	0.06	0.14	0.38	0.50	0.75	0.82
x_9	0.00	0.00	0.00	0.01	0.02	0.05	0.17	0.25	0.50	0.60
x_{10}	0.00	0.00	0.00	0.01	0.01	0.04	0.12	0.18	0.40	0.50

表 11-4 由属性 a_2 计算得到的模糊偏好关系

	x_1	x_2	x_3	x_4	x_5	x_6	x_7	x_8	x_9	x_{10}
x_1	0.50	0.62	0.90	0.95	0.99	0.99	1.00	1.00	1.00	1.00
x_2	0.38	0.50	0.85	0.92	0.99	0.99	1.00	1.00	1.00	1.00
x_3	0.10	0.15	0.50	0.67	0.92	0.95	0.98	0.99	0.99	1.00
x_4	0.05	0.08	0.33	0.50	0.86	0.91	0.96	0.98	0.99	0.99
x_5	0.01	0.01	0.08	0.14	0.50	0.62	0.79	0.87	0.92	0.96
x_6	0.01	0.01	0.05	0.09	0.38	0.50	0.69	0.80	0.88	0.94
x_7	0.00	0.00	0.02	0.04	0.21	0.31	0.50	0.65	0.77	0.88
x_8	0.00	0.00	0.01	0.02	0.13	0.20	0.35	0.50	0.65	0.80
x_9	0.00	0.00	0.01	0.01	0.08	0.12	0.23	0.35	0.50	0.69
x_{10}	0.00	0.00	0.00	0.01	0.04	0.06	0.12	0.20	0.31	0.50

从表 11-3 和表 11-4 中容易发现 $\forall x_i \in U, r_{ii}^{<} = r_{ii}^{>} = 0.5$，如果 $x_i \ll x_j, r_{ij} = 1$；当 $x_i \gg x_j, r_{ij} = 0$。$r_{ij}^{<} = 1$ 意味着 x_i 远小于 x_j。

此外，$\forall i,j \in \{1,2,\cdots,n\} r_{ij}^{<} = r_{ji}^{>}$；$r_{ij}^{<} + r_{ij}^{>} = 1$。这一性质表明由 logsig 函数计算的对象之间的大小关系满足加法互反性。

值得注意的是，由 logsig 函数计算的模糊关系既不满足对称性，也不满足自反性，仅满足传递性：$\forall x,y,z,\min(R(x,y),R(y,z))\leqslant R(x,z)$。

以上的分析给出了当考虑一个属性时，如何计算对象之间的模糊偏好关系的问题。在实际应用中，往往存在多个属性描述有序分类。当存在多个属性，并且每个属性都生成论域上的模糊偏好关系时，有多种方法组合不同属性生成的模糊偏好关系。此处选用模糊交运算来组合不同属性生成的模糊偏好关系。

定义 11-6　$\forall x_i,x_j\in U$，如果 $r_{ij}^{\leqslant}$（$r_{ij}^{\geqslant}$）和 $s_{ij}^{\leqslant}$（$s_{ij}^{\geqslant}$）分别是属性 a 和 b 生成的关于 x_i 和 x_j 的模糊偏好关系。那么 x_i 和 x_j 由 $\{a\}\cup\{b\}$ 生成的偏好关系为 $\min(r_{ij}^{\leqslant},s_{ij}^{\leqslant})$（$\min(r_{ij}^{\geqslant},s_{ij}^{\geqslant})$）。

模糊偏好关系在论域上生成了一个嵌套的粒化结构，由此可以形成一组模糊信息粒子。

定义 11-7　给定优势关系决策系统 $\mathrm{DS}=\langle U,A,D,f\rangle$，$B\subseteq A$。$R=(r_{ij}^{\leqslant})$（$R=(r_{ij}^{\geqslant})$）是由 B 生成的 U 上的模糊偏好关系。那么称 $\Theta=\langle U,R\rangle$ 为模糊偏好粒化空间，也称为模糊偏好近似空间。对 $\forall x_i\in U$，定义 x_i 的模糊偏好信息粒子为

$$[x_i]_B^{\leqslant}=\frac{r_{1i}^{\leqslant}}{x_1}+\frac{r_{2i}^{\leqslant}}{x_2}+\cdots+\frac{r_{ni}^{\leqslant}}{x_n}\quad 和\quad [x_i]_B^{\geqslant}=\frac{r_{1i}^{\geqslant}}{x_1}+\frac{r_{2i}^{\geqslant}}{x_2}+\cdots+\frac{r_{ni}^{\geqslant}}{x_n}$$

显然，$[x_i]_B^{\leqslant}$ 和 $[x_i]_B^{\geqslant}$ 都是 U 的模糊子集，$[x_i]_B^{\leqslant}$ 表示在 U 中，就属性 B 而言比 x_i 小的模糊集合；$[x_i]_B^{\geqslant}$ 表示在 U 中，就属性 B 而言比 x_i 大的模糊集合。$[x_i]_B^{\leqslant}$ 和 $[x_i]_B^{\geqslant}$（$i=1,2,\cdots,n$）形成了论域上的基本概念系统，U 中的任一子集，将由 $[x_i]_B^{\leqslant}$ 和 $[x_i]_B^{\geqslant}$ 进行近似描述。

例 11-2 中的对象 x_1 和属性 a_1 生成的基本信息粒子为

$$[x_1]_{a_1}^{\geqslant}=\frac{0.5}{x_1}+\frac{0.53}{x_2}+\frac{0.83}{x_3}+\frac{0.91}{x_4}+\frac{0.96}{x_5}+\frac{0.98}{x_6}+\frac{1}{x_7}+\frac{1}{x_8}+\frac{1}{x_9}+\frac{1}{x_{10}}$$

$$[x_1]_{a_1}^{\leqslant}=\frac{0.5}{x_1}+\frac{0.48}{x_2}+\frac{0.17}{x_3}+\frac{0.09}{x_4}+\frac{0.04}{x_5}+\frac{0.99}{x_6}+\frac{0}{x_7}+\frac{0}{x_8}+\frac{0}{x_9}+\frac{0}{x_{10}}$$

性质 11-1　给定 $\mathrm{DS}=\langle U,A,D,f\rangle$，$B\subseteq A$。$R=(r_{ij}^{\leqslant})$（$R=(r_{ij}^{\geqslant})$）是由 B 生成的 U 上的模糊偏好关系。$\forall x,y\in U,a\in B$，有

(1) $x\geqslant_a y\Leftrightarrow[x]_a^{\geqslant}\subseteq[y]_a^{\geqslant}\Leftrightarrow[y]_a^{\leqslant}\subseteq[x]_a^{\leqslant}$；

(2) $x\geqslant_B y\Leftrightarrow[x]_B^{\geqslant}\subseteq[y]_B^{\geqslant}\Leftrightarrow[y]_B^{\leqslant}\subseteq[x]_B^{\leqslant}$。

定义了有序决策系统中的模糊偏好关系和模糊偏好信息粒子，接下来分析模糊偏好粒化空间进行模糊逼近的问题。

在基于模糊关系定义的模糊粗糙集分为两大类定义方式，一类为基于 S 和 T 定义的模型，另一类为基于 θ 和其对偶 σ 定义的模型。此处仅讨论第一种定义，第二类定义可以类似的得到。

基于 S 和 T 定义的模糊近似算子如下。

S-模糊下近似算子：$\underline{R_S}A(x) = \inf_{u\in U}S(N(R(x,u)),A(u))$

T-模糊下近似算子：$\overline{R_T}A(x) = \sup_{u\in U}T(R(x,u),A(u))$

其中令 $N(a) = 1-a, S = \max$ 和 $T = \min$。此时定义可重写为

$$\underline{R}A(x) = \inf_{u\in U}\max(1-R(x,u)),A(u))$$

$$\bar{R}A(x) = \sup_{u\in U}\min(R(x,u),A(u))$$

在实际的有序决策分析中，决策属性的取值往往是清晰的。因此有序决策属性生成的偏好决策粒子为清晰集。给定有序决策系统 $\langle U,A,D\rangle$，D 的值域为 $\{d_1,d_2,\cdots,d_I\}$，并且 $d_1 \leqslant d_2 \leqslant \cdots \leqslant d_I$。那么决策偏好粒子为

$$d_i^{\geqslant} = \bigcup_{j=i}^{I} d_j \quad 和 \quad d_i^{\leqslant} = \bigcup_{j=1}^{I} d_j$$

显然，如果 $i \leqslant j$，则有 $d_i^{\geqslant} \supseteq d_j^{\geqslant}$ 和 $d_i^{\leqslant} \supseteq d_j^{\leqslant}$。注意此时 d_i 表示决策为 d_i 的对象集合。

定义 11-8　给定有序决策系统 $\langle U,A,D\rangle, B \subseteq A$。$R^{>}$ 和 $R^{<}$ 分别表示由属性 B 生成的模糊偏好关系。对于偏好决策类 $d_i^{\geqslant}$ 和 $d_i^{\leqslant}$，定义对象 $x \in U$ 隶属于 $d_i^{\geqslant}$ 和 $d_i^{\leqslant}$ 的模糊下近似和模糊上近似如下。

（1）向上的模糊下近似算子为 $\underline{R^{>}}d_i^{\geqslant}(x) = \inf_{u\in U}\max(1-R^{>}(u,x),d_i^{\geqslant}(u))$；

（2）向上的模糊上近似算子为 $\overline{R^{>}}d_i^{\geqslant}(x) = \sup_{u\in U}\min(R^{>}(x,u),\ d_i^{\geqslant}(u))$；

（3）向下的模糊下近似算子为 $\underline{R^{<}}d_i^{\leqslant}(x) = \inf_{u\in U}\max(1-R^{<}(u,x),\ d_i^{\leqslant}(u))$；

（4）向下的模糊上近似算子为 $\overline{R^{<}}d_i^{\leqslant}(x) = \sup_{u\in U}\min(R^{<}(x,u),\ d_i^{\leqslant}(u))$。

其中 $X(x)$ 表示对象 x 隶属于集合 X 的程度。对于 d_1 和 d_I，特别令 $\underline{R^{>}}d_1^{\geqslant}(x)=1$ 和 $\underline{R^{<}}d_I^{\leqslant}(x) = 1$。

值得注意的是，此处模糊下近似的定义与其他文献中的定义稍有不同。此处用 $1-R^{>}(u,x)$（$1-R^{<}(u,x)$）取代了 $1-R^{>}(x,u)$（$1-R^{<}(x,u)$）。当 R 满足对称性时，两种定义方式是完全相同的，然而模糊偏好关系不满足对称性，所以两种方式计算出来的结果完全不同。

接下来推导计算模糊偏好近似的算法。

（1）对于 $\underline{R^{>}}d_i^{\geqslant}(x) = \inf_{u\in U}\max(1-R^{>}(u,x),d_i^{\geqslant}(u))$，假设 $u \in d_i^{\geqslant}$，那么 $d_i^{\geqslant}(u)=1, \max(1-R^{>}(u,x),\ d_i^{\geqslant}(u))=1$。又假设 $u \notin d_i^{\geqslant}$，也就是说 $u \in d_{i-1}^{\leqslant}$，那么 $d_i^{\geqslant}(u) = 0, \max(1-R^{>}(u,x),\ d_i^{\geqslant}(u)) = 1-R^{>}(u,x)$。显然有 $1-R^{>}(u,x) \leqslant 1$。所以 $\underline{R^{>}}d_i^{\geqslant}(x) = \inf_{u\notin d_i^{\geqslant}}1-R^{>}(u,x)$。因为 $1-R^{>}(u,x) = R^{<}(u,x)$，所以 $\underline{R^{>}}d_i^{\geqslant}(x) = \inf_{u\notin d_i^{\geqslant}}R^{<}(u,x)$。特别当 $i=1, d_1^{<} = \varnothing$。因此规定 $\underline{R^{>}}d_1^{\geqslant}(x) = 1$。

（2）对于 $\overline{R^{>}}d_i^{\geqslant}(x) = \sup_{u\in U}\min(R^{>}(x,u),\ d_i^{\geqslant}(u))$。假设 $u \notin d_i^{\geqslant}$，那么 $d_i^{\geqslant}(u) = 0$，$\min(R^{>}(x,u),\ d_i^{\geqslant}(u)) = 0$；否则 $u \in d_i^{\geqslant}$，那么 $d_i^{\geqslant}(u) = 1, \min(R^{>}(x,u),\ d_i^{\geqslant}(u)) = R^{>}(x,u)$。所以，最终 $\overline{R^{>}}d_i^{\geqslant}(x) = \sup_{u\in d_i^{\geqslant}}R^{>}(x,u)$。

类似地也可以得到

$$\underline{R^{<}}d_i^{\leqslant}(x)=\inf_{u\notin d_i^{\leqslant}}R^{>}(u,x)\quad 和\quad \overline{R^{<}}d_i^{\leqslant}(x)=\sup_{u\in d_i^{\leqslant}}R^{<}(x,u)$$

公式 $\underline{R^{>}}d_i^{\geqslant}(x)=\inf_{u\notin d_i^{\geqslant}}1-R^{>}(u,x)$ 表明 x 隶属于 $d_i^{\geqslant}$ 的下近似的程度取决于 $d_i^{\geqslant}$ 以外的一个样本，这个样本使得对 $\forall u\in d_{i-1}^{\leqslant}, R^{<}(u,x)$ 是最小的。换句话说，$\underline{R^{>}}d_i^{\geqslant}(x)$ 取决于 $d_i^{\geqslant}$ 以外的最大的样本。这个样本越大，那么 $\underline{R^{>}}d_i^{\geqslant}(x)$ 越小。如果 $u\geqslant_B x$，那么 $\underline{R^{>}}d_i^{\geqslant}(x)\leqslant 0.5$。另一方面，$\overline{R^{>}}d_i^{\geqslant}(x)=\sup_{u\in d_i^{\geqslant}}R^{>}(x,u)$ 表明 x 隶属于 $d_i^{\geqslant}$ 的下近似的程度取决于 $d_i^{\geqslant}$ 以内的一个样本。x 比这个样本大的最多。换句话说，$\overline{R^{>}}d_i^{\geqslant}(x)$ 取决于同类里那个最小的样本。显然，$\sup_{u\in d_i^{\geqslant}}R^{>}(x,u)\geqslant 0.5$。当样本 x 即为 $d_i^{\geqslant}$ 中的最小样本，此时 $\sup_{u\in d_i^{\geqslant}}R^{>}(x,u)=0.5$，否则 $\sup_{u\in d_i^{\geqslant}}R^{>}(x,u)>0.5$。样本 x 比同类的最小样本大得越多，那么 $\overline{R^{>}}d_i^{\geqslant}(x)$ 越大。对于 $\underline{R^{<}}d_i^{\leqslant}(x)$ 和 $\overline{R^{<}}d_i^{\leqslant}(x)$，可以获得相似的解释。$\underline{R^{<}}d_i^{\leqslant}(x)$ 取决于 $d_i^{\leqslant}$ 以外的那个最小的样本，$\overline{R^{<}}d_i^{\leqslant}(x)$ 取决于 $d_i^{\leqslant}$ 内最大的样本。

以上的解释与我们的直觉是相符的。下近似隶属度 $\underline{R^{>}}d_i^{\geqslant}(x)$ 反映了样本 x 必然隶属于 $d_i^{\geqslant}$ 的程度，当 $d_{i-1}^{\leqslant}$ 内的样本比 x 小得越少时，那么 x 必然隶属于 $d_i^{\geqslant}$ 的程度就越小。特别地，当存在比 x 大的样本也隶属于 $d_{i-1}^{\leqslant}$ 时，此时如果 $x\in d_i^{\geqslant}$，那么 x 的决策违背了单调性，因此 $\underline{R^{>}}d_i^{\geqslant}(x)$ 小于 0.5。但是当 $d_{i-1}^{\leqslant}$ 内的样本都远远小于 x 时，那么 x 必然隶属于 $d_i^{\geqslant}$ 的程度就很大。对于上近似 $\overline{R^{>}}d_i^{\geqslant}(x)$，如果 $d_i^{\geqslant}$ 中存在一个比 x 要小的多的样本 u，那么 x 可能属于 $d_i^{\geqslant}$ 的程度就很大。

下近似是一种悲观的决策方式，而上近似是一种乐观的决策方式。下近似和上近似的决策方式类似于常说的“比上不足，比下有余”的决策思想。仍然以投稿决策为例，下近似考察所有投稿中被拒稿的最好的论文，如果论文 A 比那篇论文好，那么该论文被录用的可能性大于 50%，否则录用可能性低于 50%；而上近似考察的是那篇被录用的最差的论文，如果论文 A 比它好，那上近似认为该论文被录用的可能性大于 50%。由此可以看出，下近似是一种悲观的决策方式，而上近似是一种乐观的决策方式。这一解释与核粒化的模糊粗糙集中的下、上近似的解释是一致的。

例 11-3　假设给定一个两类有序决策问题，对象由一个数值属性所描述。此时对象可以由一个坐标轴描述，如图 11-2 (a)、(b)、(c)和(d)给出了四种情况。分析几个典型的样本点隶属于某些偏好类的上、下近似的程度。

首先，$\underline{R^{>}}d_1^{\geqslant}(x_1)=1$；$\overline{R^{>}}d_1^{\geqslant}(x_1)=\sup_{u\in d_1^{\geqslant}}R^{>}(x_1,u)=R^{>}(x_1,x_1)=0.5$；$\overline{R^{>}}d_1^{\geqslant}(x_2)=\sup_{u\in d_1^{\geqslant}}R^{>}(x_2,u)=R^{>}(x_2,x_1)=\dfrac{1}{1+\mathrm{e}^{-k(x_2-x_1)}}\geqslant 0.5$；$\underline{R^{>}}d_2^{\geqslant}(x_3)=1-R^{>}(x_2,x_3)=1-\dfrac{1}{1+\mathrm{e}^{k(x_3-x_2)}}\geqslant 0.5$，$k$ 是正常数。由于 $x_2-x_3<0$。相似地，还可以得到 $\underline{R^{<}}d_1^{\leqslant}(x_4)=1-\dfrac{1}{1+\mathrm{e}^{-k(x_4-x_5)}}\geqslant 0.5$ 和 $\underline{R^{<}}d_2^{\leqslant}(x_6)=1$。

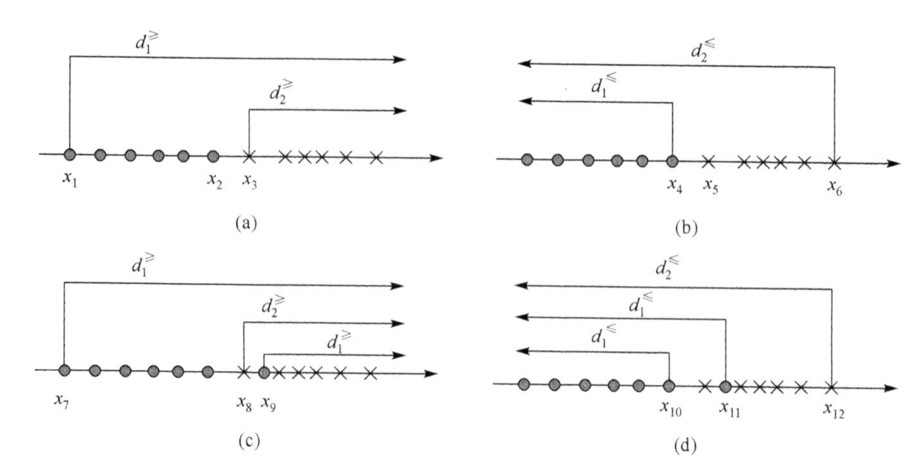

图 11-2　模糊偏好决策实例

对于图 4-2 (c)和(d),我们发现存在不一致的决策样本,违背了决策的单调性。此时 $\underline{R^{>}}d_1^{\geqslant}(x_7)=1$,$\underline{R^{>}}d_2^{\geqslant}(x_8)=1-\dfrac{1}{1+e^{k(x_8-x_9)}}\leqslant 0.5$,$\overline{R^{<}}d_1^{\leqslant}(x_{10})=\sup_{u\in d_1^{\leqslant}}R^{<}(x_{10},u)=R^{<}(x_{10},x_{11})$,$\underline{R^{<}}d_2^{\leqslant}(x_{12})=1$ 和 $\underline{R^{<}}d_1^{\leqslant}(x_{11})=1-\dfrac{1}{1+e^{-k(x_{11}-x_{10})}}\leqslant 0.5$。

值得指出的是由于模糊偏好关系不满足自反性,以下结论并不一定成立:

(1) $\underline{R^{>}}d_i^{\geqslant}(x)\leqslant\overline{R^{>}}d_i^{\geqslant}(x)$,$\underline{R^{>}}d_i^{\geqslant}\subseteq\overline{R^{>}}d_i^{\geqslant}$;

(2) $\underline{R^{<}}d_i^{\leqslant}(x)\leqslant\overline{R^{<}}d_i^{\leqslant}(x)$,$\underline{R^{<}}d_i^{\leqslant}\subseteq\overline{R^{<}}d_i^{\leqslant}$;

例如,

$$\overline{R^{>}}d_2^{\geqslant}(x_3)=\sup_{u\in d_2^{\geqslant}}R^{>}(x_3,u)=R^{>}(x_3,x_3)=0.5$$

$$\underline{R^{>}}d_2^{\geqslant}(x_3)=\inf_{u\notin d_2^{\geqslant}}1-R^{>}(u,x_3)=1-R^{>}(x_2,x_3)>0.5$$

此时,

$$\overline{R^{>}}d_2^{\geqslant}(x_3)\leqslant\underline{R^{>}}d_2^{\geqslant}(x_3)$$

性质 11-2　给定偏好决策系统 $\langle U,A,D\rangle$,$B\subseteq A$,$R^{>}$ 和 $R^{<}$ 是由 B 和 $r_{ij}^{>}=\dfrac{1}{1+e^{-k(x_i-x_j)}}$ 和 $r_{ij}^{<}=\dfrac{1}{1+e^{k(x_i-x_j)}}$ 生成的模糊偏好关系,$R^{\geqslant}$ 和 $R^{\leqslant}$ 是由 B 生成的清晰的偏好关系。如果 $k\to+\infty$,那么 $\forall d_i\in D$,$\underline{R^{>}}d_i^{\geqslant}=\underline{R^{\geqslant}}d_i^{\geqslant}$,$\underline{R^{<}}d_i^{\leqslant}=\underline{R^{\leqslant}}d_i^{\leqslant}$。

性质 11-2 给出了模糊偏好关系向清晰关系转换的条件。由于参数 k 控制了偏好函数的斜率,k 越大,斜率越大。当 k 趋向于无穷大的时候,logsig 函数变为阶跃函数,也就是经典集合的隶属度函数了。此时模糊偏好粗糙集退化为经典优势关系粗糙集。

性质 11-3　给定模糊偏好决策系统 $\langle U,A,D\rangle$,$B_1,B_2\subseteq A$,$R_1^{>}$、$R_1^{<}$ 是由 B_1 生成的模糊偏好关系;$R_2^{>}$ 和 $R_2^{<}$ 是由 B_2 生成的模糊偏好关系。由 $B_1\cup B_2$ 生成 $R^{>}=$

$\min(R_1^{>}, R_2^{>})$ 和 $R^{<} = \min(R_1^{<}, R_2^{<})$。对 $\forall x \in d_i^{\geqslant}, y \in d_i^{\leqslant}$，有

$$\underline{R^{>}} d_i^{\geqslant}(x) \geqslant \underline{R_1^{>}} d_i^{\geqslant}(x), \underline{R^{>}} d_i^{\geqslant}(x) \geqslant \underline{R_2^{>}} d_i^{\geqslant}(x)$$

$$\underline{R^{<}} d_i^{\leqslant}(y) \geqslant \underline{R_1^{<}} d_i^{\leqslant}(y), \underline{R^{<}} d_i^{\leqslant}(y) \geqslant \underline{R_2^{<}} d_i^{\leqslant}(y)$$

11.4　基于排序熵模型的单调性分类分析

根据上一节分析可以得出，在实际应用中由于不单调噪声样本的存在，数据集一般不是严格单调一致的，很难得到单调一致规则集。这种情况下，为了刻画特征与决策的单调关系，提出了另一种约束条件，称为随机单调约束（stochastic monotonicity constraint）[19]：

$$x \geqslant x' \Rightarrow P(y \mid x) \geqslant P(y \mid x')$$

特征与决策之间只是存在概率上的单调关系，而不是严格的单调关系。这种随机单调约束最近得到越来越多的关注[20-22]。基于这种思想，本节提出了一种新的度量理论——有序互信息——来衡量特征与决策之间的随机单调性，并基于有序互信息，构建决策树来解决单调分类问题。

在模式识别领域 Shannon 信息熵[23]能够较好地容忍噪声。Shannon 信息熵度量了随机变量的不确定性，被广泛应用于通信、人工智能和机器学习等领域。在分类学习中，把样本理解为随机变量的实现，通过大量样本的统计分析，可用信息熵和信息熵相关的概念联合熵、条件熵以及互信息计量变量之间的依赖关系，提取隐含在大量随机不确定信息内部的潜在规律。互信息反映了随机变量间复杂的非线性关系，可以理解为给定一个变量时，另一变量不确定程度减少的量，因此互信息越大，那么特征预测决策的能力就越强。

Hu 等 2008 年通过实验系统比较了信息熵、粗糙集依赖度、一致度等不确定性度量指标，发现在这些指标中，信息熵对样本的扰动和数据噪声最不敏感。由于信息熵基于概率分布进行计算，单个噪声点或者样本的改变不会引起概率分布发生大的变异，因此该指标是鲁棒和稳定的，适用于大规模不确定性数据挖掘和决策建模。

遗憾的是，Shannon 信息熵指标不能刻画多标准决策分析中标准与决策之间的单调关系，导致这一算法无法利用数据之间的序信息。即使给定单调的学习数据，该方法学到的决策模型也不一定是单调的。这一现象违背了单调分类的基本假设。

针对这一问题，2009 年 Hu 等提出了单调分类问题的“有序信息熵”的概念[24]，该信息熵以集合的序数、而非基数进行定义，考虑了对象之间的序结构。同时该度量通过概率分布函数进行计算，保持了信息熵的鲁棒性和稳定性。有序信息熵是一个考虑了对象之间序结构的鲁棒的不确定性统计量，可作为多标准决策建模的优化目标，该统计量有望解决单调分类的鲁棒性问题。

11.4.1 Shannon 信息熵

设 U 是论域，$B \subseteq A$ 是一特征子集，D 是决策。等价关系 R_B 可以由 D 以及在特征集 B 得出：$R_B = \{(x_i, x_j) \mid \forall a \in B, a(x_i) = a(x_j)\}$，其中 $a(x)$ 是样本 x 在特征 a 上的值。由此可以得出一组等价类：$\{X_1, X_2, \cdots, X_N\}$，即特征集 B 对样本空间进行分割，其中 X_i 是不可分辨的，因为组成它们样本的特征值相等。$X_1, X_2, \cdots, X_N$ 为一组在 U 上的随机变量，X_i 上的概率 $p(X_i)$ 可以计算为 $|X_i| / |U|$，那么 Shannon 熵可以表示为

$$H(B) = -\sum_{i=1}^{N} p(X_i) \log p(X_i)$$

其中 $|X_i|$ 是集合 X_i 的样本数。

特征集 B 与决策集 D 之间的互信息为

$$\mathrm{MI}(B, D) = -\sum_{i=1}^{N} \sum_{j}^{C} p(X_i \cap \omega_j) \log \frac{p(X_i \cap \omega_j)}{p(X_i) p(\omega_i)}$$

其意义为集合 B 与 D 的统计相关性。这种指标被广泛应用在特征选择和模式分类问题中[25-27]。互信息反映特征集与决策集的一致性程度。

在此，给出 Shannon 熵的另一种表达形式。设 $[x_i]_B$ 表示样本 x_i 在特征 B 的等价类，样本 x 的不确定可以表示为

$$H_B(x_i) = -\log \frac{|[x_i]_B|}{|U|}$$

所有样本的平均不确定度可以称为特征集 B 的熵：

$$H_B(U) = -\frac{1}{|U|} \sum_{i=1}^{n} \log \frac{|[x_i]_B|}{|U|}$$

由此可以得到互信息的定义：

$$H_{B,C}(U) = -\frac{1}{|U|} \sum_{i=1}^{n} \log \frac{|[x_i]_B| \times |[x_i]_C|}{|U| \, |[x_i]_B \cap [x_i]_C|}$$

给定两特征集 B 和 C，它们的互信息反映了各自有相同特征样本属于同类的交叠程度。这种程度可以应用在分类问题中，即具有相同特征的样本应该分到同一类别中；否则，认为决策不一致。所以这种交叠程度越大，决策越一致。

11.4.2 有序信息熵

Shannon 信息理论中的互信息反映了分类任务中特征与决策的相关性，具有相同特征的样本应该被分为同一类。然而在单调分类中，不仅要反映一致性，还要反映序的一致性，来反映序的关系：即在属性上取值大的样本应该被分为大的类别中。

定义 11-9 设样本集为 U，属性集为 A，属性子集 $B \subseteq A$。定义后向和前向有序熵

分别为

$$RH_B^{\leqslant}(U) = -\frac{1}{n}\sum_{i=1}^{n}\log\frac{|[x_i]_B^{\leqslant}|}{n},$$

$$RH_B^{\geqslant}(U) = -\frac{1}{n}\sum_{i=1}^{n}\log\frac{|[x_i]_B^{\geqslant}|}{n}$$

性质 11-4　有 $RH_B^{\geqslant}(U) \geqslant 0, RH_B^{\leqslant}(U) \geqslant 0, 1 \geqslant \frac{|[x_i]_B^{\geqslant}|}{n} \geqslant 0$。$RH_B^{\leqslant}(U) = 0$ 和 $RH_B^{\geqslant}(U) = 0$ 有且仅有当 $\forall x_i \in U, [x_i]_B^{\geqslant} = U$。

证明：略。

性质 11-5　假设 $C \subseteq B \subseteq A$。那么对于 $\forall x_i \in U$，有 $[x_i]_B^{\geqslant} \supseteq [x_i]_C^{\geqslant}$ 和 $[x_i]_B^{\leqslant} \supseteq [x_i]_C^{\leqslant}$。同时 $RH_B^{\geqslant}(U) \leqslant RH_C^{\geqslant}(U)$ 和 $RH_B^{\leqslant}(U) \leqslant RH_C^{\leqslant}(U)$。

证明：略。

定义 11-10　设 $DT = \langle U, A, D\rangle, B \subseteq A, C \subseteq A$。特征集 B 和 C 的后向和前向有序联合熵分别定义为

$$RH_{B\cup C}^{\leqslant}(U) = -\frac{1}{n}\sum_{i=1}^{n}\log\frac{|[x_i]_B^{\leqslant} \cap [x_i]_C^{\leqslant}|}{n}$$

$$RH_{B\cup C}^{\geqslant}(U) = -\frac{1}{n}\sum_{i=1}^{n}\log\frac{|[x_i]_B^{\geqslant} \cap [x_i]_C^{\geqslant}|}{n}$$

推论 11-1　给定 $DT = \langle U, A, D\rangle$，和 $B \subseteq A, C \subseteq A$。那么 $RH_{B\cup C}^{\leqslant}(U) \geqslant RH_B^{\leqslant}(U)$；$RH_{B\cup C}^{\leqslant}(U) \geqslant RH_C^{\leqslant}(U)$；$RH_{B\cup C}^{\geqslant}(U) \geqslant RH_B^{\geqslant}(U)$；$RH_{B\cup C}^{\geqslant}(U) \geqslant RH_C^{\geqslant}(U)$。

推论 11-2　给定 $DT = \langle U, A, D\rangle, C \subseteq B \subseteq A$。有 $RH_{B\cup C}^{\geqslant}(U) = RH_B^{\geqslant}(U)$ 和 $RH_{B\cup C}^{\leqslant}(U) \leqslant RH_B^{\leqslant}(U)$。

定义 11-11　设 $DT = \langle U, A, D\rangle, B \subseteq A, C \subseteq A$。特征集 B 和 C 的后向和前向有序条件熵分别定义为

$$RH_{B|C}^{\leqslant}(U) = -\frac{1}{n}\sum_{i=1}^{n}\log\frac{|[x_i]_B^{\leqslant} \cap [x_i]_C^{\leqslant}|}{|[x_i]_C^{\leqslant}|}$$

$$RH_{B|C}^{\geqslant}(U) = -\frac{1}{n}\sum_{i=1}^{n}\log\frac{|[x_i]_B^{\geqslant} \cap [x_i]_C^{\geqslant}|}{|[x_i]_C^{\geqslant}|}$$

性质 11-6　给定 $DT = \langle U, A, D\rangle, B \subseteq A, C \subseteq A$，有 $RH_{B|C}^{\leqslant}(U) = RH_{B\cup C}^{\leqslant}(U) - RH_C^{\leqslant}(U)$ 和 $RH_{B|C}^{\geqslant}(U) = RH_{B\cup C}^{\geqslant}(U) - RH_C^{\geqslant}(U)$。

证明：$RH_{B\cup C}^{\leqslant}(U) - RH_C^{\leqslant}(U)$

$$= -\frac{1}{n}\sum_{i=1}^{n}\log\frac{|[x_i]_B^{\leqslant} \cap [x_i]_C^{\leqslant}|}{n} - \left(-\frac{1}{n}\sum_{i=1}^{n}\log\frac{|[x_i]_C^{\leqslant}|}{n}\right)$$

$$= -\frac{1}{n}\left(\sum_{i=1}^{n}\log\frac{|[x_i]_B^{\leqslant} \cap [x_i]_C^{\leqslant}|}{n} - \sum_{i=1}^{n}\log\frac{|[x_i]_C^{\leqslant}|}{n}\right)$$

$$=-\frac{1}{n}\sum_{i=1}^{n}\left(\log\frac{|[x_i]_B^{\leqslant}\cap[x_i]_C^{\leqslant}|}{n}-\log\frac{|[x_i]_C^{\leqslant}|}{n}\right)$$

$$=-\frac{1}{n}\sum_{i=1}^{n}\log\frac{|[x_i]_B^{\leqslant}\cap[x_i]_C^{\leqslant}|}{|[x_i]_C^{\leqslant}|}$$

同理,也可以得到 $RH_{B|C}^{\geqslant}(U)=RH_{B\cup C}^{\geqslant}(U)-RH_C^{\geqslant}(U)$。

推论 11-3 给定 $DT=\langle U,A,D\rangle, B\subseteq C\subseteq A$,有 $RH_{B|C}^{\leqslant}(U)=0$ 和 $RH_{B|C}^{\geqslant}(U)=0$。

证明:假设 $B\subseteq C, \forall x_i\in U, [x_i]_B^{\geqslant}\supseteq[x_i]_C^{\geqslant}, [x_i]_B^{\leqslant}\supseteq[x_i]_C^{\leqslant}$,有 $\frac{|[x_i]_B^{\leqslant}\cap[x_i]_C^{\leqslant}|}{|[x_i]_C^{\leqslant}|}=1$。$RH_{B|C}^{\geqslant}(U)=-\frac{1}{n}\sum_{i=1}^{n}\log\frac{|[x_i]_B^{\geqslant}\cap[x_i]_C^{\geqslant}|}{|[x_i]_C^{\geqslant}|}=-\frac{1}{n}\sum_{i=1}^{n}\log 1=0$。

性质 11-7 给定 $DT=\langle U,A,D\rangle, B\subseteq A, C\subseteq A$。有:

(1) $RH_{B\cup C}^{\leqslant}(U)\leqslant RH_B^{\leqslant}(U)+RH_C^{\leqslant}(U)$,

$RH_{B\cup C}^{\geqslant}(U)\leqslant RH_B^{\geqslant}(U)+RH_C^{\geqslant}(U)$;

(2) $RH_{B|C}^{\leqslant}(U)\leqslant RH_B^{\leqslant}(U), RH_{B|C}^{\leqslant}(U)\leqslant RH_C^{\leqslant}(U)$,

$RH_{B|C}^{\geqslant}(U)\leqslant RH_B^{\geqslant}(U), RH_{B|C}^{\geqslant}(U)\leqslant RH_C^{\geqslant}(U)$。

证明: $RH_{B\cup C}^{\leqslant}(U)-RH_B^{\leqslant}(U)-RH_C^{\leqslant}(U)$

$$=-\frac{1}{n}\sum_{i=1}^{n}\log\frac{|[x_i]_B^{\leqslant}\cap[x_i]_C^{\leqslant}|}{n}-\left(-\frac{1}{n}\sum_{i=1}^{n}\log\frac{|[x_i]_B^{\leqslant}|}{n}-\frac{1}{n}\sum_{i=1}^{n}\log\frac{|[x_i]_C^{\leqslant}|}{n}\right)$$

$$=-\frac{1}{n}\sum_{i=1}^{n}\log\frac{|[x_i]_B^{\leqslant}\cap[x_i]_C^{\leqslant}|}{n}+\left(\frac{1}{n}\sum_{i=1}^{n}\log\frac{|[x_i]_B^{\leqslant}|}{n}\frac{|[x_i]_C^{\leqslant}|}{n}\right)$$

$$=-\frac{1}{n}\sum_{i=1}^{n}\left(\log\frac{|[x_i]_B^{\leqslant}\cap[x_i]_C^{\leqslant}|}{n}-\log\frac{|[x_i]_B^{\leqslant}|}{n}\frac{|[x_i]_C^{\leqslant}|}{n}\right)$$

$$=-\frac{1}{n}\sum_{i=1}^{n}\left(\log\frac{|[x_i]_B^{\leqslant}\cap[x_i]_C^{\leqslant}|\times|U|}{|[x_i]_B^{\leqslant}|\times|[x_i]_C^{\leqslant}|}\right)$$

定义 11-12 给定 $DT=\langle U,A,D\rangle, B\subseteq A, C\subseteq A$。$B$ 和 C 在 U 上的前向互信息(ascending rank mutual information, ARMI)定义为

$$RMI^{\leqslant}(B,C)=-\frac{1}{n}\sum_{i=1}^{n}\log\frac{|[x_i]_B^{\leqslant}|\times|[x_i]_C^{\leqslant}|}{n\times|[x_i]_B^{\leqslant}\cap[x_i]_C^{\leqslant}|}$$

后向互信息(descending rank mutual information, DRMI) 定义为

$$RMI^{\geqslant}(B,C)=-\frac{1}{n}\sum_{i=1}^{n}\log\frac{|[x_i]_B^{\geqslant}|\times|[x_i]_C^{\geqslant}|}{n\times|[x_i]_B^{\geqslant}\cap[x_i]_C^{\geqslant}|}$$

基本上,特征 B 与决策 D 的有序互信息的意义是属性 B 与决策 D 的单调性程度。在单调分类问题中,这种单调性应该被考虑其中。所以,该指标可应用于单调分类任务中。

性质 11-8 给定 $DT=\langle U,A,D\rangle, B\subseteq A, C\subseteq A$,有:

(1) $\mathrm{RMI}^{\leqslant}(B,C)=\mathrm{RH}_B^{\leqslant}(U)-\mathrm{RH}_{B|C}^{\leqslant}(U)=\mathrm{RH}_C^{\leqslant}(U)-\mathrm{RH}_{C|B}^{\leqslant}(U)$；

(2) $\mathrm{RMI}^{\geqslant}(B,C)=\mathrm{RH}_B^{\geqslant}(U)-\mathrm{RH}_{B|C}^{\geqslant}(U)=\mathrm{RH}_C^{\geqslant}(U)-\mathrm{RH}_{C|B}^{\geqslant}(U)$。

证明：$\mathrm{RH}_B^{\leqslant}(U)-\mathrm{RH}_{B|C}^{\leqslant}(U)$

$$
\begin{aligned}
&=-\frac{1}{n}\sum_{i=1}^{n}\log\frac{|[x_i]_B^{\geqslant}|}{n}-\left(-\frac{1}{n}\sum_{i=1}^{n}\log\frac{|[x_i]_B^{\geqslant}\cap[x_i]_C^{\geqslant}|}{|[x_i]_C^{\geqslant}|}\right)\\
&=-\frac{1}{n}\left(\sum_{i=1}^{n}\log\frac{|[x_i]_B^{\geqslant}|}{n}-\sum_{i=1}^{n}\log\frac{|[x_i]_B^{\geqslant}\cap[x_i]_C^{\geqslant}|}{|[x_i]_C^{\geqslant}|}\right)\\
&=-\frac{1}{n}\sum_{i=1}^{n}\left(\log\frac{|[x_i]_B^{\geqslant}|}{n}-\log\frac{|[x_i]_B^{\geqslant}\cap[x_i]_C^{\geqslant}|}{|[x_i]_C^{\geqslant}|}\right)\\
&=-\frac{1}{n}\sum_{i=1}^{n}\log\frac{|[x_i]_B^{\geqslant}|\times|[x_i]_C^{\geqslant}|}{n\times|[x_i]_B^{\geqslant}\cap[x_i]_C^{\geqslant}|}\\
&=\mathrm{RMI}^{\leqslant}(B,C)
\end{aligned}
$$

同理，$\mathrm{RMI}^{\leqslant}(B,C)=\mathrm{RH}_C^{\leqslant}(U)-\mathrm{RH}_{C|B}^{\leqslant}(U)$，$\mathrm{RMI}^{\geqslant}(B,C)=\mathrm{RH}_B^{\geqslant}(U)-\mathrm{RH}_{B|C}^{\geqslant}(U)=\mathrm{RH}_C^{\geqslant}(U)-\mathrm{RH}_{C|B}^{\geqslant}(U)$。

性质 11-9　给定 $\mathrm{DT}=\langle U,A,D\rangle$，$B\subseteq C\subseteq A$，有：

(1) $\mathrm{RMI}^{\geqslant}(B,C)=\mathrm{RH}_B^{\geqslant}(U)$；

(2) $\mathrm{RMI}^{\leqslant}(B,C)=\mathrm{RH}_B^{\leqslant}(U)$。

证明：$\mathrm{RMI}^{\geqslant}(B,C)=-\frac{1}{n}\sum_{i=1}^{n}\log\frac{|[x_i]_B^{\geqslant}|\times|[x_i]_C^{\geqslant}|}{n\times|[x_i]_B^{\geqslant}\cap[x_i]_C^{\geqslant}|}$。如果 $B\subseteq C$，有 $[x_i]_B^{\geqslant}\supseteq[x_i]_C^{\geqslant}$。所以 $[x_i]_B^{\geqslant}\cap[x_i]_C^{\geqslant}=[x_i]_C^{\geqslant}$。

在这种情况下，$\mathrm{RMI}^{\geqslant}(B,C)=-\frac{1}{n}\sum_{i=1}^{n}\log\frac{|[x_i]_B^{\geqslant}|}{n}=\mathrm{RH}_B^{\geqslant}(U)$。同理，可以得出 $\mathrm{RMI}^{\leqslant}(B,C)=\mathrm{RH}_B^{\leqslant}(U)$。

推论 11-4　给定 $\mathrm{DT}=\langle U,A,D\rangle$，$B\subseteq A$。如果 $\forall x_i\in U$ 有 $[x_i]_B^{\leqslant}\subseteq[x_i]_D^{\leqslant}$，那么说决策 D 是 B — 前向一致的，同时 $\mathrm{RMI}^{\leqslant}(B,D)=\mathrm{RH}_D^{\leqslant}(U)$。如果 $\forall x_i\in U$ 有 $[x_i]_B^{\geqslant}\subseteq[x_i]_D^{\geqslant}$，那么说决策 D 是 B — 后向一致的，同时 $\mathrm{RMI}^{\geqslant}(B,D)=\mathrm{RH}_D^{\geqslant}(U)$。另外，如果 D 是 B — 前向一致，那么 D 是 B — 后向一致。

证明：$\mathrm{RMI}^{\leqslant}(B,D)=-\frac{1}{n}\sum_{i=1}^{n}\log\frac{|[x_i]_B^{\leqslant}|\times|[x_i]_D^{\leqslant}|}{n\times|[x_i]_B^{\leqslant}\cap[x_i]_D^{\leqslant}|}$。如果 $[x_i]_B^{\leqslant}\subseteq[x_i]_D^{\leqslant}$，有 $\mathrm{RMI}^{\leqslant}(B,D)=-\frac{1}{n}\sum_{i=1}^{n}\log\frac{|[x_i]_B^{\leqslant}|\times|[x_i]_D^{\leqslant}|}{n\times|[x_i]_B^{\leqslant}|}=-\frac{1}{n}\sum_{i=1}^{n}\log\frac{|[x_i]_D^{\leqslant}|}{n}=\mathrm{RH}_D^{\leqslant}(U)$。

有序信息熵和有序互信息不仅继承了经典 Shannon 熵的鲁棒性，而且可以衡量特征与决策之间单调性的程度。我们有如下性质。

性质 11-10　给定 $\mathrm{DT}=\langle U,A,D\rangle$，$B\subseteq A$ 和 $C\subseteq A$。如果将有序子集 $[x_i]_B^{\leqslant}$ 替代为等价集合 $[x_i]_B$，其中 $[x_i]_B$ 是在特征 B 上与样本 x_i 取相同值的样本集有：

(1) $RH^{\leqslant}(B,C) = H_B(U)$，$RH^{\geqslant}(B,C) = H_B(U)$；

(2) $RH^{\leqslant}_{B|C}(U) = RH_{B|C}(U)$，$RH^{\geqslant}_{B|C}(U) = RH_{B|C}(U)$；

(3) $RMI^{\leqslant}(B,C) = MI(B,C)$；$RMI^{\geqslant}(B,C) = MI(B,C)$。

证明：略。

以上性质告诉我们，如果将 $[x_i]_B^{\leqslant}$ 用 $[x_i]_B$ 代替，则有序条件熵和有序互信息可以还原为经典 Shannon 熵。因此，有序信息熵是经典 Shannon 熵的一种推广。在经典分类问题中，Shannon 熵在衡量特征与决策关系上具有鲁棒性，我们希望有序信息熵和有序互信息在处理单调分类任务中同样具有鲁棒性。

图 11-3 是 500 个样本分别在 6 个特征子集上的散点图，每幅图下是对应特征的 RMI 值。在这些特征中，3 个特征与决策是线性单调的；其中 2 个特征中加入了不同程度的噪声；第四组特征与决策不相关；最后两个特征是非线性单调的。经过计算得知，第一个特征和最后一个特征得到最大的 RMI(无论是否为线性，只要特征是单调的，RMI 即相同)，第四个特征得到很小的值，这个例子证实了有序互信息衡量单调程度的有效性。

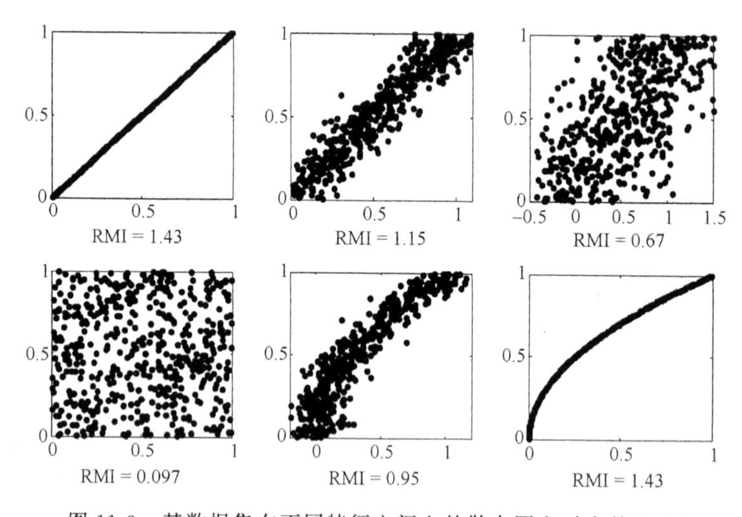

图 11-3 某数据集在不同特征空间上的散点图和对应的 RMI

11.5 基于排序熵的单调性决策树

决策者偏好于理解简单的决策规则。如果能从决策的历史数据中获得决策者可以理解的决策规则势必会提高决策模型的实用性，同时也便于决策者参与决策的过程，为开发决策支持系统提供理论和算法基础。

实践证明决策树学习算法可以获得泛化能力很好的决策规则，在分类建模中，尤其是需要分类模型可理解的场合被广泛采用。1984 年，Breiman 等提出了分类与回归树(classification and regression tree,CART)[28],选用 Gini 不纯度为指标进行节点特征选择;1986 年,Quinlan 在 *Machine Learning* 的创刊号上公布了 ID3 决策树学习算法[29],该算法以信息熵计算特征的预测能力,可用于符号特征描述的分类问题。1993 年,Quinlan 改进了 ID3 算法不能处理数值特征的问题,提出了著名的 C4.5 决策树学习算法[30]。该算法本质上是在 ID3 算法中嵌入了离散化程序,仍然采用信息熵评价特征的预测能力。此后信息熵被广泛用于数值特征离散化的切分点评价、特征提取、特征选择中的特征重要度评价和分类学习。这两种算法都以信息熵诱导出来的互信息信息增益比率评价特征的重要度。该算法以全部样本为出发点,选择特征递归式的细分样本,直到分支上的样本来自于同一决策类或者满足用户规定的某一停止准则即停止下来。决策树从根节点到叶节点为一组特征值向量对,可以转换为 IF…THEN …决策规则,因此用户容易理解学习到的模型。

下面具体介绍应用最广泛的 C4.5 决策树算法。构造决策树主要包括三方面准则:①分裂准则 S;②停止准则 H;③标记准则 L。下面分别介绍。

1)分裂准则 S

C4.5 采用信息增益率(gain impurity ratio)为节点特征选择标准,优先选择信息增益率大的特征,本节关于熵的公式以 11.3 节样本为计算单位,其定义为

$$\mathrm{GainRatio}(B)=\frac{\mathrm{Gain}(B)}{\mathrm{SplitI}}$$

其中,信息增益 Gain 的定义为

$$\begin{aligned}\mathrm{Gain}(B)&=H_D(U)-H_{B,D}(U)\\&=-\frac{1}{|U|}\sum_{i=1}^{n}\log\frac{|[x_i]_D|}{|U|}+\frac{1}{|U|}\sum_{i=1}^{n}\log\frac{|[x_i]_B|\times|[x_i]_D|}{|U||[x_i]_B\cap[x_i]_D|}\end{aligned}$$

$\mathrm{SplitI}(B)$ 是特征 B 划分子集的熵,表示为

$$\mathrm{SplitI}(B)=H_B(U)=-\frac{1}{|U|}\sum_{i=1}^{n}\log\frac{|[x_i]_B|}{|U|}$$

2)停止准则 H

该准则是决定树停止生长的策略。为避免过拟合,C4.5 规定阈值 σ 作为停止准则。当给定节点上的样本数量小于 σ 时,则停止树的生长。

3)标记准则 L

该准则是决定叶节点类标号的策略。C4.5 标记节点类标号采用大多数投票原则,即最大数量的样本类标号。

下面介绍 C4.5 的伪代码。

算法 11-1　C4.5。

输入:A——特征集;

　　D——决策集;

σ——停止准则；当节点样本数小于 ε 停止树生长。

输出：决策树 T。

(1)生成根节点。

(2)如果只有一个样本或所有样本类别相同，标记叶节点停止生长。

(3)如果样本数量小于 σ，标记叶节点停止生长；否则，转(4)。

(4)对每一个特征 $a_i \in A$，

　如果 a_i 是连续特征，

　　对每一个值 $c_j \in a_i$ 将数据分为 2 子集

　　　计算 GainRatio(a_i, c_j, D)

　　end$j$

　如果 a_i 是离散特征，

　　计算 GainRatio(a_i, D)

　end$i$

(5)如果连续特征，选择最好特征 a^* 和分裂点 c^*

$$\{a^*, c^*\} = \arg\max_{a_i} \max_{c_j} \text{GainRatio}(a_i, c^*, D)$$

根据 a^* 和 c^* 将给定数据集分成 2 子集，重复使用该程序分裂。

(6)如果离散特征，选择最好特征

$$a^* = \arg\max_{a_i} \text{GainRatio}(a_i, D)$$

根据 a^* 将给定数据集分成 n 子集，重复使用该程序分裂。

决策树已经被证实在提取规则和分类模型方面是一种高效的方法。在构建决策树过程中，需考虑一个核心问题：分裂准则(splitting rule)，即规定给定节点的特征，是构建决策树最核心的问题。在经典分类问题上，Shannon 信息熵被广泛应用于决策树分裂准则上。但是如前所述，它不能反映单调分类中特征与决策之间的序关系。下一节将用有序信息熵代替 Shannon 信息熵，基于有序信息熵决策树算法将有序互信息作为决策树的分裂准则，构造了新的决策树学习算法。该算法在处理单调或非单调数据集都可生成单调的规则集，继承了 Shannon 熵的鲁棒性，同时将序信息引入建模。

11.5.1　程序描述

这里只讨论单变量二叉决策树，即在每个节点上只用一个特征，和一个分裂节点将给定节点上的数据分成两个子集。a_i 和 c 分别是被选择的特征和分裂点。那么根据分裂点可将 U_i 分裂为两个子集 U_{i1} 和 U_{i2}，其中 $U_{i1} = \{x \in U_i \mid v(a_i, x) \leqslant c\}$，$U_{i2} = \{x \in U_i \mid v(a_i, x) > c\}$。

在描述程序之前，有必要先描述构造 RMDT 的 3 个基本因素。

(1)分裂准则 S :节点特征选择策略。

在分裂准则 S 上,利用前向有序互信息来衡量特征质量;同时由于要构造两叉树,需要在选择的特征 a 上确定分裂点 c 。假设 U 是当前节点上的数据集,首先需对数据集 U 利用所有可能的分裂点 c_i 进行二值化,即 $U_i^{\leqslant c_j} = \{x \in U_i, v(a_i,x) = 1 \mid v(a_i,x) \leqslant c_j\}$, $U_i^{> c_j} = \{x \in U_i, v(a_i,x) = 2 \mid v(a_i,x) > c_j\}$。二值化后的数据表示为 $U_i^j = U_i^{\leqslant c_j} \cup U_i^{> c_j}$,再同时选择最优的特征 a^* 和分裂点 c^* :

$$\{a^*, c^*\} = \arg\max_{a_i} \max_{c_j} \mathrm{RMI}^{\leqslant}(a_i, U_i^j, D)$$

$$= \arg\max_{a_i} \max_{c_j} -\frac{1}{|U_i^j|} \sum_{x \in U_i^j} \log \frac{|[x]_{a_i}^{\leqslant}| \times |[x]_D^{\leqslant}|}{|U_i^j| \times |[x]_{a_i}^{\leqslant} \cap [x]_D^{\leqslant}|}$$

(2)停止准则 H :决定树停止生长的策略。

停止准则包括如下情况:

①如给定节点所有样本都是同一类,则停止树生长;

②为避免过拟合,规定阈值 ε,如果给定节点 $\max_{a_i} \max_{c_j} \mathrm{RMI}^{\leqslant}(a_i, U_i^j, D) < \varepsilon$,则停止树生长。

(3)标记准则 L :决定叶节点属于哪一类。

本节将 L1-loss 作为标记准则:

$$D(U) = D(x_i),$$

$$\text{subject to:} \min_i \sum_{x_i, x_j \in U} |D(x_i) - D(x_j)|$$

其中,$D(U)$ 为给定叶节点类标号,$D(x_i)$ 为样本 x_i 的类标号。

下面给出描述有序信息熵决策树的伪代码。

算法 11-2 RMDT: Rank Entropy-based Monotonicity Decision Tree。

输入:A—特征集;

　　D—决策集;

　　ε—停止准则;当 RMI$<\varepsilon$ 停止树生长。

输出:决策树 T。

算法步骤:

(1)生成根节点;

(2)如果只有一个样本或所有样本类别相同,标记叶节点停止生长;

(3)否则,

　　对每一个特征 $a_i \in A$;

　　　　对每一个值 $c_j \in a_i$;

　　　　　　计算 $\mathrm{RMI}^{\leqslant}(a_i, U_i^j, D)$;

endj；

endi；

(4)选择最好特征 a^* 和分裂点 c^*：$\{a^*,c^*\}=\arg\max\limits_{a_i}\max\limits_{c_j}\ \mathrm{RMI}^{\leqslant}(a_i,U_i^j,D)$；

(5)如果 $\mathrm{RMI}(a^*,D)<\varepsilon$ 则停止生长，标记叶节点；

(6)根据 a^* 和 c^* 将给定数据集分成 2 子集，重复使用该程序分裂。

11.5.2 性质研究

本节介绍有序信息熵决策树的重要性质。单调分类要求训练出单调的分类器，下面证明如果输入数据是单调一致的，则 RMDT 是单调的。

定义 11-13 给定有序信息熵决策树 T，从根节点到某一叶节点 l 的规则定义为 R_l。如果两个规则 R_l 和 R_m 是从同一个特征上衍生的，那么说 R_l 和 R_m 是可比较的；否则是不可比较的。定义如果 R_l 的特征值比 R_m 小，则记为 $R_l<R_m$（R_l 和 R_m 分别叫做左节点和右节点）。对于一组规则集合 R，如果对任意可比较规则对 R_l 和 R_m，满足 $R_l<R_m,D(R_l)<D(R_m)$，那么称规则集是单调一致的(monotonously consistent)，其中 $D(R_l)$ 和 $D(R_m)$ 是规则集的决策值；否则说规则集 R 不一致单调。

性质 11-11 给定 $\langle U,A,D\rangle$，如果数据集 U 是单调一致的，那么从有序信息熵决策树得到的规则集也是单调一致的。

证明：设 R_l 和 R_m 是任意一对可比较规则集，$R_l<R_m$。下证 $D(R_l)<D(R_m)$。如果U 是单调一致的，那么对于 $\forall x,y\in R_l\cup R_m,v(D,x)\neq v(D,y)$，$\exists a_i\in A$，使得 $v(a_i,x)\neq v(a_i,y)$。也就是说，$\exists a_i\in A$，可以区分样本 x 和 y。所以如果树充分生长，那么样本 x 所在的节点中所有其他样本都属于同一类别 $D(x)$，样本 y 所在的节点中所有其他样本都属于同一类别 $D(y)$。因此，若证 $D(R_l)<D(R_m)$，即证：如果 $\forall x,y\in R_l\cup R_m$，若 $v(D,x)<v(D,y)$，有 $x\in R_l,y\in R_m$。由于U 是单调一致的，对 $\forall x,y\in U_i\cup U_j,v(D,x)<v(D,y)$，$\exists a^*\in A$，使得 $v(a_i,x)<v(a_i,y)$，同时有 $a^*=\max\limits_i\ \mathrm{RMI}(a_i,D)$，即 $x\in R_l,y\in R_m$。

以上性质说明如果数据是单调一致的，RMDT 可以得到单调一致的规则集。

下面给出一个例子说明以上性质。首先人工生成含有 30 个样本的单调一致数据，如图 11-4 所示。这些数据被分成 5 类。现分别应用著名决策树算法 CART[1] 和 RMDT。图 11-5 和图 11-6 分别为各自生成的决策树。

CART 算法生成了一个 11 个叶节点的树，RMDT 生成了一个含有 9 个叶节点的树。CART 得到的决策树不是单调一致的，因为第 4、5 规则对和第 6、7 规则对不单调。而 RMDT 得到了单调一致的决策树。

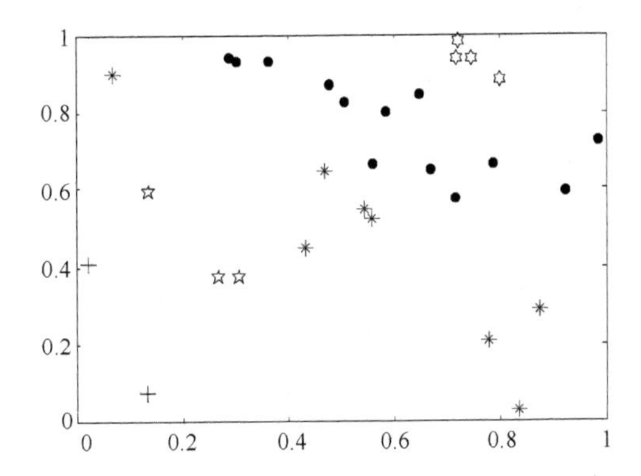

图 11-4　人工单调数据在两个特征上的散点图

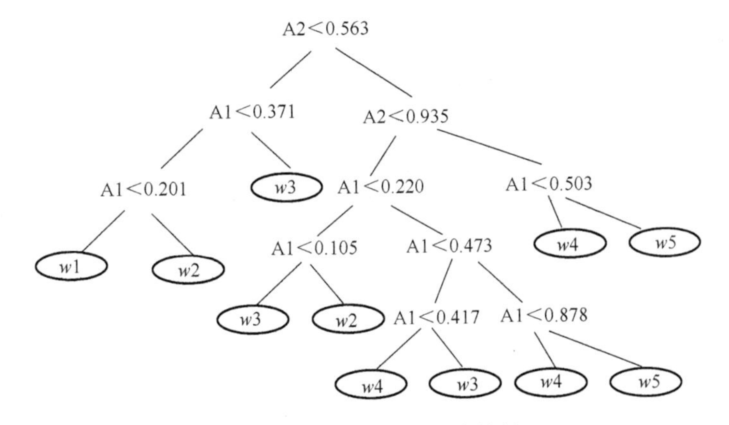

图 11-5　CART 生成的决策树

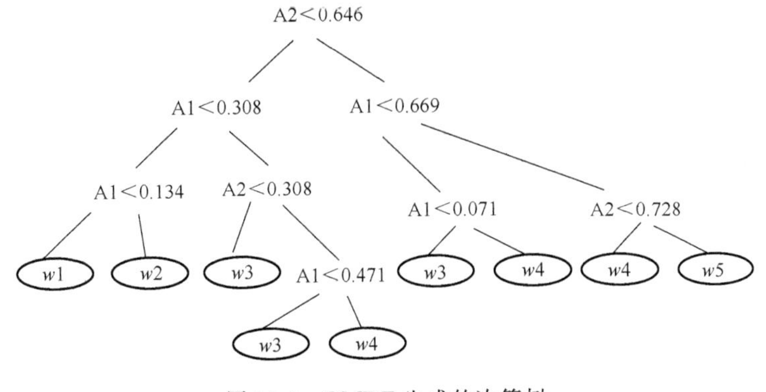

图 11-6　RMDT 生成的决策树

11.5.3 在人工数据上的实验

首先用下式来生成单调的数据集：

$$f(x_1, x_2) = 1 + x_1 + \frac{1}{2}(x_2^2 - x_1^2)$$

其中，样本 $x_1, x_2 \in [0,1]$，是两个在 0～1 间取值的随机变量。为了得到单调样本，函数的结果被离散成 k 个区间：$[0, 1/k]$，$(1/k, 2/k]$，…，$(k-1/k, 1]$。属于同一区间的样本被分为同一类，从小到大得到 k 个类别。

其平均分类损失(mean absolute rank loss)结果见表 11-5。平均分类损失定义为

$$\text{Loss} = \frac{1}{N}\sum_{i=1}^{N} | \hat{y}_i - y_i |$$

其中 N 是测试样本个数，$\hat{y}_i$ 是预测的类别，y_i 是实际的类别。

将 RMDT 与决策树算法 CART，Rank Tree[31] 做比较，这里取 $k=4$，改变样本数大小从 100～2000，采用 5 折交叉验证。结果显示，RMDT 在 5 个样本集得到最低的损失。

表 11-5　不同样本数量下各种方法的平均分类损失

样本数	CART	Rank Tree	RMDT
100	0.1800	0.2000	0.2300
200	0.2050	0.2150	0.1338
300	0.1541	0.2286	0.1038
500	0.1040	0.1460	0.0740
1000	0.0710	0.1720	0.0540
2000	0.0475	0.1580	0.0455

下面同时验证了在不同类别数量下分类器的表现：生成了一组含有 1000 个样本的数据，类别个数从 2 到 30。其结果见表 11-6，数据分布图 11-7 所示。结果显示，RMDT 得到最低的损失。

表 11-6　不同样本数量下各种方法的平均分类损失

类数	CART	Rank Tree	RMDT
2	0.0370	0.0800	0.0420
4	0.0741	0.1451	0.0561
6	0.1110	0.2959	0.0770
8	0.1479	0.3307	0.1276
10	0.1870	0.4560	0.1310
20	0.3579	1.0029	0.2569
30	0.5146	1.4862	0.3735

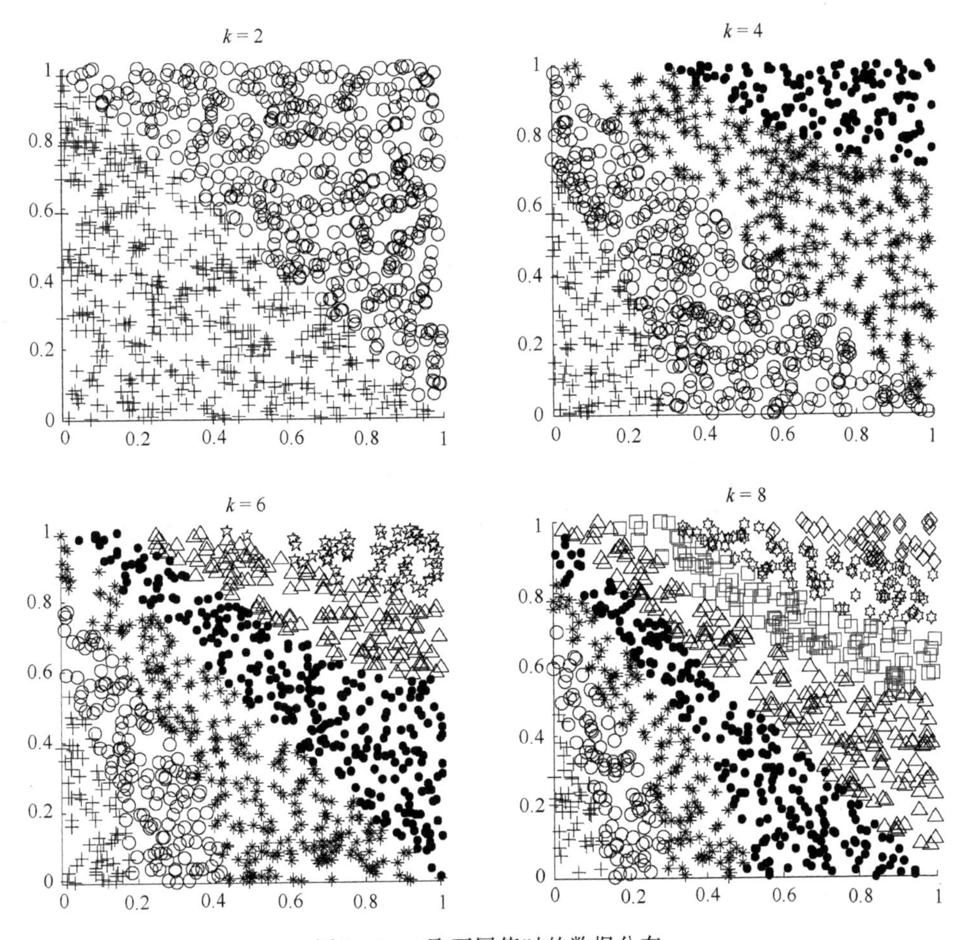

图 11-7　k 取不同值时的数据分布

同时,考虑了训练样本个数对模型的影响。首先生成 1000 个人工数据,其中 $k=4$。然后,随机从中选择样本作为训练数据,剩余数据做测试。训练样本个数从 4 增加到 36 个。在此过程中,我们保证训练数据中每类中至少含有一个样本。其损失曲线如图 11-8 所示。从结果可以看出,RMDT 相比其他算法在不同训练集上损失最小,同时也可以看出,三种算法的损失都随着训练集数量的增加而减小。

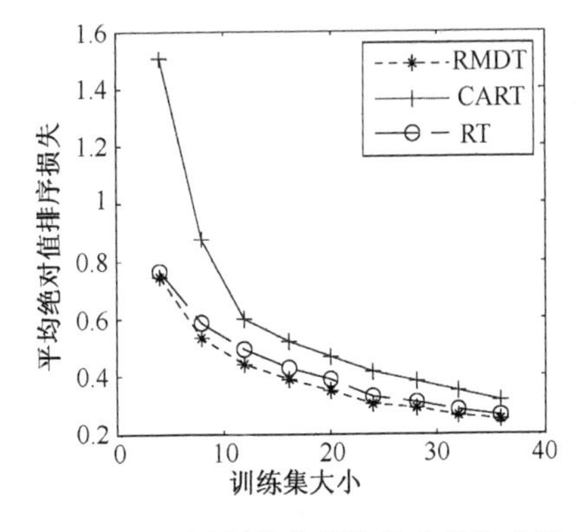

图 11-8　不同训练数据数量的损失曲线

11.6 本章小结

本章阐述了不单调噪声对单调分类算法的影响。由于实际应用中大量不单调噪声的存在,很难得到单调一致的训练集,不能构造单调分类学习算法。同时将训练样本单调化预处理也不是理想的解决噪声办法。本章引入了随机单调约束(stochastic monotonicity constraint)概念,说明特征与决策之间是概率单调的关系,而不是严格的单调关系。在此基础上引出了有序信息熵的定义和性质,有序信息熵不仅继承了经典 Shannon 熵的鲁棒性,还考虑了特征与决策之间的这种概率单调约束。基于有序互信息构建决策树算法 RMDT,随后证明了 RMDT 的重要性质:如果训练数据是单调一致的,RMDT 得到的规则集是单调一致的。这是构造单调分类器的基本要求,因为经典分类器如 CART 等不能得到单调的模型,所以不能应用在单调分类任务中。为测试 RMDT 的有效性,我们分别应用 RMDT 在人工数据和现实数据中,结果显示,RMDT 相比其他分类器可以得到最低的分类损失。

参考文献

[1] Ben-David A, Sterling L, Pao Y H. Learning and classification of monotonic ordinal concepts. Computational Intelligence, 1989, 5(1): 45-49.

[2] Ben-David A. Automatic generation of symbolic multiattribute ordinal knowledge-based DSSs: methodologyand applications. Decision Sciences, 1992, 23(6): 1357-1372.

[3] Potharst R, Bioch J. Decision trees for ordinal classification. Intelligent Data Analysis, 2000, 4(2): 97-112.

[4] Potharst R, Feelders A J. Classification trees for problems with monotonicity constraints. SIGKDD Explorations, 2002, 4(1): 1-10.

[5] Cao-Van K, De Baets B. Growing decision trees in an ordinal setting. International Journal of Intelligent Systems, 2003(18): 733-750.

[6] Barile N, Feelders A J. Nonparametric monotone classification with MOCA. ICDM, 2008: 731-736.

[7] Kotlowski W, Slowinski R. Rule learning with monotonicity constraints. Proceedings of the 26th Annual International Conference on Machine Learning, Montreal,2009:537-544.

[8] Hu Q H, Guo M Z, Yu D R. Information entropy for ordinal classification. Science in China Series F: Information Sciences, 2010(53): 1188-1200.

[9] Ben-David A, Sterling L, Tran T. Adding monotonicity to learning algorithms may impair their accuracy. Expert Systems with Applications, 2009(36): 6627-6634.

[10] Pawlak Z. Rough Sets. Theoretical Aspects of Reasoning about Data. Dordrecht: Kluwer, 1991.

[11] Greco S, Matarazzo B, Slowinski R. Rough sets theory for multicriteria decision analysis. Eu-

ropean Journal of Operational Research，2001(129)：1-47.

[12] Greco S，Matarazzo B，Slowinski R. Extension of the rough set approach to multicriteria decision support. INFOR Journal，2000(38)：161-196.

[13] Greco S，Matarazzo B，Slowinski R. Rough approximation by dominance relations. International Journal of Intelligent Systems，2002(17)：153-171.

[14] Greco S，Matarazzo B，Slowinski R，et al. Variable consistency model of dominance-based rough sets approach. RSCTC，2001，LNAI 2005:170-181.

[15] Giove S，Greco S，Matarazzo B，et al. Variable consistency monotonic decision trees. RSCTC，2002，LNAI 2475:247-254.

[16] Greco S，Matarazzo B，Slowinski R. Rough sets methodology for sorting problems in presence of multiple attributes and criteria. European Journal of Operational Research，2002(138)：247-259.

[17] 安利平. 多准则分级决策的扩展粗糙集方法. 系统工程学报，2004，19 (6)：559-565.

[18] 安利平. 基于粗集理论的多属性决策分析. 北京：科学出版社，2008.

[19] Levy H. Stochastic Dominance. Dordrecht:Kluwer Academic Publishers，1998.

[20] Lievens S，De Baets B，Cao-Van K. A probabilistic framework for the design of instance-based supervised ranking algorithmsin an ordinal setting. Annals Operation Research，2008(163)：115-142.

[21] Kotlowski W. Statistical Approach to Ordinal Classification with Monotonicity Constraints. Ph. D. Thesis. Poznan：Poznan University of Technology，2009.

[22] Kotlowski W，Dembczynski K，Greco S，et al. Stochastic dominance-based rough set model for ordinal classification. Information Sciences，2008(178)：3989-4204.

[23] Guizzo E M. The Essential Message：Claude Shannon and the Making of Information Theory. M. S. Thesis. Boston：Massachusetts Institute of Technology，Dept of Humanities，2003.

[24] Hu Q H，Liu J F，Yu D. Stability analysis on rough set based feature evaluation. RSKT，2008：88-96.

[25] Peng H，Long F，Ding C. Feature selection based on mutual information：criteria of max-dependency，max-relevance，and min-redundancy. IEEE Transactions on Pattern Analysis and Machine Intelligence，2005，27(8)：1226-1238.

[26] Fayyad U M，Irani K B. On the handling of continuous-valued attributes in decision tree generation. Machine Learning，1992，8(1)：87-102.

[27] Viola P，Wells W M. Alignment by maximization of mutual information. International Journal of Computer Vision，1997，24 (2)：137-154.

[28] Breiman L，Friedman J H，Olshen R A，et al. Classification and Regression Trees. Monterey，CA：Wadsworth & Brooks/Cole Advanced Books & Software.

[29] Quinlan J R. Induction of decision trees. Machine Learning，1986，1(1)：81-106.

[30] Quinlan J R. C4. 5：Programs for machine learning. San Mateo:Morgan Kaufmann，1993.

[31] Xia F，Zhang W S，Li F X，et al. Ranking with decision tree. Knowledge and Information Systems，2008(17)：381-395.

第12章　不确定性研究中若干问题的探讨

胡宝清

武汉大学　数学与统计学院

模糊集的产生将不确定性的研究推向了高潮。当前对模糊不确定性的研究有三类方向:①Zadeh模糊集的延伸,如二型Fuzzy集、区间值Fuzzy集等;②与概率结合,如Fuzzy概率集、云模型等;③从公理体系出发,如基于可信性测度与不确定性测度的不确定理论。但不管站在哪方面都离不开模糊集问题。在这些研究中对不确定性某些问题存在一些不同看法,本章将这些问题进行归纳探讨,供大家参考。

12.1　隶属度的不确定性问题

一个Fuzzy集[1](对应一个Fuzzy概念)的隶属度是唯一的。所谓主观上的不唯一,是人们对这一Fuzzy概念的理解不同,得到的是不同的Fuzzy集,不同的Fuzzy集其隶属度当然不同。但在实际应用中这种唯一的隶属度不一定能得到,一般用近似来逼近,这些近似产生了不唯一性。这种不唯一性,在数学上比比皆是。

例12-1　抽样中的总体分布。

我们得到一组数据,说它来自正态总体$N(\mu,\sigma^2)$。这个总体是唯一的,这与隶属度的唯一是一样的。这个理想的总体一般是假设的,也许在有限甚至无限的时间内也无法得到,也有可能真正的总体是偏正态或其他分布。这也许是我们的认知水平有限,数学的研究没有到位。一旦我们有水平有能力了,唯一的$N(\mu,\sigma^2)$就知道了。

面对这类问题,现在用参数估计。张三得出$N(499,1^2)$,李四得到$N(499.5,1.5^2)$,王五得到$N([498,501],[1^2,2^2])$(王五可能用到了区间估计)。这三个分布是不相等的,但不能说那个理想的$N(\mu,\sigma^2)$是不唯一的。而且区间估计在同一置信水平下所得到的区间也是不唯一的,这又产生了不确定性。

例12-2　无理数π。

无理数π的值是唯一的,但是在计算机中我们永远也无法表示它的准确值。在实际应用中,工程师A说π为3.14159,工程师B说π为3.1415926。甚至工程师B说A的π没有我的精确,工程师A说B的π没有我简洁等。这种“不唯一”出现了。

例 12-3　数值计算。

对于一个具有精确解的线性方程 $AX = b$，使用的算法不同、运算精度不同、运算(迭代)次数不同等都会导致运算结果不同。用这种不唯一的近似值来代替方程的解。

例 12-4　云模型产生的隶属度。

以正态云为例[2-3]，$x \sim N(\mathrm{Ex}, \mathrm{En}'^2)$，$\mathrm{En}' \sim N(\mathrm{En}, \mathrm{He}^2)$，则定性概念 C 的确定度

$$\mu(x) = \exp\left[-\frac{(x-\mathrm{Ex})^2}{2\,(\mathrm{En}')^2}\right]$$

是随机数，这显然是不唯一的。在实际应用中定性概念 C 的数字特征(Ex,En,He)如何确定？如果定性概念 C 取不同的数字特征，则其相应的确定度也不同。如考虑"青年人"这一定性概念 C，在云模型中取数字特征 (25,10,0.1)，还是取 (24,8,0.2)？在模糊集理论中，对应"青年人"这一模糊概念 C，知道两个参数 μ 和 σ，其高斯型隶属函数 $C(x) = \exp\left[-\frac{(x-\mu)^2}{2\sigma^2}\right]$ 就知道了。关键是这一模糊概念为什么取高斯型？为什么取这两个参数？云模型一样有这样的问题，这就是隶属度产生的不确定性。

例 12-5　不确定测度产生的隶属度。

刘宝碇想通过某种测度公理导出隶属函数，就像通过概率公理导出分布函数和密度函数一样。

设 Θ 是非空集，$\mathscr{P}(\Theta)$ 是 Θ 的幂集 (即 Θ 的最大 σ 一代数)。$\mathscr{P}(\Theta)$ 中每一元素称为一个事件(是可测集)。

定义 12-1[4]　映射 $\mathrm{Cr}: \mathscr{P}(\Theta) \to [0,1]$ 称为 Θ 上的可信性测度(credibility measure)，如果 Cr 满足下面四条公理：

公理 12-1(正规性)　$\mathrm{Cr}(\Theta) = 1$。

公理 12-2(单调性)　$\mathrm{Cr}(A) \leqslant \mathrm{Cr}(B)$，当 $A \subseteq B$。

公理 12-3(自对偶性)　$\mathrm{Cr}(A) + \mathrm{Cr}(A^c) = 1$，对任意事件 A。

公理 12-4(极大性)　$\mathrm{Cr}(\bigcup_i A_i) = \sup_i \mathrm{Cr}(A_i)$，对任意满足 $\sup_i \mathrm{Cr}(A_i) < 0.5$ 的事件族 $\{A_i\}$，三元组 $(\Theta, \mathscr{P}(\Theta), \mathrm{Cr})$ 称为可信性空间。

从可信性测度导出 Fuzzy 变量 ξ(当然是可测的)，再从 Fuzzy 变量 ξ 导出隶属函数为

$$\mu(x) = (2\mathrm{Cr}\{\xi = x\}) \wedge 1, \forall x \in \mathbf{R}$$

刘宝碇还将公理 12-4 改为可列次可加性[5]来定义不确定测度(uncertain measure)，用同样的方法导出隶属函数。隶属函数的产生如图 12-1 所示。

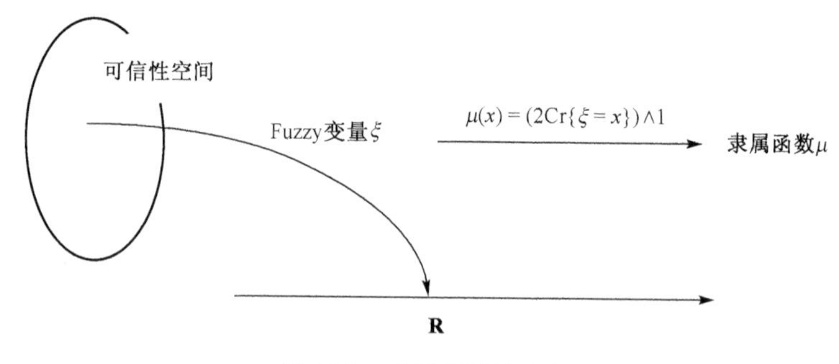

图 12-1 隶属函数的产生

不同的可信性测度(不确定测度)导出不同的隶属函数,但在实际应用中(比如青年)选用什么可信性测度(不确定测度)呢？不确定性产生了。关于不确定理论可参阅文献[5]。

精确的隶属度可能很难得到,所以用一个确定值(其实是一个近似值,这对应Fuzzy集)、区间值(对应区间值 Fuzzy 集[6])、Fuzzy 真值(对应二型 Fuzzy 集[7])、随机数(对应云模型[8-9])等来描述。隶属度的确定的确碰到了一些麻烦，所以它的各类推广应运而生。其中云模型是解决这一问题的全新尝试。

12.2 运算法则的不确定性问题

模糊数学中的很多运算法则不唯一引来了一些人的质疑,特别是 Fuzzy 集的并交运算采取了很多方法。其实这些运算法则的不唯一问题在经典数学里随处可见。面对这类问题,数学上无法证明而得到统一的法则或公式,只能通过公理来说明符合公理的法则或公式在这一公理的意义下是有意义的。这类例子很多,在经典数学里有距离、度量、概率、测度、范数等,在模糊数学中有并交运算、Fuzzy 度、距离、贴近度、Fuzzy 综合函数、Fuzzy 测度等。这些定义的特点不是公式定义,而是公理定义。习惯了用公式的人,不太习惯这些定义,但是这是目前解决这一问题的最好方法。

例 12-6 实数上的距离(其实数学上可讨论一般非空集合上的距离)。

“距离”的唯一在你的心目中是没有任何争议的,因为你习惯了用欧氏距离。其实距离公式很多,距离用公理给出。

定义 12-2 若映射 $d:\mathbf{R}^n\times\mathbf{R}^n\to\mathbf{R}$ 满足下列条件：$\forall x,y,z\in\mathbf{R}^n$，有：

(1)正规性。$d(x,y)=0\Leftrightarrow x=y$。

(2)对称性。$d(x,y)=d(y,x)$。

(3)三角不等式。$d(x,z)\leqslant d(x,y)+d(y,z)$。

则称 d 是 $\mathbf{R}^n$ 上的距离函数，$d(x,y)$ 为 $\mathbf{R}^n$ 上 x 与 y 的距离，而称 $(\mathbf{R}^n,d)$ 为一个度量空间或距离空间。

下面是常用的 Minkowski 距离公式。设 $x=(x_1,x_2,\cdots,x_n)$，$y=(y_1,y_2,\cdots,y_n)\in\mathbf{R}^n$，则

$$d_{\mathrm{M}}^{(p)}(x,y)=\left[\sum_{i=1}^{n}(x_i-y_i)^p)\right]^{\frac{1}{p}},p>0$$

是满足定义 12-2 的距离，称为 Minkowski 距离。不同的 p 对应不同的距离公式。

(1)当 $p=1$ 时，称为 Hamming 距离，记为 d_{H}，即

$$d_{\mathrm{H}}(x,y)=\sum_{i=1}^{n}|x_i-y_i|$$

(2)当 $p=2$ 时，称为 Euclid 距离，记为 d_{E}，即

$$d_{\mathrm{E}}(x,y)=\left(\sum_{i=1}^{n}(x_i-y_i)^2\right)^{\frac{1}{2}}$$

(3)当 $p\to+\infty$ 时，称为 Chebyshev 距离，记为 d_{C}，即

$$d_{\mathrm{C}}(x,y)=\max_{1\leqslant i\leqslant n}|x_i-y_i|$$

下面给出一个距离，可能无法理解，但的确是满足定义的距离。对于给定的 $a\in\mathbf{R}$，$a\neq0$，有

$$d(x,y)=\begin{cases}0, & x=y\\ a, & x\neq y\end{cases}$$

按此定义，在 $\mathbf{R}^n$ 中，不相同两点的“距离”都相同(在这样的距离空间中)。

例 12-7　向量的范数(其实数学上可讨论矩阵的范数，线性空间的范数(赋范线性空间)等)。

向量的范数问题有个背景，如果三阶方程有精确解 $x^*=(1,1,1)$，用某个方法求得近似解 $x_1=(0.999,1.01,0.899)$，用另一方法求得近似解为 $x_2=(0.988,1.099,0.989)$。这两个解哪个更好些？这样就成了 $x^*-x_1=(0.001,-0.01,0.101)$ 与 $x^*-x_2=(0.012,-0.099,0.011)$ 比较“大小”问题。

张三喜欢用 1 范数 $\|x\|_1=|x_1|+|x_2|+\cdots+|x_n|=\sum_{i=1}^{n}|x_i|$，得出 $\|x^*-x_1\|_1=0.112$ 与 $\|x^*-x_2\|_1=0.122$，则 x_1 好。李四喜欢用∞范数 $\|x\|_\infty=\max_{1\leqslant i\leqslant n}\{|x_i|\}$，得出 $\|x^*-x_1\|_\infty=0.101$ 与 $\|x^*-x_2\|_\infty=0.099$，则 x_2 好。这两种方法都有道理，也许都会说自己的好。数学家也不能证明谁的结论好，只能是在一定条件或环境上说谁的结论更好些。数学家最后说两人的结论都正确，因为所用公式都符合下面的公理。这也许是不负责任的，但这是没有办法的办法。至少在公说公有理、婆说婆有理的环境中大家找到了都能接受的共识——公理。

定义 12-3　称 n 维实空间 $\mathbf{R}^n$ 上的一个非负函数 $\|\cdot\|$ 为范数，若其满足：

(1)非负性。$\|x\| \geqslant 0$，$\|x\| = 0 \Leftrightarrow x = 0(x \in \mathbf{R}^n)$。

(2)齐次性。$\|\alpha x\| = |\alpha| \|x\|$，$\forall \alpha \in \mathbf{R}, \forall x \in \mathbf{R}^n$。

(3)三角不等式。$\|x+y\| \leqslant \|x\| + \|y\|$，$\forall x, y \in \mathbf{R}^n$。

三个常用的范数如下。

1 范数：

$$\|x\|_1 = |x_1| + |x_2| + \cdots + |x_n| = \sum_{i=1}^{n} |x_i|$$

2 范数：

$$\|x\|_2 = \sqrt{|x_1|^2 + |x_2|^2 + \cdots + |x_n|^2} = \sqrt{\sum_{i=1}^{n} |x_i|^2}$$

∞范数：

$$\|x\|_\infty = \max_{1 \leqslant i \leqslant n} \{|x_i|\}$$

例 12-8　三角模。

Fuzzy 集的 $\cup$，$\cap$ 运算是用 $\vee$，$\wedge$ 算子定义的，这是迄今为止应用最为广泛的一对算子。然而在实际应用中，用 $\vee$，$\wedge$ 算子处理模糊信息时，有时往往会由于遗失的信息太多而使得对于问题的处理脱离实际。Zadeh 一开始就注意到了这个事实，并且指出：有大量的理由说明，要根据具体的问题而选用不同的算子。解决这个问题的有力工具是由 Menger 提出的三角模[10]。Bellman 与 Giertz 在这方面做了许多开创性的工作[11]。

Fuzzy 集是经典集的推广，经典集是 Fuzzy 集的特殊情形。因此，在 Fuzzy 集上定义运算也可以视为经典集上相应运算的推广。Fuzzy 集上定义的 $\cup$，$\cap$，c 运算都是经典集上相应运算的推广。但是这种推广并不是唯一的。首先引入下面的定义[12]。

定义 12-4　映射 $\top:[0,1]\times[0,1] \to [0,1]$，如果 $\forall a,b,c,d \in [0,1]$ 满足条件：

(1)交换律 $\top(a, b) = \top(b, a)$；

(2)结合律 $\top(\top(a, b), c) = \top(a, \top(b, c))$；

(3)单调性 $a \leqslant c$，$b \leqslant d \Rightarrow \top(a, b) \leqslant \top(c, d)$。

则称 $\top$ 为[0,1]上的三角模。若三角模 $\top$（$\perp$）满足边界条件 $\top(1,a) = a$（$\perp(a,0) = a$），则称 $\top$（$\perp$）为[0,1]上的 t-模(t-余模)．$\top(a, b)$（$\perp(a,b)$）也可以写成 $a \top b$（$a \perp b$）。

除了 Zadeh 算子 $\wedge$ 是 t-模，$\vee$ 是 t-余模外，还有下面常用的 t-模和 t-余模：

(1)代数和 $a \hat{+} b = a + b - ab$ 与代数积 $a \hat{\cdot} b = ab$；

(2)有界和 $a \oplus b = \min\{a+b,1\}$ 与有界积或Łukasiewicz $a \odot b = \max\{0,a+b-1\}$。

设 A 和 B 是同一论域上的模糊集,并且 $A(x_0)=0.2, B(x_0)=0.3$。如果采用 Zadeh 算子,A 与 B 之并集在 x_0 的隶属度为 0.3,而采用代数和算子为 0.44,有界和为 0.5。这种"不唯一"出现了。

例 12-9　Fuzzy 综合函数。

大学生的录取有的采取总分法,有的采取"特长生"法。采取的方法不一样,是否被录取的结果可能也不一样,但这些方法来自同一公理。我们先看看公理化定义[12]。

定义 12-5　设 $f:[0,1]^n \to [0,1]$,满足如下条件,则称 f 为 n 元 Fuzzy 综合函数。

(1)正则性。若 $x_1=x_2=\cdots=x_n=x$,则 $f(x_1,x_2,\cdots,x_n)=x$。

(2)单增性。$f(x_1,x_2,\cdots,x_n)$ 关于所有变元是单调增加的,即对于任意 i,若 $x_i^{(1)} \leqslant x_i^{(2)}$,则

$$f(x_1,\cdots,x_{i-1},x_i^{(1)},x_{i+1},\cdots,x_n) \leqslant f(x_1,\cdots,x_{i-1},x_i^{(2)},x_{i+1},\cdots,x_n)$$

(3)连续性。$f(x_1,x_2,\cdots,x_n)$ 关于所有变元是连续的。

下列的函数都是 n 元 Fuzzy 综合函数:

(1)悲观法。$f_1(x_1,x_2,\cdots,x_n) \triangleq \bigwedge_{i=1}^{n} x_i$。

(2)乐观法。$f_2(x_1,x_2,\cdots,x_n) \triangleq \bigvee_{i=1}^{n} x_i$。

(3)绝对平均法。$f_3(x_1,x_2,\cdots,x_n) \triangleq \dfrac{1}{n}\sum_{i=1}^{n} x_i$。

(4)加权平均法(WA)。$f_4(x_1,x_2,\cdots,x_n) \triangleq \sum_{i=1}^{n} a_i x_i, \sum_{i=1}^{n} a_i = 1$。

Fuzzy 综合函数 f_1 与 f_2 看"特长",f_3 看总分(绝对平均),f_4 看总分(相对平均)。研究生的录取过程有初试 x_1 和复试 x_2,在使用加权平均法 $f_4(x_1,x_2)=a_1x_1+a_2x_2$ 时,不同的权重(a_1,a_2)可能会导致不同的录取结果。如果初试与复试的权重选为(0.7,0.3),你被录取了,但如果选为(0.6,0.4),你可能被淘汰了。但使用的都是公式 f_4(符合定义 12-5 的公理)。在同一公理下,因公式的不同而导致的录取和淘汰都是合理的,只是为了公平,一开始就对同一类的每个考生使用满足公理的同一公式。

例 12-10　Fuzzy 测度。

经典的测度是一种可加性测度,这种测度是事物长度、面积、体积以及质量等的一种抽象表示。在客观实际中,对于事物的度量并不一定满足可加性。例如,信息处理中信息量的度量,物体的温度等就是这样一种情形。所以建立非可加测度的系统理论对于更加全面而深入地揭示大自然客观事物的本质是非常必要的。1968 年,Zadeh 完成了他关于 Fuzzy 测度的开创性工作[13]。1974 年,Sugeno 对 Fuzzy 测度与 Fuzzy 积分进行了系统的研究[14]。随后许多学者完善了这一理论并将其从不同方面进行了推广。

定义 12-6[14] 设 $X \neq \varnothing, \mathscr{A} \subseteq \mathscr{P}(X)$ 是 σ-代数，$\mu: \mathscr{A} \to [0,1]$，满足条件：

(1) $\mu(\varnothing) = 0, \mu(X) = 1$；

(2) $\forall A, B \in \mathscr{A}, A \subseteq B \Rightarrow \mu(A) \leqslant \mu(B)$；

(3) $A_n \in \mathscr{A}\ (n \in \mathbf{N}), A_n \nearrow A$ 或 $A_n \searrow A$，且 $A \in \mathscr{A}$，有

$$\lim_{n \to \infty} \mu(A_n) = \mu(A)$$

则称 μ 为 $(X, \mathscr{A})$ 或 $\mathscr{A}$ 上的 Fuzzy 测度。$(X, \mathscr{A}, \mu)$ 称为 Fuzzy 测度空间。

下面给出的都是 Fuzzy 测度，设 $X \neq \varnothing$，并且 $\mathscr{A} \subseteq \mathscr{P}(X)$ 是 σ-代数。

(1)概率测度 P。

$P: \mathscr{A} \to [0,1]$ 满足下列两个条件：

① $P(X) = 1$；

② $\forall i \neq j, A_i \cap A_j = \varnothing \Rightarrow P(\bigcup_{n=1}^{\infty} A_n) = \sum_{n=1}^{\infty} P(A_n)$。

(2)Dirac 测度 m。

$m: \mathscr{A} \to \{0,1\}$，且对于任意 $A \in \mathscr{A}$，满足

$$m(A) = \begin{cases} 1, & a \in A \\ 0, & a \bar{\in} A \end{cases}$$

其中 $a \in X$ 是固定的。

(3) λ-Fuzzy 测度 g_λ。

设给定 $\lambda \in (-1, +\infty), g_\lambda: \mathscr{A} \to [0,1]$ 满足条件：

① $g_\lambda(X) = 1$；

② 若 $A, B \in \mathscr{A}$，且 $A \cap B = \varnothing$，则

$$g_\lambda(A \cup B) = g_\lambda(A) + g_\lambda(B) + \lambda g_\lambda(A) g_\lambda(B)$$

③ g_λ 是连续的。

显然，当 $\lambda = 0$ 时，λ-Fuzzy 测度是概率测度。

12.3 模糊运算与逻辑运算问题

12.3.1 模糊运算

人的思维要通过一些概念经过运算而得到。只是有些运算可能没有很好的用数学把它量化或描述出来。模糊运算找到一个运算方法，还有其他的方法需要进一步去探索。

例 12-11　Fuzzy 数的计算。

一个人上半年银行存款约 2 万(这是不确定的),下半年存款 3 万左右,问这个人全年银行存款多少?一个小学生回答说这个人全年银行存款大概有 5 万。我们不管答案的正确性(数学上现在是无法证明其正确的,但人们都不会去质疑这位学生),来分析一下这位小学生是怎么得到他的答案的。我们很难想象他不是通过某种"运算"得到的。这个不确定性的运算肯定与确定的运算 $2+3=5$ 有关。它一定是确定的运算 $2+3=5$ 的某种推广(既然是推广,方法上肯定是不唯一)。

由二元扩张原理可以给出实数上 Fuzzy 数的二元运算的扩张运算[7,12]。

定义 12-7　设 A,B 是 $\mathbf{R}$ 上的 Fuzzy 数,而 $*$ 为 $\mathbf{R}$ 上的二元运算,其扩张运算为

$$(A * B)(z) = \bigvee_{z=x*y} (A(x) \wedge B(y))$$

其中 $\forall z \in \mathbf{R}$。

以加法为例 $(A+B)(z) = \bigvee_{x+y=z} (A(x) \wedge B(y)) = \bigvee_{x\in\mathbf{R}} (A(x) \wedge B(z-x))$。

按此运算,如果 $\tilde{2} = \int_1^2 \frac{x-1}{x} + \int_2^3 \frac{3-x}{x} = \langle 1,2,3\rangle$, $\tilde{3} = \int_2^3 \frac{x-2}{x} + \int_3^4 \frac{4-x}{x} = \langle 2,3,4\rangle$,则

$$\tilde{2} + \tilde{3} = \langle 3,5,7\rangle = \int_3^5 \frac{(x-3)/2}{x} + \int_5^7 \frac{(7-x)/2}{x}$$

图 12-2 是运算结果的示意图。

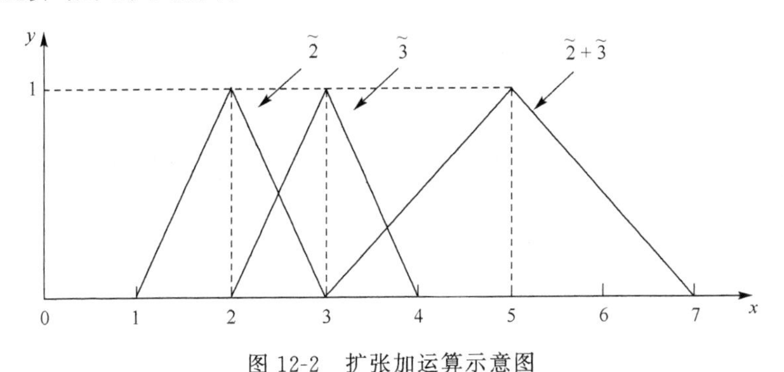

图 12-2　扩张加运算示意图

例 12-12　Fuzzy 词的计算。

在自然语言中,人们在描述老年人时会用到很多的词,例如:"极老"、"很老"、"比较老"、"相对老"、"有点老"、"稍微有点老"等。你很难想象这些词不是在"老人"概念的基础上经过某种运算得到的。这些词都与"老人"有关,经过语气算子计算得到。当然除了语气算子外,还有 Fuzzy 化算子、判断化算子、清晰度增强算子等其他 Fuzzy 语言算子。下面以语气算子为例。

定义 12-8　设 X 为论域，对 $\lambda \in \mathbf{R}$ 和 X 上的 Fuzzy 集 A，定义 $H^{(\lambda)}(A)(x)=(A(x))^{\lambda}$，称 $H^{(\lambda)}$ 为语气算子；当 $\lambda>1$ 时，$H^{(\lambda)}$ 称为集中化算子；当 $\lambda<1$ 时，$H^{(\lambda)}$ 称为弱化算子。

下面是一些常用的语气算子。

[很]$=H^{(2)}$，[极]$=H^{(4)}$，[相当]$=H^{(1.25)}$，[比较]$=H^{(0.75)}$，[有点]$=H^{(0.5)}$（=[略]），[稍微有点]$=H^{(0.25)}$。

设 $O=$[老人]，其隶属函数为

$$O(x)=\begin{cases}0, & x\leqslant 50\\ \left[1+\left(\dfrac{x-50}{5}\right)^{-2}\right]^{-1}, & x>50\end{cases}$$

则[很老的人]=很(老人)$=H^{(2)}(O)$，同理，[极老的人]$=H^{(4)}(O)$，[有点老的人]$=H^{(0.5)}(O)$，[稍微有点老的人]$=H^{(0.25)}(O)$，其隶属函数见图 12-3 所示。

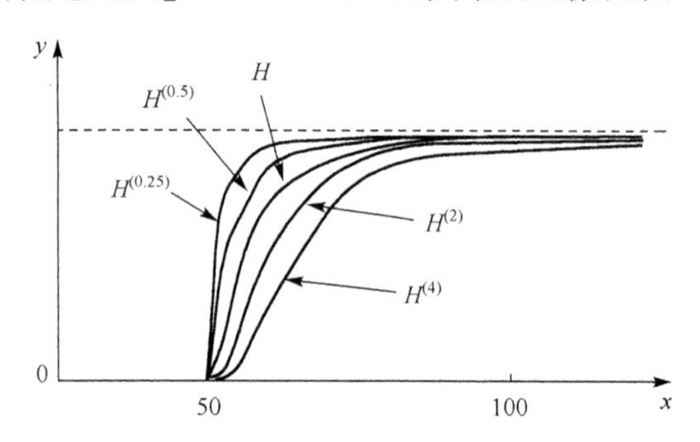

图 12-3　"老人"经过语气算子计算的词示意图

模糊逻辑是试图解决模糊概念的处理问题，对解决这类问题提供一个很好的思想。但解决这类问题的方法并不是唯一的。例如，李德毅院士倡导的"用认知的物理学方法，如云模型和数据场，形成推理或者思维过程的云计算"。这种推理一旦实现，将更能体现人的思维。

12.3.2　逻辑运算

19 世纪末，德国数学家 Cantor 首创集合论，并迅速渗透到各个数学分支，对于数学基础的奠定有着重大贡献。

设 X 为论域，$\mathscr{P}(X)$ 为其幂集，则 $(\mathscr{P}(X),\subseteq)$ 是布尔格，最大元为 X，最小元为 $\varnothing$，A^{c}（补集）为 A 的补元。其诱导代数 $(\mathscr{P}(X),\cup,\cap,c)$ 为布尔代数，称为集代数。其中 $\cup$，$\cap$，c 分别为经典集合的并、交和补运算。

对于一个经典集合 A，空间中任一元素 x，要么 $x\in A$，要么 $x\notin A$，二者必居其一。这一特征可用一个函数表示为

$$\chi_A(x)=\begin{cases}1, & x\in A\\ 0, & x\notin A\end{cases}$$

$\chi_A(x)$ 称为集合 A 的特征函数。记

$$\mathscr{F}_0(X)=\{\chi_A \mid \chi_A: X\to\{0,1\}\}$$

在 $\mathscr{F}_0(X)$ 中引进运算：

$$(\chi_A\cup\chi_{\chi B})(x)=\max\{\chi_A(x),\chi_B(x)\}$$

$$(\chi_A\cap\chi_B)(x)=\min\{\chi_A(x),\chi_B(x)\}$$

$$\chi_A^{c}(x)=1-\chi_A(x)$$

定理 12-1　$(\mathscr{F}_0(X),\cup,\cap,\mathrm{c})$ 是布尔代数，且 $(\mathscr{P}(X),\cup,\cap,\mathrm{c})\cong(\mathscr{F}_0(X),\cup,\cap,\mathrm{c})$。

证明　显然 $(\mathscr{F}_0(X),\cup,\cap,\mathrm{c})$ 是布尔代数。设 $f:\mathscr{P}(X)\to\mathscr{F}_0(X)$ 且 $\forall A\in\mathscr{P}(X)$，$f(A)=\chi_A$，则 f 是双射。容易证明，$\forall A,B\in\mathscr{P}(X)$，有

$$\chi_{A\cup B}=\chi_A\cup\chi_B$$

$$\chi_{A\cap B}=\chi_A\cap\chi_B$$

$$\chi_{A^c}=\chi_A^{c}$$

于是 $\forall A,B\in\mathscr{P}(X)$，有

$$f(A\cup B)=\chi_A\cup\chi_B$$

$$f(A\cap B)=\chi_A\cap\chi_B$$

$$f(A^c)=\chi_A^{c}$$

即 f 是 $(\mathscr{P}(X),\cup,\cap,\mathrm{c})$ 到 $(\mathscr{F}_0(X),\cup,\cap,\mathrm{c})$ 的格同构。

Fuzzy 集合的运算是这一运算的推广，定理保证了 Fuzzy 集合运算的合理性。记 $\mathscr{F}(X)=\{A\mid A:X\to[0,1]\}$，$\forall A,B\in\mathscr{F}(X)$，Fuzzy 集的并、交、补运算定义为

$$(A\cup B)(x)=\max\{A(x),B(x)\}=A(x)\vee B(x)$$

$$(A\cap B)(x)=\min\{A(x),B(x)\}=A(x)\wedge B(x)$$

$$(A^c)(x)=1-A(x)$$

这种推广是不唯一的，可以定义 Fuzzy 集合的模并、模交和伪补运算为

$$(A\cup_{\perp}B)(x)=A(x)\perp B(x)$$

$$(A\cap_{\top}B)(x)=A(x)\top B(x)$$

$$A^N(x)=N(A(x))$$

其中 N 是 $[0,1]$ 上的逆序对合对应，即 $N:[0,1]\to[0,1]$ 满足：$\forall x,y\in[0,1]$

(1) $x\leqslant y\Rightarrow N(y)\leqslant N(x)$；

(2) $N(N(x))=x$。

很容易证明：$\forall A,B \in \mathscr{P}(X)$，

$$\chi_{A\cup B} = \chi_A \bigcup\nolimits_{\perp} \chi_B, \quad \chi_{A\cap B} = \chi_A \bigcap\nolimits_{\top} \chi_B \quad 和 \quad \chi_{A^c} = \chi_A^N$$

事实上，$\forall x \in X$，

$$\chi_{A\cup B}(x) = 1 \Leftrightarrow (\chi_A(x) = 1 \text{ 或 } \chi_B(x) = 1) \Leftrightarrow \chi_A(x) \perp \chi_B(x) = 1$$

$$\chi_{A\cap B}(x) = 1 \Leftrightarrow (\chi_A(x) = 1 \text{ 且 } \chi_B(x) = 1) \Leftrightarrow \chi_A(x) \top \chi_B(x) = 1$$

$$\chi_{A^c}(x) = 1 \Leftrightarrow \chi_A(x) = 0 \Leftrightarrow N(\chi_A(x)) = 1 \Leftrightarrow \chi_A^N(x) = 1$$

于是容易得到类似定理 12-1 的结论。

定理 12-2 $(\mathscr{P}(X), \cup, \cap, \mathrm{c}) \cong (\mathscr{F}_0(X), \bigcup\nolimits_{\perp}, \bigcap\nolimits_{\top}, N)$。

人的推理基于原子命题，复合命题是通过原子命题“运算”得到的。但是不能把“和”、“并且”、“交”等词看成一定是由“ ∧ ”计算出来的。

例 12-13 P=“我去看电影”，Q=“你去看电影”，R=“我和你去看电影”。

显然 R=“我和你去看电影”≠“我去看电影”∧“你去看电影”。这里 P、Q、R 都是原子命题。

例 12-14 A=春天，B=夏天，C=春夏之交。

$C \neq A \cap B$，即春夏之交 ≠ 春天 ∩ 夏天。

春夏之交是与春天和夏天相关的另外一个概念，从模糊概念的运算角度来说不是春天与夏天的交集。图 12-4 是春天、夏天、春夏之交这三个 Fuzzy 概念的示意图。

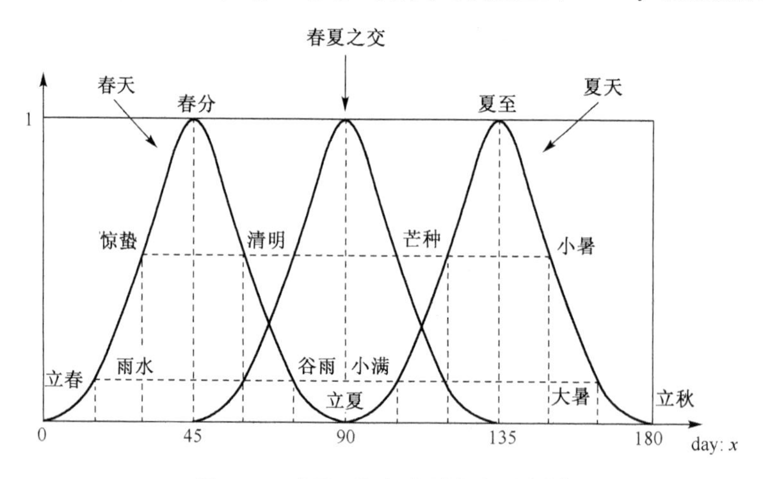

图 12-4 春天、夏天、春夏之交示意图

例 12-15 A=青年，B=中年，C=中青年。

中青年未必是中年与青年之并。类似有，中老年未必是中年与老年之并。如青年、中年和老年如图 12-5 所示，中青年和中老年如图 12-6 所示。还有中长期未必是中期与长期之并。

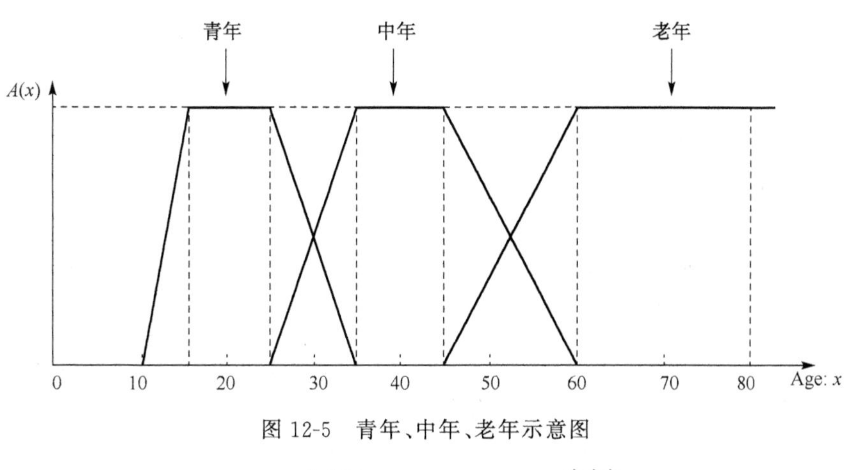

图 12-5　青年、中年、老年示意图

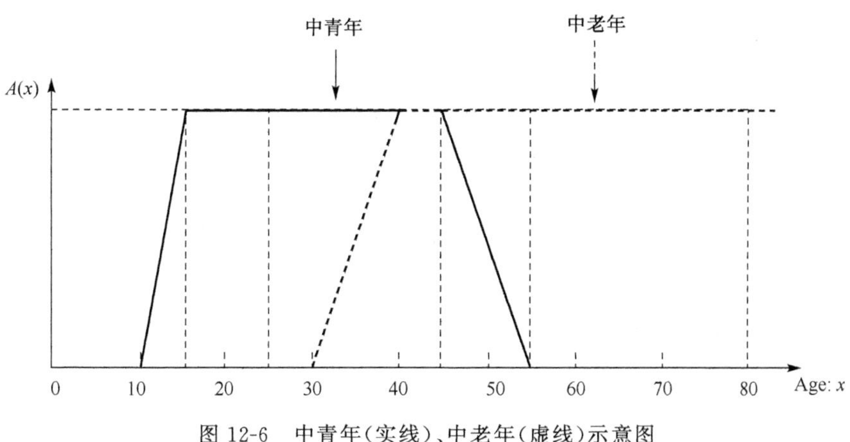

图 12-6　中青年(实线)、中老年(虚线)示意图

12.4　排序的不确定性问题

任意两个实数都能比较大小,这是因为能比较大小的这个序是一个线性序(或全序)。但有些序就没有这么幸运了。

例 12-16　区间排序。

观测或实验数据总会有误差或不确定性,这些误差或不确定性可用区间来描述。那么区间如何排序呢？我们不一定能给出全序,这时就依赖于半序了。

定义 12-9　设 P 是一非空集,$\leqslant$是 P 上的二元关系,如果$\leqslant$满足

(1) 自反性;

(2) 反对称性;

(3) 传递性。

则称 $\leqslant$ 是 P 上的一个半序(或偏序)关系。

设 $I_{\mathbf{R}}$ 是实数上闭区间集合，即 $I_{\mathbf{R}}=\{[\underline{a},\bar{a}] \mid \underline{a}\leqslant\bar{a},\underline{a},\bar{a}\in\mathbf{R}\}$。下面均是 $I_{\mathbf{R}}$ 上满足定义 12-9 的半序[15-16]。

$\leqslant_{LR}$: $[\underline{a},\bar{a}]\leqslant_{LR}[\underline{b},\bar{b}]\Leftrightarrow\underline{a}\leqslant\underline{b},\bar{a}\leqslant\bar{b}$；

$\leqslant_{mw}$: $m(A)\leqslant m(B)$ 并且 $w(A)\geqslant w(B)$ ；

$\leqslant_{cw}$: $m(A)\leqslant m(B)$ 并且 $w(A)\leqslant w(B)$ ；

$\leqslant_{Lm}$: $m(A)\leqslant m(B)$ 并且 $\underline{a}\leqslant\underline{b}$ ；

$\leqslant_{Rm}$: $m(A)\leqslant m(B)$ 并且 $\bar{a}\leqslant\bar{b}$ 。

其中，$m(A)=(\underline{a}+\bar{a})/2$，$w(A)=(\bar{a}-\underline{a})/2$。显然 $\leqslant_{LR}$，$\leqslant_{mw}$，$\leqslant_{cw}$，$\leqslant_{Lm}$ 和 $\leqslant_{Rm}$ 都是 $I_{\mathbf{R}}$ 上的偏序关系，不是全序。下面给出一个区间数的全序关系。

定义 12-10[17-18]　设 $A,B\in I_{\mathbf{R}}$，定义 $A\preceq B$ 当且仅当 $m(A)<m(B)$ 或当 $m(A)=m(B)$ 时，$w(A)\geqslant w(B)$。$A\prec B$ 当且仅当 $A\preceq B$ 并且 $A\neq B$。

由定义容易得到以下定理。

定理 12-3[17-18]　$(I_{\mathbf{R}},\preceq)$ 是一个全序集，即

(1)自反性 。$A\preceq A,\forall A\in I_{\mathbf{R}}$。

(2)反对称性。$A\preceq B,B\preceq A\Rightarrow A=B,\forall A,B\in I_{\mathbf{R}}$。

(3)传递性。$A\preceq B,B\preceq C\Rightarrow A\preceq C,\forall A,B,C\in I_{\mathbf{R}}$。

(4)可比性 $\forall A,B\in I_{\mathbf{R}},A\preceq B$ 或 $B\preceq A$。

假设给定某一概念的 9 个观测值，结果具有不确定性，用区间表示为

$$A_1=[2.33,2.55],\quad A_2=[2.58,2.65],\quad A_3=[2.77,2.93]$$

$$A_4=[2.31,2.49],\quad A_5=[3.02,3.22],\quad A_6=[2.80,2.90]$$

$$A_7=[3.11,3.28],\quad A_8=[2.81,2.89],\quad A_9=[3.14,3.33]$$

图 12-7 显示了这些观测值的上升趋势。由定义 12-10 获得下面的序关系：

$$A_4\prec A_1\prec A_2\prec A_3\prec A_6\prec A_8\prec A_5\prec A_7\prec A_9$$

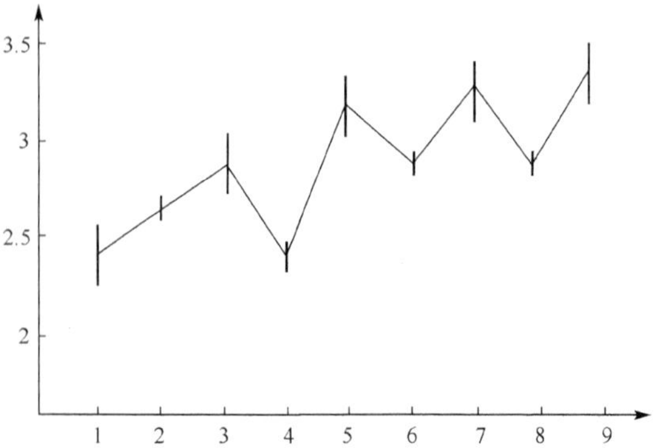

图 12-7　区间数据示意图

例 12-17　Fuzzy 数排序。

对 Fuzzy 数的排序显得比区间数更加麻烦。图 12-8 中 6 对 Fuzzy 数谁“大”谁“小”?

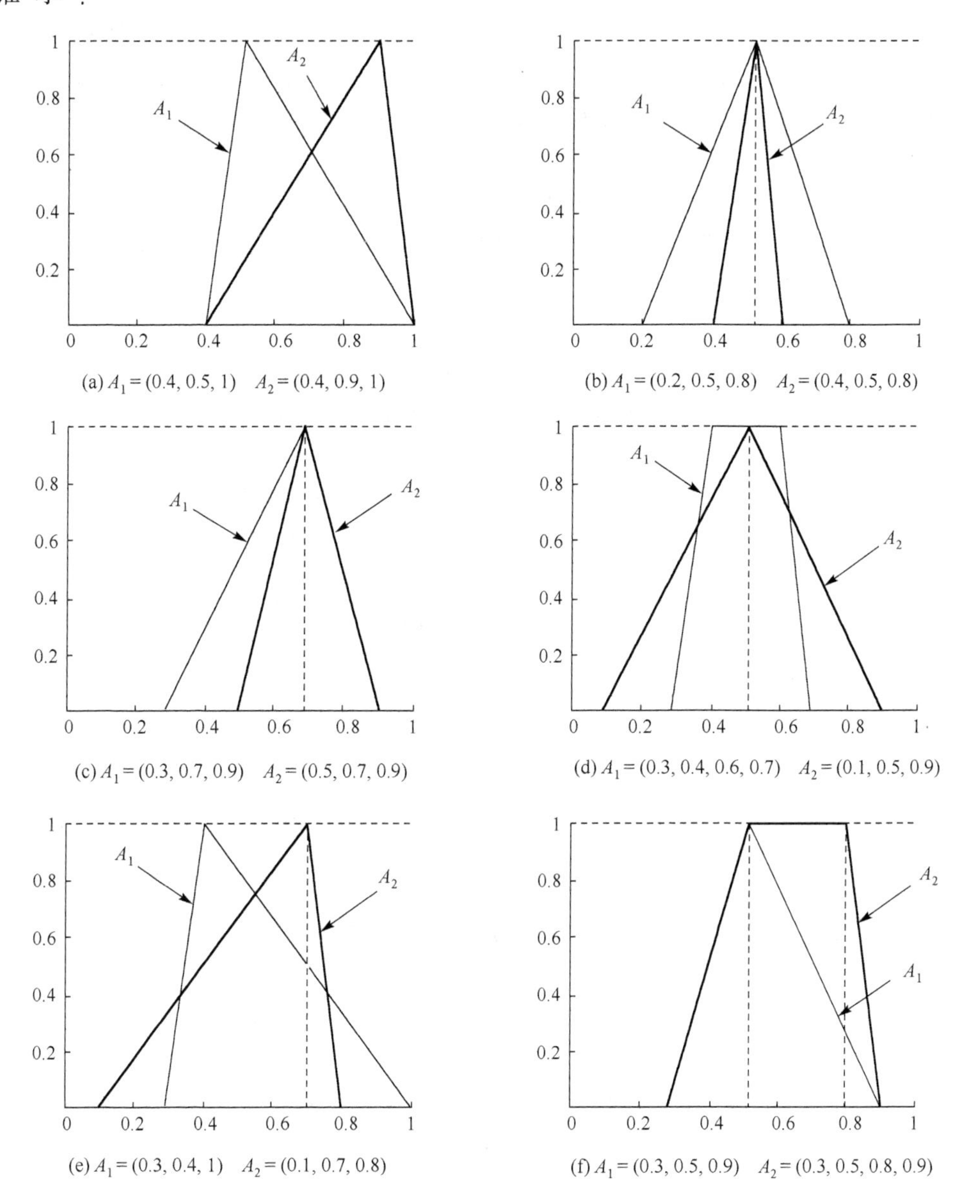

(a) $A_1=(0.4, 0.5, 1)$　$A_2=(0.4, 0.9, 1)$

(b) $A_1=(0.2, 0.5, 0.8)$　$A_2=(0.4, 0.5, 0.8)$

(c) $A_1=(0.3, 0.7, 0.9)$　$A_2=(0.5, 0.7, 0.9)$

(d) $A_1=(0.3, 0.4, 0.6, 0.7)$　$A_2=(0.1, 0.5, 0.9)$

(e) $A_1=(0.3, 0.4, 1)$　$A_2=(0.1, 0.7, 0.8)$

(f) $A_1=(0.3, 0.5, 0.9)$　$A_2=(0.3, 0.5, 0.8, 0.9)$

图 12-8　6 对 Fuzzy 数如何排序

Fuzzy 数的排序方法很多,可参看文献[19]和[20]。

12.5 截集水平的不确定性问题

Fuzzy 集可以通过经典集——截集来进行研究，它们之间通过分解定理和表现定理来转换。在基于 Fuzzy 等价关系的动态聚类中，取不同的截集水平得到不同的分类。在应用中，α 水平取多少合适呢？到目前为止，从数学角度无法证明。这样的不确定性在数学中很多。

例 12-18 假设检验中的置信水平。

在假设检验中如果置信水平 α 取的不同检验的结果也可能截然相反，取 α 等于多少合适呢？这显然是一种不确定性。

例 12-19 变精度粗糙集的精度。

粗糙集利用属性（等价关系）进行分类，通过上下近似来描述不精确概念。数据的离散化问题成了粗糙集理论的最大问题。既然是离散化就依赖方法，就存在误差。这样考虑变精度粗糙集就成了自然。

定义 12-11[21] 设论域 X 为非空有限集合，R 为 X 上的等价关系，$X/R=\{E_1, E_2,\cdots,E_n\}$ 为 R 的等价类或基本集构成的集合。对于 $A\subseteq X$，$\beta\in[0,0.5)$，A 的 β 下近似定义为

$$\underline{R}_\beta A=\bigcup\{E\in X/R \mid c(E,A)\leqslant\beta\}$$

A 的 β 上近似定义为

$$\bar{R}_\beta(A)=\bigcup\{E\in X/R \mid c(E,A)<1-\beta\}$$

其中，

$$c(E,B)=\begin{cases}1-\dfrac{|E\cap A|}{|E|}, & |E|>0\\ 0, & |E|=0\end{cases}$$

β 的不同，上下近似不一样。如果 $\beta=0$，则 $\bar{R}_0(A)$ 和 $\underline{R}_0(A)$ 就是 Pawlak 上、下近似。

12.6 Fuzzy 集合的互补律问题

与经典集合相比较，对 Fuzzy 集合，互补律不成立，即 $A\cup A^c=X$（排中律），$A\cap A^c=\varnothing$（矛盾律）不真。那么是否有其他的 B，以 B 作为 A 的补集而使互补律成立呢？回答是否定的[12]。

定理 12-4 任取 Fuzzy 集 $A\in\mathscr{F}(X)$，若 $\exists x_0\in X$，使 $A(x_0)=a\in(0,1)$，则对任意 $B\in\mathscr{F}(X)$，$A\cup B=X$，$A\cap B=\varnothing$ 至少有一个不成立。

该定理可以推广到 Fuzzy 集 A 和 B 的模并和模交运算。

定理 12-5　设 $\top$ 和 $\perp$ 是具有分配律的 t-模和 t-余模,并且对任意 $x \in (0,1)$ 都有 $x \top x \neq x$ 和 $x \perp x \neq x$。任取 Fuzzy 集 $A \in \mathscr{F}(X)$,若 $\exists x_0 \in X$,使 $A(x_0) = a \in (0,1)$,则对任意 $B \in \mathscr{F}(X)$,$A \cup_\perp B = X$,$A \cap_\top B = \varnothing$ 至少有一个不成立。

证明　任取 $B \in \mathscr{F}(X)$,欲使 $A(x_0) \top B(x_0) = 0$,$A(x_0) \perp B(x_0) = 1$,即 $a \top B(x_0) = 0$,$a \perp B(x_0) = 1$。由此得到 $a = a \top 1 = a \top (a \perp B(x_0)) = (a \top a) \perp (a \top B(x_0)) = a \top a$,同理 $a \perp a = a$,这与条件矛盾。即对任意 $B \in \mathscr{F}(X)$,$A \cup_\perp B = X$,$A \cap_\top B = \varnothing$ 至少有一个不成立。

Fuzzy 集的补集概念是经典集合补集概念的推广,这种推广是不唯一的。这就产生了 12.3.2 节讨论过的伪补概念。Fuzzy 集的伪补依赖于[0, 1]上的伪补公理(逆序对合对应)。下面是一些伪补的例子:

(1)设 $N:[0,1] \to [0,1]$,且 $\forall a \in [0,1]$,$N(a) = 1 - a$,则 N 为[0,1]上的伪补,这时 $N(a) = 1 - a \triangleq a^c$。

(2)设 $N:[0,1] \to [0,1]$,且 $\forall a \in [0,1]$,$N(a) = \dfrac{1-a}{1+\lambda a}$,$\lambda \in (-1, +\infty)$,则 N 为[0,1]上的伪补,特别地,$\lambda = 0$,即为 a^c。

(3)设 $N:[0,1] \to [0,1]$,且 $\forall a \in [0,1]$,$N(a) = \sqrt[w]{1-a^w}$,$w \in (0, +\infty)$,则 N 为[0,1]上的伪补,特别地,$w = 1$,即为 a^c。

例 12-20　软代数。

除了 Fuzzy 集不满足互补律,还有没有其他不满足互补律的代数。回答是肯定的。([0,1], ∨, ∧)也不满足互补律,这就产生了软代数。

定义 12-12　软代数是指具有最小元 0 与最大元 1 且有逆序对合对应的分配格。

通常把满足互补律的软代数称为布尔代数(Boolean algebra)。由上面的讨论,$(\mathscr{F}(X), \cup, \cap, c)$ 不构成布尔代数。二值逻辑代数与集代数是布尔代数的典型代表。

互补律不成立是 Fuzzy 集的特点,在 Fuzzy 集中追求满足互补律的运算是错误的。

12.7　集合的统一问题

Fuzzy 集合提出来之后,关于它的推广和演变研究一直没有停止过。主要在以下几方面。

(1) 扩展。如 n 型 Fuzzy 集(二型 Fuzzy 集)[7]、区间值 Fuzzy 集[6,7,22](区间集[23-24],阴影集[25-26])、L-Fuzzy 集[27]、直觉 Fuzzy 集[28]、含糊集[29]、Genuine 集[30]、可变 Fuzzy 集[31]等。

(2) 结合。云模型[9]、随机集[32]、Fuzzy 概率集[33-34]、r-Fuzzy 集[35]、Neumaier 云[36]等。

(3) 演变。粗糙集[37]、Soft 集[38]、Fuzzy 粗糙集和粗糙 Fuzzy 集[39]、可拓集[40]等。

这些集合能统一吗？文献[41]进行这方面的尝试。统一的关键是在统一下是否有好的共同性质。统一也可以说是进一步抽象，这在数学上有很多这样的例子。

例 12-21　泛代数。

代数结构很多，如经典的群、环、域、格、布尔代数、李代数等和现在热门研究的BCK-代数、剩余格、软代数(Fuzzy 代数)、MTL-代数、MV-代数、BL-代数、Π-代数、G-代数、NM-代数、R_0-代数、格蕴涵代数等。这些无非要研究集合上的运算、映射、同态同构等共性，这样就需要一个统一概念(泛代数)来统一研究它们。

定义 12-13　一个泛代数(简称代数)是一个序对 (A,F)，其中 A 是一个非空集合，而 F 是 A 上一簇运算，称 F 为代数型。当 F 有限时，即 $F=\{f_1,f_2,\cdots,f_k\}$，(A,F) 常记为 $(A;f_1,f_2,\cdots,f_k)$，基本运算通常按元数从大到小排列(常数称为 0 元运算)。

例如，布尔代数是 $(\wedge,\vee,',0,1)$ 型代数，也称为 $(2,2,1,0,0)$ 型代数。

12.8　本章小结

本章对一些有争议的不确定性问题进行了探讨，旨在把问题尽量搞清楚。控制论奠基人维纳认为“人具有运用模糊概念的能力”是人能超越任何机器的重要原因。这种能力来源对模糊概念的很强的模糊划分、模糊判断和模糊推理。虽然人工智能的基础存在“主义”之争(符号主义、联结主义、行为主义)，但人工智能基础理论的研究，离不开对包括模糊在内的不确定性问题的探索。模糊逻辑、云模型等提供了处理这类不确定性问题的方法或思路[2,12,42]。但是基础问题的研究还任重道远，这也给我们留下了广阔的空间。

感谢秦昆、王春勇、王灿参与本章的讨论并提出了宝贵意见。本章成果得到国家自然科学基金项目(No. 61179038、No. 70771081)的资助。

参考文献

[1] Zadeh L A. Fuzzy sets. Information and Control, 1965, 8: 338-353.

[2] 李德毅，杜鹢. 不确定性人工智能. 北京：国防工业出版社，2005.

[3] 刘玉超，李德毅. 基于云模型的粒计算//苗夺谦，李德毅，姚一豫，等. 不确定性与粒计算，北京：科学出版社，2011.

[4] Liu B, Liu Y K. Expected value of fuzzy variable and fuzzy expected value models. IEEE Transactions on Fuzzy Systems, 2002, 10: 445-450.

[5] Liu B. Uncertainty Theory. 2nd ed. Berlin: Springer-Verlag, 2007.

[6] Sambuc R. Fonctions ϕ-flous. Application a l'aide au Diagnostic en Pathologie Thyroidienne. Ph. D. Thèse, France: Universite de Marseille, 1975.

[7] Zadeh L A. The concept of a linguistic variable and its applications in approximate reasoning (I), (II), (III). Information Science, 1975. 8:199-249; 8: 301-357; 9: 43-80.

[8] 李德毅,刘常昱,杜鹢,等. 不确定性人工智能. 软件学报, 2004, 15(11):1583-1594.

[9] 李德毅,孟海军,史雪梅. 隶属云和隶属云发生器. 计算机研究和发展,1995,32(6):16-21.

[10] Menger K. Statisticial metrices. Proc Nat Acad Sci, USA, 1942, 28:535-537.

[11] Bellman R E, Giertz M. On the analytic formalism of the theory of fuzzy sets. Information Sciences, 1973, 5: 149-156.

[12] 胡宝清. 模糊理论基础. 第 2 版. 武汉: 武汉大学出版社, 2010.

[13] Zadeh L A. Probability measures of fuzzy events. Journal of Mathematical Analysis and Applications, 1968, 23:421-427.

[14] Sugeno M. Theory of Fuzzy Integrals and Its applications. Ph. D. Dissertation. Tokyo: Tokyo Institute of Technology,1974.

[15] Ishibuchi H, Tanaka H. Multiobjective programming in optimization of the interval objective function. European Journal of Operational Research, 1990, 48: 219-225.

[16] Das S K, Goswami A, Alam S S. Multiobjective transportation problem with interval cost, source and destination parameters. European Journal of Operational Research, 1999, 117: 100-112.

[17] Hu B Q, Wang S. A novel approach in uncertain programming part I: New arithmetic and order relations for interval numbers. Journal of Industrial and Management Optimization, 2006, 2 (4):351-371.

[18] Hu B Q, Wang S. A novel approach in uncertain programming part II: A class of constrained nonlinear programming problems with interval objective functions. Journal of Industrial and Management Optimization, 2006, 2(4): 373-385.

[19] Wang X, Kerre E E. Reasonable properties for the ordering of fuzzy quantities (I). Fuzzy Sets and Systems, 2001, 118: 375-385.

[20] Wang X, Kerre E E. Reasonable properties for the ordering of fuzzy quantities (II). Fuzzy Sets and Systems, 2001, 118: 387-405.

[21] Ziarko W. Variable precision rough set model. Journal of Computer and System Sciences, 1993, 46: 39-59.

[22] Deng J L. Introduction to grey system theory. The Journal of Grey System, 1989, 1: 1-24.

[23] Yao Y Y. Interval-set algebra for qualitative knowledge representation. Proceedings of the 5th International Conference on Computing and Information, Sudbury, Canada, 1993:370-374.

[24] Yao Y Y. Interval sets and interval-set algebras. Proceedings of the 8th IEEE International Conference on Cognitive Informatics, Hong Kong, 2009:307-314.

[25] Pedrycz W. Shadowed sets: representing and processing fuzzy sets. IEEE Transactions on Systems, Man, and Cybernetics, Part B: Cybernetics, 1998, 28: 103-109.

[26] Pedrycz W. From fuzzy sets to shadowed sets: Interpretation and computing. International Journal of Intelligent Systems, 2009, 24: 48-61.

[27] Goguen J A. L-fuzzy sets. Journal of Mathematical Analysis and Applications, 1967, 18:145-174.

[28] Atanassov K T. Intuitionistic fuzzy sets//Sequrev V. VII ITKR's Session, Sofia, Bulgarian, 1983.

[29] Gau W L, Buehrer D J. Vague sets. IEEE Transactions on Systems Man on Cybernetics, 1993. 23(2): 610-614.

[30] Demirci M. Genuine sets. Fuzzy Sets and Systems, 1999, 105: 377-384.

[31] 陈守煜. 工程可变模糊集理论与模型——模糊水文水资源学数学基础. 大连理工大学学报, 2005, 45(2):308-312.

[32] Molchanov I. Theory of Random Sets. Berlin: Springer, 2005.

[33] Hirota K. Concepts of probabilistic sets. Proc IEEE Conf on Decision and Control, New Orleans, 1977:1361-1366.

[34] Hirota K. Concepts of probabilistic sets. Fuzzy Sets and Systems, 1981, 5: 31-46.

[35] Li Q, Wang P, Lee E S. R-fuzzy sets. Computers and Mathematics with Applications, 1996, 31(2):49-61.

[36] Neumaier A. Clouds, fuzzy sets and probability intervals. Reliable Computing, 2004, 10: 249-272.

[37] Pawlak Z. Rough sets. International Journal of Information and Computer Sciences, 1982, 11: 341-356.

[38] Molodtsov D. Soft set theory-first results. Computers and Mathematics with Applications, 1999, 37(4/5): 19-31.

[39] Dubois D, Prade H. Rough fuzzy sets and fuzzy rough sets. International Journal of General System, 1990, 17: 191-208.

[40] 蔡文. 可拓集合和不相容问题. 科学探索学报, 1983,1:83-97.

[41] 张江, 林华, 贺仲雄. 统一集论与人工智能. 中国工程科学, 2002, 4(3):40-48.

[42] 苗夺谦,李德毅,姚一豫,等. 不确定性与粒计算. 北京: 科学出版社, 2011.

第13章　基于云模型的文本分类应用

何中市[1]　代　劲[2]

1.重庆大学　计算机学院

2.重庆邮电大学　软件学院

文本挖掘（text mining，TM）是以文本信息作为挖掘对象，从中寻找信息的结构、模型、模式等隐含的、具有潜在价值知识的过程。文本挖掘在信息检索、模式识别、自然语言处理等多个领域均有所涉及。由于文本是信息存储的最主要途径，因此其重要性也日益凸显。

在目前文本挖掘的研究中，传统的数据挖掘方法依然占据着主导地位。然而随着文本挖掘技术研究的进一步深入，将传统的数据挖掘方法应用于文本挖掘面临着越来越严峻的挑战。例如，文本对象的高维稀疏性、算法复杂度过高及需要先验知识等问题，已经严重阻碍了文本挖掘技术的推广应用[1]。

文本挖掘面临的这些难题归根到底都是由于自然语言的不确定性造成的。自然语言中(尤其是文本语言)的不确定性，本质上来源于人脑思维的不确定性。这种不确定性使得人们具有更为丰富的理解空间与更为深入的认知能力，然而随之而来也形成了文本挖掘的众多难题。因此，若能从降低自然语言的复杂性入手，在充分利用现有技术的基础上勇于创新，探索出适用于文本挖掘的不确定性人工智能处理方法，将会大大促进文本挖掘技术的发展[2]。

文本分类是文本挖掘中文本信息资源组织与管理、文本信息筛选过滤的关键技术，受文本挖掘整体应用技术的限制，当前主流的文本分类方法对文本语言的不确定性考虑很少。因此，借助不确定性知识研究的重要工具——云模型[2-3]在定性概念与定量数据间的转换作用，将云理论引入文本分类应用研究当中，为文本挖掘技术的进一步发展提供一种新的思路与解决方法。

13.1　云模型在文本挖掘中的理论扩充

13.1.1　基于VSM模型的文本知识表示

由于自然语言的复杂性，让计算机理解文本信息十分困难。通过阅读，人们能根据自身的理解能力产生对内容的认识、了解，从中获取信息；但计算机在本质上来说只认识 0 和 1，并不能对文本含义进行理解。因此，在 TM 处理前，必须将文本转换为计算机能够处理的格式。

向量空间模型(vector space Model，VSM)是 TM 中最常用的知识表示方法。VSM 是单一文本或一类文本用一组特征及其权值组成的向量表示。此处将每一预定义的文本类别都可以抽象成一个向量 v_i，共同组成一个向量空间($v_1,v_2,\cdots,v_n$)。对于每一特征项 v_i，都根据其在文档中的重要程度赋予一定的权值 w_i，可以将其看成一个 n 维坐标系，($w_1,w_2,\cdots,w_n$)为对应的坐标值。由($v_1,v_2,\cdots,v_n$)分解而得的正交词条向量组就构成了一个 VSM，每篇文档则映射成为这个空间中的一点。对于所有文档和用户目标都可映射到 VSM，文档信息的匹配问题即可转化为 VSM 中的向量匹配问题，文本向量间距离即为文本的相似度。

在权值的计算方法上，主要有两种方法。最早使用词频(term frequency，TF)方法来计算词的权值。TF 用词在文档中出现的次数来反映其在文档中的重要程度，词 t_i 在文档 d 中的权值 $w_i(d)$一般表示为 $\mathrm{tf}_i(d)$。但实际的文本中，并不是一个词出现得越多就越重要。若词在整个文本集中都出现的非常频繁，那么它对单个文档来说重要性较低。因此，更为普遍有效的词的权值表示法是采用 TF-IDF (term frequency-inverse document frequency)方法。TF-IDF 综合考虑了词在单个文本中出现的频率和该词在整个文本集中出现的频率。针对目前存在多种 TF-IDF 公式，本章采用了一种比较普遍的 TF-IDF 公式[4]：

$$W(t,\vec{d})=\frac{\mathrm{tf}(t,\vec{d})\times\log(N/n_t+0.01)}{\sqrt{\sum_{t\in\vec{d}}[\mathrm{tf}(t,\vec{d})\times\log(N/n_t+0.01)]^2}}\tag{13-1}$$

其中，$W(t,\vec{d})$ 为词 t 在文本 $\vec{d}$ 中的权重；而 $\mathrm{tf}(t,\vec{d})$ 为词 t 在文本 $\vec{d}$ 中的词频；N 为训练文本的总数；n_t为训练文本集中出现 t 的文本数，分母为归一化因子。

13.1.2　基于信息表的文本知识表示

知识是人类一切智能行为的基础。若要让机器具有智能，必须让机器具备相应知识，即利用人的知识为基础。知识表示是研究用机器表示知识的可行、有效、通用的原则与方法。近年来，关于知识表示的研究引起了广泛的兴趣。当前，比较常用的知识表示方法有逻辑模式、框架、产生式规则、状态空间等。这些知识表示方法是知识工程研究的主要内容。其中，基于信息表的知识表示方式，是对知识进行表达处理的一种基本理论工具。

人工智能研究中，通常将实例(即现实世界的一个对象或个体)用属性-值对的集合来表示，记为 U。U 可以被划分为有限个类 $X_1,X_2,\cdots,X_n$，使得

$$X_i\subseteq U,X_i\neq\varnothing,X_i\cap X_j=\varnothing(i\neq j;i,j=1,2,\cdots,n\text{ 且 }\bigcup X_i=U)$$

一般地，一个信息表知识系统 S 可以表示为

$$S = \langle U, R, V, f \rangle \tag{13-2}$$

这里，U 是对象的集合，也称为论域，$R=C\cup D$ 是属性集合，子集 C 和 D 分别称为条件属性集和结果(决策)属性集，$V=\bigcup_{r\in R} V_r$ 是属性值集合，V_r 表示属性 $r\in R$ 的属性值范围，即属性 r 的值域。$f:U\times R\rightarrow V$ 是一个信息函数，它指定 U 中每一个对象 x 的属性值。为了直观方便，U 也可以写成一个表，纵轴表示实例，横轴表示实例属性。其中，实例与实例属性的交汇坐标值即此实例在该属性的取值。这个表称为信息表，是描述知识信息的数据表格。

有了信息表的定义，我们给出基于信息表的文本知识表示。

定义 13-1　文本信息表。给定信息表 $S=\langle U,R,V,f\rangle$，U 为文本集，$R=C\cup D$ 是属性集合，子集 C 为文本属性，D 为该文本所属的类别集。V_r 表示文本属性 $r\in R$ 的属性值范围。$f:U\times R\rightarrow V$ 为文本特征项权值计算函数。经过此表示的信息表 S 称为文本信息表。

文本信息表是本章研究所采用的文本知识表示方法，在文本相似度量、文本分类聚类中起到了重要作用。

13.1.3　基于云模型的文本信息表转换

文本间的不确定性关系可以通过云模型进行概念表示，但前提是各属性的取值须处于相同的论域内。也就是说，文本在不同属性上的值都必须具有同一物理含义。未处理的文本信息表属性含义不统一并且取值也差异较大。因此，在利用云模型进行数据挖掘前，必须将文本信息表进行转换。在概率统计方法的基础上，我们提出一种新的文本信息表转换方法[5]。通过该方法，文本信息表由不同属性空间统一为相同物理空间中，体现了属性取值概率分布特点。

基于云模型的文本信息表转换如算法 13.1 所示。

算法 13-1　文本信息表转换算法。

输入：S　　//原始文本信息表。

输出：S_c　　//经过算法转换后的新信息表。

算法步骤：

(1)$S_c=S$　　//初始化操作。

(2)依次取 $D_k\in D$，循环(D 为 S 中的文本类别属性集合)。

① $S_{jk}=\sum_{i=1}^{m}U_{ij}$，$\bar{D}_{jk}=\frac{1}{m}S_{jk}$ //m 是类别为 D_k 的文本数；U_{ij} 是 S_c 中类别等于 D_k 的属性取值；

②$U_{ij}=|U_{ij}-\bar{D}_{jk}|$//属性值统一为在该属性上的取值波动；

③$U_{ij}=U_{ij}/S_{jk}$//将取值转换到[0,1]区间,即归一化。

(3)Return S_c。

算法 13-1 以概率统一为基础,实现了属性从不同属性空间统一为相同的物理空间中,体现了属性取值的概率分布特点。同时,归一化处理保证了各属性在计算时的基础具有统一性。

13.1.4 基于云相似度的文本相似度量

1. 文本挖掘中的相似度量

在 VSM 中,文本被表示成多维空间中的一个向量,文档之间相似度的度量也就转化成其对应向量的计算。目前,文本间相似度的度量方法主要有两种。一种是使用欧几里得距离(Euclidean distance),表示为

$$\mathrm{dist}(i,j)=\sqrt{\sum_{k=1}^{n}(w_{ik}-w_{jk})^2} \tag{13-3}$$

其中,dist(i,j)表示两个文档 i 和 j 之间的距离(距离越大,相似度则越小);w_{ik} 与 w_{jk} 分别表示字典中第 k 个词在文档 i 和 j 中所占的权值;n 表示字典中词的个数。此外还有其他一些距离度量,如 Manhattan 距离、Minkowski 距离等。

另外一种衡量两个文本 i 和 j 之间相似性的方法就是通过余弦相似度来度量,其计算公式为

$$\mathrm{sim}(i,j)=\sum_{k=1}^{n}w_{ik}w_{jk}\Big/\sqrt{\Big(\sum_{k=1}^{n}w_{ik}^2\Big)\Big(\sum_{k=1}^{n}w_{jk}^2\Big)} \tag{13-4}$$

其中,sim(i,j)表示文本 i 和 j 之间的余弦相似度值;w_{ik} 与 w_{jk} 分别表示字典中第 k 个词在文档 i 和 j 中所占的权值;n 表示字典中词的个数。

使用 VSM 对文档内容表示时,每个文本所对应的向量都会具有高维稀疏的特点。一般来说,单个文档中通常只包含特征集中极少的一部分词。由于这种表示方法的高维性和稀疏性,使得许多文档之间不存在公共的词,即文本间缺少相关性。

目前,TM 中文本的相似度量一般使用余弦相似度来衡量文档之间的相关性。但无论哪一种相似度度量,均以基于向量的相似度进行计算,要求对象属性之间的严格匹配,而对文本对象的整体性考虑不足。结合文本挖掘中文本对象的整体性质与个体特点考虑,我们提出了基于云向量数字特征的云相似度[5]。

2. 云相似度及文本云相似度量

1)云相似度

云模型中,通过数字特征 Ex、En、He 体现了一个定性概念的整体特性,记为 C(Ex,En,He)。这也就是云模型中由数字特征表示的特征向量,即云向量。结合云向

量特点，下面给出云相似度的定义。

定义 13-2　云相似度。给定云向量 $\vec{V}_i$ 与 $\vec{V}_j$，则二者之间的余弦夹角称为云相似度，记为

$$\mathrm{sim}(i,j)=\cos(\vec{V}_i,\vec{V}_j)=\frac{\vec{V}_i\cdot\vec{V}_j}{\|\vec{V}_i\|\ \|\vec{V}_j\|} \tag{13-5}$$

其中，$\vec{V}_i=(\mathrm{Ex}_i,\mathrm{En}_i,\mathrm{He}_i)$，$\vec{V}_j=(\mathrm{Ex}_j,\mathrm{En}_j,\mathrm{He}_j)$。

从公式可以看出，$\mathrm{sim}(i,i)=1$，即云向量与其自身的相似度为 1；同时也有 $\mathrm{sim}(i,j)=\mathrm{sim}(j,i)$，即相似度满足对称性。

有了云相似度的定义，我们可以在基于概念相似层面上进行文本挖掘的分类、聚类研究。概念间的相似度量即转化为云相似度度量，有了量化的计算方法与理论支撑。

2）文本云相似度量

由云相似度构成可知，云相似度能处理复杂对象的相似性问题，尤其是面临高维度、高稀疏性情形时更能体现其性能优势。

文本云相似度量算法如下。

算法 13-2　文本云相似度量算法。

输入：文档向量 $\vec{d}_1,\vec{d}_2$。

输出：$\vec{d}_1,\vec{d}_2$ 间的文本云相似度 sim_c。

算法步骤：

（1）$\mathrm{sim}_c=0$；

（2）分别计算 $\vec{d}_1,\vec{d}_2$ 的数字特征 $V_1=(\mathrm{Ex}_1,\mathrm{En}_1,\mathrm{He}_1)$，$V_2=(\mathrm{Ex}_2,\mathrm{En}_2,\mathrm{He}_2)$//调用逆向云算法[2]计算数字特征；

（3）$\mathrm{sim}_c(\vec{d}_1,\vec{d}_2)=\cos(\vec{V}_1,\vec{V}_2)=\dfrac{\vec{V}_1\cdot\vec{V}_2}{\|\vec{V}_1\|\ \|\vec{V}_2\|}$　　//式(13-5)；

（4）Return sim_c。

自然语言中的定性概念是人类思维活动的基础所在，是自然语言的基本组成单位。定性概念分为确定性概念和不确定性概念。前者的外延是精确的、固定不变的，可通过精确数学来进行处理；后者的外延是不精确的、模糊的，并且不断发生变化。不确定性概念主要涉及随机性与模糊性。对于随机性，可依靠概率论方法对其进行处理。而对模糊性处理，因为模糊理论的核心概念——隶属函数的实质及方法目前还没有很好地解决，导致在此基础上建立的定性定量的转换模型存在先天局限性。

借助于模糊集合理论与统计理论，云模型很好地解决了定性概念与其定量表示之间的不确定性转换。通过定性定量的相互映射，为实现不确定性知识的处理提供了新的有力工具。

本章将云模型引入 TM 当中，并针对其特点进行理论扩展(包括文本的信息表表示、基于云模型的文本信息表转换、基于云相似的文本相似度量等)，试着解决文本在 VSM 空间由于高维度与稀疏性带来的一系列应用瓶颈，为接下来的 TM 应用打好理论基础。

13.2　文本分类及其常用方法

13.2.1　文本分类概述

文本分类(text categorization, TC)指根据文本内容，将文本划分到设定类别的过程。在设定文本的类别时，可由领域专家根据经验设定，也可在概念的基础上标注。

TC 是在信息化趋势下应运而生的分类技术。它是指根据预先定义的主题类别，根据某一规则将未知类别的文本自动确定一个主题类别。TC 涉及数据挖掘、计算语义学、人工智能等多学科，是 NLP 的一个重要应用领域。

TC 的目的是通过将文本进行快速、有效的自动归类，达到信息定位和信息过滤。基于人工智能技术的 TC 系统能依据文本的语义，将其自动进行类别指定，更好把握文本信息，为信息提取与信息处理做好准备。在 TM 乃至网络挖掘中，TC 均占有重要的地位。

TC 的研究开始于 20 世纪 50 年代末，但直至 80 年代初，占主导地位的一直是知识工程的分类方法，即通过编制大量的推理规则来指导分类，因此其开发费用相当昂贵，也不适用于较复杂的系统。相比而言，基于机器学习的分类方法由于快速、自动的性能，已经逐渐取代了基于知识工程的分类方法，成为 TC 的主流技术并取得了很好的效果。经过多年的研究，目前已经提出了多种 TC 模型(如回归模型、最近邻分类、贝叶斯分类、决策树、推导规则、神经网、支持向量机、决策委员会等)[6-8]。

从功能上划分，TC 系统包括文本预处理、特征抽取\选择、分类器训练几个部分组成，如图 13-1 所示。

TC 系统作为文本资源处理的一种重要方法，能有效的归类筛选出所需文本信息，极大降低文档组织和管理的工作量。随着 Web 中文本资源的快速增长，TC 技术已经广泛应用推广。目前，使用最为广泛的一些应用领域如下。

(1)数字图书馆。随着 Web 技术的日益发展，图书的数字化比例正快速增大。若将 TC 技术用于期刊和图书的分类，可帮助管理员快速准确的对其进行处理，极大降低工作强度。

(2)对文本资源的分类组织与管理。TC 技术的最大优势，在于对文本资源的有效归类与筛选处理。TC 技术的广泛采用，能极大提高文本信息的组织与管理工作效率，轻松准确定位出所需的文本信息，摆脱以往人工处理繁重的归类工作，极大提高信息资源的管理范围与处理能力。

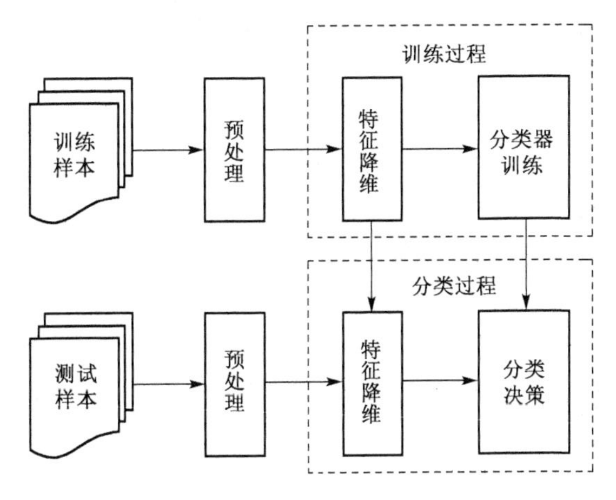

图 13-1　文本分类过程

(3)文本信息过滤。文本过滤其实是 TC 过程中的一种 2 分类问题,是 TC 的一个特例。通过将文本信息分类到“相关”与“不相关”两个类别中,实现对文本信息的过滤。文本过滤可用于垃圾邮件过滤、新闻聚合、广告发布等领域,实现文本信息资源的定制,能够快速找到用户感兴趣的内容。

此外,TC 技术还应用于文本内容的词义消歧等一些领域,根据文本中的词的不同含义划分类别,然后通过分类找出具有多重含义的词在指定语义环境中的真实含义。

13.2.2　文本分类常用方法

文本分类是文本知识挖掘的主要组成部分,也是一个特定的数据挖掘应用问题。TC 曾被看做信息检索问题,当前,TC 越来越被作为数据挖掘的一个重要方向进行研究。

TC 中,包含大量经典的数据挖掘方法。其核心思想是将训练集矢量集与文档矢量集比较。如 K 最近邻参照分类算法、朴素贝叶斯分类算法、决策树、神经网络、支持向量机等。这些算法都在 TC 的实用中取得了令人鼓舞的成果。本章主要介绍支持向量机、朴素贝叶斯分类法、K 近邻分类法、中心向量分类法。

1. 支持向量机分类方法(support vector machine classifier, SVM)

SVM 是由 Vapnik 领导的 AT&T Bell 实验室研究小组在 1963 年提出的一种新的非常有潜力的分类技术,SVM 主要应用于模式识别领域。由于当时这些研究尚不完善,在解决模式识别问题中趋于保守,SVM 一直未能得到充分的重视。直到 20 世纪 90 年代,统计学习理论(statistical learning theory,SLT)的实现和神经网络等较新兴的机器学习方法的研究过程中,SVM 的优点得以展现。SVM 解决了很多重要的问题,如确定网络结构、过学习与欠学习等。此外,SVM 在样本量较小、非线性及混沌系统、高维样本空间挖掘等一些应用领域中，也体现出较好的性能，在许多领域取得了成功的应用。

SVM 基本的思想是最大限度地分开两类训练样本。通过构造一个分类超平面，使得分类间隔达到最大。在理解 SVM 的原理时有几点需要特别注意：

(1)通过非线性函数把数据由低维非线性空间转化到高维空间；

(2)若数据仅为两类，则能在特征空间中线性可分；

(3)在特征空间中，搜索到最优分类超平面。

SVM 的关键在于核函数。低维空间向量集通常难于划分，往往通过映射到高维空间进行解决。但随之而来造成计算复杂度的增加，而核函数正好巧妙解决了这个难题。只要核函数选用准确，就能获取高维空间的分类函数。在 SVM 中，采用不同的核函数将导致不同的 SVM 算法。

SVM 算法基本步骤如下：

(1)将输入向量 x 通过映射 $\psi:\mathbf{R}^n\to H$ 映射到高维空间 H 中，且核函数满足如下条件 $K(x_i,x_j)=\psi(x_i)\cdot\psi(x_j)$。

(2)在高维特征空间内求解最优超平面。

SVM 常见的核函数有如下四种。

(1)内积核：$K(x,y)=x^{\mathrm{T}}y$。

(2)多项式核：$K(x,y)=(\gamma x^{\mathrm{T}}y+r)^d,\gamma>0$。

(3)径向基函数核(RBF)：$K(x,y)=\exp(-\gamma\|x-y\|^2+r),\gamma>0$。

(4)两层神经网络核：$K(x,y)=\tanh(\gamma x^{\mathrm{T}}y+r)$。

其中，γ,d,r 是核函数的参数。

2. 朴素贝叶斯分类方法(naive Bayes classifier, NB)

NB 是一种最常用的分类方法，以贝叶斯理论为基础。NB 基于独立性假设，即一个属性对给定类的影响独立于其他属性。

NB 在文本特征项与类别条件概率的基础上，计算文本与不同类别的概率并将其划分到概率最大的类别中去。NB 的具体计算流程如下。

(1)计算特征词属于每个类别的概率向量$(w_1,w_2,w_3,\cdots,w_n)$：

$$w_k=P(W_k\mid C_j)=\frac{1+\sum_{i=1}^{|D|}N(W_k,d_i)}{|V|+\sum_{s=1}^{|V|}\sum_{i=1}^{|D|}N(W_s,d_i)}\tag{13-6}$$

需特别注意的是，特征项与类别的条件概率与互信息量的计算公式相同。

(2)计算文本 d_i 属于文本类别 C_j 的概率：

$$P(C_j \mid d_i;\hat{\theta}) = \frac{P(C_j \mid \hat{\theta})\prod_{k=1}^{n}P(W_k \mid C_j;\hat{\theta})N(W_k,d_i)}{\sum_{r=1}^{|C|}P(C_r \mid \hat{\theta})\prod_{k=1}^{n}P(W_k \mid C_r;\hat{\theta})N(W_k,d_i)} \tag{13-7}$$

其中，$P(C_j|\hat{\theta})=\dfrac{C_j\text{ 训练文本数}}{\text{总训练文本数}}$；$P(C_r|\hat{\theta})$是相似含义；$N(W_k,d_i)$是特征项 W_k 在文本 d_i 中的出现频率；n 是总的特征数。

(3)概率最大的类别即为文本 d_i 类别。

3. *K* 近邻分类方法(*K*-nearest neighbor classifier，KNN)

KNN 分类算法在理论上已经十分成熟，其实实现过程也最为简单高效，是机器学习的经典算法之一。KNN 的基本思路是为待分类文本找出最为相似的 K 个样本，通过这些样本所属的类别统计，包含样本最多的类别即为待分类文本的类别。

KNN 分类算法的关键步骤如下：

(1)K 个最相似文本的搜索。在文本间的相似度量中，采用如下的文本相似度公式进行计算：

$$\mathrm{Sim}(d_i,d_j) = \frac{\sum_{k=1}^{M} w_{ik} \times w_{jk}}{\sqrt{\left(\sum_{k=1}^{M} w_{ik}^2\right)\left(\sum_{k=1}^{M} w_{jk}^2\right)}} \tag{13-8}$$

(2)计算 K 个近邻样本中，每一类别的权重大小：

$$p(\bar{x},C_j) = \sum_{\bar{d}_i \in \mathrm{KNN}} \mathrm{Sim}(\bar{x},\bar{d}_i)y(\bar{d}_i,C_j) \tag{13-9}$$

其中，$\mathrm{Sim}(\bar{x},\bar{d}_i)$为待分类文本 $\bar{x}$ 与近邻文本的相似度，而 $y(\bar{d}_i,C_j)$为文本类别判定函数。若 $\bar{d}_i$ 的类别为 C_j，则 $y(\bar{d}_i,C_j)$取值 1，反之则等于 0。

(3)权重最大的类别即为待分类文本所属类别。

KNN 分类算法虽然简单高效，但也存在着一些问题。首先是 K 值的选取，目前还只能通过多次实验获取；其次，样本的不平衡性对分类性能影响较大，比如某些类别包含的样本占总样本的比例过高。另外，KNN 分类算法的计算复杂度较高，对于每个待分类样本均需要遍历全体样本。

4. 中心向量法

中心向量法是一种实现简单的文本分类方法。通过算术平均计算每一类别的中心，然后逐个计算待分类文本与每一类别中心的距离。通过距离比较，将待分类文本划入距离最短的类别中去。

中心向量分类算法的关键步骤如下：

(1)获取每个类别的中心向量；

(2)计算待分类文本与各类别中心的距离；

(3)距离最短的类别即为待分类文本所属类别。

$$c(d) = \arg\max \mathrm{Sim}(d, v(c_i)) \tag{13-10}$$

其中，$v(c_i)$是该类的类中心向量。

除此之外，TC 中还有一些应用较为广泛的方法，比如决策树分类方法、神经网络分类方法等。

13.2.3 性能分析

1. 支持向量机(SVM)

SVM 分类方法的优点如下：

(1)可处理高维稀疏文本数据。对于高维稀疏问题，支持向量机具有其他机器学习方法不可比拟的优势。

(2)对特征相关性不敏感。许多 TC 算法建立在特征独立性假设基础上，受特征相关性的影响较大。而 SVM 则没有此问题。

(3)性能较为优异。文本样本具有收集困难、内容不断变化的特点。SVM 能够找出包含重要分类信息的支持向量，在文本分类中具有很大的应用潜力。

SVM 存在的不足：

(1)对于二次规划问题的 SVM 模型求解，当样本较多时训练速度较慢。特别是训练样本和支持向量数目多的分类问题，SVM 的分类速度过缓慢，限制了 SVM 应用。如何进一步改进和完善 SVM 模型及其训练算法，是 SVM 研究中的热点问题。

(2)SVM 多类分类方法缺乏。SVM 是针对两类分类问题提出的，目前对于类别数目较多的分类问题仍缺乏行之有效的处理办法。

(3)SVM 中核函数及参数的选择仍凭经验寻求。不同核函数对应不同的支持向量集合。一旦支持向量集合发生丢失，会引起分类精度的下降。目前，大规模文本分类中，如何在减少样本数目时，保证支持向量不丢失的问题仍然是难点所在。

2. KNN 算法

KNN 算法通过与最近的 K 个近邻样本类别的比较，预测未知样本的所属类别。选择样本时，根据一定的距离公式计算与未知样本的距离来确定。KNN 的优点在于方法简单且性能稳定，此外对噪声数据具有良好的抗干扰性。通过 K 个近邻的加权平均，能极大消除孤立噪声数据对分类结果的影响。

KNN 方法的不足之处在于需要大量样本，在此基础上才能保证分类的精度。特别注意的是，KNN 需要计算大量样本间的距离。对于每个新样本都要遍历一次全体数据才能得到分类结果，其计算开销大于其他方法。同时，K 值的选取也直接影响着分类的性能。就同样的数据来说，不同的 K 值可能导致不同的分类结果。

3. 朴素贝叶斯分类方法(NB)

NB 算法发源于古典数学，有着坚实的数学基础及稳定的效率。一方面 NB 算法所需参数很少，对遗失的数据不敏感；另一方面，NB 算法也比较简单明了。从理论上说，与其他分类方法相比，NB 算法具有最小的误差率，但实际并非如此。这主要由于 NB 算法假设属性之间是相互独立的，然而在实际应用中这个假设往往不成立。另外，在属性较多或属性间相关性较大时，NB 算法效率也较低。在特征属性相关性较小时，NB 算法具有最优的性能。

13.2.4 文本分类模型的评估

1. 采样方法

通过何种采样方法进行分类性能测试是文本分类模型评估当中的重要组成部分。通常用保持法和 k-折交叉验证法进行采样。

1)保持法(holdout)

保持法将文本集分为训练集(约占 2/3)与测试集(约占 1/3)，在具体的划分上往往采用随机的方式。

具体的流程如图 13-2 所示。

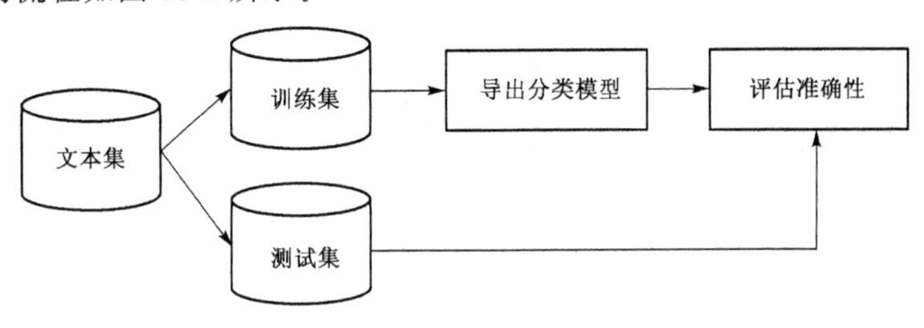

图 13-2 保持法

2)k-折交叉验证(k-fold cross validation)

k-折交叉验证将数据集分为大小大致相等的 k 个互不相交子集 $S_1, S_2, \cdots, S_k$。其中训练集包含 $k-1$ 个子集，剩下的一个子集作为测试集并分别循环进行此过程，如图 13-3所示。

2. 评估指标

1)召回率、准确率与 F-指标

准确率和召回率广泛应用于数据挖掘中对挖掘算法的性能评估，也是评估文本分类模型的主要两个指标。

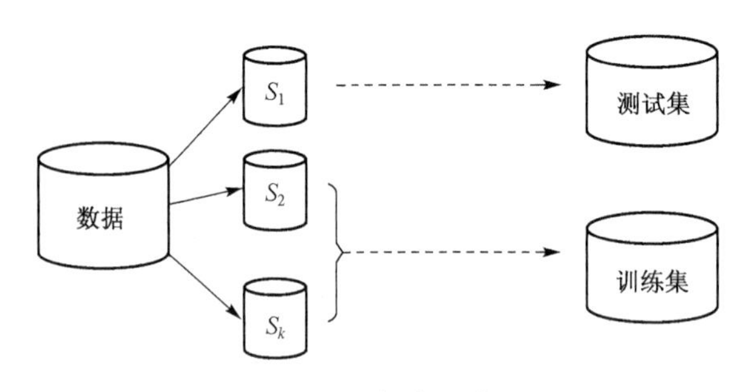

图 13-3　k-折交叉验证

准确率 p 是文本分类正确的样本数与所有分类文本数的比率，具体的计算公式为

$$p = \frac{a}{a+b} (\text{if } a+b=0 \text{ then } p=1) \tag{13-11}$$

召回率 r 是文本分类正确的样本数与该类的实际文本数的比率，具体的计算公式为

$$r = \frac{a}{a+c} (\text{if } a+c=0 \text{ then } r=1) \tag{13-12}$$

式(13-11)与式(13-12)中，a 是分类正确的样本数，b 是错误划分到类别的样本数，c 是属于该类但未被区分出来的样本数。

除了准确率与召回率之外，F-指标也是经常使用的文本分类性能评估指标。F-指标的具体计算公式为

$$F_\beta(r,p) = \frac{(\beta^2+1)pr}{\beta^2 p + r} \tag{13-13}$$

其中，β 是一权值调节阈值。若 $\beta=1$，则表明分类评估系统中，将准确率、召回率同等对待。

2)宏平均与微平均

准确率、召回率与 F_1 指标只能对单独类别上的文本分类性能进行评估。在实际应用中，往往还需要评估文本分类算法对于所有类别的分类性能情况。

宏平均(macro_Average)与微平均(micro_Average)是被广泛使用的整体性能评估指标。两者都是通过计算算法平均值来评估分类性能，不同的是前者针对的是类别，而后者针对的是文本。

文本分类是文本挖掘中一项文本信息资源组织与管理、文本信息筛选过滤的关键技术。随着 Internet 的不断深入及文本信息资源的快速增加，文本分类已经成为有效管理及高效运用海量信息的重要手段，广泛应用于信息组织管理、搜索引擎、信息筛选过滤等领域。

13.3　基于云模型与粒计算的文本分类

利用云模型在定性知识表示以及定性、定量知识转换时的桥梁作用，本章试着将云模型中的概念抽取方法进行文本分类。在将文本集转换为基于 VSM 模型的文本知识表的基础上，提取训练集中相同类别文档的定性概念特征。根据测试文本与各类别定性概念特征之间云相似度的大小决定测试文本所属类别。基于此思想，本章提出了一种在概念层面进行文本分类的算法。在算法描述前，先需要了解云理论中的虚拟概念树及概念跃升[9]。

13.3.1　虚拟泛概念树及概念跃升

1. 虚拟概念树[2]

数据挖掘主要目的，归根结底是发现、获取知识。因为发现知识的粒度不同，得到的知识层次也就不同。为了处理定性概念的不确定性，可以通过云模型来进行概念表示。概念集合由论域上的基本概念构成，形式上概念集合 C 表示为 $C=\{C_1(\mathrm{Ex}_1, \mathrm{En}_1, \mathrm{He}_1), C_2(\mathrm{Ex}_2, \mathrm{En}_2, \mathrm{He}_2), \cdots, C_m(\mathrm{Ex}_m, \mathrm{En}_m, \mathrm{He}_m)\}$，其中 $C_1, C_2, \cdots, C_m$ 是由云模型表示的概念集，并逐层构造概念树。

用云模型构造的概念树是具有不确定性的泛概念树。同一层次中，各个概念间的区分不是机械的、硬性的，允许一定程度上的交叠。换言之，相同的属性值可能分属不同的概念，不同的属性值对概念的贡献程度也不同。概念的抽取层次是不确定的，既可从底层逐层抽取概念，也允许直接跃层抽取上层概念。进一步说，尽管有明确的层次关系，但用云模型构造的泛概念树并不僵化，是虚拟的泛概念树。

这里称之为虚拟的泛概念树，是因为在数据挖掘过程中，伴随概念粒度的增大、抽象程度的提高，实际上并没有物理构造此树。同时，也没有逐层的爬升过程与规定概念粒度增加的跳跃性。在此过程中粒度是连续的，可跃升到任何较大的粒度上进行数据挖掘。图 13-4 给出了一个人员年龄分布的云泛概念树。

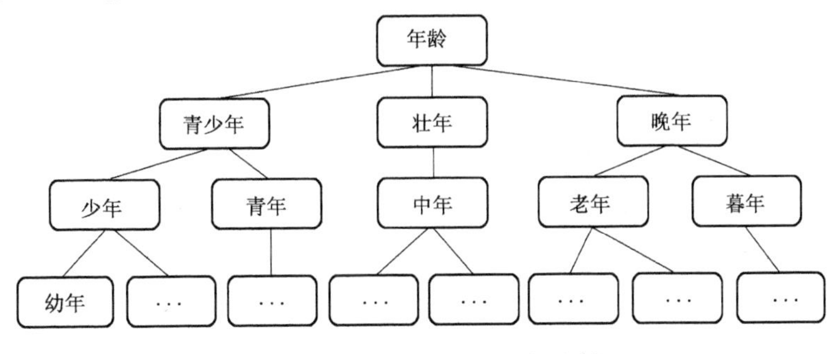

图 13-4　基于云模型的泛概念树

基于云泛概念树理论,本章给出文本挖掘的文本分类泛概念树模型如图 13-5。

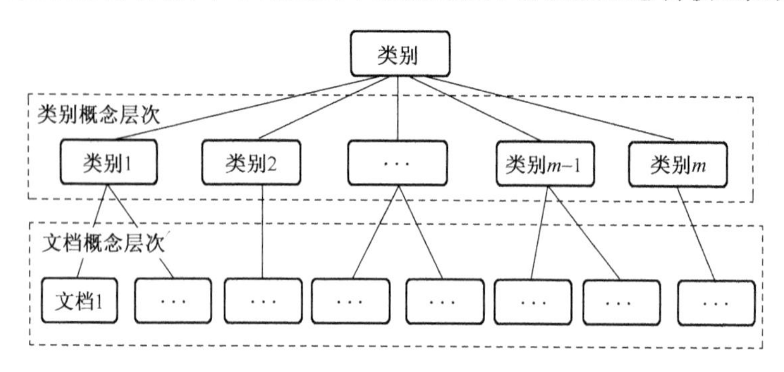

图 13-5 文本分类泛概念树

2. 概念跃升[2]

定义 13-3 概念跃升。所谓概念跃升,就是指在泛概念树叶节点的基础上,直接将概念提升到所需的概念粒度或概念层次。

概念跃升的策略如下:

(1)根据用户指定的概念个数进行概念跃升。

(2)自动跃升。指不预先指定概念粒度,结合泛概念树的情况及认知心理学的特点,自动将概念跃升到合适的概念粒度。通常情况,在泛概念树允许的范围之内,7 ± 2个概念粒度较适合人类认知心理特点。

(3)人机交互式跃升。指根据挖掘的结果进行干预并指导概念跃升。在挖掘过程中,概念的粒度交互跃升直至满足需求。

泛概念树的概念跃升通常只需访问少数几次原始数据集。当原始数据集规模庞大时,能够有效降低性能开销。策略(1)和(2)一般只需访问一次数据集即可实现概念跃升,而策略(3)需要较多次访问,其 I/O 消耗主要取决于人机交互次数。在实际处理中,策略(3)可通过多次调用策略(1)来实现。

在 TM 实际应用中,因为文本类别数为已知条件,故本章主要通过策略(1)来进行概念跃升。

3. 概念合并[2]

概念跃升的整个流程中,概念间的合并是最重要的运算。该运算能将相邻两个概念进行合并,形成较高层次的粗粒度概念。在云模型中,概念合并运算如下所述。

给定两个相邻的云模型 $C_1(\mathrm{Ex}_1,\mathrm{En}_1,\mathrm{He}_1)$,$C_2(\mathrm{Ex}_2,\mathrm{En}_2,\mathrm{He}_2)$,令合并后的云模型为 $C(\mathrm{Ex},\mathrm{En},\mathrm{He})$,则有

$$\mathrm{Ex}=\frac{\mathrm{Ex}_1\mathrm{En}_1+\mathrm{Ex}_2\mathrm{En}_2}{\mathrm{En}_1+\mathrm{En}_2} \tag{13-14a}$$

$$\mathrm{En} = \mathrm{En}_1 + \mathrm{En}_2 \tag{13-14b}$$

$$\mathrm{He} = \frac{\mathrm{He}_1\mathrm{En}_1 + \mathrm{He}_2\mathrm{En}_2}{\mathrm{En}_1 + \mathrm{En}_2} \tag{13-14c}$$

13.3.2　基于云模型的文本特征自动提取算法

在传统数据挖掘中,只能对结构化的数据信息进行处理,能够处理的特征项也较少。而对于非结构化文本信息则处理困难,这主要是由于文本特征向量的高维性造成的。基于此,文本的特征表示成为文本挖掘面临的首要任务。一个合理的文本特征表示方法具有以下两个特征:一方面需要包含足够的信息量,文本信息的关键特征不能丢失太多;另一方面,文本特征项也不能过多,否则会严重影响挖掘算法性能。出于这两方面的考虑,产生了文本特征的选择。

如何选择适当的特征集是文本挖掘中一个十分重要的问题。过大或过小的特征空间都会严重影响到文本挖掘性能。一个有效的文本特征集合必须满足文本内容表示完整、较强的文本区分能力与保证尽量小的特征维度特点[10-12]。

目前,一般采用领域专家的经验知识来进行特征集大小的设定,主要有直接据经验设定特征数(PFC)、按特征比例设定(THR)、通过统计量(MVS)或向量的空间稀疏性(SPA)等选择方法[13-15]。

通过实际应用测试,在特定语料库上这些方法较好地解决了特征集空间的大小问题,但缺少理论基础支撑,往往具有较强的主观因素充斥其中。当语料库改变或有所调整时,需重新进行设定,对于大规模的自动分类聚类将不再适用。

综上所述,若能找到一种具有较强数据适应能力,能够进行文本特征自动提取的方法,将极大促进文本挖掘的研究进展。

1. 文本特征提取概述

从理论上来说,特征项越多越能更好地进行表示。但大量实践显示,事实并非总是如此。过大的特征空间将导致 TM 时间空间复杂度激增,计算代价更为高昂。随着 Internet 的广泛深入与信息资源的日益增加,寻求一种高性能的文本特征提取算法在 TM 中将变得越来越重要。

定义 13-4　特征提取。特征提取(feature selection, FS)是选择描述目标的最佳特征子集的过程,得到的特征子集包含于原始特征集。即 $F' \subseteq F$,其中 F 是原始特征集,F' 是选择后的特征子集。

FS 不仅能提高文本挖掘算法的运行速度,降低占用的内存空间;另一方面由于去掉了不相关或相关程度低的特征,可提高许多 TM 任务的性能,如文本分类的分类质量等。

机器学习中所使用的FS方法不都适用于文本特征提取处理。已有为机器学习提供的FS算法能够处理的特征数目较少，而在TM中，文本特征数目高达成千上万维。因此，通常使用特征独立性假设对问题进行简化，通过牺牲些许质量换取性能上的提高。基于此，多数用于文本的FS方法相比较为简单。

FS的基本过程如下：

(1)初始情况下，特征集包含所有原始特征；

(2)计算每个特征的评估函数值；

(3)选取评估函数值较高的前 k 个特征(k 为特征数)作为特征子集。

目前，还没有一种较好的方法确定选取的数目。通常，采用先定初始值，再根据实验调整。往往初始值设置过高会产生过多的冗余；若设置过低，则去掉了许多与文本内容高度相关的特征，也会影响文本挖掘的质量。

2. 常用特征提取方法

FS是文本特征降维的有效方法。其基本思想是通过某种排序函数对特性进行重要性排序，然后顺序选择最重要或相关性最强的特征即可。FS实现简单、操作简便，并且保留了原始特征空间性质。相对矩阵计算方式的特征降维方法，计算量极低且更为简单，实际应用性能也较为优异。因此，FS成了目前特征空间降维较为主流的研究方向。

1)常用的特征提取方法[12-15]

(1)文档频率选择方法(document frequency，DF)。DF是在概率统计理论基础上建立起来的特征提取方法。通过对文本内容中，特征项的出现次数来作为特征重要性的判定依据。DF方法认为，特征的重要性主要由特征出现的频率次数决定的，低于某个阈值的特征项一般不含或仅有较少类别区分信息。因此，仅选择大于指定阈值的特征项集合。DF具有原理直观、便于实现的优点，但由于特征的出现频率与包含的类别区分信息并不一定正向相关，因此，DF的性能并不突出。

(2)信息增益选择方法(information gain，IG)。IG源于信息论基础，通过信息增益值进行文本特征的重要性排序。信息增益值表现为文本特征对类别的重要性，IG越高则该特征越重要。通过设定阈值，选取大于该阈值的特征即可完成特征提取过程。IG的定义为

$$\mathrm{IG}(t,C_i)=P(t)P(C_i\mid t)\log\frac{P(C_i\mid t)}{\log P(C_i)}+P(\bar{t})P(C_i\mid \bar{t})\log\frac{P(C_i\mid \bar{t})}{\log P(C_i)} \quad (13\text{-}15)$$

其中，$P(C_i)$指类别为 C_i 的文本在整个文本集中的概率；$P(t)$为文本集中含有特征 t 的概率；$P(C_i|t)$为文本中出现特征 t 时，该文本属于类别 C_i 的条件概率；$P(\bar{t})$为文本集中未出现特征 t 的概率；$P(C_i|\bar{t})$指文本中无特征 t 时，属于类别 C_i 的条件概率。

IG考虑特征项在文本中出现前后的信息熵之差。某个特征项的IG越大,则贡献越大,对分类也越重要。IG的不足之处在于考虑了特征未发生的情况。当类别与特征值的概率分布严重失衡时,此时的IG函数值将由不出现的特征决定。所以,IG的效果会严重受到影响,这也是IG最主要的缺点所在。

(3)互信息选择方法(mutual information,MI)。MI体现了特征项与类别的相关程度,广泛用于建立词关联统计模型。假设有特征词条 w 和类 c, w 和 c 互信息定义为

$$\mathrm{MI}(w,c)=\sum_{i=1}^{m}P(c_i)\log_2\frac{P(w\mid c_i)}{P(w)P(c_i)} \tag{13-16}$$

其中 $P(w|c_i)$ 定义为 w 和 c 的同现概率;$P(w)$ 定义为 w 出现的概率;$P(c_i)$ 定义为 i 类值的出现概率。若特征项与类别在概率分布上具有相对的独立性,则由式(13-16),有 $P(w|c_i)=P(w)P(c_i)$,使得 $\mathrm{MI}(w,c)=0$。在此条件下,特征词条 w 对于类别 c 的区分角度来说,不包含相应的信息量。

由MI的定义式(13-16)可看出,特征项的边缘概率对MI影响十分明显。这使得一些稀有的文本特征词在相等条件概率 $P(w|c)$ 下得分偏高。当特征分布频率差异较显著时,MI就失去了判定的准确性。这导致MI不会选择高频的有用词,反而可能选择稀有词作为文本特征。

(4)CHI统计选择方法(χ^2 统计)。CHI是在特征 t 与类别 C 假定具有一阶自由度的 χ^2 分布基础上提出的一种FS方法,用于衡量两者之间的关联程度。χ^2 值的大小与特征和类别的相关性成正比,表示特征包含的类别信息量的大小。

特征 t 与类别 C_i 的 χ^2 值定义为

$$\chi^2(t,C_i)=\frac{N\times(AD-CB)^2}{(A+C)(B+D)(A+B)(C+D)} \tag{13-17}$$

其中,N 是文本集总的数量;A 是包含特征 t 并且类别为 C_i 的文本数;B 是包含特征 t 但类别不为 C_i 的文本数;C 是指不包含特征 t,类别为 C_i 的文本数;D 是指既没有包含特征 t,类别也不为 C_i 的文本数。

当类别较多时,可以通过式(13-17)分别算出特征 t 与不同类别的 χ^2 值,然后取其中 χ^2 值最大的类别作为特征 t 所属类别,即 $\chi^2_{\max}(t)=\max_{i=1}^{m}\chi^2(t,C_i)$。

CHI方法认为,特征的重要性主要由特征的 χ^2 值决定。低于某个 χ^2 值的特征项一般不含或仅有较少类别区分信息。因此,仅选择大于指定 χ^2 值的特征项集合,完成特征提取过程。

(5)期望交叉熵选择方法(cross entropy, CE)。CE指类别 C_i 的概率分布与包含特征 t 情况下的类别概率分布的不同,并通过距离来进行表示。CE的计算公式如下:

$$\mathrm{CE}(t)=\sum_{i}P(C_i\mid t)\log\frac{P(C_i\mid t)}{P(C_i)} \tag{13-18}$$

其中，$P(C_i|t)$指文本特征 t 与类别 C_i 的同现概率，$P(C_i)$指类别 C_i 在文本集中的概率。$P(C_i|t)$值反映了特征与类别的关联程度，与 CE 值成正比关系。特征的 CE 值则是该特征提取方法的特征判定标准。通过选择 CE 值大于设定阈值的特征项集合，即可完成特征提取过程。

CE 与 IG 的实现方式类似，但 CE 并不考虑不出现的特征项。实验显示，用 CE 优于用 IG。主要由于未出现的词对类别的贡献通常远小于带来的干扰。特别是在类分布和特征值分布高度不平衡条件下。

(6)文本证据权选择方法 (the weight of evidence for text，WET)。WET 的主要思想是通过计算类别出现的概率与指定特征项条件下类别的条件概率之间的差异来进行选择。WET(t)的计算公式为

$$\mathrm{WET}(t)=\sum_i P(C_i)\left|\log\frac{P(C_i\mid t)(1-P(C_i))}{P(C_i)(1-P(C_i\mid t))}\right| \tag{13-19}$$

其中，$P(C_i|t)$指文本特征 t 与类别 C_i 的同现概率；$P(C_i)$指类别 C_i 在文本集中的概率。WET 值体现了特性项对于类别的重要程度，WET 值越大，则该特征性对于类别越重要。特征的 WET 值是该特征提取方法的特征判定标准。通过选择 WET 值大于设定阈值的特征项集合，即可完成特征提取过程。

(7)优势率选择方法 (odds ration，OR)

OR 通过文本特征与类别之间的分值来进行特征提取。计算公式为

$$\mathrm{OR}(t,\mathrm{pos})=\log\frac{P(t\mid \mathrm{pos})(1-P(t\mid \mathrm{neg}))}{(1-P(t\mid \mathrm{pos}))P(t\mid \mathrm{neg})} \tag{13-20}$$

其中，pos 为指定的文本类别；而 neg 为非 pos 的文本类别。由其定义式可知，OR 特征提取方法只能解决二分类问题。

2)常用特征提取方法性能分析

随着文本挖掘技术的不断深入，在 FS 领域已经有了不少宝贵的研究成果。这些 FS 方法从特征频率与类别信息两方面来说，可以进行一个大概的划分。倾向于特征出现频率的方法有 DF、IG、CHI、MI 等；倾向于类别信息的有 CDT (categorical descriptor term)、SCIW (strong class information words)等特征提取方法。

倾向于特征出现频率与倾向于类别信息的两类 FS 方法各自的侧重点不同。前者重点在于特征项的整体分布；而后者更多的重视类别信息。两者各有优势，但过多强调某一方面都会造成有效信息的缺失。若能结合两者的优势，兼顾特征的整体分布与类别分布情况，将会有力促进 FS 的研究工作。

当前，已经存在大量的 FS 方法。这些方法所处研究角度不同，性能也各有差异。研究学者对 DF、IG、MI、CHI、ECE、WET、OR 进行了深入的横向比较，对比结果显示，各种 FS 方法的性能排序如下[10]：

$$\mathrm{MI}<\mathrm{DF}<\mathrm{WET}<\mathrm{ECE}<\mathrm{CHI}<\mathrm{IG}<\mathrm{OR}。$$

上述的性能排序大致说明了各种 FS 方法的性能表现，但根据所测语料库的不同，性能的分析结果也不尽相同。例如研究学者 Yang、Pedersen 等的比较实验结果显示 IG 性能最优；而在 Forman、Yang 等的研究中，CHI、IG 性能突出，相应的组合方法优势也较为明显。

综上所述，由于语料库的不同与性能分析角度的不同，目前还没有一种具有较强适应能力的 FS 方法。

3. 基于 χ^2 统计量的文本特征分布矩阵

χ^2 统计量源自概率统计中的联表检验，是 CHI 特征提取方法的理论基础，用于衡量两者之间的关联程度。χ^2 值的大小与特征和类别的相关性成正比，表示特征包含的类别信息量的大小。实验证明，CHI 特性选择方法具有较好的特征提取能力[16]。

特征 t 与类别 C_i 的 χ^2 值定义为

$$\chi^2(t_i, C_j) = \frac{N \times (A \times D - C \times B)^2}{(A + C) \times (B + D) \times (A + B) \times (C + D)} \tag{13-21}$$

其中，N 是文本集中总的文本数量；A 是包含特征 t 并且类别为 C_i 的文本数；B 是包含特征 t 但类别不为 C_i 的文本数；C 是指不包含特征 t，类别为 C_i 的文本数；D 是指既没有包含特征 t，类别也不为 C_i 的文本数。

由式(13-21)可以看出，χ^2 统计量仅体现了特征在文本集中的频率。若存在特征只属于某一类文本，但分布的频率很高的情况，则其 χ^2 统计值较低。因此，这类特征会被筛选出候选特征集。但通常来说，此类特征往往具有很强的类别区分信息，能够很好地进行类别判定，是某些类别的显著体现。所以，χ^2 统计量对出现频率较低的特征项具有较大的误差。

为了避免 χ^2 统计量的不足，若能综合特征项在每一分类类别的具体分布，将能极大改善 CHI 特征提取方法性能。在此分析基础之上，本章提出了 χ^2 统计量矩阵，能够清楚的反映出特征项的概率分布情况，如下所示：

$$\boldsymbol{F} = \begin{bmatrix} \chi^2(t_1, C_1) & \chi^2(t_1, C_2) & \cdots & \chi^2(t_1, C_m) \\ \chi^2(t_2, C_1) & \chi^2(t_2, C_2) & \cdots & \chi^2(t_2, C_m) \\ \vdots & \vdots & \ddots & \vdots \\ \chi^2(t_n, C_1) & \chi^2(t_n, C_2) & \cdots & \chi^2(t_n, C_m) \end{bmatrix} \tag{13-22}$$

从上式可以看出，整个矩阵体现了特征的一个整体分布情况。矩阵中的行与列分别代表了特征在不同类别或相同类别中的概率分布。在此基础上进行的特征提取操作，能够避免过多考虑特征或过多考虑分类类别的缺陷。

4. 算法描述

通过 χ^2 统计量进行文本特征的选择还存在一些具体的问题。该方法基于特征与类别之间具有一阶自由度的 χ^2 分布假设。而在实际应用中，会出现某些出现频率极低，但其 χ^2 统计值却相对较大的特征或与之相反的情况。经过深入的研究分析发现，这主要是由于特征与类别之间的 χ^2 分布假设被打破导致的。

基于此分析，需要通过某种方法来对特征的分布进行一定程度的修正，避免极端分布情况出现。然而，文本特征的分布本身就具有不确定性，如何在不引入新的不确定性因素干扰的情况下对特征分布进行修正，是一个十分具有挑战性的研究课题。

借助云模型在不确定性知识处理上的优势，通过对特征在类别上的 χ^2 统计值转换为对类别的隶属度层次进行处理，从而实现对特征分布的修正。

在上节中，定义的特征 χ^2 分布矩阵体现了特征的一个整体分布情况。矩阵中的行与列分别代表了特征在不同类别或相同类别中的概率分布，从另一角度来说，也客观体现了特征对不同类别分类重要性的大小，即对类别的贡献程度。若能在获取不同类别中贡献度较高的特征子集的基础上，构建整个文本集的特征集合，将同时兼顾到所有的文本类别，极大降低特征分布不均衡情况对特征提取造成的影响。

通过云模型中隶属度的修正，特征在文本上的 χ^2 统计值映射成为[0,1]区间上的连续值。此时的隶属度客观上反映了特征对类别的相关性程度，隶属度越高，则对于类别的相关性也同样越大。

在进行云隶属度转换后，可以根据云模型中定量值的贡献值大小对特征进行初步筛选，降低特征提取的计算量。云模型中，由定量值贡献度的定义式可以推出，区间[Ex－0.67En,Ex＋0.67En]上的特征对整个定性概念的贡献较大且数量较少(用占总量22.33％的特征实现了对类别50％的贡献)，故此将这部分特征作为初次筛选的特征子集。

在如何提取特征的问题上，经过仔细深入的研究分析，本章提出了一种新的动态聚类的处理方法[17]。这主要考虑到算法构建的普遍适用性，同时，也尽量避免人工监督或先验知识对算法性能的影响。算法根据特征数据的分布情况，不需要任何先验知识，通过逐级试探的策略找到满足特征提取的子集规模。

算法的具体步骤如下。

算法 13-3 文本特征逐级动态聚类算法。

输入：文本类别 C_i//由式(13-24)所示的 χ^2 统计量分布矩阵中的一列，并且 χ^2 值经过云隶属度修正。

输出：文本特征子集 T_i。

算法步骤：

(1)构建新类别向量 $C_i'=\{d_{ij},\text{Clusterid}\}$//$d_{ij}$ 为 C_i 中，按升序排列的不重复的隶属度，Clusterid 为聚类类别编号，初始为 0。

(2) 计算 $e=\sqrt{\sum_{j=1}^{|C_i'|}(d_{ij}-\bar{d}_i)^2/|C_i'|}\Big/\sqrt{|C_i'|}$　//e 为聚类结束控制阈值，即抽样样本平均数的平均误差。此处总体数据即训练样本集。

(3) $K=1, v=e+1$　　//K 为初始的类别数，v 是整个循环的控制条件。

(4) WHILE($v>e$)DO　//v 体现了类别的聚合度，若 $v\leqslant e$，则聚合程度较好，可以跳出循环：

①构建中心类别表 TC：将 C_i'分成相同的 $K+1$ 份，将其右端点值作为 C' 的中心加到 TC，C_i'中元素的 Clusterid 为从 0 开始的区间序号；

②$e_1=0$　//临时变量，用于每一 K 下的类别循环控制；

③若 $e_1\neq v$ 时，循环：　//将类别间的平均标准差是否稳定作为循环结束条件；

i. $e_1=v$；

ii. 计算 C_i'中每个值到 TC 中各类别中心的距离，并将其划入距离最小的类别；

iii. 更新 TC 中各类别中心；//通过加权平均方法；

iv. 计算 TC 中各类别的标准差 S_i，并且令 $v=\left(\sum_{i=1}^{K}S_i\right)/K$；

④$K=K+1$ //类别逐步增加。

LOOP。

(5) $K'=K-1, T_i=\{t_j\mid t_j\in C_i\wedge \text{Clusterid}=K'\}$　//K'为聚类类别数。由类别向量的构建情况可知，Clusterid$=K'$的元素是隶属度较大的特征子集。

(6)RETURN T_i。

在算法 13-3 中，步骤(4)的时间复杂度决定了整个算法的时间复杂度。由于步骤(4)是基于 k 均值聚类方法(时间复杂度为 $O(k\times n)$)基础，所以整个算法的时间复杂度为 $O(k^2\times n)$(n 为特征个数，k 为聚类个数)。

此外，由算法的具体步骤可知，算法 13-3 的空间复杂度为 $O(n)$。

算法 13-3 解决了特征的自动获取问题，同时结合云模型的隶属度概念，本章提出了一种新的文本特征自动选择的解决方案。整个过程无需任何先验知识，通过自动分析特征的分布特点构建特征子集。算法不仅避免了特征子集的选择尺度问题，同时具有较强的适应性特点。

基于云模型的文本特征自动提取如算法 13-4 所示。

算法 13-4　基于云模型的文本特征自动提取算法 (features automatic selection, FAS)[17]。

输入：文本 χ^2 统计量矩阵 F，文本训练集 TR。

输出：训练子集 TR′。

算法步骤：

(1)$T=\varnothing$；//T 为特征集，开始进行初始化操作；

(2)依次选择 F 中每一列 C_i，进行以下步骤处理：

①运用逆向云算法计算 C_i 的数字特征 $C(\mathrm{Ex},\mathrm{En},\mathrm{He})$；

②运用正向云算法将 C_i 特征值转化成对应隶属度；

③将 C_i 中区间[Ex－0.67En，Ex＋0.67En]内的特征作为待选特征子集，在此基础上构建待选类别 C_i'；

④调用算法 13-3 对 C_i'进行处理，得到特征子集 T_i；

⑤$T=T\cup T_i$。

(3)将 TR 中不在 T 内的特征删除，在此基础上得到训练子集 TR′。

算法 13-4 的时间复杂度主要由步骤(2)决定。由算法 13-3 的复杂度分析，算法 13-4 的时间复杂度为 $O(k^2\times n\times m)$(其中 n 为特征个数，m 为类别数)，空间复杂度与算法 13-3 相同，为 $O(n)$。

5. 实验及分析

为了验证 FAS 算法的正确性与有效性，本章采用了目前性能较为出色的多个 FS 方法进行横向对比。最终的 FS 性能通过 KNN 分类器($k=30$)进行分类作为对比。

文本分类结果使用准确率(Precision＝分类正确数/实际分类数)、查全率(Recall＝分类正确数/应有数)、$F_1=\dfrac{2\times P\times R}{P+R}$指标进行性能评估。

1)语料库

在整个实验构建中，为了减少不同语料库对算法性能的影响，采用了中文语料与英文语料(中文语料库为 TanCorpV1.0[18]，英文语料库为 Reuters-21578[19])。其中 TanCorpV1.0 包含文本 14150 篇，共分为 12 类。经过停用词移除处理后，得到词条 72584 个。

对于 Reuters-21578，使用只有 1 个类别、且每个类别至少包含有 5 个以上的文档。这样，得到训练集 5273 篇、测试集 1767 篇。经过停用词移除处理后，得到 13961 个词条。

2)具体的实验过程及实验结果分析

目前，主流的 FS 方法一般根据领域专家的经验知识进行特征提取尺度确定。不同的 FS 方法或者不同的语料库的特征提取尺度均不相同。而选择尺度的大小直接关系着文本挖掘的性能。

为了找到不同 FS 方法的最优特征数，在实验中，通过不断增加特征数目来进行确定。具体的实验结果见图 13-6 和图 13-7。

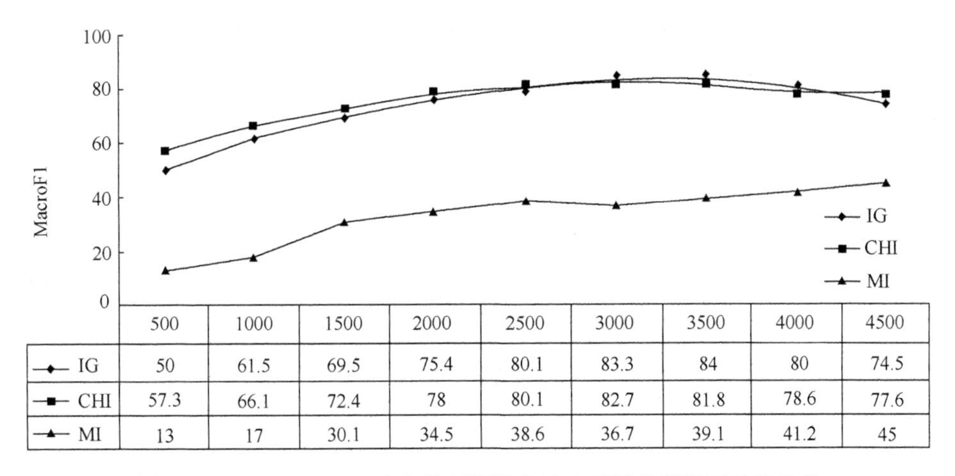

	500	1000	1500	2000	2500	3000	3500	4000	4500
IG	50	61.5	69.5	75.4	80.1	83.3	84	80	74.5
CHI	57.3	66.1	72.4	78	80.1	82.7	81.8	78.6	77.6
MI	13	17	30.1	34.5	38.6	36.7	39.1	41.2	45

图 13-6　TanCorpV1.0 上各特征提取方法在不同特征数下性能比较

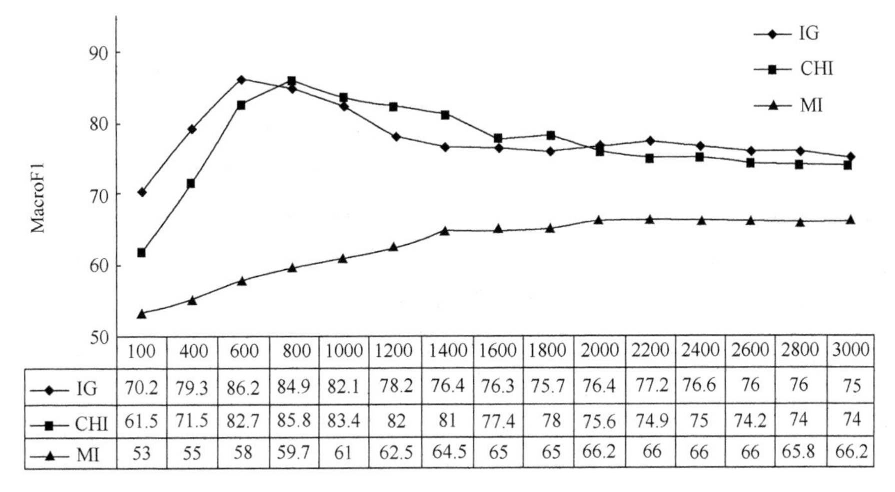

	100	400	600	800	1000	1200	1400	1600	1800	2000	2200	2400	2600	2800	3000
IG	70.2	79.3	86.2	84.9	82.1	78.2	76.4	76.3	75.7	76.4	77.2	76.6	76	76	75
CHI	61.5	71.5	82.7	85.8	83.4	82	81	77.4	78	75.6	74.9	75	74.2	74	74
MI	53	55	58	59.7	61	62.5	64.5	65	65	66.2	66	66	66	65.8	66.2

图 13-7　Reuters-21578 上各特征提取方法在不同特征数下性能比较

从图 13-6、图 13-7 可以看出，IG、CHI 方法随着特征数的增加分类性能提升较快。而 MI 方法需要的特征数则较多，性能提升缓慢。同时我们发现，当特征数达到某个阈值时，各特征提取方法性能均会达到最佳状态。但此阈值的获取因特征提取方法的不同、语料库的差异而各有不同，需要大量实验才能得到。

而使用 FAS 算法在 TanCorpV1.0 上自动提取的特征数平均为 1380 个，在 Reuters-21578 上自动提取的特征数平均为 239 个，不仅不需要任何经验知识，而且特征数明显少于 IG、CHI、MI 等 FS 方法。

为了测试 FAS 算法选择特征子集的有效性，将由不同 FS 方法选择的特征子集进行文本分类实验。具体测试结果见表 13-1，表 13-2。

表 13-1 TanCorpV1.0 上各特征提取方法分类性能比较

特征选择及分类方法	已选特征		分类性能/%			各阶段时间消耗/s		
	特征数	所占比例	准确率	召回率	F_1	特征选择	分类阶段	总计
KNN	72584	100	83.1	83.5	83.3	0	1843	1843
KNN+IG	3500	5	83.4	84.2	83.8	0	591	591
KNN+CHI	3000	4	84.2	84.1	84.1	0	572	572
KNN+MI	21000	29	73.5	72.1	72.8	0	985	985
KNN+FAS	1380	2	90.2	89.5	89.8	24	238	262

表 13-2 Reuters-21578 上各特征提取方法分类性能比较

特征选择及分类方法	已选特征		分类性能/%			各阶段时间消耗/s		
	特征数	所占比例	准确率	召回率	F_1	特征选择	分类阶段	总计
KNN	13961	100	85.7	86.5	86.1	0	1091	1091
KNN+IG	655	5	87.3	85.4	86.3	0	298	298
KNN+CHI	899	6	85.1	86.6	85.8	0	314	314
KNN+MI	3568	26	71.3	73.2	72.2	0	766	766
KNN+FAS	239	2	92.5	93.4	92.9	8	156	164

从不同 FS 方法选择特征子集的分类性能比较分析中可看出，相比特征提取方法 IG、GHI、MI 而言，通过 FAS 算法提取的特征子集不仅数量较少，而且保持了较高的分类精度。相比 KNN 方法在 TanCorpV1.0 上的最好宏平均($F_1=84.78\%$)[18] 与 Reuters-21578 上的最好宏平均($F_1=86.1\%$)[19]，KNN 在 FAS 算法提取特征集上宏平均指标提高了 5%～6%，充分说明了算法的优异性能。

从整个算法的时间复杂度来比较，FAS 算法也具有明显的优势。这是因为整个分类的时间主要由特征提取及分类耗时两部分组成。FAS 算法的时间复杂度为 $O(k^2\times n\times m)$(k 为平均聚类个数，n 为特征数，m 为类别数)，而通常分类算法的时间复杂度至少为 $O(m\times n^2)$(n 为特征数，m 为类别数)以上。n 的大小(即特征集的大小)对算法的时间复杂度影响巨大。虽然 IG、CHI、MI 等 FS 方法由于直接根据经验指定特征集大小，无须耗费时间，但该特征集是否最优需要多次测试，另一方面由于所选特征远较 FAS 算法多，直接导致分类时间耗费大幅增加。

表 13-1 与表 13-2 还清晰地显示出由于特征子集类别区分能力的差异，对分类结果的不同影响。由 FAS 算法抽取的特征子集虽然个数较少，但由于选择的特征项具有较强的类别区分能力，所以分类性能也相应较高。以 TanCorpV1.0 为例(图 13-8)，不同 FS 方法提取的特征子集在不同类别上的分布情况就清楚地说明了这一点。

图 13-8 中显示，在不同类别特征子集的选择上，FAS 算法保持了一个较为均匀的分布，并不因为某些类别的特征项较多而选择过多的该类特征。因此，FAS 算法对特征项较少的类别也能兼顾。

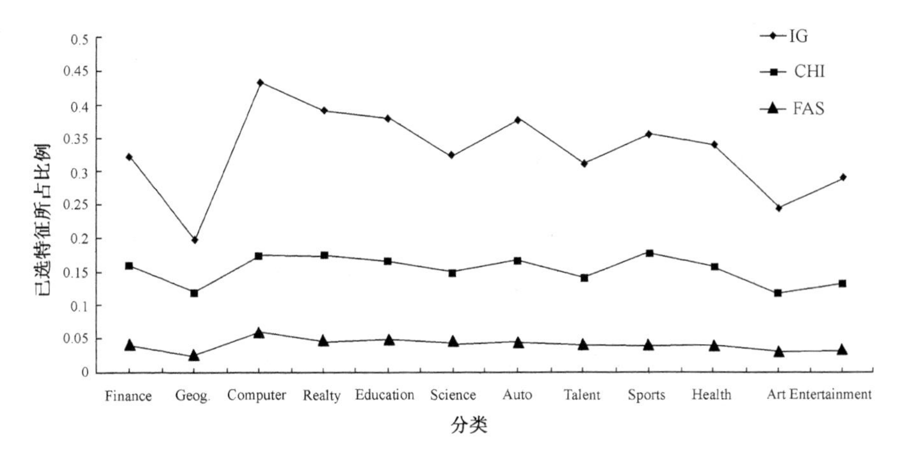

图 13-8　TanCorpV1.0 上各特征提取方法特征集分布情况

FAS算法从客观上也说明，基于云隶属度的 χ^2 统计值修正避免了特征的极端分布情况，在一定程度上提高了文本分类的性能。

13.3.3　基于云概念跃升的文本分类

基于云概念跃升的文本分类主要步骤如图 13-9 所示。

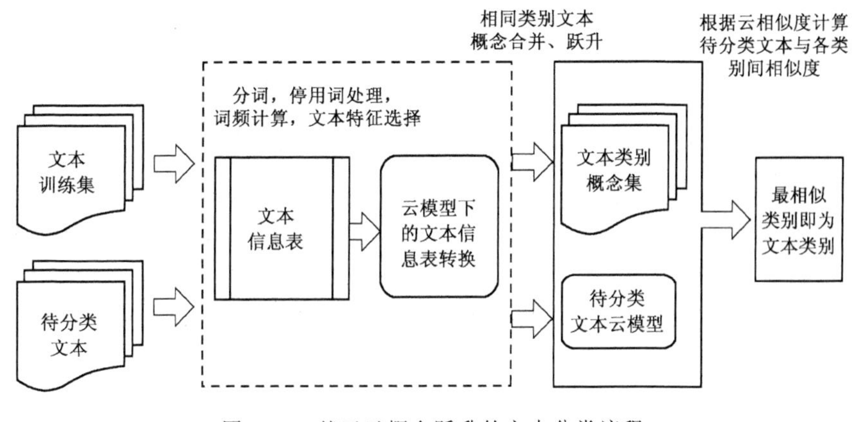

图 13-9　基于云概念跃升的文本分类流程

1. 算法描述

整个算法分为文本预处理、文本信息表转换、类别概念提取、文本云模型概念相似度计算等几个部分组成[20]。

算法 13-5　基于云概念跃升的文本分类算法(cloud concept jumping up classifier，CCJU)。

输入：文本训练集 T，待分类文档 d。

输出：d 所属类别。

算法步骤：

(1)对 T，d 进行分词、停用词处理。

(2)TF-IDF 词频计算。

(3)调用 FAS 算法(算法 13-4)进行文本特征提取。

(4)构建文本信息表 $S = \langle T, C \cup D, V, f \rangle$，$C$ 为文本特征集，D 为文本所属的类别集。

(5)对 S 调用算法 13-1 进行文本信息表转换，得到转换后信息表 S_c。

(6)对 D 中每一类别 D_i，计算该类别概念云模型，最终得到类别概念集 C_{concept}：

①For $j=1$ to $|D_i|-1$；

②$C_{T_j} = C_{T_j}$ MERGE $C_{T_{j+1}}$ //运用概念合并(式 13-14)计算类别概念，其中 T_j，T_{j+1} 是类别为 D_i 的文本，C_{T_j} 为文本的云模型；

③Next；

④$C_{\text{concept}} = C_{\text{concept}} \cup C_{T_j}$。

(7)计算 $\max(\mu(C_d, C'_{\text{concept}}))$，其中 C_d 为文本 d 云模型，$\mu(C_d, C'_{\text{concept}})$ 为 C_d 与 C_{concept} 间任一类别概念云相似度，相似度最大的类别即为 d 归属类别。

(8)Return。

2. 实验与分析

本章实验选用的语料是中文文本分类语料库 TanCorpV1.0[18]，共包含文本 14150 篇，共分为 12 类。预处理采用分词工具 ICTCLAS 对文档进行分词，并去掉数字与标点符号。经过停用词移除处理后，得到词条 72584 个。

CCJU 分类算法在步骤 3 中，调用 FAS 算法进行特征提取。FAS 算法在性能测试中，被证明为是一种优秀的特征提取方法。为了考察是否是特征集的选择才导致了分类器的性能变化，本章分别采用不同的特征提取方法(IG、CHI、FAS)进行特征提取，然后在此基础上进行分类测试。

为比较算法 CCJU 的性能，本章选择 SVM (Torch)、KNN ($k=30$)、NB 作为同比分类测试。所有实验采用三分交叉验证，即把数据集随机划分成三份，每次取其中两份进行训练，一份进行测试，然后把三次分类结果的平均结果作为最终结果。测试结果用正确率(p)、召回率(r)、F_1 指标进行评测，测试结果见表 13-3～表 13-5。

为了更直观地比较各分类器性能，在综合表 13-3～表 13-5 的基础上，得到图 13-9。

表 13-3　采用 IG 特征提取方法基础上的分类性能比较

Category	SVM			KNN			NB			CCJU		
	$p/\%$	$r/\%$	F_1	$p/\%$	$r/\%$	F_1	$p/\%$	$r/\%$	F_1	$p/\%$	$r/\%$	F_1
Finance	79	81	80	75	79	77	75	73	74	80	82	81
Geography	81	82	81	79	80	79	81	81	81	85	88	86
Computer	85	88	86	81	82	81	78	81	79	85	85	85
Realty	88	80	84	82	83	82	78	80	79	88	89	88
Education	75	81	78	72	81	76	79	83	81	80	80	80
Science	78	84	81	80	78	79	70	82	76	84	85	84
Auto	87	90	88	85	88	86	75	79	77	86	87	86
Talent	82	85	83	80	84	82	79	80	79	85	86	85
Sports	81	82	81	80	80	80	70	81	75	88	90	89
Health	80	80	80	79	83	81	69	79	74	82	83	82
Art	78	81	79	75	84	79	70	81	75	75	86	80
Entertainment	81	80	80	80	82	81	76	80	78	82	88	85
Average	81	83	82	79	82	80	75	80	77	83	86	84

表 13-4　采用 CHI 特征提取方法基础上的分类性能比较

Category	SVM			KNN			NB			CCJU		
	$p/\%$	$r/\%$	F_1	$p/\%$	$r/\%$	F_1	$p/\%$	$r/\%$	F_1	$p/\%$	$r/\%$	F_1
Finance	77	79	78	70	72	71	68	73	70	79	80	79
Geography	80	82	81	69	73	71	70	72	71	82	83	82
Computer	68	75	71	78	80	79	70	73	71	84	83	83
Realty	79	80	79	79	80	79	68	70	69	80	80	80
Education	75	75	75	70	81	75	70	71	70	76	78	77
Science	75	74	74	80	83	81	69	75	72	80	82	81
Auto	80	81	80	80	82	81	70	73	71	82	84	83
Talent	79	83	81	77	80	78	75	75	75	80	83	81
Sports	78	85	81	73	75	74	69	70	69	86	88	87
Health	80	80	80	80	81	80	72	72	72	80	81	80
Art	81	83	82	78	81	79	70	72	71	82	85	83
Entertainment	79	80	79	73	78	75	73	73	73	82	86	84
Average	78	80	79	76	79	77	70	72	71	81	83	82

表 13-5　采用 FAS 特征提取方法基础上的分类性能比较

Category	SVM			KNN			NB			CCJU		
	$p/\%$	$r/\%$	F_1	$p/\%$	$r/\%$	F_1	$p/\%$	$r/\%$	F_1	$p/\%$	$r/\%$	F_1
Finance	91	96	93	87	91	89	81	82	81	90	98	94
Geography	89	90	89	82	85	83	90	85	87	92	95	93
Computer	91	94	92	78	90	84	87	85	86	96	96	96
Realty	94	94	94	85	83	84	78	82	80	93	92	92
Education	86	86	86	80	81	80	85	83	84	89	96	92

续表

Category	SVM			KNN			NB			CCJU		
	$p/\%$	$r/\%$	F_1	$p/\%$	$r/\%$	F_1	$p/\%$	$r/\%$	F_1	$p/\%$	$r/\%$	F_1
Science	90	92	91	80	78	79	85	82	83	92	93	92
Auto	87	90	88	76	98	86	81	85	83	95	95	95
Talent	85	93	89	91	85	88	85	86	85	94	95	94
Sports	88	89	88	80	92	86	88	89	88	92	93	92
Health	98	98	98	85	83	84	85	79	82	97	100	98
Art	94	96	95	82	84	83	90	84	87	98	100	99
Entertainment	87	90	88	83	86	84	85	88	86	93	95	94
Average	90	92	91	82	86	84	85	84	85	93	96	95

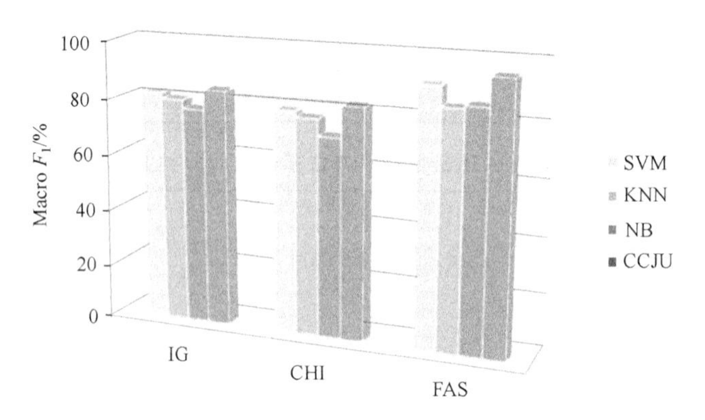

图 13-10 分类器性能比较

从图 13-10 可以清楚看到，无论是采用哪一种特征提取方法(IG、CHI、FAS)，CCJU 分类器均有着不错的表现，说明 CCJU 是一种效率比较高的分类器。在采用 FAS 作为特征提取方法后，各分类器分类性能均有了比较明显的提升，证明 FAS 在特征自动抽取方面的有效性。

13.4 本章小结

文本分类是 TM 中一项文本信息资源组织与管理、文本信息筛选过滤的关键技术。随着 Internet 的不断深入及文本信息资源的快速增加，文本分类已经成为有效管理及高效运用海量信息的重要手段，广泛应用于信息组织管理、搜索引擎、信息筛选过滤等领域。

利用云模型在定性知识表示以及定性、定量知识转换时的桥梁作用，本章将云模型中的概念抽取方法进行文本分类应用。在将文本集转换为基于 VSM 模型的文本知识表的基础上，对训练集中相同类别文档的定性概念进行跃升。根据测试文本与各类别定性概念之间云相似度的大小决定测试文本所属类别。通过在不同特征提取方法下与不同分类器的性能对比,证明该算法不仅具有比较强的特征适应能力,在分类性能上也优于主流的分类器。算法的不足之处在于对某些分布稀疏的类别识别较差,主要在于过多考虑了文本的概率统计特征,而对自然语言本身语义考虑较少。如何将两者有效结合,这是值得长期研究的重点课题之一。

本章的成果得到重庆大学计算机学院机器学习研究所、重庆邮电大学计算智能重庆市重点实验室的大力支持,对在讨论中给予启发并提出宝贵意见与建议的同志们,在此致以深深的谢意!

本章成果得到国家重大科技专项子课题(2008ZX07315-001)、重庆市重大科技专项(2008AB5038)、中央高校基本科研业务资助项目(CDJXS11181160)的支持。

参 考 文 献

[1] 苏金树,张博锋,徐昕. 基于机器学习的文本分类技术研究进展. 软件学报,2006,17(9):1848-1859.

[2] 李德毅. 不确定性人工智能. 北京:国防工业出版社,2005:171-177.

[3] 李德毅,刘常昱,杜鹢,等. 不确定性人工智能. 软件学报,2004,15(11):1583-1594.

[4] Joachims T. A probabilistic analysis of the Rocchio algorithm with TF-IDF for text categorization. Proceedings of ICML-97, 14th Interactional Conference on Machine Leaming. Nashville, 1997:143-151.

[5] 代劲,何中市,胡峰. 基于云模型的连续属性决策表简化算法. 南京大学学报自然科学版,2009,45(5):639-644.

[6] Haruechaivasak C, Choochart J, Wittawat S. Implementing news article category browsing based on text categorization technique. Proc of Web Intelligence and Intelligent Agent Technology (WI-IAT 2008). Piscataway: IEEE, 2008: 143-146.

[7] Myunggwon H, Chang C, Byungsu Y, et al. Word sense disambiguation based on relation structure. Proc of Advanced Language Processing and Web Information Technology (ALPIT 2008). Piscataway: IEEE, 2008: 15-20.

[8] Wang X, McCallum A, Wei X. Topical n-grams: phrase and topic discovery, with and application to information retrieval. Proc of Data Mining (ICDM 2007). Piscataway: IEEE, 2007: 697-702.

[9] 蒋嵘,李德毅,范建华. 数值型数据的泛概念树的自动生成方法. 计算机学报,2000,23(5):470-476.

[10] Yang Y M, Pedersen J O. A comparative study on feature selection in text categorization. Proc of the 14th International Conference on Machine Learning (ICML 1997). San Francisco: MIT Press, 1997: 412-420.

[11] Jana N, Petr S, Michal H. Conditional mutual information based feature selection for classifica-

tion task. Proc of the 12th Iberoamerican Congress on Pattern Recognition (CIAPR 2007). Berlin: Springer-Verlag, 2007: 417-426.

[12] Santana L E A, de Oliveira D F, Canuto A M P, et al. A comparative analysis of feature selection methods for ensembles with different combination methods. Proc of International Joint Conference on Neural Networks (IJCNN 2007). Piscataway: IEEE, 2007: 643-648.

[13] Forman G. An extensive empirical study of feature selection metrics for text classification. Journal of Machine Learning Research, 2003, 3(1): 1533-7928.

[14] Kim H, Howland P, Park H. Dimension reduction in text classification with support vector machines. Journal of Machine Learning Research, 2005, 6(1): 37-53.

[15] 徐燕，李锦涛，王斌，等. 文本分类中特征选择的约束研究. 计算机研究与发展，2008，45(4): 596-602.

[16] Sebastiani F. Machine learning in automated text Categorization . ACM Computing Surveys, 2002, 34(1):1-47.

[17] 代劲，何中市，胡峰. 基于云模型的文本特征自动提取算法. 中南大学学报自然科学版，2011，43(3):714-720.

[18] Tan S, Cheng X, Ghanem M, et al. A novel refinement approach for text categorization. Proc of the 14th ACM Conf on Information and Knowledge Management (CIKM 2005). Bremen: ACM Press, 2005: 469-476.

[19] David L. Reuters-21578 test collection. http://www. daviddlewis. corn/resources/testcollections/reuters 21578/.

[20] Dai J, He Z S. A novel text classification approach based on cloud concept jumping up . Journal of Computational Information System, 2011, 7(9):3275-3283.

第14章 数据挖掘算法的云实现

刘 震 周 涛 李军华
电子科技大学 计算机学院互联网科学中心

14.1 在云上实现数据挖掘算法的技术背景

随着信息时代的迅猛发展,信息已经充斥于我们生活和工作的方方面面,各种所谓信息爆炸、信息过载的惊呼感叹不绝于耳。以一个工科大学生为例,每天要面对的信息就非常繁多,包括专业书本上的专业技术信息、报纸杂志的新闻信息、互联网上的各类信息以及电话和短信等沟通的信息等。人们每天面对这么多的信息,哪些信息是我们需要接收保留的,哪些信息是需要过滤掉的,哪些信息是我们需要更新的,哪些信息是需要关联的,哪些信息是需要分类的,这些都是身处信息时代的现代人不得不面对的问题。每个人的精力是有限的,我们需要通过技术手段来辅助我们完成这些信息整理工作。不光是个人,企业也面临着类似的问题。以电信运营商为例,这些企业承载着数以亿计的庞大用户群,运营商开展的业务种类也很繁多,每天通过各种渠道接收到用户对电信服务的反馈意见规模也非常庞大,哪些意见是中肯的,哪些意见是有助于开发新业务的,哪些意见是必须及时处理的,这些也是运营商需要谨慎应对的问题。当这些反馈意见每天以 TB 的数据规模呈现在运营商面前的时候,仅靠人工的方式已经不能高效处理这些信息,仍然需要我们通过技术手段来解决这一问题。处理以上问题的常见技术手段就是数据挖掘。

根据维基百科,数据挖掘一般是指从大量的资料中自动搜索隐藏于其中的有着特殊关联性(属于关联规则学习)的信息(知识)的过程。资料挖掘通常需要通过统计、在线分析处理、情报检索、机器学习、专家系统(依靠过去的经验法则)和模式识别等诸多方法来实现上述目标。但是经典数据挖掘算法在处理大规模数据时面临较大的性能瓶颈问题,特别是对于如前面提到的运营商面临的海量数据处理问题。那么如何有效提高现有数据挖掘算法的性能,使它们能够满足海量数据处理和分析的需求呢? 2005 年以来,随着云计算技术的快速发展,让研究者看到了云计算技术与数据挖掘技术相结合的可能。云计算这一概念是由 Google 公司首先提出来的,其最终目的是让人们能够像使用水、电、煤气和电话那样使用计算资源,将计算、服务和应用作为一种公共设施,当用户需要的时候,可以很方便地得到。云计算为存储和管理数据提供了几乎无限的存储资源和计算资源，几乎所有的信息资源都可以作为云服务来提供，这些资源包括应用程序、计算能力、存储容量、编程工具，以及通信服务和协作工具等。IT 部门不用担心服务器升级、软件升级及其他计算问题，云就是能解决这些问题的一台“超级计算机”，从而解放 IT 部门。通过云计算，企业将能够最大限度地节约成本，最大限度地增加回报。这样企业可以将节约的 IT 成本投入到创新当中，转换成为新的生产力。这一新颖的解决方案一经提出后，世界知名 IT 公司就积极地参与研究和推动，使得其发展非常迅速。截至目前，云计算在全球已经形成了一个非常庞大的市场。亚马逊、Google、IBM、微软和雅虎等世界知名的大公司都是云计算技术领域的先行者和推动者。云计算发展的一个重要方面就是要让云足够智能，能够根据用户使用云服务时的位置、时间、偏好等信息，实时地对用户的个性化需求做出分析、统计和预测，因此这也在客观上促成了云计算与数据挖掘的结合。

14.2　现有基于云计算的数据挖掘平台

云计算与数据挖掘相结合产生了一个非常具有吸引力的研究领域——云挖掘，并受到了国内外研究者的广泛关注。目前国内外已经研究和开发了一些基于云计算的数据挖掘平台，下面分别加以介绍。

14.2.1　“大云”系统

“大云”是中国移动研究院为打造中国移动云计算基础设施而实施的关键技术研究及原型系统开发计划。这个计划将“云计算”作为实现移动互联网信息化的关键技术之一，可提供海量、高效、低成本的计算能力，核心理念是把廉价的计算单元组合成高效率计算能力的技术。据了解，到目前为止中国移动已经建成 1000 台服务器、5000 个 CPU Core、3000TB 存储规模的“大云”试验室。发布的“大云”BC1.0 已实现分布式文件系统、分布式海量数据仓库、分布式计算框架、集群管理、云存储系统、弹性计算系统、并行数据挖掘工具等关键功能。

14.2.2　Mahout 开源项目

Mahout 是开源组织 Apache 领导的 Hadoop 开源项目的一个子项目，旨在帮助开发人员更加方便快捷地创建智能应用程序。目前实现了几类常见的数据挖掘算法，如分类算法、聚类算法、协同过滤算法、模式挖掘算法、维度约简算法等(http://mahout.apache.org/)。

14.2.3　电子科技大学与华为公司合作的云挖掘项目

2009—2011 年的三年期间，电子科技大学互联网科学中心与华为公司合作开发了基于 Hadoop 分布式平台的数据挖掘算法软件包。该软件包涵盖了数十种数据挖掘主流算法的实现，目前已经成功集成到了华为云计算的整体解决方案中，并开始发挥商业价值。

14.3　经典数据挖掘算法的 MapReduce 实现思路

斯坦福大学的 Chu 等在 2006 年发表的一篇论文中第一次较完整地给出了在多核计算机上利用 MapReduce 模型实现经典数据挖掘算法的技术路线[1]，虽然和目前主流的采用网络集群进行分布式并行计算的做法在具体实施时有一定的区别，但计算思想是可以借鉴的。当时他们采用多核计算机而没有选择网络集群的原因是认为网络通信不可靠以及集群中的计算机有可能会出现故障而导致计算出现异常，而在单台的多核计算机中，这些问题都可以避免。但他们没有预料到后来出现的 Hadoop 平台很好地解决了网络集群的容错和通信保障问题。图 14-1 就是 Chu 等给出的在多核计算机环境下算法任务进行 MapReduce 实现的基本框架。

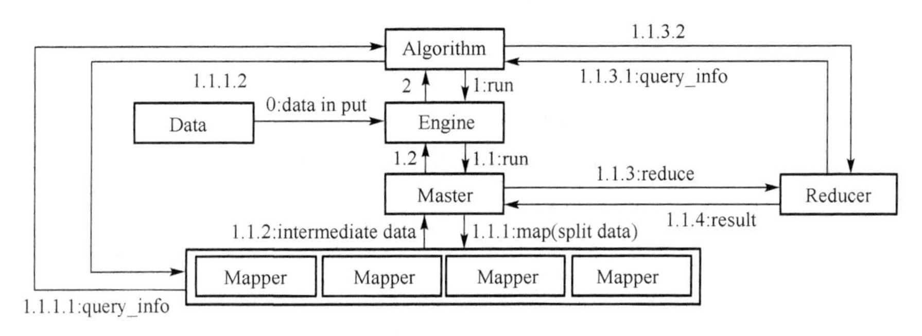

图 14-1　在多核计算机环境下算法的 MapReduce 实现框架

首先，MapReduce 引擎(Engine)负责对训练数据按行进行划分，然后将划分的数据缓存起来以备后续的 MapReduce 过程调用。当然对于不同的算法应该对应不同的 MapReduce 引擎，而且每个 MapReduce 任务也代表对应的算法引擎(图 14-1 中的第 1 步)。引擎将启动一个 Master 任务来协调 Mapper 和 Reducer(图 14-1 中的第 1.1 步)，Master 需要负责将之前划分好的数据分派给各个 Mapper，同时收集 Mapper 处理得到的中间结果(图 14-1 中的第 1.1.1 步和第 1.1.2 步)；然后，Master 将轮流调用 Reducer 处理中间结果(图 14-1 中的第 1.1.3 步)并返回最终结果(图 14-1 中的第 1.1.4 步)。由于有些 Mapper 操作和 Reducer 操作需要额外的算法标量信息，需要对不同算法订制相应的信息接口，Mapper 和 Reducer 通过查询信息接口来得到这些标量信息(图 14-1中的第 1.1.1.1 步和第 1.1.3.2 步)。

基于这个框架，Chu 等实现了 10 种经典数据挖掘算法。下面挑选出 8 种算法，概要描述各个算法哪些步骤需要并行操作。

1)局部权重线性回归算法(LWLR)

LWLR 问题可用一个常规方程 $A\theta = b$ 来解决，其中 $A = \sum_{i=1}^{m} w_i(x_i x_i^{\mathrm{T}})$，$b = \sum_{i=1}^{m} w_i(x_i y_i)$。可以规定两个 Mapper/Reducer 集合来分别计算 A 和 b。由于 A 等于一个特征值乘以一个特征矩阵，b 等于一个特征值乘以一个矩阵，所有只要样本数量远大于特征值的数量，用图 14-1 的框架就可以通过并行来提高性能。

2)朴素贝叶斯算法

在朴素贝叶斯算法中，要根据训练数据来计算 $\phi_{x_j=k|y=1}$、$\phi_{x_j=k|y=0}$ 和 ϕ_y。为了计算这三个值，需要根据训练数据得到 $x_j = k$ 和 y 的统计和来计算 $P(x \mid y)$。这个工作可以用 MapReduce 框架来完成，首先将任务分解给多个处理器，然后由 Reducer 来综和所有中间结果，得到最大可能值。

3)高斯判别分析算法(GDA)

GDA 算法需要通过训练获得四个参数：ϕ、μ_0、μ_1 和 $\sum$。所有这些计算都涉及求和，那么用多个 Mapper 进行并行处理，每个 Mapper 对部分训练样本进行求和(例如 $\sum_1 y_i = 1$，$\sum_1 y_i = 0$ 等)，也就是说，可以将训练样本分为 n 份，利用图 14-1 的框架启动 n 个 Mapper，每个处理 1 份。最后，Reducer 收集所有中间结果，并计算各参数的最终值。

4)K 均值算法

K 均值算法是一个很常见的无监督学习算法，它的是目标是将训练样本聚到 k 个类中。算法迭代计算每个簇的质心，并重新将每个样本重新分到离它最近的簇，直到质心不变或达到最大的迭代次数就停止迭代。显然，计算样本和质心的欧式距离可以并行进行，只要将数据分成几个的块，对每个块分别进行聚类。然后，由 Reducer 收集各 Mapper 的工作，再重新计算每个簇的质心。

5)逻辑回归算法

当用逻辑回归(logistic regression)解决分类问题时，需要选择 $h_\theta(x) = g(\theta^{\mathrm{T}} x) = 1/(1 + \exp(-\theta^{\mathrm{T}} x))$ 作为前提假设。那么要训练 θ 来对数据分类，并用梯度规则(gradient ascent rule)来优化似然函数。当选择批处理的梯度规则时，求和公式 $\theta = \theta + \alpha\left(\sum(y(i) - h_\theta(x(i))x_j(u)\right)$ 很容易用 MapReduce 框架来进行并行化。

6)人工神经网络算法

神经网络学习方法提供了近似计算实值，离散值和向量的目标函数。这里只关注反向传播神经网络算法,它逐步调整网络的参数使其达到最优,以适合训练集。首先定义一个网络结构(如使用 3 层网络和两个输出神经元),每个 Mapper 将它的数据集传到网络中,对于每个数据,将误差反向传播,由后向前计算各层神经元之间的连接权值的梯度。然后,Reducer 对局部的梯度进行求和,并根据批处理的梯度规则来更新整个网络的权重。

7)主成分分析(PCA)算法

PCA 设法找到数据集所属的子空间。在数学层面上,可以证明实协方差矩阵的主特征向量正是所要求的主成分。观察实协方差矩阵的计算公式 $\frac{1}{m}\sum_{i=1}^{m} x^{(i)} \cdot x^{(i)^{\mathrm{T}}}$,显然,可以并行计算这个矩阵。将数据集分成很多小的组,对每一组分别计算 $\sum_{\text{subgroup}}(x^{(i)} \cdot x^{(i)^{\mathrm{T}}})$。最后由 Reducer 对局部结果求和得到最终的实协方差矩阵。

8)期望最大化算法

在 MapReduce 的实现中,用混合高斯模型作为基本的模型。并行的实现:在 E 阶段,每个 Mapper 只是处理训练数据的子集和计算相应的伪期望值。在 M 阶段,ϕ,μ 和 σ 三个参数需要更新。对于 ϕ,每个 Mapper 要计算 $\sum_{\text{subgroup}}(w_j^{(i)})$,Reducer 把各部分的结果总和分成 m 份。对于 μ,每个 Mapper 计算 $\sum_{\text{subgroup}}(w_j^{(i)} \cdot x^{(i)})$ 和 $\sum_{\text{subgroup}}(w_j^{(i)})$,Reducer 总和各部分的结果并相除。对于 σ,每个 Mapper 计算 $\sum_{\text{subgroup}}(w_j^{(i)}(x^{(i)}-\mu_j)(x^{(i)}-\mu_j)^{\mathrm{T}})$ 和 $\sum_{\text{subgroup}}(w_j^{(i)})$,Reducer 再把各部分的结果总和并相除。

14.4　经典数据挖掘算法在 Hadoop 平台的实现范例

Google、IBM、Amazon 等公司都推出了自己的云计算框架,但目前主要针对的是企业级用户,而对云计算感兴趣的普通公众却没有机会接触,直到开源组织 Apache 的一个顶级开源项目 Hadoop 的出现,才真正向公众拨开了云计算的神秘面纱。目前基于 Hadoop 的云应用研究与开发已经成为云计算最热门的技术领域,可以说 Hadoop 为云计算研究的普及和推广做出了突出的贡献。

下面给出两种经典数据挖掘算法在 Hadoop 平台上的实现。

14.4.1　协同过滤算法在 Hadoop 平台的实现

基于用户的协同过滤算法现已被应用在多种个性化推荐系统中,但是该算法存在着一个严重的问题,就是随着用户和商品数目的增多,其计算量也急剧增长。为了解决大数据集计算时间消耗过大的问题,本节借助 MapReduce 设计思想,将该算法进行并行化改造，并部署于 Hadoop 云计算平台上运行。实验结果显示，在计算数据分配合理，数据量较大的情况下，集群上算法的性能可以达到线性加速的良好效果。

1. 协同过滤算法简介

协同过滤算法是一个经典的个性化推荐算法，它被广泛地应用于许多商用推荐系统中[2-3]。当数据集很大的时候，协同过滤算法的计算量也非常的大，为了解决计算量大的问题，我们将协同过滤算法部署在 Hadoop 平台上进行计算。此平台的 MapReduce 框架允许用户将一个大任务分解为很多的小任务，然后将小任务分别在计算机集群内进行并行运算处理，从而提高运算速度。

本部分主要做了下面两方面的研究和实验：

(1)对每个用户计算其推荐过程来代替传统的协同过滤算法的计算过程，并将我们的计算算法部署在了 Hadoop 平台上面；

(2)协同过滤算法在 Hadoop 平台 MapReduce 框架下实现与单机相比的性能如何，以及运算性能的提高和 Hadoop 平台集群中 DataNode 数目的关系。

2. 协同过滤的思想

协同过滤算法的经典实现主要基于以下假设：

(1)人与人之间存在偏好和兴趣上的相似，相似的人之间有很大的参照性；

(2)人对事物的偏好是具有稳定性的，不会随意或者频繁地变动；

(3)人的过去与将来存在一定的继承性，可根据某人过去的偏好预测其未来的选择。

根据以上假设，协同过滤算法对比用户自身的行为和其他用户的行为，先找出其中最相似的邻居，然后根据与之最相似邻居的兴趣或偏好预测该用户的兴趣和偏好，从而帮助该用户进行决策。

3. 协同过滤算法具体过程

协同过滤算法过程主要包括三步：用户与项目的关系表示、寻找相似用户和预测评分。以下是详细过程。

1)用户与项目的关系表示

协同过滤算法的第一步是构建用户和项目的关系矩阵，既将用户和项目的关系用一个打分矩阵的形式表示出来。如果用行表示用户，列表示项目的话，则矩阵元素 M_{ij} 表示用户 i 对项目 j 的评分情况。如果该矩阵极度稀疏，也可以改用链表存储等方式。

2)查找相似用户

协同过滤算法第二步是计算用户之间的相似度,从而找出最相似的邻居用户,一般相似度计算方法常采用余弦相似度计算法:

$$\mathrm{sim}(x,y)=\frac{\sum_{s\in S_{xy}} r_{x,s}\cdot r_{y,s}}{\sqrt{\sum_{s\in S_{xy}} r_{x,s}^2}\cdot\sqrt{\sum_{s\in S_{xy}} r_{y,s}^2}} \tag{14-1}$$

其中,$r_{x,s}$表示用户 x 对项目 s 的评分;$r_{y,s}$表示用户 y 对项目 s 的评分;S_{xy}表示用户 x 和用户 y 共同评过分的项目集合。

3)预测评分值

协同过滤算法的最后一个步骤是计算用户对项目的预测评分值的过程,具体计算公式为

$$r_{x,s}=\bar{r}_x+\frac{\sum_{y\in S_{xy}}(r_{y,s}-\bar{r}_x)\cdot \mathrm{sim}(x,y)}{\sum_{y\in S_{xy}}\mathrm{sim}(x,y)} \tag{14-2}$$

当评分计算后,只需对预测分值排序,并根据预测值向用户推荐即可。

4. 协同过滤算法面临的问题及应对策略

通过协同过滤算法过程的分析,不难发现该算法的运算量巨大而且过程也较复杂,特别是当用户和项目的数目较大时,一台普通计算机计算耗费的时间可能会达到几天甚至更长的时间,这是让人难以忍受的,如果数量更大,单机甚至无法完成计算。基于上述原因我们决定将传统协同过滤算法并行化后借助 Hadoop 云计算平台解决协同过滤算法中计算量过大、计算时间过长的问题。

5. 协同过滤算法的 MapReduce 化

前面已经分析了采用云计算的方式解决传统协同过滤算法中计算代价过大问题的必要性,本节将介绍协同过滤算法的 MapReduce 化具体实现过程,通过上节的分析发现,协同过滤算法不但计算量大,而且计算过程也较复杂,在研究对其计算过程进行 MapReduce 化时需要注意避免由于计算过程在各个集群节点间通信频繁而使算法性能降低的问题。在实际应用中一般用户数量规模相对于商品数量规模要偏小一些,为了避免上面提到通信代价问题,通常按照用户进行算法分割,当然根据实际需要,也可以按照商品进行算法分割。按照用户分割的算法就是将部分用户和其他用户相似度的计算过程、预测评分过程以及推荐过程都封装在一个 Map 过程中,这样,Map 的输入就是包含用户 ID 的文件。我们的算法实现可以分为以下 3 个阶段。

1)数据划分

在此阶段,需要将用户 ID 合理的分割到不同的文件中,作为 Map 过程的输入,一般数据划分应满足如下两个原则:

(1)有效计算时间最大原则,即平台的大部分运行时间都应最大化的花费在计算过程中而不是频繁初始化 Mapper 的通信中。例如,在图 14-2 中,将 1000 组数据划分为 1000 份,这就会使 Mapper 频繁的初始化,将其与数据划分为 50 份的情况作对比,从图 14-2 中可以明显看出,数据划分对计算时间的影响是非常大的。

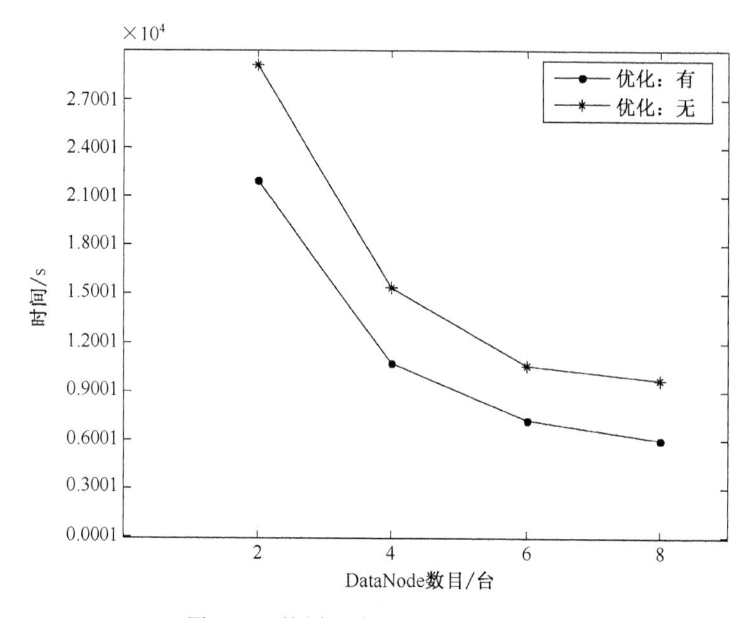

图 14-2　协同过滤的 MapReduce 过程

(2)任务截止时间一致原则,即每个 Mapper 结束任务的时间应大概一致。例如当有 10 个 Mapper 时,如果有个 Mapper 比其他 9 个 Mapper 运行时间长,就可能会出现 9 个 Mapper 空闲等待这一个 Mapper 执行的状况,这显然会导致整个网络集群的利用效率很低。

2)Map 阶段

在此阶段,系统根据算法的内存等资源的消耗量,为每台 DataNode 节点指定能够初始化的 Mapper 的数目。对应第一步划分的每个文件,系统会判断是否可以初始化一个 Mapper,若可以,则初始化一个新的 Mapper 对该文件中的每个用户进行第二部分所描述的操作,并将其结果作为中间结果并作为 Reduce 过程的输入。若集群没有资源不能再初始化新的 Mapper,则等一个 Mapper 任务结束释放资源后,再初始化一个 Mapper 进行运算,直至所有 Map 任务完成。

3)Reduce 阶段

在 Reduce 中,系统会根据指定的 Reduce 数量或自动判断生成的 Reduce 数量生成 Reducer,将 Map 阶段所产生的用户及其推荐项目的列表进行收集,并按照用户 ID 进行排序输出。它们之间的关系如图 14-3 所示。

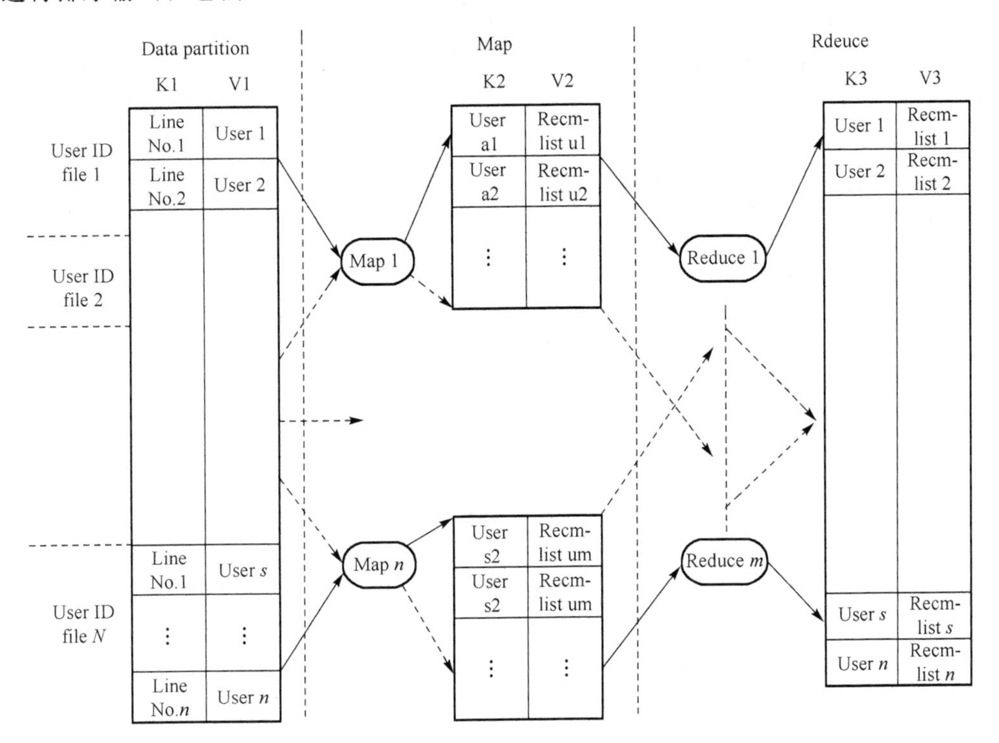

图 14-3　协同过滤的 MapReduce 过程

6. 协同过滤算法实验过程及结果分析

在实验中,采用基于用户和余弦相似度的协同过滤算法。实验数据来源于 Netflix(http://www.netflixprize.com/)。

在实验中,分别从 Netflix 数据集中抽取 100 个用户、200 个用户、500 个用户和 1000 个用户作为我们的实验数据集,其中共包含电影 263 万多部电影,每个用户打分情况也不尽相同,从几部到几万部不等,我们主要比较单机运行时间和集群运行时间,而准确度只需要保证与单机运行结果的一致性即可,不用特别关注。集群中 DataNode 节点数量有 2 台、4 台、6 台和 8 台 4 种情况。实验过程中,为了比较集群对单机的性能优势,在 DataNode 节点数和实验数据集固定的情况下,将每种数据集按满足数据划分原则的不同方式进行划分,最后取不同划分方式所消耗时间的平均值作为集群在当前节点数目和实验数据集的情况下的运行时间,将此运行时间和单机情况下该数据集

运行时间进行对比，以此来评估集群的优越性。在实验中，加速比系数作为一个重要的衡量标准，定义为

$$R_{\text{speedup}} = \frac{T_{\text{desktop}}}{T_{\text{cluster}}} \tag{14-3}$$

其中，T_{desktop} 表示计算任务在单机上的完成时间；T_{cluster} 表示计算任务在单机上的完成时间。按照之前的描述，我们将协同过滤算法计算按用户进行划分，这样在集群进行测试时，就相当于把不同用户分配到不同机子上去运行，在理论上分析加速比应该是 1，这样，运算时间就和集群数量成反比，但实际上由于网络集群结点之间通信和数据加载等时间消耗，加速比应与集群中 DataNode 数目是一种线性相关的关系。

最后实验数据结果如图 14-4 所示。

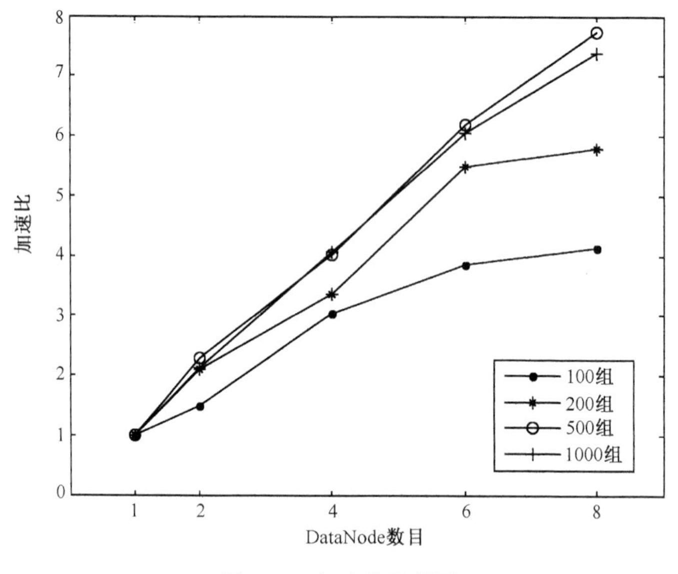

图 14-4　加速比示意图

从图 14-4 可以看出，随着集群中 DataNode 数目的增加，加速比也相应地增长，在试验过程中最好情况是集群中 DataNode 有 8 台机子时，达到了单机 7.72 倍加速比这个令人满意的值，也说明我们的计算方法能很好的解决数据量大的情况下协同过滤计算时间过长的问题。

14.4.2　朴素贝叶斯算法在 Hadoop 平台的实现

本节将朴素贝叶斯算法进行并行化改造，并部署于 Hadoop 云计算平台上运行。实验结果显示与协同过滤算法类似，在计算数据分配合理，数据量较大的情况下，集群上算法的性能可以达到线性加速的良好效果。

1. 朴素贝叶斯算法

贝叶斯分类是一种基于统计学的分类方法，它主要利用概率统计知识进行分类，一般用于解决“在给定训练实例集的情况下，判定新实例的类别”这类问题，所以它必然包括训练和分类两部分。贝叶斯算法基于一个假设：属性之间是相互独立的，即一个属性值对给定类的影响独立于其他属性的值。但是在实际中，这种假设不总是成立，甚至很难成立，这可能会影响分类的准确率，研究者们为此研究了很多降低独立性假设的贝叶斯分类算法，如 TAN(tree augmented Bayes network)算法[4]、SBC(selective Bayes classifiers)算法[5]、决策树算法[6]、NBTree 算法[7]等。但是很多学者的研究以及实践表明，即使算法假定的前提不能满足，原始的贝叶斯算法，即朴素贝叶斯算法在许多领域的分类性能仍然可与决策树、K-近邻等公认的经典算法相媲美。

2. 朴素贝叶斯算法原理

假设训练样本集共分为 k 类，记为 $C=\{C_1,C_2,\cdots,C_k\}$；每个类 C_i 的先验概率记为 $P(C_i)$，$i=1,2,\cdots,k$，则

$$P(C_i)=\frac{\text{训练集中属于 } C_i \text{ 类的样本数目}}{\text{训练集总样本数 } n} \tag{14-4}$$

新样本 d 属于 C_i 类的条件概率为记为 $P(d\mid C_i)$，则

$$P(d\mid C_i)=\frac{\text{样本 } d \text{ 在 } C_i \text{ 类的数目}}{C_i \text{ 类的样本数目}} \tag{14-5}$$

根据贝叶斯定理，C_i 类的后验概率为

$$P(C_i\mid d)=\frac{P(d\mid C_i)P(C_i)}{P(d)} \tag{14-6}$$

取后验概率最高的类别作为样本 d 所属类别，设样本 d 最可能的类标记为 $c(d)$，由于 $P(d)$ 为一个不依赖于 C_i 的常量，故去掉 $P(d)$ 可得到 $c(x)$ 为

$$c(d)=\arg\max_{C_i\in C}P(d\mid C_i)P(C_i) \tag{14-7}$$

由于每个实例 d 均由若干属性值组成，故可用若干属性的组合表示一个实例，例如实例 d 可由 $\langle a_1, a_2,\cdots,a_m\rangle$ 表示，则公式可表示为

$$c(d)=\arg\max_{C_i\in C}P(a_1,a_2,\cdots,a_m\mid C_i)P(C_i) \tag{14-8}$$

因为朴素贝叶斯算法假设样本实例的各个属性之间是相互独立的，故由式(14-8)不难得到以下公式：

$$c(d)=\arg\max_{C_i\in C}P(C_i)\prod_{j=1}^{m}P(a_j\mid C_i) \tag{14-9}$$

3. 算法实现和应用时存在的问题

朴素贝叶斯算法有了上述贝叶斯定理的中所有公式后，似乎已经可以解决现实中

的分类问题了,但是在具体实施过程中还是会遇到需要处理的实际问题,下面分别以手机归属分类和文本分类为例对其中两大典型问题及解决方案予以详细说明。

1)属性的自动统计和记录问题

通常在做分类时需要处理的样本量是巨大的,因此实现对样本属性的所有取值进行自动统计和记录是必要而且必需的。但有时会出现部分属性无法按常规进行统计的问题。下面以手机归属类别为例予以说明(注:属性的多个值之间用"&"字符分隔)。

表 14-1 中,SMS 是数据值属性,它的取值范围可以说是无限的,是否应该在相应的属性列中将所有出现的数字都列出作为该列的属性值呢?是否也要将每一个出现的数字当做字符串作词频统计呢?如 5 出现两次,它的 count 就记为 2。这样一来属性值太多,将会造成严重的数据稀疏问题。面对这种情况,在作统计以前进行相关预处理是很有必要的,如对离散区间的数值进行分段处理。以上述数据为例,可在 SMS 属性列中将每月发送短信量小于 10 的记为 1,每月发送短信量大于 10 且小于 20 的记为 2 等。

表 14-1　样本示例表

属性 1(手机品牌)	属性 2(SMS)	属性 3(Voice)	所属类别名
iPhone&E71&G1	5	3	年轻人
3250	1	2	老年人
N900	3	5	中年人
V3&N700	2	4	中年人

2)测试样本中部分属性值在训练样本某些类中缺省的问题

虽然在算法的具体实施过程中,测试样本的属性值一般都来自于训练样本中,而且训练样本集也通常会比较大,但是这仍然无法保证涵盖所有的情况,难免会存在"残缺"和"失真",在实际的测试样本中还是会出现部分属性值在训练样本的某些类中没有出现一次的现象。

例如,对文本分类,假设只有两个特征词"主板"、"分辨率",两个类别"手机"、"电脑"。若存在两种极端情况:"手机"类的训练文本中,"主板"出现次数为 0;"电脑"类的训练文本中,"分辨率"出现的次数为 0。那么训练的时候,计算将得出 P(主板|手机)$=P$(分辨率|电脑)$=0$。

当分类文本的时候,如果待分类文本中,既有"主板",又有"分辨率",则根据上节中分类概率公式将会有:P(T 属于手机类)$=P$(主板|手机)· P(分辨率|手机)· P(手机)·$=0$·…$=0$;P(T 属于电脑类)$=P$(主板|电脑)· P(分辨率|电脑)· P(电脑)·$=0$·…$=0$;这样一来,该文本属于任一类的概率都为 0。

遇到这种情况该如何处理呢?本节采用拉普拉斯连续律来解决这一问题,拉普拉斯连续律公式为

$$P_{\mathrm{L}}(i \mid \{n_i\}, n) = \frac{n_i + 1}{n + k} \tag{14-10}$$

当 $n=0$ 时，

$$P_{\mathrm{L}}(i \mid \{n_i\}, n) = \frac{1}{k} \tag{14-11}$$

当 $n_i=0$ 时，

$$P_{\mathrm{L}}(i \mid \{n_i = 0\}, n) = \frac{1}{n + k} \tag{14-12}$$

其中，n 表示样本的总个数；n_i表示第 i 个类别的样本个数；k 表示类别个数；所以此时样本 D 属于类 C_j时 A_i取值为 a_i的条件概率为

$$P(A_i = a_i \mid C_j) = \frac{n_{ij} + 1}{n_j + m_i} \tag{14-13}$$

其中，n_{ij} 为 C_i 中 $A_i=a_i$出现的次数，n_j 为 n_{ij} 之和，m_i 为 A_i 可能值的总数（例如，对于布尔属性 m_i为 2）。

4. 朴素贝叶斯算法实现过程

朴素贝叶斯算法实现主要包括三步：首先，对数据进行预处理；然后，由训练样本集生成训练模型；最后，对待分类样本进行分类。

上节中已经提到，使用样本属性表示相应的样本，并且很多情况下需采取自动统计和计算的方式实施算法，这就需要我们在算法具体实施中对数据进行相应的处理，其中包括类别列表的生成、数值数据的区间化、属性列表的生成及每类属性所有取值的提取等。

在采用贝叶斯算法进行分类的时候，必然要用到所有类的先验概率 $P(C_j)$及类 C_j 的属性 A_i取值为 a_i的条件概率：$P(A_i=a_i \mid C_j)$。这些概率值都是概率统计方式对训练集进行加工处理后所得到的静态数值，因此没有必要在实际的分类过程中再去临时计算这些概率值，而是在训练得到这些静态值构建朴素贝叶斯模型后，实际分类时直接从模型中调用相应的概率值即可。最后根据前面定义的贝叶斯定理对待分类文本进行分类。

5. 朴素贝叶斯算法的 MapReduce 化

朴素贝叶斯算法的 MapReduce 化过程包括预处理、模型训练和分类三大过程的 MapReduce 化，下面仍以前文所举手机属性为例说明其具体过程，训练样本集以如表 14-1 所示表结构的文本存储：

（前面若干列表示属性值，最后一列表示类名，属性的多个值之间用“&”字符分隔）

1）数据预处理 MapReduce 化

首先将输入文本论文件按行切分，生成（文件行偏移量，一行文本）形式的键/值对，然后按如下过程进行具体的并行化处理，以完成对类名、属性值、数值区间化等操作。

输入上述(文件行偏移量,一行文本)形式的键/值对,如(1,iPhone& E71 & G1　5　3　年轻人)。Map类的Map函数调用相应的程序块将数值区间化,并提取出所有出现的样本类名和各属性对应的所有可能取值,生成(－1,category)或(AttributeIndex,AttributeValue)的中间结果键值对。如(－1,年轻人)——“－1”表示该值为类别名称、“年轻人”表示该手机归属类别为年轻人;(1,iPhone)——“1”表示属性列号为1、“iPhone”表示相应的属性值为iPhone;(1,E71)——“1”表示属性列号为1、“E71”表示相应的属性值为E71。

将上述Map阶段生成的中间结果键/值对进行归并处理,将所有类型和同一属性下的值收集到一起,生成如下形式的最终结果键/值对:(－1,{年轻人,中年人,老年人})——“－1”表示该值为类别名称,{年轻人,中年人,老年人}表示类别列表;(1,{ iPhone,E71,G1,3250,…,N700})——“1”表示属性列号,{ iPhone,E71,G1,3250,…,N700}表示属性列1对应的属性值列表。

2)模型训练MapReduce化

上节预处理阶段所生成的输出结果作为本阶段的系统参数参与计算,可以直接调用,如:

@category{中年人,年轻人,老年人};

@attribute 1 {3250 , E71 , G1 , iPhone , N700 , N900 , V3};

@attribute 2 {1,2,3,5};

@attribute 3 {2,3,4,5};

输入的训练样本数据仍然和上节中输入数据一样,是表结构形式的文本数据,数据切分形式也是按行切分。

训练过程的Map阶段主要做统计工作,Map类调用Map函数的统计程序对输入的键值对(key value)进行统计后,生成的中间结果键值对存在两种类型:“category”和“category,attrIndex,attrValue”。Category用于统计各类别的样本数;category,attrIndex,attrValue”用于统计特定类别下各属性值出现的次数;Value都为1,表示出现了一次。

训练过程的Reduce阶段主要做累加操作,Reduce类调用Reduce函数对Map阶段中所产生的中间结果键值对中拥有相同Key的Value进行累加,计算出各Key的出现次数。所以Reduce阶段所生成的最终键值对结果形式与Map阶段的中间键值对结果形式相同,但是Value值却是前阶段的Value值累加。

要得到最终的训练模型还需要得到如下信息:

(1)属性个数;

(2)类的个数;

(3)每个属性的所有取值;

(4)类名列表;

(5)类的先验概率 $P(C_j)$;

(6)联合概率,即类 C_j 的属性 A_i 取值为 a_i 的条件概率 $P(A_i=a_i|C_j)$。

所以此阶段只需用贝叶斯公式,对 Reduce 阶段产生的键/值对中记录的相关数据进行处理即可获得上述全部信息。但是在计算联合概率时,需要使用拉普拉斯连续律来进行修正,此时联合概率的计算公式应修正为

$$P(A_i = a_i \mid C_j) = \frac{n_{ij} + 1}{n_j + m_i} \tag{14-14}$$

其中,n_{ij} 为 C_j 中 $A_i=a_i$ 出现的次数;n_j 为 n_{ij} 之和;m_i 为 A_i 可能值的总数(例如,对于布尔属性为 2)。

3)分类的 MapReduce 化

输入数据依然是表结构的文本文件,第一列为待分类样本 id,后面若干列表示属性值,同一样本 id 的同一属性可能有多个取值,多个值之间用"&"字符分隔。例如:

10　iPhone&D700　5　3
12　3250　1　2
13　N900　3　5
14　V3　2　4

数据切分方式依然采用按行切分方式。

分类过程的 Map 阶段主要工作是计算样本隶属各类别的概率值,生成包含样本 id 及相应类别概率值的键值对。Map 类调用 Map 函数对输入键值对中每行文本按空格切分成若干字符串:第一个字符串为样本 id,当做此阶段中间结果键值对中的 Key;其余字符串为属性值,若某属性值为多值,则将其按"&"切分成单个属性值。对每个属性值,读取其对应所有类别的联合概率(个数等于类别数),并将这些概率分别乘到对应类别的先验概率中;对样本属于各类的概率进行归一化,并按照从大到小的顺序排序;如果概率小于指定的概率阈值(如 0.001)可以不输出,否则将样本 id 类别及样本属于该类别的归一化概率组成相应中间结果键/值对中的 Value,最终形成如下形式的中间结果键/值对:

(13,{年轻人,0.9});(13,{中年人,0.1})。

6. 实验过程及测试结果分析

朴素贝叶斯算法是个非常经典的分类算法,前人已经对此作了许多研究,其分类效果已经广为人知,我们实现的并行化算法在分类的具体逻辑上与传统算法并无根本的区别,所以在本次实验中算法效果并不是我们关注的重点,我们更关注朴素贝叶斯算法 MapReduce 化后在云计算平台上的运行性能。

Hadoop 集群上的测试数据采用如下类似表结构形式的文本,其中一共包括 4 个属性,10 个属性值,5 个类别,数据的具体含义上一节中已有详细阐述:

10	iPhone&D700	5	3
12	3250	1	2
13	N900	3	5
14	V3	2	4

要检测算法在 Hadoop 集群上处理超大数据集的性能，增大输入数据的规模是必要而且必需的，但是由于商业保密的原因，我们只得到了这个数据集很小的一部分。为了得到大规模的分类测试数据，本实验采取随机采样复制这个数据集的方式，分别生成了 2057MB 和 20570MB 规模的输入数据。

MapReduce 化的朴素贝叶斯算法在 Hadoop 集群上运行后得到如下性能测试结果如图 14-5 所示。

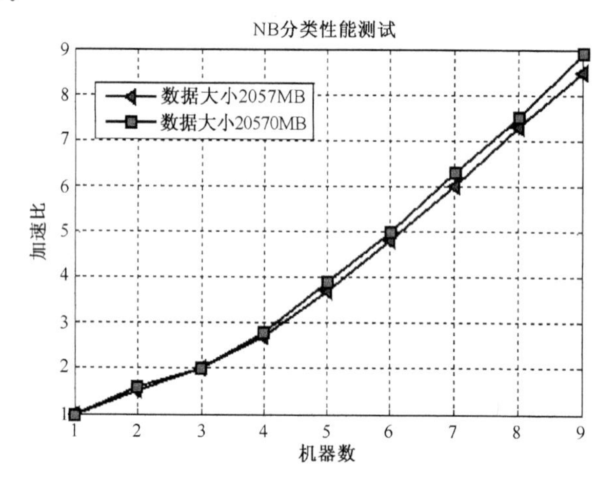

图 14-5　朴素贝叶斯 MapReduce 化后的性能加速比图

从图 14-5 中不难发现，MapReduce 化后的朴素贝叶斯算法在 Hadoop 集群上分类计算两个大规模数据的运行效率与集群规模相比，其加速比均接近线性增长，展示出了较好的性能。

14.5　云挖掘技术的展望

云挖掘的理论意义和实践价值已经得到人们的普遍认可，但在这个领域还有哪些方向值得我们继续深入研究呢？这里根据近几年国内外研究的现状与趋势，总结了几个较有发展前景的研究方向，供研究者参考。

14.5.1　针对 Web 信息的云挖掘

针对 Web 信息的挖掘一直是数据挖掘的重要研究领域，主要包括文本挖掘、语义分析、观点挖掘、情感分析等研究方向。近几年有不少研究者提出了在云计算的框架下进行 Web 挖掘的技术，如 Elsayed 等利用 MapReduce 实现了文档相似度的计算[8]；Jian Wan 等研究并实现了基于 MapReduce 框架的文档聚类技术[9]；Laclavík 等则通过 MapReduce 框架提出了一种有效的 Web 文档的自动标注技术[10]。

14.5.2　针对图结构的云挖掘

针对图的挖掘也是一个值得研究的重要领域。图的结构可能非常庞大也存在着复杂的特征，特别是随着近年来复杂网络研究的蓬勃发展，很多图结构的分析方法与算法已不能适应超大规模图的分析与计算，需要在云计算的框架下进行改造。目前有代表性的研究进展有卡内基梅隆大学的 Kang 等开发的一个基于 Hadoop 的图挖掘库 PEGASUS，实现了 PageRank、谱聚类、图直径、最大连通集等的计算[11]；IBM 中国研究院也在 MapReduce 的框架下实现了少量的图分析算法，如度分布、连通分量、最大派系的计算等[12]；总的来看，目前已实现的这些算法都比较简单，还有很多更复杂的图挖掘算法需要在云上实现。

14.5.3　针对声音与视频等多媒体信息的云挖掘

针对声音与视频等多媒体信息的云挖掘也是一个重要的发展方向，因为随着存储和计算机处理能力的增强，以声音和视频为载体的信息形式越来越普遍，而这些信息的数据量往往很庞大，需要借助云计算的处理能力来进行多媒体信息挖掘。White 等研究了针对计算机视觉数据挖掘算法的 MapReduce 实现，包括分类训练、滑动窗口算法、背景抽取等算法[13]。大规模多媒体搜索与挖掘的国际会议（LS-MMRM）是该领域有代表性的一个会议，2009 年召开了第一届会议，与会学者提出了不少多媒体挖掘与云计算相结合的研究成果，如 IBM 美国研究院的 Yan 等提出一种鲁棒的子空间 Bagging 算法并在 MapReduce 框架下进行了实现，可以高效地进行多媒体数据的语义概念理解[14]，微软亚洲研究院的 Ma 则指出了大规模多媒体分析技术与云结合的趋势与前景[15]。

本章成果得到华为基金项目“基于 Hadoop 的 SmartMiner 系统研究与实现”和国家自然科学基金项目“垃圾邮件的不确定性特征机理研究”(No. 60903073)的支持。

参 考 文 献

[1] Chu C T, Kim S K. Map-Reduce for Machine Learning on Multicore. NIPS 2006.

[2] Adomavicius G, Tuzhilin A. Toward the next generation of recommender systems: A survey of the state-of-the-art and possible extensions. IEEE Trans on Knowledge and Data Engineering, 2005, 17(6): 734-749.

[3] Das A S, Datar M , Garg A. et al. Google news personalization: scalable online collaborative filtering. Proceedings of the 16th international conference on World Wide Web, Banff, Alberta, Canada, 2007.

[4] Friedman N, Geiger D, Goldszmidt M. Bayesian network classifiers. Machine Learning, 1997, 29(2-3):131-163.

[5] Langley P, Sage S. Induction of selective Bayesian classifiers. Proceedings of Tenth Conference on Uncertainty in Artificial Intelligence, Seattle, 1994.

[6] Ratanamahatana C A, Gunopulos D. Scaling up the Naïve Bayesian classifier: Using decision trees for feature selection. Proceedings of Workshop on Data Cleaning and Preprocessing(DCAP 2002), IEEE International Conference on Data Mining(ICDM 2002), Maebashi, Japan, 2002.

[7] Kohavi R. Scaling up the accuracy of naïve-bayes classifiers: A decision-tree hybrid. Proceedings of the Second International Conference on Knowledge Discovery and Data Mining(KDD-96), Stanford, 1996.

[8] Elsayed T, Lin J, Oard D W, Pairwise document similarity in large collections with MapReduce. Proceedings of ACL-08: HLT, Short Papers (Companion Volume), Columbus, Ohio, USA, 2008.

[9] Wan J, Yu W M, Xu X H. Design and implement of distributed document clustering based on MapReduce. ISCSCT '09, Huangshan, China, 2009.

[10] Laclavík M, Šeleng M, Hluchý L, Towards large scale semantic annotation built on MapReduce architecture. Lecture Notes in Computer Science, 2008, 5103.

[11] Kang U, Tsourakakis C E, Faloutsos C. PEGASUS: A peta-scale graph mining system implementation and observations. ICDM'09, Miami, 2009.

[12] Xue W, Shi J W, Yang B. X-RIME: Cloud-based large scale social network analysis. 2010 IEEE International Conference on Services Computing, Hawaii, 2010.

[13] White B, Yeh T, Lin J, et al. Web-scale computer vision using MapReduce for multimedia data mining. MDMKDD'10 Proceedings of the Tenth International Workshop on Multimedia Data Mining ACM, New York, 2010.

[14] Yan R, Fleury M O, Merler M, et al. Large-scale multimedia semantic concept modeling using robust subspace bagging and MapReduce. Proceeding LS-MMRM'09 Proceedings of the First ACM Workshop on Large-scale Multimedia Retrieval and Mining, New York, 2009.

[15] Ma W Y. Rethinking multimedia search in the "clients + cloud" era. Proceeding LS-MMRM'09 Proceedings of the First ACM Workshop on Large-scale Multimedia Retrieval and Mining, New York, 2009.